"十三五"职业教育系列教材

普通高等教育"十一五"国家级规划教材(高职高专教育)

U0662124

流体力学 泵与风机

(第三版)

主　编　张燕侠

副主编　黄蔚雯

编　写　王祥薇　何　鹏

主　审　张良瑜　吕玉坤

中国电力出版社

CHINA ELECTRIC POWER PRESS

内 容 提 要

全书分为上、下两篇，上篇为流体力学，下篇为泵与风机。流体力学主要包括流体及其物理性质、流体静力学、流体动力学、流动阻力及能量损失；泵与风机主要包括泵与风机的分类和构造、叶片式泵与风机的叶轮理论、叶片式泵与风机的性能、泵与风机的运行、发电厂常用泵与风机、泵与风机的检修等。

本书适用于高职高专院校电厂热能动力装置专业和火电厂集控运行专业，可用于电厂集控运行岗位、热力设备运行及检修岗位的技术培训，也可供相关专业技术人员学习与参考。

图书在版编目（CIP）数据

流体力学 泵与风机/张燕侠主编. —3 版. —北京：中国电力出版社，2019.11（2025.6 重印）
"十三五"职业教育规划教材 普通高等教育"十一五"国家级规划教材. 高职高专教育
ISBN 978-7-5198-3922-2

Ⅰ. 流… Ⅱ. 张… Ⅲ. ①流体力学－高等职业教育－教材②泵－高等职业教育－教材③鼓风机－高等职业教育－教材 Ⅳ. ①O35②TH3

中国版本图书馆 CIP 数据核字（2019）第 270704 号

出版发行：中国电力出版社
地　　址：北京市东城区北京站西街 19 号（邮政编码 100005）
网　　址：http://www.cepp.sgcc.com.cn
责任编辑：李　莉（010—63412538）
责任校对：黄　蓓
装帧设计：郝晓燕
责任印制：吴　迪

印　　刷：北京雁林吉兆印刷有限公司
版　　次：2007 年 8 月第一版　2019 年 11 月第三版
印　　次：2025 年 6 月北京第二十四次印刷
开　　本：787 毫米×1092 毫米　16 开本
印　　张：18
字　　数：435 千字
定　　价：48.00 元

扫一扫
拓展资源

前　　言

为认真贯彻落实《国家职业教育改革实施方案》（职教 20 条）精神，着力推动职业教育"三教"（教师、教材、教法）改革，本书坚持突出职教特色、产教融合的原则，遵循技术技能人才成长规律，知识传授与技术技能培养并重，充分体现"精讲多练、够用、适用、能用、会用"的原则，主动服务于分类施教、因材施教的需要。

本书从工程实际出发，紧密联系生产实际，力求体现新技术、新工艺和新方法的应用，充分体现作业安全、工匠精神及团队合作能力的培养，不但适合于高等职业技术学院热能与发电工程类专业在校学生"1＋X证书"学习需要，也可作为相关专业领域技能型培训学员的培训教材和自学用书。

本书紧密结合电厂集控运行、热力设备运行及检修岗位实际，注重基本概念、基本理论及其应用，突出现代大型泵与风机的新技术、新工艺。加强针对性和实用性，增加与工程实际密切相关的教学内容，如泵与风机的启停、运行维护和事故处理以及泵与风机的检修工艺等。教材图文并茂，深入浅出，通俗易懂。

本书作为普通高等教育"十一五"国家级规划教材（高职高专教育），自 2007 年 8 月出版以来，受到读者广泛欢迎。为适应新的教学需要，本书在保持原教材特色的基础上，作以下修改。

（1）伯努利方程的推导在静力学基本方程的基础上从能量守恒定律（即其物理学意义方面）导出，以便于对伯努利方程的理解与掌握。

（2）为扩大教材的适应性，增加了核电站常用泵及其检修工艺。

（3）删去了第十章的"第一节 常用检修工器具"和"第二节 转子部件的检修基础工艺"，以强化教学内容的针对性。

（4）第十章中增加了双壳体圆筒式多级离心泵的检修工艺，以适应大型机组检修岗位的需求。

本书由安徽电气工程职业技术学院张燕侠主编，并编写绪论、第四、第六～八章；安徽电气工程职业技术学院黄蔚雯编写第一～三章；安徽电气工程职业技术学院王祥薇编写第五、第九章；安徽电气工程职业技术学院何鹏编写第十章。全书由华北电力大学吕玉坤和武汉电力职业技术学院张良瑜主审。

本书在编写过程中，得到有关科研院所、发电企业等单位的大力协助，得到有关院校领导、教师的支持和帮助，在此谨致谢意。

限于编者水平，对于书中存在的不足之处，恳请广大读者批评指正。

编　者
2019 年 10 月

目　　录

前言

绪论 ·· 1

    小结 ··· 5

    思考题 ··· 5

上篇　流　体　力　学

第一章　流体及其物理性质 ·· 6

    第一节　流体的特征和连续性介质假设 ······································· 6

    第二节　流体的基本物理性质 ··· 7

    第三节　作用在流体上的力 ··· 14

    小结 ··· 15

    思考题 ··· 16

    习题 ··· 16

第二章　流体静力学 ··· 18

    第一节　流体静压强及其特性 ··· 18

    第二节　流体压强的表示方法 ··· 19

    第三节　流体静力学基本方程 ··· 22

    第四节　流体静力学基本方程的应用 ··· 26

    第五节　静止液体作用在壁面上的总压力 ··································· 34

    小结 ··· 40

    思考题 ··· 42

    习题 ··· 43

第三章　流体动力学 ··· 46

    第一节　流体运动的基本概念 ··· 46

    第二节　一维管流的连续性方程 ··· 51

    第三节　伯努利方程及其应用 ··· 53

    第四节　动量方程及其应用 ··· 63

    第五节　水击现象及其预防 ··· 68

    小结 ··· 71

    思考题 ··· 72

    习题 ··· 73

第四章　流动阻力及能量损失 ·· 78

    第一节　流体流动阻力及其分类 ··· 78

第二节　流体流动的两种状态 ……………………………………………………… 79

第三节　圆管中流体的层流与紊流 ………………………………………………… 83

第四节　流动阻力损失的计算 ……………………………………………………… 86

第五节　减少流动阻力损失的途径 ………………………………………………… 95

第六节　管道的水力计算 …………………………………………………………… 98

第七节　绕流物体的阻力和升力 ………………………………………………… 104

小结 ………………………………………………………………………………… 109

思考题 ……………………………………………………………………………… 111

习题 ………………………………………………………………………………… 111

下篇　泵　与　风　机

第五章　泵与风机的分类和构造 ……………………………………………… 114

第一节　泵与风机的分类 ………………………………………………………… 114

第二节　泵与风机的主要性能参数 ……………………………………………… 119

第三节　离心式泵与风机的构造 ………………………………………………… 124

第四节　轴流式(混流式)泵与风机的构造 …………………………………… 139

小结 ………………………………………………………………………………… 144

思考题 ……………………………………………………………………………… 146

习题 ………………………………………………………………………………… 146

第六章　叶片式泵与风机的叶轮理论 ………………………………………… 148

第一节　离心式泵与风机的叶轮理论 …………………………………………… 148

第二节　轴流式泵与风机的叶轮理论 …………………………………………… 159

小结 ………………………………………………………………………………… 164

思考题 ……………………………………………………………………………… 166

习题 ………………………………………………………………………………… 167

第七章　叶片式泵与风机的性能 ……………………………………………… 168

第一节　泵与风机的损失与效率 ………………………………………………… 168

第二节　泵与风机的性能曲线 …………………………………………………… 172

第三节　泵与风机的相似定律及其应用 ………………………………………… 180

第四节　泵内汽蚀 ………………………………………………………………… 191

小结 ………………………………………………………………………………… 200

思考题 ……………………………………………………………………………… 202

习题 ………………………………………………………………………………… 203

第八章　泵与风机的运行 ……………………………………………………… 205

第一节　泵与风机的工作点及运行稳定性 ……………………………………… 205

第二节　泵与风机的联合工作 …………………………………………………… 208

第三节　泵与风机的运行工况调节 ……………………………………………… 211

第四节　泵与风机的运行及维护 ………………………………………………… 220

小结 ………………………………………………………………………………… 225

思考题 ··· 226

习题 ··· 227

第九章 发电厂常用泵与风机 ································· 229

第一节 发电厂常用泵 ··· 229

第二节 发电厂常用风机 ······································· 239

第三节 核电站常用泵 ··· 244

小结 ··· 250

思考题 ··· 251

第十章 泵与风机的检修 ······································· 253

第一节 泵的检修 ··· 253

第二节 风机的检修 ··· 269

小结 ··· 275

思考题 ··· 275

参考文献 ·· 277

绪　　论

内 容 提 要

　　本章主要讲述本课程的研究对象及其发展概况，阐述流体力学及泵与风机在国民经济和热力发电厂中的地位和作用。

教学目的

　　熟悉本课程的研究对象，了解流体力学及泵与风机的发展概况，以及泵与风机在国民经济和热力发电厂中的地位和作用。

教学内容

一、本课程的研究对象和任务

本课程分为两篇，上篇是流体力学，下篇是泵与风机。

流体力学是研究流体的平衡和机械运动规律及其在工程实际中应用的一门技术学科。其内容主要包括流体静力学和流体动力学，前者研究静止流体中的压强分布规律，以及流体对固体壁面的压力等问题；后者则研究运动流体的参数变化规律及其与固体边界的相互作用等问题。

泵与风机是提高流体能量并输送流体的机械。从能量意义上讲，泵与风机其实是一种能量的转换设备，它将原动机的机械能或其他形式的能量转化为流体的机械能。通常，把输送液体的称为泵，输送气体的称为风机。

泵与风机主要研究泵与风机的构造、原理、性能、运行维护及检修工艺等基本理论和基本方法，还介绍热力发电厂中常用泵与风机的结构及性能特点。

学习本课程应注重基本概念、基本理论和基本方法的掌握和应用：能合理解释现实生活和工程实际中的流体力学现象，定性分析和定量计算相关的流体力学问题；熟悉泵与风机的构造，掌握泵与风机的工作原理和性能，结合泵与风机的运行和检修实训，初步掌握泵与风机基本运行知识及检修工艺。

二、流体力学泵与风机在国民经济中的地位

流体力学是一门应用性很强的技术学科，涉及国民经济的各个领域。它不仅应用于航空、航天、海洋、水利等方面，而且还应用于能源、环保、化工等领域。例如：研究大气和海洋的运动，可以作好天气与海情预报，为农业、渔业、航空、航海、国防和人民生活服务；研究流体中运动的物体，可设计出阻力小、稳定性好的最佳物体外形，如汽车、飞机、人造卫星、导弹、船舶、潜艇、鱼雷等；研究河流、管道等约束边界中流体的运动规律，可获得能耗少、安全性高的工程设计，如水利枢纽工程、水力发电厂、热力发电厂等。流体力学也应用于医学领域，人体的循环系统也是流体系统，因此，像人工心脏、心肺机、助呼吸器等医疗器械的设计也依赖于流体力学。

泵与风机是国民经济各部门中广泛应用的通用机械。例如，航空航天事业中的卫星上天、火箭升空，农业生产中的排涝、灌溉，工业生产中石油、水、高温及腐蚀性介质等流体的输送和排放，人们生活中的给水、排水、通风、采暖等，都离不开泵与风机。据统计，在全国的总用电量中，约有 30% 的电量是泵与风机耗用的，其中泵的耗电约占 21%。

三、泵与风机在热力发电厂中的作用

发电厂都是以水、蒸汽等流体作为工作介质，通过某种热力循环，由热功转换获得电能。图 0-1 所示为火力发电厂系统简图，其主要组成设备是锅炉、汽轮机、发电机、凝汽器和水泵。在锅炉中，燃料燃烧发出的热量将给水定压加热成过热蒸汽，从而将燃料的化学能转变成蒸汽的热能。通过汽轮机，将过热蒸汽携带的热能转变成机械能，带动发电机旋转，进而将机械能转变成电能。做过功的乏汽在凝汽器中放热凝结成水，由凝结水泵经低压加热器送入除氧器。除氧器除过氧的水再通过前置泵、给水泵升压后，经高压加热器送入锅炉重新加热。

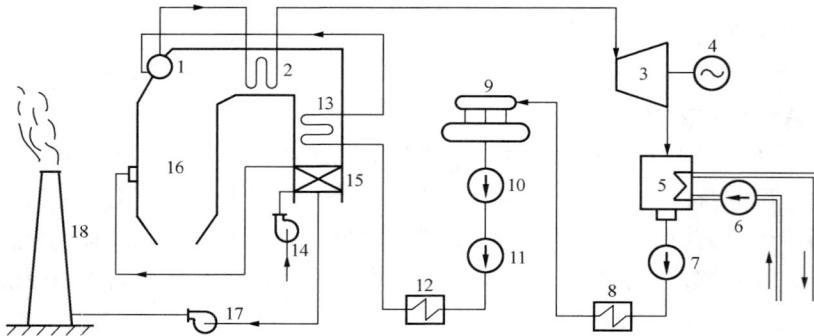

图 0-1 火力发电厂系统简图

1—汽包；2—过热器；3—汽轮机；4—发电机；5—凝汽器；6—循环水泵；7—凝结水泵；
8—低压加热器；9—除氧器；10—前置泵；11—给水泵；12—高压加热器；13—省
煤器；14—送风机；15—空气预热器；16—炉膛；17—引风机；18—烟囱

在热力发电厂中，用泵输送的介质还有冷却水、润滑油和灰渣水等。向凝汽器输送冷却水的，有循环水泵；排送热力系统中各处疏水的，有疏水泵；为了补充管路系统的汽水损失，又设有补充水泵；为排除锅炉燃烧后的灰渣，设有灰渣泵和冲灰水泵；另外，还有供汽轮机、泵与风机等运转设备各轴承润滑油的润滑油泵，以及供轴承和各设备冷却用水的工业水泵等。根据工作条件的差异，对泵的要求也不相同，如给水泵需要输送压强为几个甚至几十兆帕、温度可高达 200℃ 以上的高温给水；循环水泵要输送每小时高达几万吨的大流量冷却水；灰渣泵则要输送含有固体颗粒的流体。用风机输送的介质有空气、烟气、煤粉与空气的混合物等。为输送炉膛燃烧所需要的煤粉和空气，设有送风机、排粉风机；为排除锅炉燃烧后的烟气，设有引风机。不同的风机，其工作条件也有较大差异，如引风机要输送 100～200℃ 的高温烟气，排粉风机则要输送含有固体颗粒的流体。

图 0-2 所示为核电站系统简图，它由两部分组成，一部分是利用核能产生蒸汽的核岛，包括核反应堆和一回路系统。一回路中冷却水，由核反应堆主冷却剂泵（简称核主泵）送入核反应堆，吸收核裂变产生的热能后流出，进入蒸汽发生器将热量传给二回路中水，使之变成蒸汽；另一部分是利用蒸汽的热能转换成电能的常规岛，它包括汽轮发电机组及其系统，与

火电厂中的汽轮发电机组情况大同小异。给水泵将二回路的水送往蒸发器，使二回路的水通过蒸发器生成蒸汽，蒸汽推动汽轮机，进而带动发电机发电。凝结水泵将凝结水打入加热器进行再次循环。循环水泵将来自海洋的冷却水送往冷凝器冷却汽轮机排汽。另外，为保证核电站安全，还有设置有高低压安全注水泵（简称安注泵）、余热导出泵、喷淋泵、辅助给水泵等。

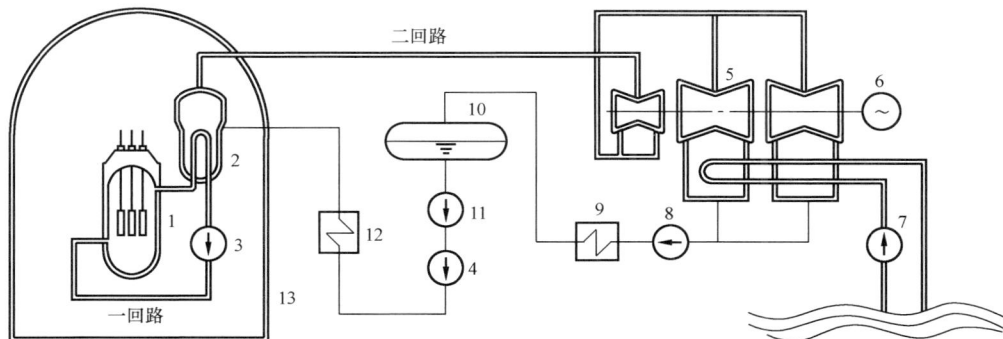

0-2　核电站系统简图

1—反应堆压力容器；2—蒸汽发生器；3—主冷却剂泵；4—给水泵；5—汽轮机；6—发电机；7—循环水泵；
8—凝结水泵；9—低压加热器；10—除氧器；11—前置泵；12—高压加热器；13—安全壳

泵与风机正常运行与否，直接影响着热力发电厂的安全经济运行。泵与风机发生故障，就有可能引起停机、停炉等重大事故，造成巨大的经济损失。如现代大型的火电厂中，由于汽包锅炉的容量大，而汽包的水容积相对较小，如果锅炉给水泵发生故障而中断给水，则汽包在极短的时间内"干锅"，导致停炉、停机。

由此可见，在整个发电厂生产过程中，完成热功转换和能量传递的中间介质是流体，输送流体的是泵或风机，因此，对发电厂而言，流体是"血液"，泵与风机就是"心脏"。

四、流体力学泵与风机的发展概况

1. 流体力学的发展概况

早在公元前 20 世纪，人们就在灌溉、供水、航运中积累了丰富的水力学知识。大约在公元前 205 年，阿基米德揭示了"浮力"定律，成为流体力学研究的起源。

文艺复兴时期，著名的艺术家和物理学家达·芬奇系统地研究过物体的沉浮和运动阻力，以及流体在管道和水渠中的流动等问题，还发明了离心抽水机。

公元 16 至 17 世纪，众多科学家建立了流体静力学的基础理论。1586 年，斯蒂芬建立了液体压强和连通器定律，解释了"静水奇象"。1612 年，伽利略建立了沉浮的基本理论。1643 年，托里拆利发明了水银气压计，论证了孔口出流的基本规律。1650 年，帕斯卡证明了流体中压强传递定理。1686 年，牛顿建立了流体内摩擦定律。

流体力学成为一门独立的学科，始于 18 世纪。自那时起，大批科学家对流体力学作出了卓越的贡献。伯努利通过大量的实验和理论推导，总结出流体流动过程中的能量转换关系，即著名的伯努利方程。达朗贝尔根据质量守恒定律，提出了流体流动的连续性方程；欧拉导出了描述流体运动的欧拉方程；拉格朗日发展了欧拉理论；纳维尔和斯托克斯推出了黏性流体的运动微分方程。

19 世纪末，英国物理学家雷诺通过大量的实验研究，提出了流体流动的两种状态——层流和紊流，并找出了判别这两种流动状态的重要参数——雷诺数。1904 年，普朗特提出了边界层理论，对黏性流体力学的建立起了很大的作用。茹可夫斯基创立了机翼升力理论，对螺旋桨和机翼的研究作出了杰出的贡献。20 世纪初，紊流理论、可压缩流体运动理论、高速空气动力学的研究取得了巨大成就。20 世纪 50 年代以后，随着宇宙航行、原子能工业的发展，稀薄动力气体学、电磁流体力学也成为新的流体力学分支。近年来，由于高分子材料、生态环境保护等学科的发展，非牛顿流体力学、多相流体力学、生物流体力学、气动噪声流体力学也在创立和发展中。

2. 泵与风机的发展概况

泵与风机是应用比较早的机械之一。在古代，为适应农业灌溉和冶炼的需要，人类就制造了简单的提水工具和鼓风工具，成为泵与风机的雏形。18 世纪，由于往复式蒸汽机的发明，往复式泵与风机也随之出现；之后，又发明了离心式和轴流式泵与风机。到 19 世纪末，由于电动机的发明，泵与风机得到了广泛的应用。

随着现代科学技术的不断发展，近年来，泵与风机正向着大容量、高参数、高转速、高效率、高度自动化和高可靠性的方面发展。

(1) 大容量、高参数。随着热力发电厂单元机组容量的增大和参数的提高，锅炉给水泵的容量和参数迅速增加。20 世纪 50 年代，50MW 发电机组被看做是一个重大的技术成就，而今天，这一动力只能用来驱动一台 1300MW 大型机组的给水泵。国产 300MW 机组配套的两台锅炉给水泵，每台驱动功率为 5500kW，1800MW 机组给水泵的驱动功率 55 000kW，甚至还有驱动功率高达 75 000 kW 的给水泵。给水泵的出口压力也从超高压 13.7～15.7MPa、亚临界压力 17.7～20MPa，发展到超临界压力 25.6～31.5MPa。随着高效超临界压力机组的发展，将会有出口压力高达 50MPa 以上的给水泵问世。在热力发电厂中，虽然对风机的风压要求不是很高，但要求的流量随着机组容量的增大而迅速增加，而大功率的高效动叶可调轴流式风机正满足了这一需求。目前，300MW 及其以上容量机组的送风机普遍采用了动叶可调轴流式风机，国外有 700MW 机组配用的轴流式送风机和引风机的驱动功率为 11 000kW。

(2) 高转速。随着给水泵的容量和参数迅速增加，给水泵转速也越来越高，这是因为提高泵单级扬程的高效方法是提高转速。在总扬程相同的情况下，提高转速可达到减小泵的级数、缩短泵轴、减小体积、减轻重量、节省材料的目的。如美国 660MW 机组配套的给水泵，转速由原来的 3000r/min 提高到 7500r/min，单级扬程可达 1143m，级数从 5 级减少到 2 级，重量减少了 3/4，经济效益十分显著。

(3) 高效率。从发电厂看，泵与风机耗电量占全部厂用电量的 70%～80%，其中泵约占 50%，风机约占 30%。因此，泵与风机的高效运行直接影响着发电厂的成本。近年来，我国在泵与风机的节能降耗方面做了大量工作，对效率低于 60% 的泵及效率低于 70% 的风机进行技术更新、改造，使给水泵的效率达 80%，引风机效率高于 90%。我国还从美国、德国等先进国家引进高压锅炉给水泵生产技术，其效率均在 82% 以上。

(4) 高度自动化。随着计算机技术的发展与应用，在泵与风机运行中实现了自动启停、流量、压力、温度等参数的实时检测、显示和控制，以及在线故障诊断、自动连锁和保护。

(5) 高可靠性。由于泵与风机向大容量、高速化方向发展，因此对其可靠性要求越来越高，特别是在泵的汽蚀、磨损、密封、振动等方面的安全可靠性有更为严格的要求。对大型风机也要做超速、振动、临界转速和谐振转速等试验，以保证其安全可靠运行。

小　　结

1. 本课程的研究对象

流体力学是研究流体的平衡和机械运动规律及其在工程实践中应用的一门技术学科，其内容包括流体静力学和流体动力学。

泵与风机是将原动机的机械能转换成流体的机械能并输送流体的动力设备。通常，把输送液体的称为泵，输送气体的称为风机。

2. 泵与风机的地位和作用

流体力学泵与风机涉及国民经济的各个领域，在国民经济建设中占有重要的地位。在热力发电厂中，流体是"血液"，泵与风机就是"心脏"。

3. 流体力学泵与风机的发展概况

流体力学经过 2000 多年来大批科学家的共同努力已成为多分支、多门类的技术学科。

泵与风机正向着大容量、高参数、高转速、高效率、高度自动化和高可靠性的方向迅速发展。

思　考　题

0-1　本课程的研究对象是什么？

0-2　简述热力发电厂中的热力循环过程，其工作介质有哪些？

0-3　火力发电厂中主要有哪些泵与风机？

0-4　核电站主要有哪些泵？

0-5　泵与风机的发展趋势是什么？

上篇 流 体 力 学

第一章 流 体 及 其 物 理 性 质

> **内 容 提 要**
>
> 本章着重阐述流体的主要物理性质，特别是流体的黏性；引入连续性介质、不可压缩流体和理想流体等假设，简单介绍作用在流体上的力。

第一节 流体的特征和连续性介质假设

教学目的

掌握流体的定义、主要特征，明确液体与气体的主要区别，深刻理解连续性介质的假设。

教学内容

一、流体及其特征

通常我们说能流动的物质为流体。严格地用力学语言来描述流体的定义为：在任何微小剪切力的持续作用下能够连续不断变形的物质。只要有这种剪切力的作用，不论其大小如何、变化与否，流体就会继续变形（流动）；只有当这种外力停止作用时，流体的变形才会停止。而固体则不同，当受到剪切力作用时，固体仅产生一定程度的变形，只要作用力保持不变，固体的变形也就不再变化。可见，流体具有容易变形（流动）的特征，这就是流体的流动性。液体和气体容易流动，所以我们把液体和气体称之为流体。液体受重力作用流向低处、烟囱排出的烟气在微风作用下飘荡不息等自然现象，就是液体和气体流动性的体现。

正是由于流体的流动性，流体没有固定的形状，其形状取决于容器的形状。因此，流体便于用管道输送，适宜于做供热、制冷等工作介质。流体不能承受拉力，只能承受压力。蒸汽推动汽轮机组发电，各种液压、气压传动机械等，都是流体抗压能力的应用。

液体和气体除具有上述共同特性外，由于它们分子间距的差异，还具有以下不同特性。

液体很难被压缩。这是由于液体分子间距较小，分子间的吸引力较大的缘故。也正因为这个原因，一定重量的液体具有一定的体积，并且由于分子间吸引力的作用，液体有力求自身表面积收缩到最小的特性。所以，当容器的容积大于液体的体积时，液体不能充满容器，故在重力的作用下，液体总保持一个自由表面（或称自由液面）。

气体具有很大的压缩性。这是由于气体分子间距较大，分子间的吸引力较小的缘故。气体的分子间距与分子平均直径相比很大，以致分子间的吸引力微小，分子热运动起决定性作用，所以气体没有一定形状，也没有一定的体积，它总是能均匀充满容纳它的容器。

二、连续性介质假设

从微观角度看，流体是由大量做无规则运动的分子组成的，分子之间存在空隙，但在标准状况下，$1cm^3$ 液体中含有 $3.3×10^{22}$ 个左右的分子，相邻分子间的距离约为 $3.1×10^{-8}cm$。$1cm^3$ 气体中含有 $2.7×10^{19}$ 个左右的分子，相邻分子间的距离约为 $3.2×10^{-7}cm$。流体力学所研究的不是个别分子微观运动，而是流体的宏观特性，在流动空间和时间上所采用的一切特征尺度和特征时间，都比分子距离和分子碰撞时间大得多。

所以，在流体力学中，通常取流体微团来作为研究流体的基元。所谓流体微团是一块体积为无穷小却含有大量分子的微量流体，由于流体微团的尺寸极其微小且含有大量分子，从宏观角度看，可以忽略流体分子间的间隙，将流体可看成是由无限多连续分布的流体微团组成的连续性介质。

当把流体看作是连续性介质后，表征流体性质的密度、速度、压强和温度等物理量在流体中也应该是连续分布的。这样，可将流体的各物理量看作是空间坐标和时间的连续函数，从而可以引用连续函数的解析方法等数学工具来研究流体的平衡和运动规律。本课程所研究的流体，就是这种具有流动性的连续性介质。

连续性介质实际上是在研究流体的平衡和运动规律时，为简化工程实际问题而引入的流体力学模型。影响流体机械运动规律的因素很多，也很复杂，但是在不同的运动中，并不是每个因素都具有同等的影响程度。因此，在研究复杂的实际流动现象时，为简化问题，首先忽略一些次要的或造成问题难以解决的因素，引入一些假设，如在以后章节中提到的不可压缩流体、理想流体、理想叶轮等，通过对这些假想模型的理论研究，找出流体运动的规律后，再根据实际因素进行补充和修正，最终得到实际流体的运动规律。这是研究流体力学泵与风机工程实际应用时常用的方法。

第二节　流体的基本物理性质

教学目的

掌握流体的内摩擦力（黏性力）、黏性与黏度的概念；掌握牛顿内摩擦力定律及在工程中的应用。掌握理想流体与黏性流体、不可压缩流体与可压缩流体、牛顿流体与非牛顿流体的概念；了解表面张力及毛细现象。

教学内容

在流体的平衡和宏观运动中，外界条件总是通过流体自身的内在物理性质起作用。因此，研究流体的宏观机械运动规律，首先要了解流体本身的基本物理性质。

一、惯性

惯性是物体反抗外力作用而维持其原有运动状态的性质。惯性的大小取决于物体的质量，质量大则惯性大。

工程中常用体积来表示流体量的多少，如煤气表、水表的示数都是体积。单位体积流体的质量称为流体的密度，用 ρ 来表示。

对于均质流体 $$\rho = \frac{m}{V} \qquad kg/m^3 \qquad\qquad (1-1)$$

不同种类流体的密度不同，几种常见流体的密度见表 1-1。

表 1 - 1　　　　　　　　　　　　　常用流体的密度（压强为 1atm）

流体名称	温度（℃）	密度（kg/m³）	流体名称	温度（℃）	密度（kg/m³）
汽油	15	730～755	纯水	4	1000
柴油	20	840～900	水银	0	13 600
润滑油	15	890～920	空气	0	1.293
酒精	20	789	二氧化碳	20	1.84
四氯化碳	20	1588	饱和水蒸气	20	0.747

同一种流体的密度又随其温度和压强的变化而变化。水的密度变化可以通过"未饱和水与过热蒸汽表"查得，而气体的密度变化，可用完全气体（工程热力学中为理想气体）的状态方程来确定，即

$$\frac{p}{\rho} = RT \tag{1 - 2}$$

式中　p——气体的绝对压强，Pa；

　　　ρ——气体的密度，kg/m³；

　　　T——热力学温度，K；

　　　R——气体常数，J/(kg·K)。

或

$$\rho_2 = \rho_1 \frac{p_2 T_1}{p_1 T_2} \tag{1 - 3}$$

式中　p_1、T_1、ρ_1 和 p_2、T_2、ρ_2——气体状态变化前、后的压强、温度及密度。

【例 1 - 1】　已知一个大气压下，0℃时的空气密度为 1.293kg/m³，求 300℃的热空气密度为多少？

解　由式 $\rho_2 = \rho_1 \dfrac{p_2 T_1}{p_1 T_2}$ 可知，当压强不变时，密度与温度成反比，即 $\dfrac{\rho_1}{\rho_2} = \dfrac{T_2}{T_1}$。

依题意，已知 $\rho_1 = 1.293$kg/m³，$T_1 = 273$K，$T_2 = 273 + 300 = 573$K，代入得

$$\rho_2 = \rho_1 \frac{T_1}{T_2} = 1.293 \times \frac{273}{573} = 0.616 (\text{kg/m}^3)$$

二、压缩性和膨胀性

1. 压缩性

流体的压缩性是指温度一定时其体积随压强增加而缩小的性质。

流体压缩性的大小用压缩率 β_p 来表示。它表示当温度保持不变时，单位压强增量引起流体体积的相对缩小量，即

$$\beta_p = -\frac{1}{\mathrm{d}p} \frac{\mathrm{d}V}{V} \tag{1 - 4}$$

式中　β_p——流体的压缩率，m²/N；

　　　$\mathrm{d}p$——流体压强的增加量，Pa；

　　　V——流体的原有体积，m³；

　　　$\mathrm{d}V$——流体体积的缩小量，m³。

由于压强增加时，流体的体积减小，即 $\mathrm{d}p$ 与 $\mathrm{d}V$ 的变化方向相反，故在式（1 - 4）中

加个负号，以使压缩率 β_p 为正值。

压缩率 β_p 的倒数就是弹性系数 E_0，即

$$E_0 = \frac{1}{\beta_p} = -\,\mathrm{d}p\,\frac{V}{\mathrm{d}V}$$

液体的压缩率很小。例如水在压强 $9.8 \times 10^5 \mathrm{Pa}$ 下，温度在 $4℃$ 范围内，水的 $\beta_p = 5.31 \times 10^{-10} \ \mathrm{m^2/N}$；反过来说，液体的弹性系数值却很大，水的弹性系数 $E_0 = \frac{1}{\beta_p} \approx 1.88 \times 10^9 \mathrm{N/m^2}$。可见，当液体的压强变化很大时，其体积的变化却很小，所以，我们一般不考虑液体压强变化引起的体积变化。而气体的压缩性要比液体的压缩性大得多。

2. 膨胀性

流体的膨胀性是指压强一定时其体积随温度升高而增大的性质。

流体膨胀性的大小用体胀系数 β_T 来表示，它表示当压强不变时，升高一个单位温度所引起流体体积的相对增加量，即

$$\beta_T = \frac{1}{\mathrm{d}t}\,\frac{\mathrm{d}V}{V} \tag{1-5}$$

式中　　β_T——流体的体胀系数，$1/℃$ 或 $1/\mathrm{K}$；

　　　　$\mathrm{d}t$——流体温度的增加量，$℃$ 或 K；

　　　　V——原有流体的体积，$\mathrm{m^3}$；

　　　　$\mathrm{d}V$——流体体积的增加量，$\mathrm{m^3}$。

流体体胀系数 β_T 与压强和温度有关。对于大多数液体，β_T 随压强的增加而减小，β_T 随温度的增加稍为增大。但液体的体胀系数 β_T 很小，例如在 $9.8 \times 10^4 \mathrm{Pa}$ 压强下，温度在 $1 \sim 10℃$ 范围内，水的 $\beta_T = 14 \times 10^{-6} 1/℃$；在 $9.8 \times 10^5 \mathrm{Pa}$ 压强下，温度在 $60 \sim 70℃$ 范围内，水的 $\beta_T = 548 \times 10^{-6} 1/℃$。

3. 不可压缩流体假设

流体的压缩性和膨胀性是其密度随压强和温度的改变而变化的原因。通常情况下，液体以及压强、温度变化很小且流速不高的气体，其压缩性和膨胀性都很小，常常可以忽略其压缩性和膨胀性，将其密度视为常数。我们把密度可视为常数的流体称为不可压缩流体。一般的液体及常温下流速小于 $70\mathrm{m/s}$ 或压强变化不大且小于 $9807\mathrm{Pa}$ 的气体，都可以看作不可压缩流体。

在实际工程中，是否考虑流体的压缩性，要视具体情况而定。例如，研究管道中水击和水下爆炸时，水的压强变化较大，而且变化过程非常迅速，这时水的密度变化就不可忽略，即此时要考虑水的压缩性，把水当作可压缩流体来处理。又如，在锅炉尾部烟道和通风管道中，气体在整个流动过程中，压强和温度的变化都很小，其密度变化很小，可作为不可压缩流体处理。

【例 1-2】　温度为 $20℃$，体积流量为 $100\mathrm{m^3/h}$ 的水流入加热器，经加热后，温度升为 $80℃$，如果水的体胀系数 $\beta_T = 54 \times 10^{-6} 1/℃$，问水从加热器中流出时，体积流量变为多少？

解　由 $\beta_T = \frac{1}{\mathrm{d}t}\,\frac{\mathrm{d}V}{V}$，近似由 $\beta_T = \frac{1}{\Delta t}\,\frac{\Delta V}{V}$ 计算

则　　　　　　　$\Delta V = \beta_T \cdot \Delta t \cdot V = 54 \times 10^{-6} \times (80 - 20) \times 100 = 0.32 (\mathrm{m^3/h})$

体积流量变为　　　　　　　$\Delta V + V = 100.32 (\mathrm{m^3/h})$

三、黏性

流体的黏性直观地表现为流体的黏稠程度。一般人说油比水黏稠，是由于油比水流动缓慢，即油比水表现出更强的阻止流动的趋势。

从力学角度看，固体在确定的剪切力的作用下产生固定的变形，流体在剪切力作用下产生连续的变形，即连续运动，但不同的流体在相同的剪切力作用下其变形速度是不同的，它反映了抵抗剪切变形能力的差别，这种能力就是黏性。

1. 牛顿流体黏性实验

现通过实验来进一步说明流体的黏性。如图 1 - 1 所示，两间距很小的平行平板间充满流体（如油），下部平板固定（相当于容器底部），上部平板在力 F 的作用下作匀速直线运动，速度为 u_0。

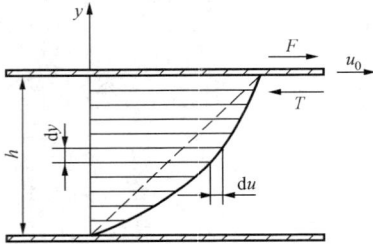

图 1 - 1　流体黏性实验

由于黏性，与下板接触的薄层流体静止，$u=0$；与上板接触的薄层流体运动速度与板的速度相同 $u=u_0$，板间流体均作平行于板的运动，且其速度均匀地由下板的零变化到上板的 u_0，呈线性分布。各流层之间存在相对运动，因而必产生切向阻力 T。

实验可归纳出如下结论：

（1）两板之间的各流体薄层在上板的带动下，都作平行于平板的运动，其运动速度由上向下逐层递减。

（2）当板间流体的流速呈线性变化时，流体微团在流速法线方向上的速度变化率为一定值 $\dfrac{u_0}{h}$。通常情况下，流体微团的速度并不按线性变化，此时流体微团在流速法线方向上的速度变化率为 $\dfrac{\mathrm{d}u}{\mathrm{d}y}$，不再是定值。

（3）由于各流层速度不同，流层间就有相对运动，运动速度小的流层对速度大的流层产生切向阻力 T，称其为内摩擦力。内摩擦力又称为黏性力或黏滞力，它是流体在运动过程中产生能量损失的根本原因。

（4）为保持流体作匀速运动，作用在平板上推动力 F 必与黏性力 T 大小相等、方向相反。

2. 牛顿内摩擦定律

英国科学家牛顿通过实验观察到运动的流体所产生的黏性力 T 的大小与上板的运动速度 u_0 成正比，与接触面的面积 A 成正比，与上下板的间距 h 成反比，并与流体的种类和温度有关，而与接触面上流体的压强 p 无关，即

$$T \propto A \frac{u_0}{h}$$

牛顿引入反映流体种类和温度的比例系数 μ，并且考虑流体微团的速度不按线性变化，流体微团在流速法线方向变形速率（速度梯度）为 $\dfrac{\mathrm{d}u}{\mathrm{d}y}$。因此由黏性而产生的内摩擦力为

$$T = \mu A \frac{\mathrm{d}u}{\mathrm{d}y} \qquad \mathrm{N} \tag{1 - 6}$$

式中　T——流体层接触面上的内摩擦力，N；

A——流体层间的接触面积，m^2；

$\dfrac{\mathrm{d}u}{\mathrm{d}y}$——垂直于流动方向上的速度梯度，$s^{-1}$；

μ——动力黏度，$Pa \cdot s$。

式（1-6）为牛顿内摩擦定律的数学表达式。

流层间单位面积上的内摩擦力称为切向应力（简称切应力），用 τ 表示，则

$$\tau = \frac{T}{A} = \mu \frac{\mathrm{d}u}{\mathrm{d}y} \qquad Pa \tag{1-7}$$

当流体处于静止状态或以相同速度运动（流层间没有相对运动）即 $\dfrac{\mathrm{d}u}{\mathrm{d}y}=0$ 时，$\tau=0$，流体并不呈现出黏性，此时流体有黏性，但作用表现不出来。

3. 黏度

由式（1-7）可变换成

$$\mu = \frac{\tau}{\left|\dfrac{\mathrm{d}u}{\mathrm{d}y}\right|} \tag{1-8}$$

可见，μ 值表示单位速度梯度时接触面上的切应力，它反映了流体黏性的强弱。同样速度梯度的条件下，μ 值愈大，说明 τ 愈大，流体的黏性愈强；反之，流体的黏性愈弱。μ 值一般用黏度计测定。

动力黏度与密度的比值称为运动黏性系数或运动黏度，用符号 ν 表示，即

$$\nu = \frac{\mu}{\rho} \tag{1-9}$$

式中 ν——运动黏度，m^2/s。

如表 1-2 列出的就是水和空气在一个标准大气压下，不同温度时的 μ 值和 ν 值。

表 1-2　　　　　　　　水和空气的 μ 值和 ν 值

温度（℃）	水		空气	
	μ（$\times 10^{-6}$ Pa·s）	ν（$\times 10^{-6}$ m^2/s）	μ（$\times 10^{-6}$ Pa·s）	ν（$\times 10^{-6}$ m^2/s）
0	1788	1.792	17.16	13.70
10	1308	1.306	17.80	14.70
20	1002	1.003	18.08	15.70
30	801	0.805	18.73	16.61
40	653	0.658	19.20	17.60
50	547	0.553	19.60	18.60
60	470	0.478	20.10	19.60
70	404	0.413	20.4	20.50
80	354	0.364	21.00	21.70
90	315	0.326	21.58	22.90
100	282	0.294	21.80	23.78

通过大量实验证明，流体黏性的大小既与流体的种类有关，又随流体温度和压强的变化而变化。一般压强变化对黏性的影响较小，常常不予考虑。

温度对液体和气体黏性的影响不同，温度升高时，液体的黏性减弱，而气体的黏性增强。这是因为分子间的吸引力是形成液体黏性的主要因素，温度升高，分子间的吸引力减小，液体的黏性降低。形成气体黏性的主要因素是气体分子作不规则热运动时不同分子层间的动量交换。温度越高，气体分子热运动越强烈，动量交换就越频繁，气体的黏性也就越大。

液体黏性随温度升高而降低的特性，对锅炉燃油的输送和雾化质量的提高起着积极的作用；对汽轮机组、泵与风机等转动机械的轴承润滑则起消极作用。当润滑油回油温度超过75℃时，由于黏性降低妨碍了油膜的形成，会造成轴承温度异常升高，甚至引起轴瓦烧毁事故，所以电厂高速转动设备系统中都配有冷油器。

【例 1 - 3】 轴置于轴套中，如图 1 - 2所示。以 $F = 90$N 的力由左端推轴向右移动，轴移动的速度为 $u = 0.122$m/s，轴的直径为 $d = 75$mm，轴套长度 $l = 200$mm，轴与轴套之间的间隙 $\delta = 0.075$mm。求轴与轴套间流体的动力黏性系数 μ。

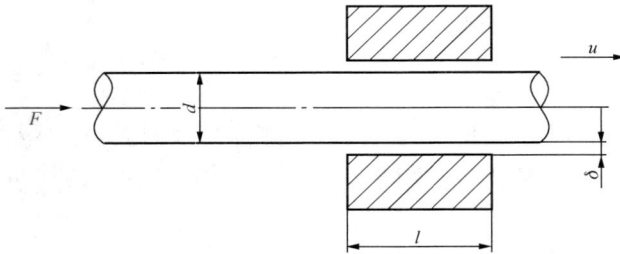

图 1 - 2 轴与轴套

解 因轴与轴套间的径向间隙很小，故设间隙内流体的速度为线性分布。

由公式 $T = \mu A \dfrac{\mathrm{d}u}{\mathrm{d}y}$，得 $T = \mu A \dfrac{u}{\delta}$。

即

$$\mu = \frac{T\delta}{Au}$$

上式中

$$T = F, \quad A = \pi d l$$

则

$$\mu = \frac{T\delta}{Au} = \frac{F\delta}{\pi d l u} = \frac{90 \times 0.000\,075}{3.141\,6 \times 0.075 \times 0.2 \times 0.122} = 1.174(\text{Pa} \cdot \text{s})$$

值得注意的是：牛顿内摩擦定律只能应用于流体作低速运动的层流运动。

4. 牛顿流体和非牛顿流体

自然界中的流体，其黏性切应力与速度梯度之间的关系并不全都符合牛顿内摩擦定律，这样流体又可据此分为牛顿流体和非牛顿流体两大类。符合牛顿内摩擦定律（如水、酒精、汽油和一般分子结构简单的气体等）的流体称为牛顿流体。不符合牛顿内摩擦定律（如泥浆、有机胶体、油漆、高分子溶液等）的流体，则称为非牛顿流体。本课程只讨论牛顿流体，不研究非牛顿流体。

5. 理想流体的假设

自然界中存在的流体都具有黏性，称为黏性流体或实际流体。假想的没有黏性的流体称为理想流体。理想流体忽略了黏性，所以研究其运动规律时，可以不考虑能量损失，从而使问题得以简化。

四、液体的表面性质

1. 表面张力

在液体与不同相态物质接触的自由表面上，存在表面张力。一定量的液体，在表面张力的影响下总是取自由表面为最小时的形状，空气中的雨滴呈面积最小的球形，液体的自由表面好像一个被拉紧的弹性薄膜等。

表面张力的形成主要取决于分界面液体分子之间的吸引力，也称为内聚力。在静止液体内部，由于各个方向分子的吸引力相等，液体分子处于力的平衡状态。而在自由表面上，液体分子的吸引力大于气体分子的吸引力，不能达到力的平衡状态，而合成一个垂直于自由表面并指向液体内部的力。在该力的作用下，处于自由表面的液体分子总是有挤入液体内部的趋势，从而把自由表面紧紧拉向液体内部，所以，自由表面尽量收缩成最小。由于自由表面的液体分子都有指向液体内部的拉力作用，因此任何液体分子在进入自由表面时都必须反抗这种力的作用。当自由表面收缩时，必定有与收缩方向相反的作用力，这个力称为表面张力。在不相混合的液体间以及液体和固体间的分界面附近的分子，都将受到两种介质吸引力的作用，沿着分界面产生表面张力，通常称为交界面张力。

表面张力 σ 的大小以作用在单位长度上的力表示，单位为 N/m。影响表面张力的因素有：

（1）物质的种类。不同的液体具有不同的表面张力。纯水在 20℃ 与空气接触时的表面张力 $\sigma=0.072\,8\mathrm{N/m}$，水银在 20℃ 与空气接触时的表面张力 $\sigma=0.513\mathrm{N/m}$。

（2）液体的温度。液体的表面张力随着温度的上升而下降。

（3）杂质含量。在液体中添加某些有机溶液或盐类，也可改变它们的表面张力。例如，把少量的肥皂或去污剂的溶液加入水中，可以显著地降低水的表面张力；而把食盐加入水中，却可提高它的表面张力。

2. 毛细现象

当液体与固体接触时，倘若液体分子间的吸引力（即内聚力）小于液体分子与固体分子之间的吸引力（称为附着力），则液体能够润湿固体壁面，并沿固体壁面向外伸展。例如，把水倒在玻璃上便是这种情况。与此相反，若液体的内聚力大于液体与固体之间的附着力，则液体自身将抱成一团，不能润湿固体壁面。例如，把水银倒在玻璃上，水银便始终保持椭球形状，而不会湿润玻璃壁面。水不湿润石蜡或油腻的壁面，也是由于水的内聚力大于它同石蜡或油腻壁面的附着力的缘故。

把玻璃管插入水中时，由于水的内聚力小于水同玻璃的附着力，水将湿润玻璃管，并沿壁面向外伸展，致使水面向上弯曲，水的表面张力将使水面上升到一定的高度，管内的液体表面呈凹面，如图 1-3（a）所示；当玻璃管插入水银中，由于水银的内聚力大于水银同玻璃的附着力，水银将不湿润玻璃管，管内的水银表面呈凸面，表面张力使水银柱在管内下降到一定高度，如图 1-3（b）所示。

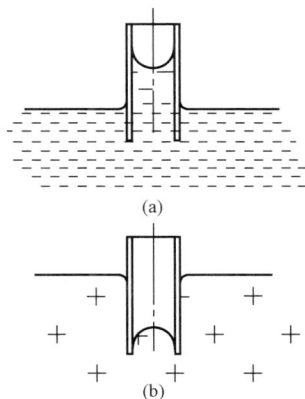

图 1-3 液体在毛细管内上升或下降
（a）湿润管壁的液体的液面上升；
（b）不湿润管壁的液体的液面下降

这种液体在细管中能自动上升或下降的现象称为毛细现象。毛细管中液柱的上升或下降的高度与管径成反比，并与液体的种类、管子材料、液面上气体的种类以及温度有关。通常对于水，当玻璃管的内径大于 20mm；对于水银，当玻璃管的内径大于 12mm 时，毛细现象的影响可以忽略不计。

在大多数工程实际情况中，由于固体边界的尺寸足够大，同其他一些作用力相比，表面张力非常小，是可以忽略不计的。但是，在某些特殊情况下，如用液柱式测压计测量微压时，在研究液体薄膜沿固体壁面的流动中以及在研究液体和气泡的形成中，则必须考虑表面张力的作用；否则，将会得到与事实不相符合的错误结果。

第三节 作用在流体上的力

教学目的

了解作用在流体上的力有两类：质量力和表面力。

教学内容

研究流体机械运动的规律时，必须首先分析作用在流体上的各种力。作用在流体上的力按物理性质的不同可分为：重力、摩擦力、惯性力、弹性力、表面张力等。按作用形式的不同可分为质量力和表面力两大类。

一、质量力

质量力是指作用在流体的每一质点上并与所取流体的质量成正比的力。在均匀流体中，质量力与受作用流体的体积成正比，故又称体积力。常见的质量力有：重力（$G=mg$），流体作变速运动时虚加在它上面的惯性力，如直线变速运动的惯性力（$F=ma$）和圆周运动时的惯性离心力（$F=m\omega^2 r$）等。

质量力的大小以作用在单位质量流体上的质量力，即单位质量力来度量。

设均质流体的质量为 m，所受的质量力为 F，则单位质量力 f 为

$$f = \frac{F}{m} \tag{1-10}$$

在重力场中，若流体所受的质量力只有重力，则此时施加在流体上的单位质量力数值就等于重力加速度 g，其单位是 m/s²。

一辆匀加速直线行驶的小车，车中有一杯水，对该杯水内部取一流体微团进行受力分析，水微团受到的质量力有两个：重力和惯性力。

二、表面力

表面力是指作用在所取部分流体表面并与其作用面积成正比的力。作用在流体上的表面力可以是大气压力、固体边界对流体的作用力和摩擦力等，也可以是流体内部流层之间的作用力和摩擦力。作用在流体表面上的表面力不一定与流体表面垂直，由于流体不能承受拉力，所以任何作用在流体表面上的力只能分解为平行于作用面的切向分力和垂直于作用面的正向压力两部分。

如图 1-4 所示，在流体中取出被封闭曲面所包围的某部分流体，则周围流体必然有力作用在所取流体的表面积 A 上。在表面积 A 上围绕 M 点取一微元面积 ΔA，周围流体作用在其上的表面力为 ΔF，将 ΔF 分解为正向压力 ΔF_n 和切向分力 ΔF_τ，则作用在流体表面积

ΔA 上的平均正向压力（也称压强）为

$$p = \lim_{\Delta A \to 0} \frac{\Delta F_n}{\Delta A} \qquad (1\text{-}11)$$

平均切向分力为

$$\tau = \lim_{\Delta A \to 0} \frac{\Delta F_\tau}{\Delta A} \qquad (1\text{-}12)$$

p 和 τ 反映的是单位面积上的表面力，分别称为正应力（压强）和切应力，在国际单位制中，p 和 τ 的单位为 N/m^2 或 Pa。

在研究理想流体流动时，流体微团受到的表面力只有压力。在研究黏性流体流动时，流体微团受到的表面力既有压力又有黏性力。

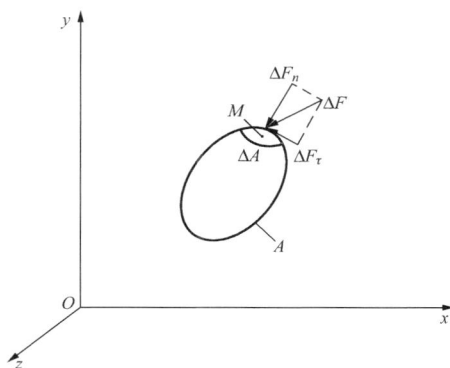

图 1-4　作用在流体上的表面力

小　　　结

一、流体及其基本物理性质

1. 流体的定义

流体——在任何微小的剪切力作用下都能够连续不断变形的物质。液体和气体均为流体。

2. 流体的基本物理性质

（1）惯性，即流体保持原有运动状态的性质。常用密度 $\rho = \frac{m}{V}$ 度量，密度大的流体惯性大，其大小一般根据流体的种类、压强和温度查表确定。但是，完全气体如空气、烟气还可以用状态方程式来确定。

（2）压缩性和膨胀性，当温度不变时，流体体积随压强增加而缩小的性质称为压缩性；当压强不变时，流体体积随温度升高而增大的性质称膨胀性。

（3）黏性，即流体运动时，流体层与层之间产生内摩擦力的特性。常用动力黏性系数 μ（$Pa \cdot s$）和运动黏性系数 ν（m^2/s）度量流体的黏性，μ、ν 大的流体黏性就大。它们的大小可根据流体的种类和温度查表确定。

二、流体力学模型

常用的流体力学模型有：

（1）连续性介质。流体可看成是由无限多连续分布的流体微团组成的连续性介质。

（2）不可压缩流体，即密度可视为常数的流体。研究这种流体的运动时，不必考虑它的压缩性和膨胀性。

（3）理想流体，即假想的没有黏性的流体。研究这种流体的运行时，不必考虑能量损失。

三、牛顿内摩擦定律

数学表达式 $$F = \mu A \frac{du}{dy}$$

或 $$\tau = \mu \frac{du}{dy}$$

思 考 题

1-1　什么是流体？液体和气体有哪些共性？又有哪些不同之处？

1-2　什么是流体的密度？它随温度和压强如何变化？

1-3　液体是不可压缩流体，气体是可压缩流体，这一说法准确吗？

1-4　什么是流体的黏性？动力黏度与运动黏度之间的关系如何？

1-5　流体的黏度与哪些因素有关？它们随温度如何变化？

1-6　为什么规定转动机械轴承润滑油的进油温度和回油温度？

1-7　静止流体是否有黏性？静止流体内部是否有黏性切向应力？

1-8　什么是理想流体？引入这一概念有什么意义？

1-9　为什么荷叶上的露珠总是呈球形？

1-10　作用在流体上的力包括哪些？在什么情况下有惯性力？在什么情况下有摩擦力？

习　　题

1-1　一容器中盛有 500mL 的某种液体，在天平上称的质量为 0.254kg，试求该液体的密度。

1-2　已知烟气在温度为 0℃、压强为 760mmHg 的标准状态下，密度为 1.34kg/m³，若压强不变，求烟气在 400℃时的密度。

1-3　温度 $t_1=0℃$ 的空气，经过空气预热器后，温度升高到 $t_2=300℃$，试问空气的密度改变了多少？

1-4　流量为 50m³/h、温度为 70℃的水流入供暖锅炉，经过加热后水温升高到 90℃，水的体积膨胀系数 $\beta_T=6.4\times10^{-4}1/℃$，问从锅炉中每小时流出多少水？

1-5　如果水的密度 $\rho=999.4kg/m^3$，动力黏度 $\mu=1.3\times10^{-3}Pa\cdot s$，求其运动黏度值。

1-6　某种油的运动黏度是 $4.28\times10^{-4}m^2/s$，密度是 678kg/m³，计算它的动力黏度。

1-7　如图 1-5 所示，在一轴承中，转轴的直径 $d=0.25m$，轴瓦的长度 $l=0.50m$，轴与轴瓦间的间隙 $\delta=0.2mm$，其中充满动力黏度 $\mu=0.82Pa\cdot s$ 的油，若轴的转速为 $n=200r/min$，求克服油的黏性阻力所需要的功率。

1-8　一块长 200cm、宽 10cm 的平板在另一块平板上水平滑动。两板之间的间隙为 0.3mm，用密度为 910kg/m³、运动黏度为 $8.63\times10^{-3}m^2/s$ 的润滑油充满此间隙，如果以 20kN 的力拖动上板匀速运动，上板的速度为多少？

1-9　有一面积为 $0.4\times0.4m^2$ 的木板在涂有润滑油的斜面上以 0.8m/s 的速度匀速下滑，已知板与斜面的间隙是 0.2mm，木板质量为 3kg，斜面倾角为 20°，试求润滑油的动力黏度。

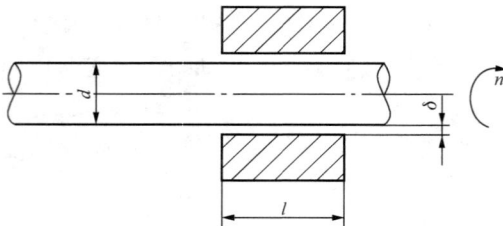

图 1-5　习题 1-7 图

1 - 10　汽轮机调节系统的自动对中活塞如图 1 - 6 所示，它可上下滑动和旋转，已知 $d=155\text{mm}$，$D=155.2\text{mm}$，$l_1=l_2=32\text{mm}$，活塞与缸体间隙中充满润滑油，油的运动黏度为 $2.5\times10^{-5}\text{m}^2/\text{s}$、密度为 870kg/m^3，活塞滑动速度为 2m/s，旋转速度 $n=120\text{r/min}$，求活塞滑动时的阻力和旋转时的阻力矩。

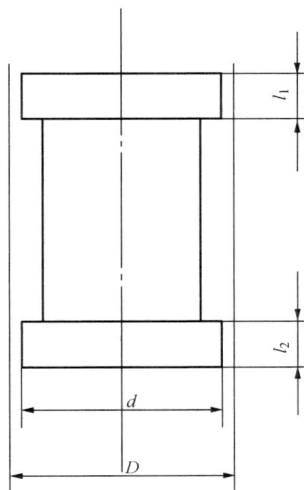

图 1 - 6　习题 1 - 10 图

第二章 流体静力学

内容提要

本章重点讲述流体静压强及其特性，流体静力学方程式及其应用，还介绍静止液体作用在固体壁面上的总压力的计算方法。

第一节 流体静压强及其特性

教学目的

掌握流体静压强的概念，掌握流体静压强的两个特性。

教学内容

一、流体静压强概念

人们在实践中知道，游泳时水淹过胸部会感到胸部受压；用手堵住水龙头，打开阀门后手感到有压力；盛水容器如果有孔，水就会从孔处泄流。这些现象说明，流体处于静止状态时，在流体内部存在压力，流体对固体界壁也有压力作用。如图 2-1 所示，在静止流体内部取一控制体为研究对象，用平面将其分为 I、II 两部分。若将 I 部分移去，为保持 II 部分平衡，必须在截面 A 上外加一个大小和方向与移去的 I 部分对 II 部分的等效的力 F。通常把流体单位面积上所承受的压力，称为平均静压强，用 $\bar{p}$ 表示，即

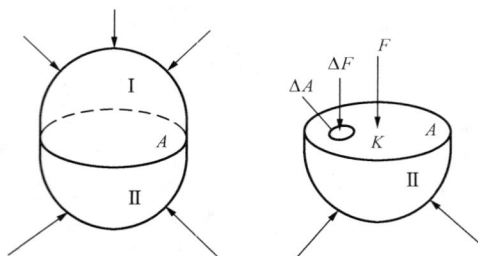

$$\bar{p} = \frac{\Delta F}{\Delta A} \tag{2-1}$$

图 2-1 静压强概念示意图

式中　F——某一面积上的总压力，N；

　　　A——控制体截面积，m^2；

　　　$\bar{p}$——平均静压强，N/m^2 或 Pa。

平均静压强并不表示面积 A 上某点的真实静压强。若要求出面积 A 上 K 点的静压强，则应包括 K 点取一微小面积 ΔA，其上的总压力为 ΔF。当 ΔA 趋近于零时（即 ΔA 缩小到 K 点），平均静压强 $\Delta F/\Delta A$ 就趋近于某一极限值，该极限值称为 K 点的静压强，用 p 表示，即

$$p = \lim_{\Delta A \to 0} \frac{\Delta F}{\Delta A} \tag{2-2}$$

流体总压力 F 的单位是 N，静压强 p 的单位是 Pa（帕斯卡）或 N/m^2。因此，总压力 F 和静压强 p 是两个不同的概念，前者是作用在某一面积上的总压力，而后者是作用在受压

面上某一点的压强。

二、流体静压强的特性

流体静压强有以下两个重要特性：

（1）任意一点的流体静压强大小在各个方向上都相等。

（2）流体静压强的方向垂直并指向作用面。

这两个特性可用下面的实验来分别说明。

实验一：如图2-2所示的U形水银玻璃管测压计，一端直通大气，另一端与装设有薄膜的圆盒相连。实验开始前，U形水银玻璃管测压计中液位等高，处于零位。把薄膜盒放入水中，A端液位下降，B端上升，出现高度差，薄膜盒入水越深，高度差越大。而保持薄膜盒入水深度不变，使薄膜盒向各个方向转动，可以看到差压计高度差 h 不变化。

实验说明，静水中任意点均存在着静压强，其大小随水深的增加而增大，但是与作用面的方位无关。即静止液体中，任意一点在各个方向的静压强大小均相等，仅是空间坐标的函数，可写为 $p = f(x, y, z)$。

特性1的实用意义是在工程上测量流体某点的静压强时，不必选择方位，只需确定该点位置即可。

实验二：图2-3是一个充满高压水的小球，小球不同位置壁面上开有小孔。在水的静压强的作用下，小孔均喷出细小水束。可以看到各水束沿半径方向离开壁面，水束流动方向与壁面相垂直。由此说明，无论作用面位置怎样，流体静压强的方向总是垂直指向作用面。

特性2说明只要已知作用面的位置，就能方便地确定流体静压强的方向。

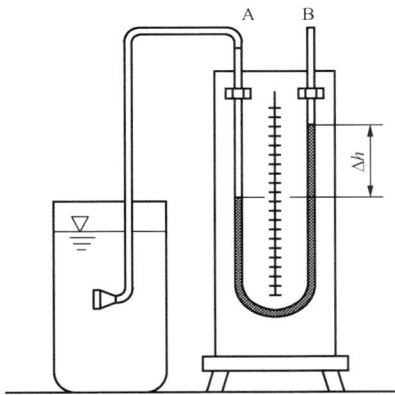

图2-2　液体静压强的大小　　　　图2-3　液体静压强的方向

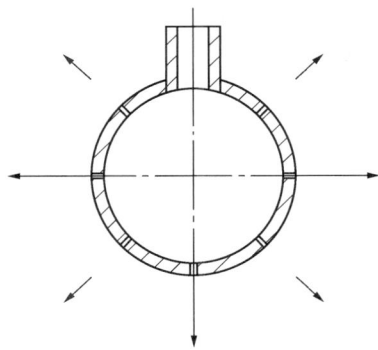

第二节　流体压强的表示方法

教学目的

掌握绝对压强、计示压强和真空三种压强的表示方法，以及它们之间的关系，熟悉生产现场常用的压强表示方法，以及各种压强单位之间的换算关系。

教学内容

一、压强的表示方法

工程实际中，对静止流体内任一点静压强的测量和标定有两种不同基准，因而有以下不同的表示方法。

1. 绝对压强

绝对压强是以绝对真空（又称完全真空）为零点起算的压强，用 p 表示。绝对压强总是正值，反映流体中某一点的真实压强。在描述流体本身的性质，如需计算或查阅流体的状态参数时，都必须用绝对压强。

2. 相对压强

相对压强是以当地大气压为零点起算的压强，用 p_g 表示。它是绝对压强 p 与大气压强 p_a 的差值，反映流体中某一点压强高出大气压强部分的数值，即

$$p_g = p - p_a \qquad (2 \text{-} 3)$$

由于地球上的物体都要受到大气压强的作用，如图 2 - 4 所示，处于大气中的压力表弹簧管，若管内流体的压强与外界大气压相等，则两者对管壁的作用力互相抵消，压力表的读数为零；若弹簧管内流体压强高于大气压强，二者的压强差将对管壁产生作用力，使指针移动显示出相对压强。因为相对压强 p_g 可以由压力表直接测得，所以又称计示压强或表压强。在工程实际中，为便于测量以及简化流体力学的计算，常常以计示压强表示流体的压强。

由此可见，绝对压强 p 是当地大气压强 p_a 与计示压强 p_g 之和，而计示压强 p_g 是绝对压强 p 与当地大气压强 p_a 之差。

3. 真空与真空度

当流体的绝对压强低于当地大气压时，就说该流体处于真空状态。例如水泵和风机的吸入口处、凝汽器、锅炉炉膛等处的绝对压强都低于当地大气压，这些地方的计示压强都是负值，称为真空或负压，用符号 p_v 表示，则

$$p_v = p_a - p \qquad (2 \text{-} 4)$$

如以液柱高度表示，则

$$h_v = \frac{p_v}{\rho g} = \frac{p_a - p}{\rho g} \qquad (2 \text{-} 5)$$

式中　h_v——真空高度。

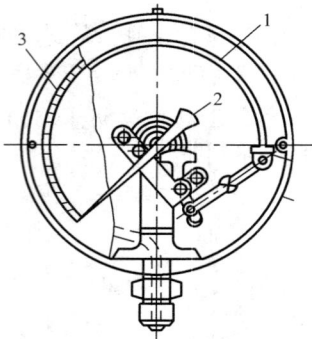

图 2 - 4　弹簧管压力表
1—弹簧管；2—指针；3—刻度

在工程中，例如汽轮机凝汽器中的真空，常用当地大气压的百分数来表示，即

$$B = \frac{p_v}{p_a} \times 100\% = \left(1 - \frac{p}{p_a}\right) \times 100\%$$

式中，B 通常称为真空度。

比较式（2 - 3）与式（2 - 4）可以得到真空与相对压强的关系为

$$p_v = -p_g \qquad (2 \text{-} 6)$$

这一关系表明了真空值就是负的相对压强值，在负压系统中压力表测出的压强都是真空值 p_v，而流体力学实际计算时常采用相对压强 p_g，这时就可应用上述关系进行换算后再作计算。

二、绝对压强、计示压强和真空之间的关系

当地大气压是某地气压表上测得的压强值，它随着气象条件的变化而变化，所以当地大气压强线是变动的。由于绝大多数气体的物性参数都是气体绝对压强的函数，所以气体的压强都用绝对压强表示；而液体的性质几乎不受压强的影响，所以液体的压强常用计示压强表

示，只有在汽化点时，才用液体的绝对压强。

我们把相对压强为正值的状态叫作正压状态，相对压强为负值的状态叫作负压状态。正压状态下，流体任意点 1 处绝对压强与相对压强间的关系，以及在负压状态下流体任意点 2 处绝对压强、相对压强、真空值三者之间的关系，如图2-5所示。

三、压强的计量单位

目前，流体压强常用以下三种计量单位。

1. 用单位面积上所承受的力表示

国际和我国现行法定的压强单位是帕斯卡，简称帕，以符号 Pa 表示。还有较大的单位是千帕和兆帕，分别用 kPa 和 MPa 表示，$1kPa = 10^3Pa$，$1MPa = 10^6Pa$。（我国曾用的工程制单位是公斤力/厘米^2，符号是 kgf/cm^2。）

2. 用液柱高度表示

工程上常用一个标准大气压下，4℃的水柱或0℃的水银柱高度表示压强的单位。它们是毫米水柱、米水柱或毫米汞柱，符号分别是 mmH_2O、mH_2O 或 mmHg。

3. 用大气压表示

图 2 - 5　绝对压强、相对压强、真空之间的关系

压强的单位也用标准大气压（即物理大气压）或工程大气压，符号分别是 atm 或 at。所谓标准大气压是指0℃时在纬度45°处海平面上大气的绝对压强值。而在工程单位制里，为了计算方便，常把 $1kgf/cm^2$ 定义为一个工程大气压，$1at = 1kgf/cm^2$。各种压强计量单位间的换算关系见表2-1。

表 2 - 1　　　　　　　　　　　压 强 单 位 换 算 表

帕（Pa）	工程大气压（kgf/cm^2）	标准大气压（atm）	巴（bar）	米水柱（mH$_2$O）	毫米汞柱（mmHg）
1	1.02×10^{-5}	9.87×10^{-6}	1×10^{-5}	1.02×10^{-4}	7.5×10^{-3}
9.8×10^4	1	0.968	0.981	10	735.6
1.013×10^5	1.033	1	1.013	10.33	760
1×10^5	1.02	0.987	1	10.2	750
9.81×10^3	0.1	0.096 8	0.098 1	1	73.56
133	1.36×10^{-3}	1.316×10^{-3}	1.33×10^{-3}	13.6×10^{-3}	1

【例 2 - 1】　发电厂汽轮机将乏汽排到凝汽器中后被循环水冷却为凝结水，已知凝汽器内真空值 $p_v = 94kPa$，当地大气压 $p_a = 98\,070\,Pa$，求凝汽器内绝对压强、相对压强及真空度。

解　绝对压强　　　　　$p = p_a - p_v = 98\,070 - 94\,000 = 4070(Pa)$

相对压强　　　　　　　　　　　$p_g = -p_v = -94(kPa)$

真空度　　　　　　$B = \dfrac{p_v}{p_a} \times 100\% = \dfrac{94\,000}{98\,070} \times 100\% = 96\%$

【例 2 - 2】　一台 300MW 机组的运行报表上记录的设备参数值：①汽包压强为

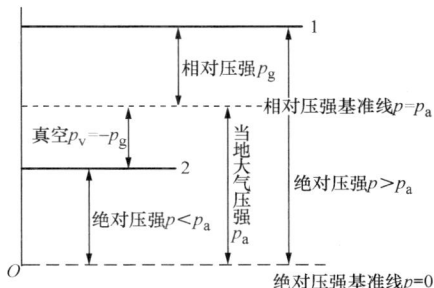

18.5MPa，②凝汽器真空为 96kPa，③除氧器压强 0.881MPa，④炉膛负压为 80Pa。要求：

（1）分析给出的压强基准；

（2）如果当地大气压 $p_a=101\,325Pa$，计算以上各设备的绝对压强、相对压强。

解　（1）电厂中直接从仪表中读出的都是计示压强或者真空值，因此，①、③是相对压强，②、④是真空值。

（2）①汽包压强的相对压强 $p_{1g}=18.5MPa$，则其绝对压强
$$p_1 = p_a + p_{1g} = 0.101 + 18.5 = 18.6(MPa)$$
②凝汽器真空值 $p_{2v}=96kPa$，则其绝对压强
$$p_2 = p_a - p_{2v} = 101 - 96 = 5(kPa)$$
相对压强　　　　　　　　　$p_{2g} = -p_{2v} = -96kPa$
③除氧器相对压强 $p_{3g}=0.881MPa$，则其绝对压强
$$p_3 = p_a + p_{1g} = 0.101 + 0.881 = 0.982(MPa)$$
④炉膛负压 $p_{4v}=80Pa$，则其绝对压强
$$p_4 = p_a - p_{4v} = 101\,325 - 80 = 101\,245(Pa)$$
相对压强　　　　　　　　　$p_{4g} = -p_{4v} = -80Pa$

第三节　流体静力学基本方程

教学目的

掌握流体静力学基本方程及其物理意义和几何意义。

教学内容

一、流体静力学基本方程

在自然界和工程实际中，经常遇到的研究对象是质量力只有重力、并且是不可压缩的静止流体。前面我们分析过，液体的压缩性和膨胀性很小，可当成密度是常数的不可压缩流体。

流体静力学基本方程就是揭示不可压缩流体（以下简称液体）在平衡状态下力学规律的公式，用它可以确定静止流体内任意点的静压强大小。为了便于研究流体静力学中不同的问题，流体静力学基本方程常用以下两种表达形式。

1. 静力学基本方程第一表达式

如图 2-6 所示，通过静止液体内任意一点 K，在其所处的水平面上取一微小面积 ΔA，

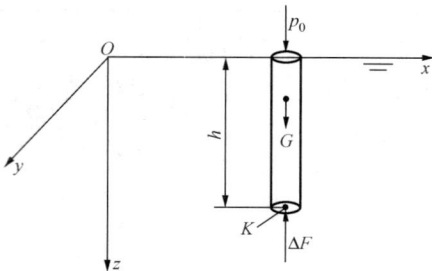

图 2-6　静止液体内微小圆柱体的平衡

并以此为底面作一直立圆柱体，其上表面与自由表面重合，高度为 h，自由表面上的压强为 p_0。

由于液体是静止的，该圆柱体在空间坐标系中处于力的平衡状态，其平衡条件是
$$\left.\begin{array}{l}\sum F_x = 0\\\sum F_y = 0\\\sum F_z = 0\end{array}\right\}$$

作用在圆柱体侧面（水平面上）各个方向的静压力均相等，即 $\sum F_x=0$，$\sum F_y=0$。在垂直方

向上作用在圆柱体的力有：作用在底面上的总压力 ΔF、作用在顶面上的总压力 $p_0 \Delta A$ 及重力 $G = \rho g h \Delta A$，根据 $\sum F_z = 0$ 得

$$p_0 \Delta A + \rho g h \Delta A - \Delta F = 0$$

则有

$$\Delta F = p_0 \Delta A + \rho g h \Delta A$$

等式两端同除以 ΔA 得

$$\frac{\Delta F}{\Delta A} = p_0 + \rho g h$$

根据静压强的定义式

$$p = \lim_{\Delta A \to 0} \frac{\Delta F}{\Delta A}$$

得

$$p = p_0 + \rho g h \tag{2-7}$$

式（2-7）为流体静力学基本方程的第一表达式，它说明：

（1）在重力作用下的静止流体中，静压强随淹没深度（又称淹深）按线性规律变化，即随淹深的增加，静压强值呈线性增加。

（2）在静止流体中，位于同一深度（h＝常数）的各点的静压强相等，即任一水平面都是等压面。

（3）在静止流体中，任意一点的静压强由两部分组成：一部分是自由表面上的压强 p_0，另一部分是包围该点的单位面积到自由表面液柱重量 $\rho g h$。

（4）静止液体自由表面上的压强 p_0 均匀传递到液体内各点，这就是著名的帕斯卡定律，如水压机、油压千斤顶等机械就是应用这个定律制成的。

如图 2-7 所示，静止液体内淹没深度分别为 h_1、h_2 的 1、2（$h_2 > h_1$）两点，则两点间的压强差值为

$$p_2 - p_1 = \rho g (h_2 - h_1)$$

即

$$p_2 = p_1 + \rho g \Delta h \tag{2-8}$$

及

$$p_1 = p_2 - \rho g \Delta h \tag{2-9}$$

式（2-8）及式（2-9）反映了静止液体内不同位置处的静压强数值之间的关系。它们表明：较深点的静压强等于较浅点的静压强加上两点所处位置的深度差 Δh 与 ρg 的乘积；反之，较浅点的静压强等于较深点的静压强减去两点所处位置的深度差 Δh 与 ρg 的乘积。掌握这个关系可以很方便地进行静压强的计算。

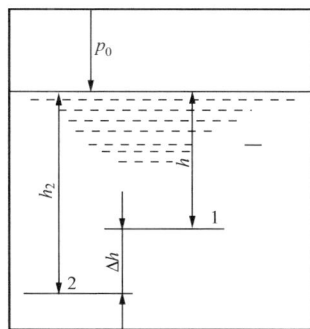

图 2-7　重力作用下的静止液体

2. 静力学基本方程第二表达式

如图 2-8 所示，在静止液体内任意取两点 1、2，它们到某基准面的高度为 z_1、z_2，液面到基准面的高度为 z_0（所谓基准面是指用于流体位置高度计算基准的水平面。它可以任意选取，通常以过容器底部或过管道中心线最低点的水平面为基准面）。则由式（2-7）可得 1、2 点的静压强分别为

$$p_1 = p_0 + \rho g h_1 = p_0 + \rho g (z_0 - z_1)$$

$$p_2 = p_0 + \rho g h_2 = p_0 + \rho g (z_0 - z_2)$$

将两式除以 ρg 后相减得到

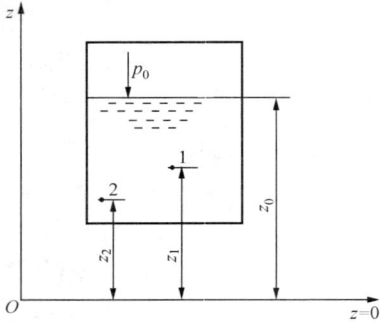

图 2 - 8　推导流体静力学方程用图

$$z_1 + \frac{p_1}{\rho g} = z_2 + \frac{p_2}{\rho g} \qquad (2 - 10)$$

由于 1、2 两点是任选的，因此可将式（2 - 10）推广到整个静止液体中，得到如下规律：

$$z + \frac{p}{\rho g} = C(\text{常数}) \qquad (2 - 11)$$

这就是流体静力学基本方程的第二表达式，在均质（ρ 相同）、连通、静止的液体内部，可以看出：

（1）当 $p_1 = p_2$ 时，则 $z_1 = z_2$；反之，当 $z_1 = z_2$ 时，则 $p_1 = p_2$，即等压面为水平面，水平面为等压面。

（2）当 $z_1 > z_2$ 时，则 $p_1 < p_2$，即位置较低点处的压强恒大于位置较高点处的压强。

需要强调的是，流体静力学基本方程虽然是以静止的均质液体为例导出的，但它同样适用于静止的均质气体，只是气体的密度值很小，在不大的容器中 $\rho g h$ 可忽略不计。所以，可以认为容器中气体内部各点的压强都相等。

二、流体静力学基本方程的意义

利用流体静力学基本方程的第二表达式 $z + \dfrac{p}{\rho g} = C$（常数），我们从物理学和几何学两个方面来讨论它的意义，从而更深刻地理解流体静力学基本方程的本质。

1. 物理意义

从能量的角度来解释静力学基本方程，称之为物理意义。

（1）z 表示单位重力作用下流体对某一基准面的位势能。从物理学可知，把质量为 m 的物体从基准面提升 z 高度后，该物体就具有位势能 mgz，则单位重力作用下物体所具有的位势能为 $z\left(\dfrac{mgz}{mg} = z\right)$，位势能常简称为位能。

（2）$\dfrac{p}{\rho g}$ 表示单位重力作用下流体的压强势能。如图 2 - 9（a）所示，容器距基准面 z 处开一个小孔，接一个顶端封闭的玻璃管（称为测压管），并把其内空气抽出，形成完全真空（$p = 0$），在开孔处液体静压强 p 的作用下，液体进入测压管，上升的高度 h 与静压强的关系为 $h = \dfrac{p}{\rho g}$。所以，$\dfrac{p}{\rho g}$ 称为单位重力作用下流体的压强势能，压强势能常简称为压能。

位势能和压强势能之和 $\left(z + \dfrac{p}{\rho g}\right)$ 称为单位重力作用下流体的总势能，简称比势能。所以，流体静力学基本方程的物理意义是：在重力作用下静止流体中的各点，单位重力作用下流体的总势能是相等的。即在保持总势能不变的情况下，单位重力作用下流体的位能和

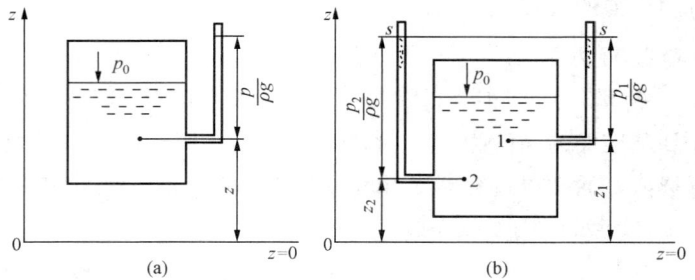

图 2 - 9　静力学基本方程的物理与几何意义示意图
（a）闭口测压管液柱上升高度；（b）各种水头表示

压能可以互相转换，这就是能量守恒定律在静止流体中的表现。

2. 几何意义

从几何学的意义上讲，单位重力作用下流体所具有的能量可以用高度表示，我们称之为水头（或能头）。

（1）z 表示流体内某点距基准面的位置高度，称之为位置水头，如图 2-9（a）所示。

（2）$\dfrac{p}{\rho g}$ 表示流体内某点的压强相对应的液柱高度，称为压强水头，如图 2-9（a）所示。

位置水头和压强水头之和称为静水头或测压管水头。所以，静力学基本方程的几何意义表述为：在重力作用的静止流体中，各点的静水头（测压管水头）均相等。将流体中各点的测压管液面连接起来就形成一水平面 $s-s$，如图 2-9（b）所示。

【例 2-3】 如图 2-10 所示，一敞口容器，内充酒精，已知酒精的密度 $\rho=800\text{kg/m}$，液面下有 1、2 两点，表压强分别为 $p_1=64\text{kPa}$，$p_2=79.68\text{kPa}$，求：1、2 点的高度差 Δz 为多少？

解 对 1、2 两点列流体静力学基本方程　　$z_1+\dfrac{p_1}{\rho g}=z_2+\dfrac{p_2}{\rho g}$

$$\Delta z = z_1 - z_2 = \frac{p_2}{\rho g} - \frac{p_1}{\rho g}$$

$$= \frac{(79.68-64)\times 10^3}{9.807\times 800} = 2(\text{m})$$

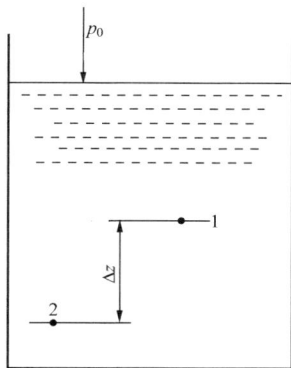

图 2-10　例 2-3 图

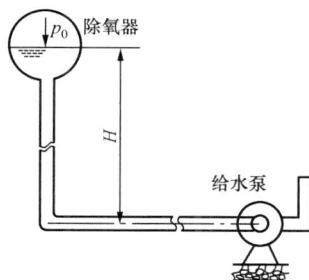

图 2-11　例 2-4 图

【例 2-4】 如图 2-11 所示，电厂除氧器中水温为 110℃，绝对压强 $p_0=232\text{kPa}$，密度 $\rho=950\text{kg/m}^3$。除氧器水面与给水泵入口位置高度差 $H=20\text{m}$，当地大气压为 101kPa，给水泵处于热备用状态时，求水泵进口处的绝对压强和计示压强。

解 由于给水泵处于热备用状态，给水管中的水不流动，处于静止状态。

根据流体静力学基本方程　　　　　　$p = p_0 + \rho g H$

水泵进口处的绝对压强

$$p = p_0 + \rho g H = 232\times 10^3 + 950\times 9.807\times 20 = 418.3(\text{kPa})$$

水泵进口处的相对压强　　　　　　$p_\text{g} = p - p_\text{a} = 418.3 - 101 = 317.3(\text{kPa})$

第四节   流体静力学基本方程的应用

教学目的

    掌握选取等压面的方法，掌握连通器的原理及其应用，掌握液柱式测压计的原理和静压强的测量方法。

教学内容

    在流体静力学基本方程的应用中，解决问题的关键是正确地选择便于计算的等压面。

一、等压面的概念

    在充满静止液体的空间里，静压强相等的点构成的面称为等压面。在等压面上的各液体质点的静压强均相等。等压面有两个重要性质：

    （1）通过静止液体中任一点的等压面都垂直于该点处的质量力。因此，根据质量力的方向可以确定等压面的形状；反之，根据等压面的形状也可以确定质量力的方向。例如，仅受重力作用的静止液体中，因重力的方向是垂直向下的，所以等压面是呈水平的水平面。

    （2）等压面不能相交。如果等压面相交，则处在相交处的同一个流体质点具有两个不等的静压强，这是不可能的，因而等压面不能相交。

    由静力学方程可知，在同一种、连通、静止的液体中，位于同一深度的各点静压强必然相等，则水平面就是等压面，由不同深度的水平面组成了静压强不等的等压面簇。由于同一种、连通、静止液体是静力学方程的适用条件，因此在选取水平面作为等压面时，必须注意同时满足这三个条件，缺少任一条件，水平面就不再是等压面。如图 2 - 12 所示，水平面 1—1 及 2—2 是等压面，因为处于这两个水平面的液体满足以上三个条件。而水平面 3—3 不是等压面，因为处在这一水平面 3—3 的液体不是同一种液体。如图 2 - 13 所示，1、2、3 三点在同一水平面上，但 $p_2 = p_3$，而 $p_1 \neq p_2$，这是因为 2、3 两点的液体处于同一种、连通、静止液体中，而 1、2 两点的液体种类不同且不连通。由于气柱所形成的压强差可以忽略，因此，相连通的气体内部，各点压强均相等，$p_4 = p_0$。通常，为计算方便，将等压面选取在两种液体的交界面上或自由表面上，如图 2 - 12 中的 2—2 和图 2 - 13 中的 5—6 所示。

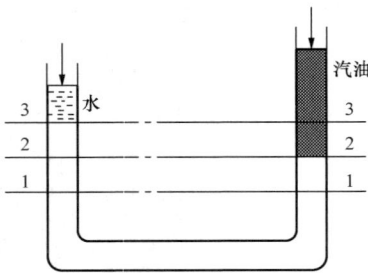

图 2 - 12   等压面的条件   图 2 - 13   等压面

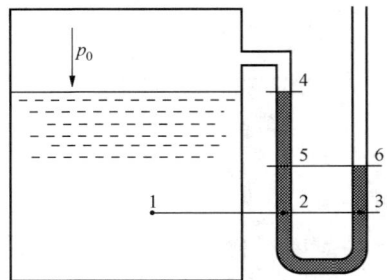

    在应用流体静力学基本方程解题时，首先选择满足上述三个条件且便于计算的水平面作为等压面，再根据流体静力学基本方程列出等压面的平衡方程。该方程应包含所有已知量和一个未知量，要注意方程式两边压强的表示方法要一致，即同时用相对压强或绝对压强，不能一边用绝对压强、一边用相对压强。在将已知条件代入求解方程时，还要注意单位的统一

与换算。

【例 2 - 5】　如图 2 - 14 所示，有一直径 $d=$ 20cm 的圆柱体，其重力 $G=500N$，在外力 $F=300N$ 的作用下，浸没在水中深度 $h=0.5m$ 时处于静止状态。求测压管中水柱的高度是多少？

解　不考虑大气压的作用，圆柱底面上各点受到水的静压强

$$p_g = \frac{F+G}{\frac{\pi}{4}d^2} = \frac{4 \times (300+500)}{3.14 \times 0.2^2} = 2.55 \times 10^4 (\text{Pa})$$

通过圆柱体底面的水平面 AB 是等压面，列等压面方程，且方程式两边同时用相对压强，所以

$$\rho g (H+h) = p_g$$

$$H = \frac{2.55 \times 10^4}{9.807 \times 1000} - 0.5 = 2.6 - 0.5 = 2.1(\text{m})$$

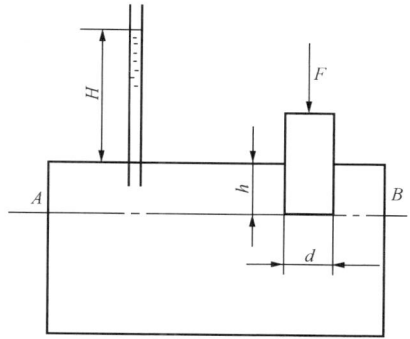

图 2 - 14　例 2 - 5 图

二、连通器

连通器是由两个或数个底部相通的容器组成的一种特殊容器。下面分两种情况来分析连通器内液体的平衡问题。

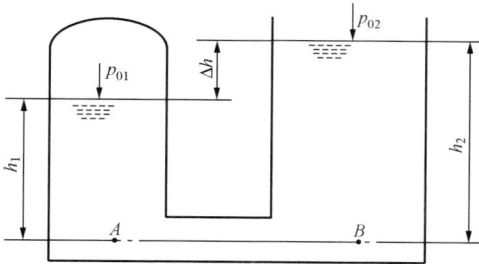

图 2 - 15　连通器 1

1. 盛有同一种液体的连通器

如图 2 - 15 所示，盛有密度为 ρ 的同一种液体的连通器，两侧液面上压强不等（$p_{01} > p_{02}$）。当连通器内液体处于静止状态，通过液体的任何一个水平面都是等压面，图中水平面 $A-B$ 就是一个水平面，列出这个水平面上的 A、B 点的等压面方程

$$p_{01} + \rho g h_1 = p_{02} + \rho g h_2$$

$$p_{01} - p_{02} = \rho g \Delta h$$

这种情况下，连通器两侧液面上的压强差等于液面高度差所造成的压强差。这一结论在液柱式测压计中被广泛采用，如凝汽器的水银真空计、锅炉炉膛的风压表等。

若连通器两侧液面上的压强相等，即 $p_{01} = p_{02}$，则 $h_1 = h_2$。利用此原理来测量一些封闭的容器内所储液体的液面高度，这种仪表称为液位计，如电厂中锅炉汽包水位计、化学处理水箱上的水位计等。

2. 盛有不同液体的连通器

如图 2 - 16 所示，盛有两种互不掺混密度分别为 ρ_1、ρ_2 的液体，两侧液面压强相等 $p_{01} = p_{02} = p_0$，水平面 2—2 为两种液体的分界面，且 1—1 与 2—2 处于同一水平面。由于静止、同种、连通的液体中，任一水平面都是等压面，1—1 与 2—2 上各

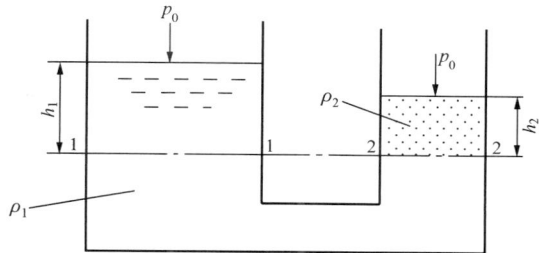

图 2 - 16　连通器 2

点的静压强均相等。列出等压面方程

$$p_0 + \rho_1 g h_1 = p_0 + \rho_2 g h_2$$

则

$$\rho_1 g h_1 = \rho_2 g h_2$$

或

$$\frac{\rho_1}{\rho_2} = \frac{h_2}{h_1}$$

由此可知，当连通器两侧液面压强相等时，从液体分界面到连通器两侧液面的高度与液体密度成反比。利用这一结论，可以由一种已知的液体密度测定另一种未知液体的密度。

火电厂锅炉汽包储存有大量的饱和水与饱和蒸汽，运行中监视和正确测量锅炉汽包内的水位并保持其在规定范围内是非常重要的。图 2-17 所示是直接装置在汽包上的水位计，用汽连通管和水连通管将汽包的汽空间和水空间连接起来。在锅炉点火前的冷态情况下，水位计和汽包中水的密度相同，因此水位计中的水位与汽包的实际水位相等，即 $h_1 = h_2$。

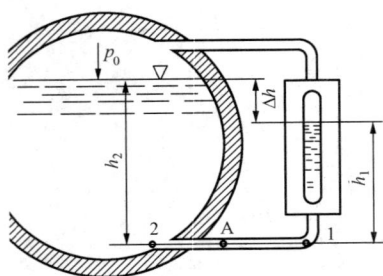

图 2-17　汽包上的水位计

锅炉点火运行后，处于热态，由于观测板和汽、水连通管的散热，使水位计中的水温比汽包内锅水的温度低，其密度就要大些，所以水位计中的水位 h_1 和汽包内锅水的水位 h_2 就不相等，即 h_1 稍低于 h_2，两者有个水位差 Δh。因此锅炉运行时，从水位计上所观测到的水位并不是汽包锅水的实际水位，确定汽包上的真实水位就是连通器 2 的应用问题，下面举例说明。

【例 2-6】　若汽包中水面上绝对压强 $p_0 = 1089 \times 10^4$ Pa，水位计中的水温 260℃，水位计的读数 $h_1 = 300$mm。求汽包的真实水位 h_2、水位计的误差 Δh 及相对误差 $\dfrac{\Delta h}{h_2}$ 分别为多少？

解　这个水位计就是液面上压强相等、两侧液体密度不同的连通器。

从水蒸气表中查得：压强为 1089×10^4 Pa、温度为 260℃时，水的密度 $\rho_1 = 785$kg/m³；压强为 1089×10^4 Pa 时的饱和水密度 $\rho_2 = 673$kg/m³。

取水连通管轴线为等压面，列平衡方程

$$p_0 + \rho_1 g h_1 = p_0 + \rho_2 g h_2$$

汽包内锅水的实际水位为

$$h_2 = \frac{\rho_1}{\rho_2} h_1 = \frac{785}{673} \times 0.3 = 0.35 \, (\text{m})$$

与水位计中观测到的水位差为

$$\Delta h = h_2 - h_1 = 0.35 - 0.3 = 0.05 \, (\text{m})$$

水位计的相对误差

$$\frac{\Delta h}{h_2} = \frac{0.05}{0.35} = 14.3\%$$

从以上的计算结果看出：水位计误差的大小取决于锅炉参数及水位计的散热情况。运行中，应做好水位计的保温，以减少误差。另外，由于散热不可避免，对于锅炉运行人员应该明确汽包就地显示的水位要比汽包真实水位低。

三、液柱式测压计

测量流体压强的仪器类型很多，量程大小和计量精度上也有很大差别。按所测压强高于或低于大气压强分为压力表、真空表；按测量原理的不同分为液柱式测压计、金属压力表和电测式压力计。液柱式测压计的测量原理是以流体静力学基本方程为依据的，结构简单，使用方便。下面将分别介绍几种常用的液柱式测压计。

1. 测压管

测压管是一种最简单的液柱式测压计。为了减少毛细现象所造成的误差，采用一根内径大于 10mm 的直玻璃管。测量时，将测压管的下端与装有液体的容器连接，上端开口与大气相通，如图 2 - 18（a）所示。

在压强作用下，液体在玻璃管中上升 h_p 高度。设被测液体的密度为 ρ，大气压强为 p_a，由流体静力学基本方程得 A 点的绝对压强为

$$p = p_a + \rho g h_p$$

A 点的计示压强为
$$p_g = \rho g h_p$$

测压管只适用于测量较小的压强，一般不超过 9800Pa，相当于 $1 \mathrm{mH_2O}$。如果被测压强较高，则需加长测压管的长度，使用就很不方便。图 2 - 18（a）测压管中的工作介质就是被测容器中的液体，所以此种测压管只能用于测量液体的压强。

图 2 - 18（b）所示的容器中盛有压强低于大气压强的气体，由于气体的密度远小于液体密度，可忽略气柱所产生的压强，认为静止气体内部压强处处相等。如果测压管显示的液体高度为 h_v，则容器内部 A 点的绝对压强

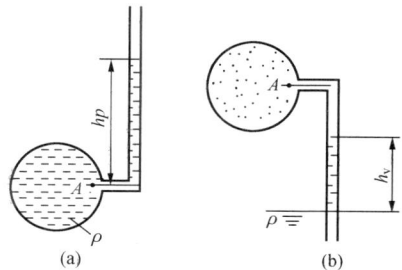

图 2 - 18　测压管

$$p = p_a - \rho g h_v$$

相对压强
$$p_g = -\rho g h_v$$
真空值
$$p_v = \rho g h_v$$

2. U 形管测压计

这种测压计是一个装在刻度板上两端开口的 U 形玻璃管。测量时，管的一端与被测容器相接，另一端与大气相通，如图 2-19 所示。U 形管内装有密度 ρ_m 大于被测流体密度 ρ 的液体工作介质，如酒精、水、四氯化碳和水银等。

根据被测流体的性质、被测压强的大小和测量精度等来选择 U 形管内的工作介质。如果被测压强较大时，可用水银；被测压强较小时，可用水或酒精。工作介质不能与被测流体相互掺混。

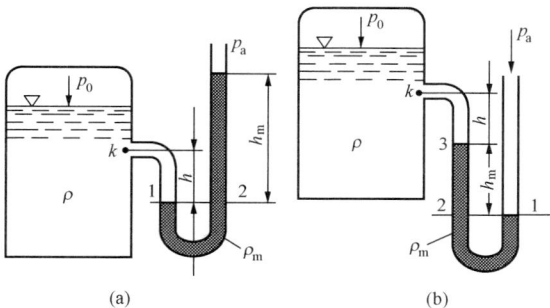

图 2 - 19　U 形管测压计

（a）$p > p_a$；（b）$p < p_a$

U 形管测压计的测量范围比测压管大，但一般亦不超过 $2.94 \times 10^5 \mathrm{Pa}$。U 形管测压计可以用来测量液体或气体的压强，可以测量容器中高于大气压强的流体压强，也可以测量容器中低于大气压强的流体压强，即可以作为真空计来测量容器中的真空。

下面分别介绍用 U 形管测压计测量 $p>p_a$ 和 $p<p_a$ 两种情况的测压原理。

（1）被测容器中的流体压强高于大气压强（即 $p>p_a$）。如图 2 - 19（a）所示，U 形管在没有接到测点 k 以前，左右两管内的液面高度相等。U 形管接到测点上后，在测点 k 的压强作用下，左管的液面下降，右管的液面上升，直到平衡为止。这时，被测流体与管内工作介质的分界面 1—2 是等压面。所以，U 形管左、右两管中的点 1 和点 2 的静压强相等，即 $p_1=p_2$，由等压面平衡方程得

$$p_k + \rho g h = p_a + \rho_m g h_m$$

所以，k 点的绝对压强为

$$p_k = p_a + \rho_m g h_m - \rho g h$$

k 点的计示压强为

$$p_{kg} = \rho_m g h_m - \rho g h$$

于是，可以根据测得的 h_m 和 h 以及已知的 ρ 和 ρ_m 计算出被测点的绝对压强和计示压强值。

（2）被测容器中的流体压强小于大气压强（即 $p<p_a$）。如图 2 - 19（b）所示，在大气压强作用下，U 形管右管内的液面下降，左管内的液面上升，直到平衡为止。这时两管工作介质的液面高度差为 h_m。在右管工作介质的自由表面作等压面 1—2，列等压面方程如下：

$$p_k + \rho g h + \rho_m g h_m = p_a$$

k 点的绝对压强为

$$p_k = p_a - \rho_m g h_m - \rho g h$$

k 点的真空或负压为

$$p_{kv} = \rho_m g h_m + \rho g h$$

如果 U 形管测压计用来测量气体时，因为气体的密度很小，公式中的 $\rho g h$ 项可以忽略不计。若被测流体的压强较高时，用一个 U 形管则过长，可以采用串联的 U 形管组成多 U 形管测压计。通常采用双 U 形管或三 U 形管测压计。

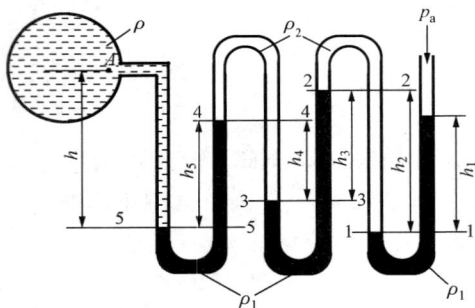

图 2 - 20　三 U 形管测压计

在图 2 - 20 所示的三 U 形管测压计中，以互不掺混的两种密度（$\rho_1>\rho_2$）的液体作为工作介质，则在平衡的同一工作介质连续区内，同一水平面即为等压面，如 1—1、2—2、3—3、4—4 和 5—5 都是不同的等压面。

对图中各等压面依次应用流体静力学基本方程得

$$p_1 = p_a + \rho_1 g h_1, p_2 = p_1 - \rho_2 g h_2$$
$$p_3 = p_2 + \rho_1 g h_3, p_4 = p_3 - \rho_2 g h_4$$
$$p_5 = p_4 + \rho_1 g h_5, p_A = p_5 - \rho g h$$

将上述几个表达式依次相加，可得容器中 A 点的绝对压强为

$$p_A = p_a - \rho g h - \rho_2 g(h_2 + h_4) + \rho_1 g(h_1 + h_3 + h_5)$$

容器中 A 点的计示压强为

$$p_A = -\rho g h - \rho_2 g(h_2 + h_4) + \rho_1 g(h_1 + h_3 + h_5)$$

如果容器中是气体，U 形管连接管中的流体也是气体，各气柱的重量可忽略不计，则上式简化为

$$p_A = \rho_1 g(h_1 + h_3 + h_5)$$

3. 差压计

U 形管差压计用来测量两个容器或同一容器（如管道）流体中不同位置两点间的压强差。测量时，把 U 形管两端分别与两个容器的测点 A 和 B 连接，如图 2-21 所示。U 形管中应注入较两个容器中的流体密度大且不相混淆的液体作为工作介质。

若 $p_A > p_B$，U 形管内液体向右管上升，平衡后，1—2 是等压面，即 $p_1 = p_2$，由等压面平衡方程得

$$p_A + \rho g h_1 = p_B + \rho g h_2 + \rho_m g \Delta H$$

故

$$p_A - p_B = \rho g (h_2 - h_1) + \rho_m g \Delta H$$

若两个容器内是同一种气体，由于气体的密度很小，U 形管内的气柱重量可忽略不计，上式可简化为

$$p_A - p_B = \rho_m g \Delta H$$

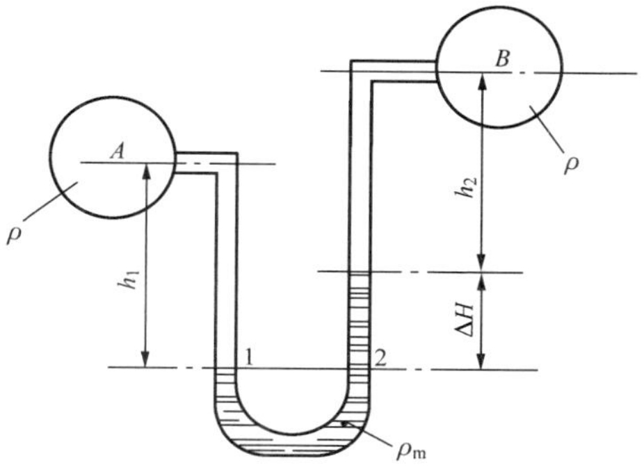

图 2-21　U 形管差压计

4. 倾斜微压计

在测量气体的微小压强和压差时，为了提高测量精确度，常采用微压计。倾斜微压计是由一个大截面的杯子连接一个可调节倾斜角度的细玻璃管构成，其中盛有密度为 ρ_m 的液体，如图 2-22 所示。

倾斜微压计在未测压时，杯中液面和倾斜管中的液面在同一平面上，称为起始液面。当测量容器或管道中某处的压强为 p 且 $p > p_a$ 时，杯端上部测压口与被测气体容器或管道的测点相连接，则在被测气体压强 p 的作用下，杯中液面下降 h_1 的高度，而倾斜玻璃管中液面上升了 L 长度，其上升高度 $h_2 = L\sin\theta$。

图 2-22　倾斜微压计

由于杯内液体下降量等于倾斜管中液体的上升量，设 A 和 s 分别为杯子和玻璃管的横截面积，则

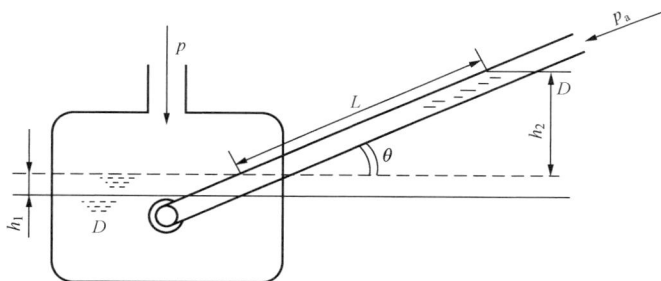

$$h_1 A = Ls$$

即

$$h_1 = L \frac{s}{A}$$

根据流体静力学基本方程可得被测气体的绝对压强为

$$p = p_a + \rho_m g (h_1 + h_2) = p_a + \rho_m g L \left(\sin\theta + \frac{s}{A} \right)$$

其计示压强为

$$p_g = p - p_a = \rho_m g L \left(\sin\theta + \frac{s}{A} \right)$$

如果用倾斜微压计测量两容器或管道两点的压强差时，将压强大的 p_1 连接杯端测压口，压强小的 p_2 连接倾斜玻璃管出口端，同理也可测得的压强差为

$$p_1 - p_2 = \rho_m g L \left(\sin\theta + \frac{s}{A} \right)$$

于是可写成

$$p_g = \rho_m g L \left(\sin\theta + \frac{s}{A} \right) = KL \qquad (2-12)$$

$$K = \rho_m g \left(\sin\theta + \frac{s}{A} \right)$$

式中　K——倾斜微压计常数。

当 A、s 和 ρ_m 一定时，K 仅是倾斜角 θ 的函数。改变 θ 的大小，可得到不同的 K 值，即将被测压强或压差的 L 值放大了不同的倍数。$\theta = 30°$ 时，$h_2 = L\sin30° = \frac{1}{2}L$，即把压强差的液柱读数放大了两倍；当 $\theta = 10°$ 时，$h_2 = L\sin10° = 0.174L = \frac{L}{5.75}$，即把压强差的液柱读数放大了 5.75 倍。可见，倾斜微压计可使读数更精确。但若 θ 过小，斜玻璃管内的液面将产生较大的波动，位置不易确定。

【例 2-7】　如图 2-23 所示，有一封闭水箱，已知水银 U 形管测压计的读数 $\Delta H = 12\text{cm}$，试确定水深 $h = 300\text{cm}$ 处的压力表读数。

解　容器中液面上空气的绝对压强

$$p_0 = p_a - \rho_m g \Delta H$$

压力表测得的是相对压强，容器中液面上空气的相对压强为

$$p_{0g} = -\rho_m g \Delta H$$

压力表的计示压强为

$$\begin{aligned}
p_g &= p_{0g} + \rho g h \\
&= -\rho_m g \Delta H + \rho g h \\
&= -13\,600 \times 9.807 \times 0.12 + 1000 \times 9.807 \times 3 \\
&= 13\,416 (\text{Pa})
\end{aligned}$$

【例 2-8】　图 2-24 所示为一复式水银测压计，用来测量水箱中水面上的压强 p_0，当地大气压 $p_a = 1.01 \times 10^5 \text{Pa}$。根据图中所标各液面的标高（单位是 m），计算水箱中水面上的绝对压强 p_0。

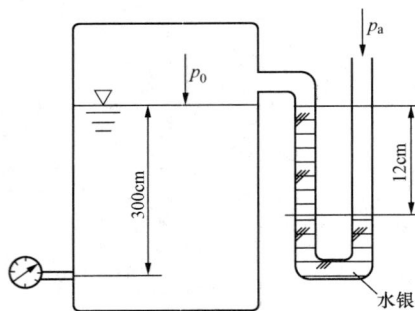

图 2-23　例 2-7 图

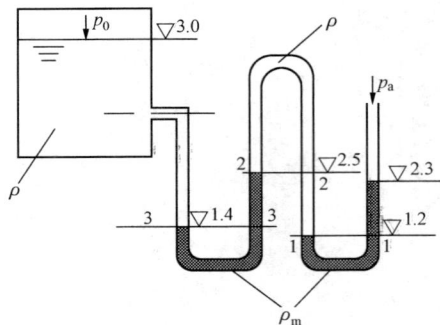

图 2-24　例 2-8 图

解　图中所示的水平面 1—1、2—2、3—3 都是等压面，列等压面方程如下

$$p_1 = p_a + \rho_m g(2.3 - 1.2)$$
$$p_2 = p_1 - \rho g(2.5 - 1.2)$$
$$p_3 = p_2 + \rho_m g(2.5 - 1.4)$$
$$p_0 = p_3 - \rho g(3.0 - 1.4)$$

将上述几式相加，得　　　　　　$p_0 = p_a + 2.2\rho_m g - 2.9\rho g$

将水、水银的密度及大气压强各值代入，求得水箱中水面上的绝对压强为

$$p_0 = 1.01 \times 10^5 + 2.2 \times 13\,600 \times 9.807 - 2.9 \times 1000 \times 9.807$$
$$= 366.0(\text{kPa})$$

【例 2 - 9】　如图 2 - 25 所示，为了测量水平的试验管道 1、2 两点水的压强差，在这两点上连接了一个 U 形管水银差压计，在水流动时，测得 U 形管水银液面高度差 $\Delta H = 200\text{mm}$。求：1、2 两点水的压强差，并用水柱高度表示。

解　取水平面 3—3、4—4 为等压面，而 1、2 两点虽然处于同种、连通液体的同一水平面上，但因液体是流动的，所以，1、2 两点所处的水平面不是等压面。

列等压面方程　　　　　$p_1 - \rho g h_1 = p_2 - \rho g h_2 + \rho_m g \Delta H$

即　　　　　　　　　　　$p_1 - p_2 = (\rho_m - \rho)g\Delta H$

代入各值后求得 1、2 两点的压强差为

$$p_1 - p_2 = (13\,600 - 1000) \times 9.807 \times 0.2 = 24.74(\text{kPa})$$

以水柱高度为单位表示的 1、2 两点水的压强差值为

$$\frac{p_1 - p_2}{\rho g} = \frac{24.74 \times 10^3}{1000 \times 9.807} = 2.52(\text{mH}_2\text{O})$$

【例 2 - 10】　如图 2 - 26 所示，封闭水箱上的真空表的读数为 1.02kPa，敞口油箱中的油面比水箱水面低 $H = 1.5\text{m}$，水银差压计中的读数 $h_1 = 0.2\text{m}$，$h_2 = 5\text{m}$，求油的密度。

解　水面上真空 $p_v = 1.02\text{kPa}$，表压强 $p_g = -1.02\text{kPa}$。

图中所标 $A—A$ 为等压面，列等压面方程

$$p_g + \rho g(H + h_1 + h_2) = \rho_{\text{油}} g h_2 + \rho_m g h_1$$

$$\rho_{\text{油}} = \frac{p_g + \rho g(H + h_1 + h_2) - \rho_m g h_1}{g h_2}$$
$$= \frac{-1020 + 1000 \times 9.807 \times (1.5 + 0.2 + 5) - 13\,600 \times 9.807 \times 0.2}{9.807 \times 5} = 775.2(\text{kg/m}^3)$$

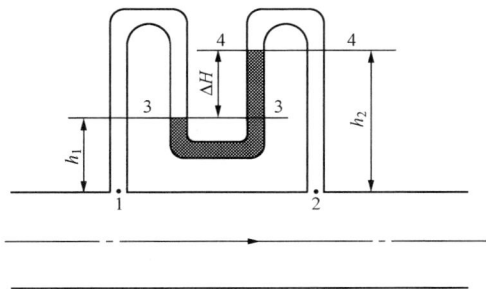

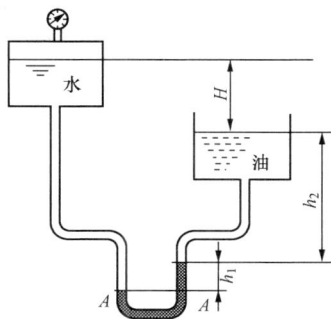

图 2 - 25　例 2 - 9 图　　　　　　　　图 2 - 26　例 2 - 10 图

第五节 静止液体作用在壁面上的总压力

教学目的

　　掌握静止液体作用在平面壁、曲面壁的总压力的大小、方向和位置的确定方法，掌握浸没在液体中的物体受力计算。

教学内容

　　在解决工程实际问题时，常需计算静止液体作用在物体壁面上的总压力（包括力的大小、方向和作用点），如各种液体容器、管道、堤坝、水闸、液压油缸、活塞、各种形状阀门以及潜浮在液体中物体等。

一、静止液体作用在平面上的总压力

　1. 总压力的大小和方向

　　静止液体作用在平面上的总压力分为静止液体作用在斜面、水平面和垂直面上的总压力三种情况，斜面是最普通的一种情况，水平面和垂直面是斜面的特殊情况。下面介绍静止液体作用在斜面上的总压力问题。

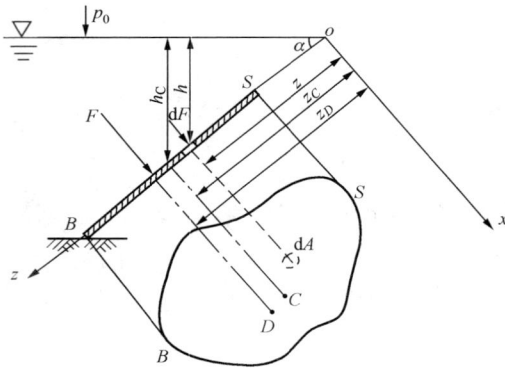

图 2 - 27　静止液体中倾斜平面上的总压力

　　在装有静止液体的容器斜壁上，取一块任意形状面积为 A 的平面 BS，它与水平面成 α 角，z 轴与液面的交点为坐标原点 o。在液面作与 oz 轴垂直的 ox 轴。为便于分析，将平板与坐标平面 xoz 一起绕 oz 轴旋转 90°与纸面重合，如图 2 - 27 所示。平面 BS 左面受液体压强，右面受大气压强的作用，由于液体自由表面也有大气压强，故左、右两面的大气压强作用相互抵消，因此，以下只讨论相对压强所产生的总压力。

　　在平面 BS 上取一微元面积，其形心点在液面下的深度为 h，若自由表面上大气压强（$p_0 = p_a$），则微元面积 dA 形心处的压强为 $p = \rho g h$，由于微元面积很小，可以认为作用在 dA 上各点的液体静压强相等，故作用在 dA 面上的总压力为 $dF = \rho g h\, dA$。

　　将上式对整个受压面 BS 进行积分，可得此平面壁上的总压力为

$$F = \int_A \rho g h\, dA = \int_A \rho g z \sin\alpha\, dA = \rho g \sin\alpha \int_A z\, dA$$

式中 $\int_A z\, dA$ 是平板面积 A 对 ox 的面积矩。由力学知识 $\int_A z\, dA = z_C A$ 可得

$$F = \rho g \sin\alpha z_C A$$

即总压力 F 的计算式为　　　　　　　　　$F = \rho g h_C A$　　　　　　　　　　　　　(2 - 13)

式中　h_C——受压面 BS 的形心 C 在自由液面以下的淹深。

　　式（2 - 13）表明，静止液体作用于任一平面上的总压力，等于液体的密度、重力加速度、平面形心的淹深和平面面积的乘积，即等于平面形心处的静压强乘以平面的面积。总压

力的大小相当于以平面面积为底，平面形心淹深为高的液柱体的质量。

由式（2 - 13）可知，只要保持平面形心淹深不变，形心处的压强就不变，无论平面的倾斜角度 α 如何改变，静止液体作用在该平面的总压力值总是不变的。这说明，若保持平面形心的淹深不变，则静止液体作用于平面上的总压力与平面的倾斜角度无关。

根据静压强的特性可知，平面壁上任一点所受的静压强都是与壁面相垂直并指向壁面，因而总压力的方向一定是垂直并指向壁面。

2. 总压力的作用点

总压力的作用线与平面壁的交点为总压力的作用点，又称压力中心。

在图 2 - 27 中，D 点为平面 BS 的压力中心。由合力矩定理可知，总压力对 ox 轴之矩等于各微元面积上的总压力对 ox 轴之矩的代数和。由此得

$$F \cdot z_D = \int_A dF \cdot z$$

因为 $F = \rho g \sin\alpha \cdot z_C A$ ，所以

$$F \cdot z_D = \rho g \sin\alpha \cdot z_C A \cdot z_D$$

而

$$\int_A dF \cdot z = \int \rho g z \sin\alpha \cdot dA \cdot z = \rho g \sin\alpha \int_A z^2 dA$$

式中的 $\int_A z^2 dA = J_x$ 是面积 A 对 ox 轴的惯性矩，故比较上两式可得压力中心的坐标值为

$$z_D = \frac{J_x}{z_C A}$$

由材料力学中的移轴定理知：$J_x = J_C + z_C^2 A$，其中 J_C 是面积 A 对通过其形心 C 且与 ox 轴平行的轴的惯性矩。J_C 的大小一般可查有关手册确定，如矩形平面为 $J_C = \frac{bh^3}{12}$（b 与 h 分别为矩形平面的宽度和沿 oz 轴方向的长度），圆形平面为 $J_C = \frac{\pi d^4}{64}$（d 为圆形平面的直径）。最终得到，压力中心为

$$z_D = z_C + \frac{J_C}{z_C A} \tag{2 - 14}$$

由式（2 - 14）可以看出，压力中心的位置 z_D 与 α 角无关。由于 $\frac{J_C}{z_C A} > 0$，故 $z_D > z_C$，压力中心总是在形心下方，且随着淹没的深度增加，压力中心逐渐趋近于形心。只有当受压面为水平面，作用点 D 才与受压面形心 C 重合，即当受压面上压力均匀分布时，其总压力作用在形心上。

工程实际中遇到的平面多数是对称的，因此压力中心的位置是在平面对称的中心线上，只需求得 z_D 坐标值即可。

当平面全部淹没于液体中，对于圆形：$z_D = \frac{5}{8}d$；对于矩形：$z_D = \frac{2}{3}h$。

【例 2 - 11】 如图 2 - 28 所示，宽为 1m 的矩形闸门 AB，倾角为 45°，水深 $h_1 = 3$m，$h_2 = 2$m，求作用于闸门上的静水总压力和作用点。

解 （1）闸门上的合力是两侧水压力的代数和，即

$$F = F_1 - F_2 = \rho g h_{C1} A_1 - \rho g h_{C2} A_2$$

$$= \rho g \frac{h_1}{2} b \frac{h_1}{\sin\alpha} - \rho g \frac{h_2}{2} b \frac{h_2}{\sin\alpha}$$

$$= 1000 \times 9.807 \times \frac{3}{2} \times 1 \times \frac{3}{\sin 45°} - 1000 \times 9.807 \times \frac{2}{2} \times 1 \times \frac{2}{\sin 45°}$$

$$= 62\,411.4 - 27\,738.3$$

$$= 34\,673(\text{N}) = 34.7(\text{kN})$$

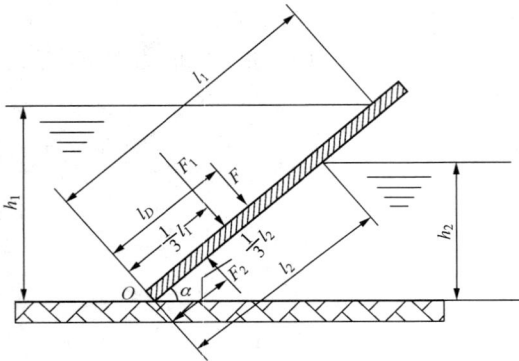

图 2-28 例 2-11 图

（2）闸门上的合力作用中心（对闸门下端之矩）。由于矩形平面的压力中心坐标

$$z_D = z_C + \frac{J_C}{z_C A} = \frac{l}{2} + \frac{bl^3/12}{(l/2)bl} = \frac{2}{3}l$$

则根据合力矩定理

$$l_D F = F_1 \frac{l_1}{3} - F_2 \frac{l_2}{3} = F_1 \frac{h_1}{3\sin\alpha} - F_2 \frac{h_2}{3\sin\alpha}$$

所以

$$l_D = \frac{F_1 h_1 - F_2 h_2}{3F\sin\alpha}$$

$$= \frac{62\,411.4 \times 3 - 27\,738.3 \times 2}{3 \times 34\,673 \times \sin 45°}$$

$$= 1.79(\text{m})$$

$$h_D = l_D \sin\alpha = 1.79 \times \sin 45° = 1.27(\text{m})$$

合力作用中心距闸门下端垂直距离为 1.27m。

二、静止液体作用在曲面壁上的总压力

电厂中有许多承受液体总压力的曲面，主要是圆柱体曲面，如锅炉汽包、除氧器水箱、油罐和弧形阀门等。由于静止液体作用在曲面上各点的压力方向都垂直于曲面各点的切线方向，彼此不再平行，所以计算作用在曲面上静止液体的总压力的方法与平面不同。通常是先用正交分解的原理把曲面上各点的静压力分解成水平分压力和垂直分压力，然后应用微积分原理分别求出总压力的水平分力 F_x 和垂直分力 F_z，最后利用力的合成原理，求出作用在曲面上的液体总压力 F。

1. 总压力的大小和方向

图 2-29 所示为一圆柱形开口容器中某一部分曲面 AB 上承受液体静止压力的情况。曲面 ABCD 左面承受液体压力，右面及液体自由表面均有大气压力，与前面一样，只讨论相对压强所产生的总压力。

设曲面的宽度为 b，在淹深 h 处取一微小弧段 ds，则作用在宽度为 b、长度为 ds 的弧面面积为 dA 上液体产生的总压力为

$$\text{d}F = \rho g h \, \text{d}A$$

这一总压力在 ox 轴与 oz 轴方向的分力为

$$\text{d}F_x = \text{d}F\cos\alpha = \rho g h \, \text{d}A\cos\alpha = \rho g h \, \text{d}A_x$$

$$\text{d}F_z = \text{d}F\sin\alpha = \rho g h \, \text{d}A\sin\alpha = \rho g h \, \text{d}A_z$$

对整个曲面积分得

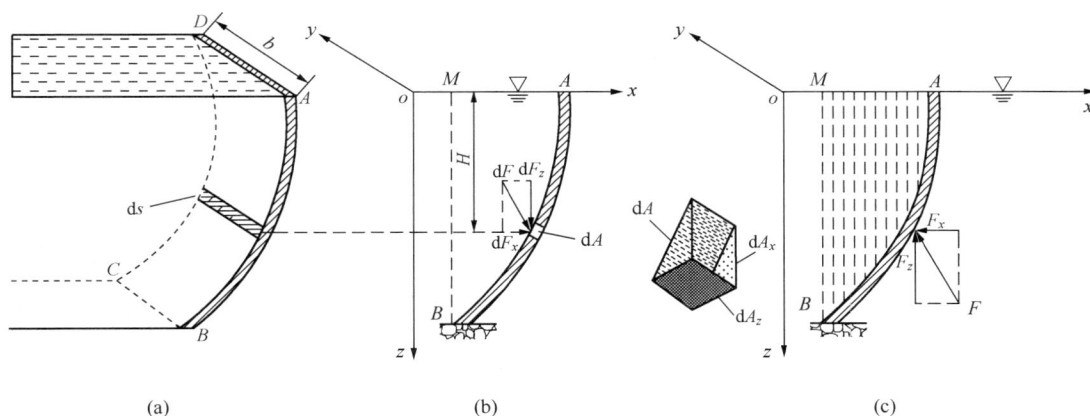

图 2 - 29 静止液体作用在曲面上的总压力

水平分力
$$F_x = \rho g \int_A h \, \mathrm{d}A_x = \rho g h_c A_x \qquad (2-15)$$

垂直分力
$$F_z = \rho g \int_A h \, \mathrm{d}A_z = \rho g V_p \qquad (2-16)$$

式（2-15）中的 A_x 为曲面面积在垂直平面（yoz 坐标面）上的投影面积。若是轴线水平的圆柱形曲面，则该曲面在垂直平面上的投影面积 $A_x = bH$（b 是圆柱形曲面在 oy 方向的宽度，H 是圆柱形曲面在 oz 方向的高度），若是球面，则在垂直平面上的投影面积 $A_x = \pi r^2$（r 为球半径）。

式（2-16）中的 $\int_A h \, \mathrm{d}A_z = V_p$，在图 2-29（b）上就是图中所标的图形 ABM 的面积乘以曲面的宽度 b，这个体积称为压力体，它是一个纯数学的假象体积，可以帮助我们确定液体总压力的垂直分力。压力体是指以曲面为底面，曲面的端点（或拐点）在自由液面（或与自由液面重合的水平面）上的垂直投影所围成的空间。当曲面左侧有液体时，如图 2-29（b）所示，压力体内确实充满着液体，称为实压力体，其体积为正，此时垂直分力方向向下，与 z 轴的正方向相同；当曲面右侧有液体时，如图 2-29（c）所示，压力体内并没有液体，称为虚压力体，其体积为负，垂直分力方向向上，与 z 轴的正方向相反。

由此可知，静止液体作用在曲面上总压力的水平分力等于作用在这一曲面在垂直投影面上的总压力，F_x 的作用线通过 A_x 的压力中心，可用以上所讨论的静止液体作用在垂直平面上总压力的计算方法进行计算。静止液体作用在曲面上的总压力的垂直分力等于压力体的液体重量，与压力体内是否充满液体无关，F_z 的作用线通过压力体的重心。计算垂直分力的关键是压力体的计算。

由静止液体作用在曲面上水平分力 F_x 和垂直分力 F_z，可确定静止液体作用在曲面上的总压力，即

$$F = \sqrt{F_x^2 + F_z^2} \qquad (2-17)$$

总压力与水平线间的夹角为

$$\alpha = \arctan \frac{F_z}{F_x} \qquad (2-18)$$

2. 总压力的作用点

曲面上总压力作用点的确定方法如图 2 - 30 所示，由于曲面 AB 上总压力水平分力 F_x 的作用线通过 A_x 面的压力中心且指向受压面，垂直分力 F_z 的作用线通过压力体的重心且指向作用面，所以，总压力的作用线必定通过这两条作用线的交点 D'，且与水平方向成 α 角，它与曲面 AB 的交点 D 就是总压力的作用点，即压力中心。

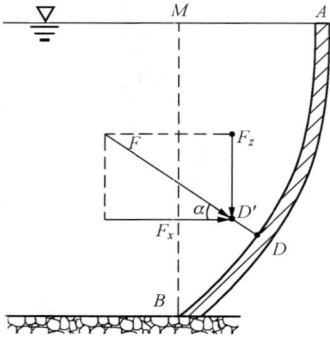

图 2 - 30 压力中心

特别需要注意的是：上述液体作用于壁面上的总压力和压力中心的计算公式，其适用条件为液面上的压强为大气压强 p_a。如果容器封闭，液面上的压强 p_0 大于或小于大气压强 p_a 时，则应以相对压强为零虚设一个液面进行计算，这个虚设液面和实际液面的距离为 $\dfrac{p_0 - p_a}{\rho g}$ （用液面上相对压强折算成的液柱高度）。当 $p_0 > p_a$ 时，虚设液面在实际液面的上方；当 $p_0 < p_a$ 时，虚设液面在实际液面的下方。这时，式（2 - 13）和式（2 - 15）的 h_C 是平面形心 C 在虚设液面以下的淹深，式（2 - 14）中的 z_C 是平面形心 C 沿 z 方向至虚设液面的距离，压力体也是以曲面为底面，曲面的端点（或拐点）在虚设液面上的垂直投影所围成的空间。

【例 2 - 12】 如图 2 - 31 所示为一溢流坝上的弧形闸门。已知：$h = 4\text{m}$，$R = 8\text{m}$，门宽 $b = 4\text{m}$，$\alpha = 30°$，试求作用在该弧形闸门上的静水总压力。

解 闸门所受的水平分力为 F_x，方向向右。

$$F_x = \rho g H_C A_x$$

$$= \rho g \times \left(h + \frac{1}{2} R \times \sin\alpha \right) \times b \times R \times \sin\alpha$$

$$= 1000 \times 9.807 \times \left(4 + \frac{1}{2} \times 8 \times \sin30° \right) \times 4 \times 8 \times \sin30°$$

$$= 941\,472\,(\text{N})$$

$$= 941.5\,(\text{kN})$$

弧形曲面与自由表面形成的压力体 ABC 为虚压力体，其体积 V_p 为

$$V_p = -b \times \left[\frac{30 \times \pi R^2}{360} - \frac{1}{2} \times R \times \cos\alpha \times R \times \sin\alpha + h \times (R - R\cos\alpha) \right]$$

$$= -4 \times \left[\frac{30 \times 3.14 \times 8^2}{360} - \frac{1}{2} \times 8 \times \cos30° \times 8 \times \sin30° + 4 \times (8 - 8\cos30°) \right]$$

$$= -28.72\,(\text{m}^3)$$

由于压力体的体积为负值，所以闸门所受的垂直分力为 F_z，方向向上。

$$F_z = \rho g V_p$$

$$= 1000 \times 9.807 \times 28.72$$

$$= 281\,657\,(\text{N})$$

$$= 281.7\,(\text{kN})$$

闸门所受水的总压力

$$F = \sqrt{F_x{}^2 + F_z{}^2}$$
$$= \sqrt{941.5^2 + 281.7^2}$$
$$= 982(\text{kN})$$

总压力的方向

$$\theta = \arctan \frac{F_z}{F_x} = \arctan \frac{281.7}{941.5} = 17°$$

三、浮力

漂浮在液面或潜没于液体中的物体会受到一个向上的托力称为液体对潜浮物体的浮力。

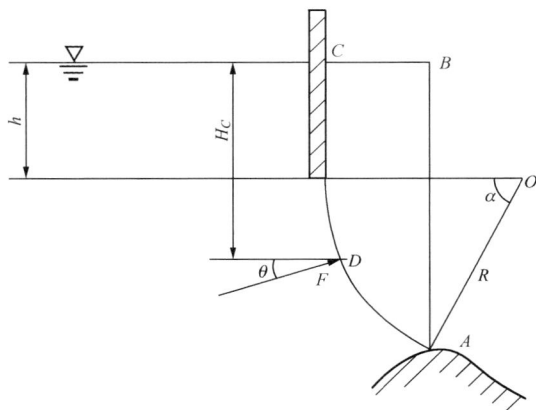

图 2 - 31　例 2 - 12 图

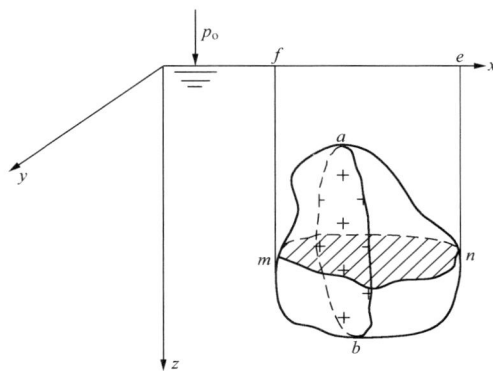

图 2 - 32　物体的浮力

如图 2 - 32 所示，潜没在静止液体中的物体，我们利用液体对曲面作用力的公式来分析受到液体静压力作用的情况。

在水平方向上，由于该物体在 yoz 和 xoz 平面上的投影面积分别为 A_x 和 A_y，代入式（2 - 13）可知，液体作用在物体上总压力的水平分力在水平面上各方向上大小相等，方向相反，它们对物体水平方向上的作用互相抵消。

在垂直方向上，可以认为物体的表面由上下两个曲面 man 和 mbn 组成，液体作用在曲面 man 的垂直分力等于曲面 man 垂直向上投影所围的压力体 $manef$ 的液体重量，即 $F_{z1} = \rho g V_{p1}$。由于 $manef$ 为实压力体，体积为正，所以 F_{z1} 方向向下。液体作用在曲面 mbn 上的垂直分力等于曲面 mbn 垂直向上投影所围的压力体 $mbnef$ 的液体重量，即 $F_{z2} = \rho g V_{p2}$，由于 $mbnef$ 为虚压力体，体积为负，所以 F_{z2} 方向向上。因此，液体作用在物体上的总的垂直分力

$$F_z = F_{z1} + F_{z2} = \rho g (V_{p1} - V_{p2}) = -\rho g V \qquad (2 - 19)$$

式（2 - 19）中的 V 正是物体潜浮在液体中的体积，负号表示力的方向与 z 轴正方向相反，是垂直向上的，可见，垂直分力 F_z 就是浮力。因此，液体作用在潜浮物体上的浮力等于该物体排开液体的重量。这一结论称为阿基米德浮力定理。

潜浮在液体中的物体，按受到的重力 G 和浮力 F_z 的不同情况可分为：

沉体——$G > F_z$ 时，下沉至底部的物体；

潜体——$G = F_z$ 时，可以在液体中任何位置处保持平衡的物体；

浮体——$G < F_z$ 时，浮出液面直到浮力减小到与重力相平衡的物体。

热力发电厂中，浮子式水位调节器等就是上述原理的具体应用。

【例 2 - 13】 　图 2 - 33 所示是浮球控制水位装置。当浮球刚被水淹没时，与杠杆连在一起的针阀关闭一直径 $d = 15\text{mm}$ 的输水管。设输水管水压 $p = 255\,250\,\text{Pa}$，杠杆 $a = 10\text{cm}$，$b = 50\text{cm}$，不计杠杆、针阀及浮球的重量，试求浮球的最小直径 D 为多少？

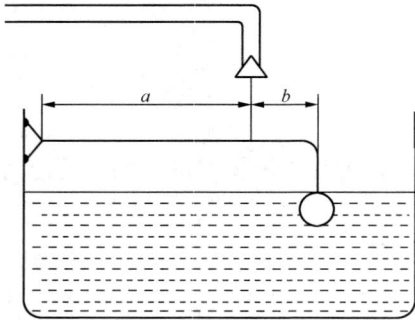

解　浮球刚被水淹时产生的浮力最大，浮力对针阀杆的力矩使针阀关闭，但是输水管的水压作用在针阀上使针阀打开。要使针阀关闭，则这两个力矩相等，此时的浮球产生的浮力所对应的直径为最小直径。

图 2 - 33　例 2 - 13 图

当浮球刚被水淹没时所受的浮力

$$F_z = \rho g V = \rho g \frac{4\pi R^3}{3}$$

水管水压作用在针阀上的总压力为

$$F = pA = p \times \frac{\pi d^2}{4} = 255\,250 \times \frac{\pi \times 0.015^2}{4} = 45.1\,(\text{N})$$

两力矩平衡时，$F_z(a + b) = Fa$，即

$$\rho g \frac{4\pi R^3}{3}(a + b) = 45.1a$$

$$R = \sqrt[3]{\frac{3 \times 45.1a}{4\rho g \pi(a + b)}} = \sqrt[3]{\frac{45.1 \times 3 \times 0.1}{4 \times 1000 \times 9.807 \times \pi \times (0.1 + 0.5)}} = 0.057\,(\text{m})$$

浮球的最小直径为　　　　　　　　　　　　$D = 2R = 0.114\,(\text{m})$

小　　结

一、液体静力学基本概念

1. 静压强及其特性

静压强——静止流体内部某点单位面积上所承受的总压力。静压强用 p 表示，单位是 Pa。

静压强的两个特性：①流体内部静压强大小在各个方向上都相等；②静压强方向垂直并指向作用面。

2. 等压面

等压面——静压强相等的点所组成的面。在质量力仅为重力作用下的同一种、连通、静止液体中，水平面一定是等压面，而等压面也必是水平面。

3. 流体压强的表示方法

绝对压强——以绝对真空为零点起算的压强，用 p 表示。

相对压强——以大气压强为零点起算的压强，用 p_g 表示，$p_g = p - p_a$。

真空值——大气压强与绝对压强的差值，用 p_v 表示，$p_v = p_a - p$。

当流体处于正压状态（$p > p_a$）时，压强有两种表示方法，即用绝对压强 p 或相对压强 p_g 表示。

当流体处于负压状态（$p < p_a$）时，压强有三种表示方法，即用绝对压强 p、相对压强 p_g 或真空值 p_v 表示。

4. 水头的概念

水头——用流体柱高度表示的单位重力作用下流体所具有能量，又称能头。

静水头——压强水头与位置水头之和。

二、流体静力学基本方程及其意义

1. 第一表达式 $p = p_0 + \rho g h$

表明在静止液体中，静压强的大小与自由液面上的压强 p_0、液体密度 ρ 以及测点淹深 h 有关。若 p_0 和 ρ 不变时，静压强的大小是随测点淹深按直线规律变化的，点的位置越深，静压强就越大；若淹深相同，则静压强就相等。

2. 第二表达式 $z + \dfrac{p}{\rho g} = C$

流体静力学基本方程的物理意义：在重力作用下的同一种、连通、静止液体中，各点的单位重力作用下液体位能与压能之间可以互相转换，总势能相等。

流体静力学基本方程的几何意义：在重力作用下的同种、连通、静止液体中，各点静水头都相等。

三、流体静力学基本方程的应用

（1）测量液位高度。当水位计内液体与被测容器内液体符合同一种、连通、静止的条件，且两自由液面上压强相等时，水位计内液面位置显示的就是被测容器内液面的位置。

（2）测量液体的压强或压强差。将液柱式测压计的一端接被测容器，另一端连通大气，可测量液体的压强。若两端各接一个被测容器，则可测量两容器内液体的压强差。

四、静止液体作用在壁面上的总压力

1. 平面上总压力

大小：$F = \rho g h_c A$，作用点 D 的 z 坐标为 $z_D = z_C + \dfrac{J_C}{z_C A}$。

2. 曲面上总压力

（1）水平分力为 $F_x = \rho g h_c A_x$，其中，A_x 为曲面在垂直平面上的投影面积。

（2）垂直分力为 $F_z = \rho g V_p$，其中，V_p 为压力体的体积。压力体是指以曲面为底面，曲面的端点（或拐点）在自由液面（或与自由液面重合的水平面）上的垂直投影所围成的空间。实压力体，体积为正，垂直分力方向向下；虚压力体，体积为负，垂直分力方向向上。

总压力大小：$F = \sqrt{F_x^2 + F_y^2}$，方向：与水平线间的夹角 $\alpha = \arctan \dfrac{F_z}{F_x}$。

3. 浮力

液体作用在潜浮物体上的浮力等于该物体排开液体的重量，即浮力 $F_z = \rho g V$，其中 ρ 为液体密度，V 为物体排开液体的体积。

思　考　题

2-1　流体静压强的两个特性是什么？它们在工程实际上有何应用？

2-2　绝对压强、相对压强、真空值三者之间有什么区别和联系？

2-3　选择水平面为等压面的条件是什么？水管上安装双 U 形管测压计如图 2-34 所示。问 p_1、p_2、p_3、p_4 哪个最大？哪个最小？哪些相等？

2-4　静力学基本方程的物理和几何意义分别是什么？

2-5　在传统实验中，为何常用水银作 U 形管测压计的工作流体？

2-6　一密闭容器盛有两种液体 ρ_2（Hg）$>\rho_1$（H_2O），见图 2-35，在同一水平线上的各点 1、2、3、4、5 的哪点压强最大？哪点压强最小？哪些点压强相等？

2-7　不同形状并装满同一种液体的容器，若它们的深度相同，底部面积也相同，则液体作用在底面的总压力是否相同？

2-8　有一倾斜平板浸没在静止液体中，当此平板绕其形心线转动时，作用在此平板上的总压力是否变化？为什么？

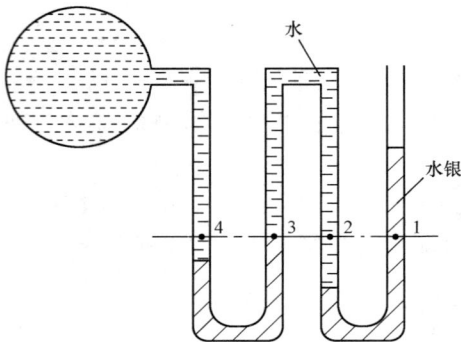

图 2-34　思考题 2-3 图

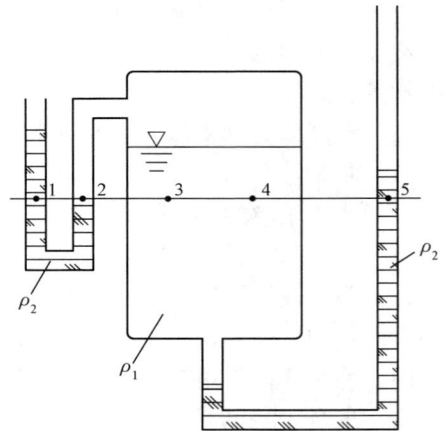

图 2-35　思考题 2-6 图

2-9　画出图 2-36 中圆柱面的压力体。

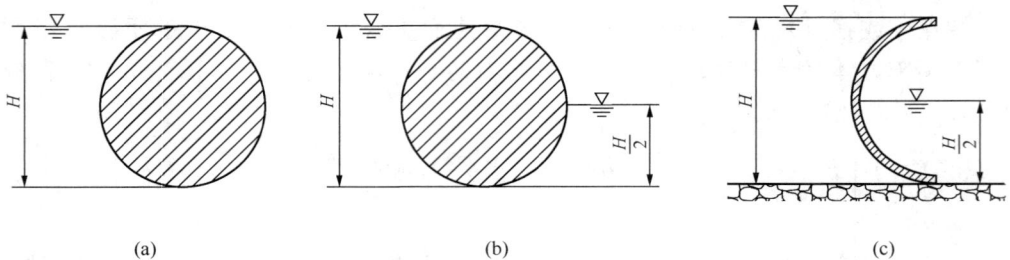

(a)　　　　　　　　　　　(b)　　　　　　　　　　　(c)

图 2-36　思考题 2-9 图

2-10 试画出图 2-37 中曲面 AB 和 CD 的压力体，并分别标明这两个曲面液体总压力垂直分力的方向。

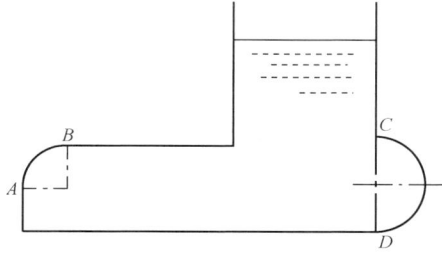

图 2-37 思考题 2-10 图

习　　题

2-1 如图 2-38 所示的盛水容器中，已知 $h=2m$，当地大气压头为 $H_a=10mH_2O$，计算 A 点的绝对压强、相对压强。

2-2 若气压计在海平面的读数为 755mmHg，试求海平面下 20m 深处的相对压强。（海水的密度为 $\rho=1026kg/m^3$）

2-3 如图 2-39 所示，有一封闭水箱，已知水银 U 形管测压计中 $\Delta H=12cm$，$H=300cm$，试确定压力表的读数。（水的密度为 $\rho=1000kg/m^3$，水银的密度为 $\rho_{Hg}=13\,600kg/m^3$）

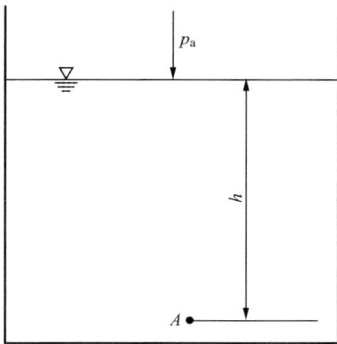

图 2-38 习题 2-1 图

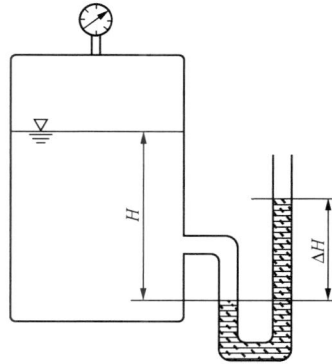

图 2-39 习题 2-3 图

2-4 除氧器水箱布置如图 2-40 所示，已知：$\nabla A=0.8m$，$\nabla B=20m$，$\nabla K=0m$，$h=2.5m$，水面上的绝对压强 $p_0=0.588MPa$，求给水泵启动前进口处的静压强。（水的 $\rho=908.4kg/m^3$）

2-5 如图 2-41 所示的封闭水箱中，$h=1.5m$，$z=0.5m$，压力表读数为 4.9kPa，求 A 点和水面压强 p_0。（水的密度为 $\rho=1000kg/m^3$）

2-6 已知 A、B 容器中液体的密度分别为 $\rho_A=857kg/m^3$，$\rho_B=1254kg/m^3$，U 形管差压计中工作介质是水银，已知 $\rho_{Hg}=13\,600kg/m^3$，其他几何数据如图 2-42 所示，如果 B 点的压强为 200kPa，求 A 点的压强是多少？

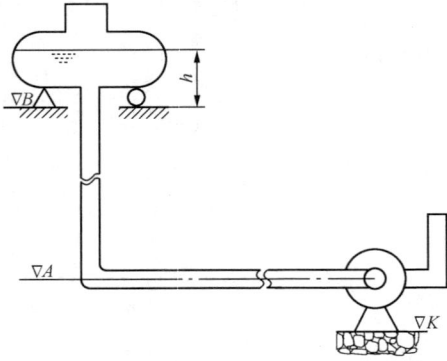

图 2 - 40　习题 2 - 4 图

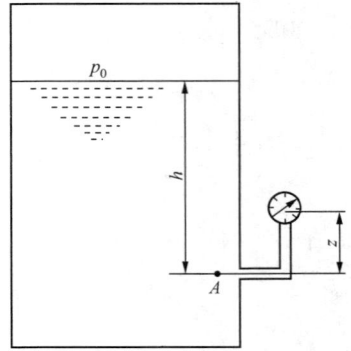

图 2 - 41　习题 2 - 5 图

2 - 7　如图 2 - 43 所示的一开口圆柱形油罐，上部是油，下部为水，测得$\nabla_1=1.6$m，$\nabla_2=1.4$m，$\nabla_3=0.5$m，求油的密度。（水的密度为 $\rho=1000$kg/m³）

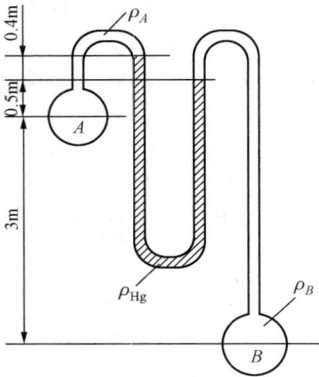

图 2 - 42　习题 2 - 6 图

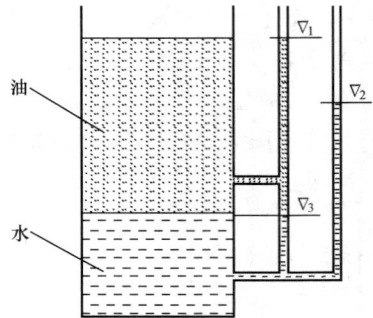

图 2 - 43　习题 2 - 7 图

2 - 8　如图 2 - 44 所示，一矩形底孔闸门，高 $h=3$m，宽 $b=2$m，上游水深 $h_1=6$m，下游水深 $h_2=5$m，求作用于闸门上的静水总压力和作用点。

2 - 9　如图 2 - 45 所示宽为 2m 的矩形闸门 AB，倾角为 30°，水深 $h_1=5$m，$h_2=3$m，求作用于闸门上的静水总压力和作用点。

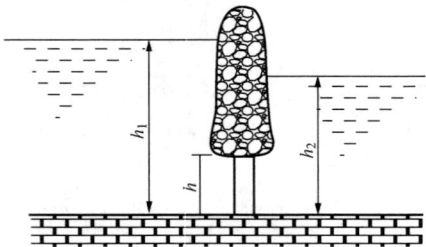

图 2 - 44　习题 2 - 8 图

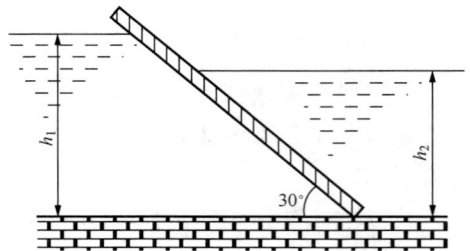

图 2 - 45　习题 2 - 9 图

2 - 10　如图 2 - 46 所示，求作用在直径 D 为 2.4m，长为 1m 的圆柱上的总压力的大小及方向。（水的密度为 $\rho=1000$kg/m³）

2-11　如图 2-47 所示一储水箱侧壁上有一半球形盖，其半径为 $R=0.25m$，盖的球心在水面以下深 $H=2.5m$，试求水作用在半球形盖上的总压力。（水的密度为 $\rho=1000kg/m^3$）

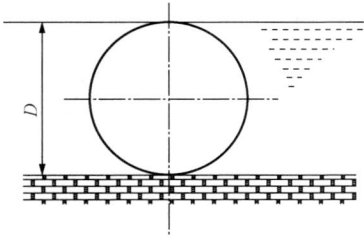

图 2-46　习题 2-10 图　　　　　　　　　图 2-47　习题 2-11 图

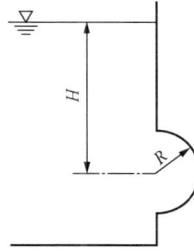

2-12　一金属块在空气中称重为 500N，当它浸没在水中称重为 335N，试计算该金属块的体积和重量。（水的密度为 $\rho=1000kg/m^3$）

2-13　一木块放在水中，露在水面上的体积是全部体积的 $\frac{1}{2}$，将物体 A 放在木块上，则木块露出水面的体积为 $\frac{1}{3}$，拿掉物体 A，把物体 B 放在木块上，则木块露出水面的体积为全部体积的 $\frac{1}{4}$，求 A、B 两物体的重量之比。

第三章 流体动力学

内容提要

本章重点讲述表征流体运动的一些基本概念，稳定管流的三个基本方程（连续性方程、伯努利方程和动量方程）及其应用，介绍有压管路的水击现象和预防措施。

第一节 流体运动的基本概念

教学目的

了解描述流体运动的方法，深刻理解描绘流体动力学的基本物理量，掌握流体运动的类型。

教学内容

一、流体的运动要素与流体运动的研究方法

1. 流体的运动要素

我们知道，静止流体中任一点的静压强在各个方向上的大小均相等，即静压强只是空间位置的函数。在运动流体中任一点的压强不仅是空间位置的函数，而且其大小还与方向有关，这是由于运动流体中黏性力在起作用。对于不可压缩流体，理论上能够证明任一点在三个正交方向上所受压强的平均值是一个常数，一般将这个平均值作为该点的压强。

流体质点在单位时间内移动的距离称为流体质点的运动速度，简称流速。

流体力学中把表征流体运动状态的物理量如压强、流速等，统称为流体的运动要素，流体动力学的任务就是研究这些运动要素随空间与时间的变化规律，以及这些运动要素相互之间的关系。

2. 流体运动的研究方法

在热力发电厂的生产中，流体流动一般是在固体壁面所限制的空间内进行。例如，给水在管内的流动、烟气在烟道内绕流过热器、省煤器的流动等，都占据一定的空间。这些充满着流动流体的空间称为流场。研究流体的运动就是求取流场中流体各运动要素以及它们之间的变化规律，研究流体运动的常用方法有拉格朗日法和欧拉法。

拉格朗日法也称为跟踪法，它是从研究流场内各个流体质点的运动着手。研究在运动过程中该质点运动要素随时间的变化情况，然后综合流场中所有流体质点的运动，最终得到整个流体运动规律的一种方法。通常把流体质点的运动轨迹称为迹线。在流动的水面上撒一片木屑，木屑随水流漂流的途径就是某个水质点的运动轨迹，也就是迹线。流场中所有的流体质点都有自己的迹线，迹线是流体运动的一种几何表示，可以用它来直观形象地分析流体的运动，清楚地看出质点的运动情况。由于流体质点的运动轨迹非常复杂，工程上也没有必要去了解每个流体质点的详细运动过程，同时也存在建立质点的运动方程式和数学上的困难，

故工程流体力学中很少采用这种方法。

欧拉法不去追踪具体的流体质点，不研究这些质点的来龙去脉，而是在流场中选择若干具有代表性的空间固定点，分析流体在某一空间固定点及穿越该固定空间点时运动要素随位置和时间的变化规律，从而求出流体的运动规律。

欧拉法常用流线组成的几何图形描述复杂的流体运动。所谓流线是指表示流场中同一瞬间一系列连续质点流动方向的空间曲线，在该曲线上各点的切线方向就是该流体质点的流速方向，如图 3-1 所示。

流线具有以下特点：

（1）流线只能是光滑曲线，不能相交和突然折转。否则在同一空间点上流体质点将同时有不同的流动方向，这是不可能的。

（2）流线的密集程度反映该处流速的大小。流线密集的地方，表示流场中该处的流速较大；流线稀疏的地方，表示该处的流速较小。图 3-2 就形象地描述出管道突然扩大处，各点流速的方向及快慢变化情况。

（3）流线的形状与固体边界的形状有关。离边界越近，边界的影响就越大。在边界形状急剧变化的地方，由于惯性作用，边界附近的质点产生与边界脱离的现象，在主流与边界之间产生漩涡区，如图 3-2 所示。

图 3-1 流线的概念

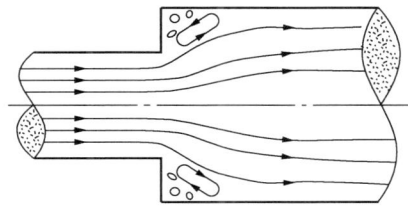

图 3-2 流线图

根据以上分析，流线是一条在同一时刻由许多流体质点组成并与各质点的流速方向相切的曲线，而迹线是一个流体质点在一段时间内流动的路线。它们是两个截然不同的概念，本课程采用流线来描述流体的运动。

二、流体运动的基本概念

1. 流 管 与 流 束

在运动流体中任取一截面 A，通过 A 边界上各点的流线组成一管状曲面，称为流管，充满流管内的运动流体称为流束。由于流线不能相交，因此流管中的流体质点只能在流管的两端流进流出，不能穿越流管的侧壁流动，如图 3-3 所示。

2. 有 效 截 面

在流束中与各流线相垂直的横截面称为有效截面，如图 3-4 所示。流线互相平行时，有

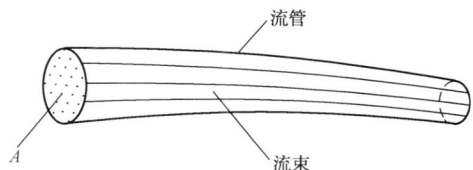

图 3-3 流管与流束

效截面是平面，如 $A-A$ 和 $C-C$；流线不平行时，有效截面是曲面，如 $B-B$。

有效截面面积为无限小的流束和流管分别称为微元流束和微元流管。在每一个微元流束

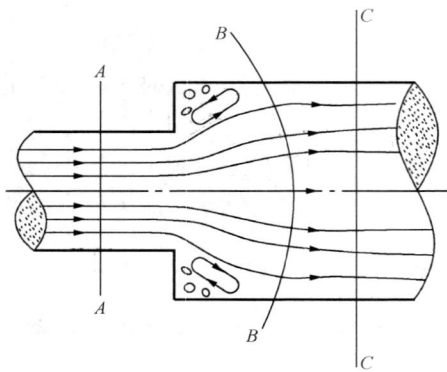

图 3 - 4　有效截面示意图

的有效截面上，各点的速度、压强等运动要素可认为是相同的。无数微元流束的总和构成总流。工程上和自然界中运动的流体都是总流，如河流和水管中的水流、主蒸汽管道中的蒸汽流、烟囱（风道）中的气流以及输油管中的油流等均为总流。总流有效截面上各点的速度、压强等运动要素一般是不相同的。

3. 流量

单位时间内通过有效截面的流体体积称为体积流量，以 $q_V(\mathrm{m^3/s}$ 或 $\mathrm{m^3/h})$ 表示。

单位时间内通过有效截面的流体质量称为质量流量以 $q_m(\mathrm{kg/s}$ 或 $\mathrm{t/h})$ 表示。

质量流量与体积流量的关系为

$$q_m = \rho q_V \tag{3-1}$$

由于微元流束有效截面上各点的流速 u 是相等的，所以通过微元流束有效截面面积为 $\mathrm{d}A$ 的体积流量 $\mathrm{d}q_V$ 和质量流量 $\mathrm{d}q_m$ 分别为

$$\mathrm{d}q_V = u\mathrm{d}A \tag{3-2}$$

$$\mathrm{d}q_m = \rho u\mathrm{d}A \tag{3-3}$$

由于流束是由无限多的微元流束组成的，所以通过流束有效截面面积为 A 的流体体积流量 q_V 和质量流量 q_m 分别由式（3-2）和式（3-3）积分求得，即

$$q_V = \int_A u\mathrm{d}A \tag{3-4}$$

$$q_m = \int_A \rho u\mathrm{d}A \tag{3-5}$$

由于有效截面上的速度分布规律很复杂，故体积流量和质量流量采用式（3-4）和式（3-5）很难求得。

4. 平均流速

平均流速是一个假想的流速，是有效截面上各点真实流速的平均值。假定在有效截面上各点都以相同的平均流速流过，这时通过该有效截面上的体积流量仍与各点以真实流速 u 流动时所得到的体积流量相同。

若以 V 表示平均流速，按其定义可得

$$q_V = \int_A u\mathrm{d}A = V\int_A \mathrm{d}A = VA \tag{3-6}$$

或

$$V = \frac{\int_A u\mathrm{d}A}{A} = \frac{q_V}{A} \tag{3-7}$$

工程上确定平均流速有两种方法，一是在截面上选取足够多且有代表性的点，用仪器测得各点的流速 u_1、u_2、u_3、$\cdots$、u_n，然后计算出平均值。测点数目愈多，计算出的平均流速就愈精确。二是测量通过有效截面的实际流量，利用式（3-7）计算求得平均流速。通常采

用第二种方法。

【例 3-1】 水泵提供的输水管中的流量 $q_V = 50\text{m}^3/\text{h}$，若输水管的直径 $d = 100\text{mm}$，计算输水管中的平均流速，并将体积流量换算成质量流量。

解 计算平均流速

$$V = \frac{q_V}{A} = \frac{4 \times 50}{3600 \times 3.14 \times 0.1^2} = 1.77(\text{m/s})$$

计算质量流量，水的密度 $\rho = 1000\text{kg/m}^3$

$$q_m = \rho q_V = 1000 \times 50 = 50\,000(\text{kg/h}) = 50(\text{t/h}) = 13.89(\text{kg/s})$$

三、流动的分类

实际流体的流动情况非常复杂，故对其进行研究时，总是根据不同的工程实际问题，抓住起本质作用的主要因素，在允许的精度范围内忽略次要因素，删繁就简。因此，常将流体的运动予以分类，各类问题按不同的方法处理。流体的运动按不同的分类方式分为不同的类型。

1. 一维流动、二维流动和三维流动

根据流体运动要素与质点空间坐标变量函数关系，可将流场中流体的流动分为一维流动、二维流动和三维流动。

一般的流动都是在三维空间的流动，运动要素是 x、y、z 三个坐标的函数，在流体力学中称这种流动为三维流动，也叫空间流动。例如，气体绕流飞机机翼的流动、炉膛中火焰的流动、江河中的漩涡等。

当我们适当地选择坐标或将流动作某些简化，使其运动要素在某些情况下，仅是 x、y 两个坐标的函数，称这种流动为二维流动，也称平面流动。例如牛顿内摩擦定律实验中两平行平板间的流体流动。

流体的运动要素是一个坐标 x 的函数的流动，称为一维流动。

在自然界和工程实际中，流场一般是三维的，但是人们在研究一般工程问题的时候往往更关心流体的整体流动趋势，即流动在主要方向上运动要素的变化规律。在研究管道中的流体流动时，我们只研究沿流程各截面上平均流速和压强的变化规律。因此管道中的流动又称为一维管流。

2. 稳定流动和非稳定流动

根据流体质点经过流场中某一固定位置时，其运动要素是否随时间而变这一条件区分，可将流体的流动分为稳定流动和非稳定流动。

在流场中，流体质点的一切运动要素都不随时间改变而只是空间坐标的函数，这种流动为稳定流动，即 $p = p(x, y, z)$，$u = u(x, y, z)\cdots$。运动要素同时是时间和空间坐标的函数，则称之为非稳定流动，即 $p = p(x, y, z, t)$，$u = u(x, y, z, t)$，$\cdots$。

如图 3-5 所示装置，将阀门 A 和 B 的开度调节到使水箱的水位保持不变，

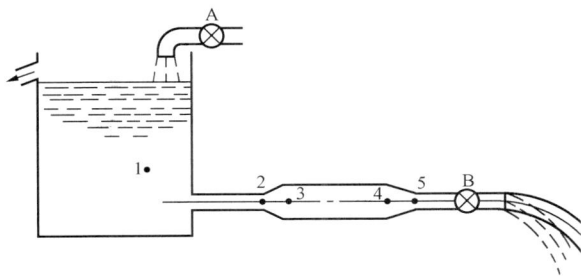

图 3-5 稳定流动与非稳定流动

则水箱和管道中任一点（如 1 点、2 点和 3 点等）的流体质点的压强和速度都不随时间而变化，但由于 1、3 各点所处的空间位置不同，故其压强、速度值也就各不相同。这时从管道中流出的射流形状也不随时间而变。这种流动称为稳定流动。现将阀门 A 关小，则流入水箱的水量小于从阀门 B 流出的水量，水箱中的水位就逐渐下降，于是水箱和管道中任一流体质点的压强和速度都逐渐减小，射流的形状也逐渐向下弯曲。这种流动称为非稳定流动。

　　在实际流动中，绝对的稳定流动是不存在的。但工程上的大多数流动，其运动要素随时间的变化都很缓慢，或者在一段时间内运动要素能保持在一个比较稳定的平均值，例如在供水和通风系统中，只要泵和风机的转速不变，运转稳定，则水管和风道中的流体流动都是稳定流动。又如，热力发电厂中，当机组稳定在某一工况下运行时，主蒸汽管道和给水管道中的流体流动也都是稳定流动。本课程若不作特别说明，讨论的是稳定流动问题。在稳定流动中描述流体运动的迹线形状不随时间变化，为研究流体的运动规律带来极大的方便。

　　3. 急变流和缓变流

　　在稳定流动中，根据流场中流线形状的不同，可将流动分为急变流与缓变流。缓变流满足下列两个条件：

　　(1) 流线之间的夹角很小，即流线几乎是平行的；

　　(2) 流线的曲率半径 R 很大，即流线几乎是直线。

　　不满足上述两个条件或其中之一的流动称为急变流。

　　例如，等截面长而直的管道中的流动为缓变流。管道截面的形状大小发生变化处、管道的轴线发生弯曲处、管道上装有阀门等附件处，这些部位的流动为急变流。急变流与缓变流如图 3-6 所示。

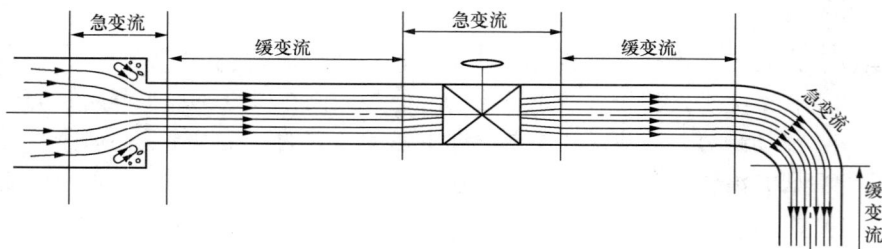

图 3-6　急变流与缓变流

　　在缓变流中，沿流程流速的大小和方向不变，因而不存在加速度，所受的惯性力为零，与静止的流体一样，所受的质量力仅为重力、受到的表面力只有压力。因此缓变流具有以下特征：

　　(1) 缓变流的有效截面是与管道轴线相垂直的平面；

　　(2) 缓变流有效截面上的压强遵循流体静压强的分布规律，即 $z + \dfrac{p}{\rho g} = C$；

　　(3) 缓变流有效截面上的平均压强等于该截面形心点的压强。

　　4. 有压流与无压流

　　根据液体在运动过程中有无自由表面，可以将其分为有压流与无压流。

　　无自由表面的液体流动为有压流。有压流的整个流动过程限制在固体边界内，其有效截面上各点的压强一般不等于大气压强。例如，给水管道中的水流、主蒸汽管道中的蒸汽流动都是有压流。

具有自由表面的液体流动为无压流。无压流通常有部分边界是与大气相通的自由表面，依靠重力作用流动。例如，天然河道中的水流、城市排水管中的水流均为无压流。

此外，依据流体的性质还可分为理想流体的流动、黏性流体的流动、不可压缩流体的流动、可压缩流体的流动等。

第二节　一维管流的连续性方程

教学目的

深刻理解连续性方程的意义，熟练掌握管道流动时连续性方程的应用。

教学内容

连续性方程是质量守恒定律在流体力学中的应用。我们认为流体是连续介质，它在流动时连续地充满整个流场。

在稳定流动的总流中，任取一微元流束，如图3-7所示，其进口、出口截面面积分别为 dA_1、dA_2，进口、出口截面上速度为 u_1、u_2，进口、出口截面上密度为 ρ_1、ρ_2。

由于在稳定流动中，各有效截面上的速度、密度以及流线的形状都不随时间变化。根据质量守恒定律，流出的流体质量必然等于流入的流体质量。上述结论用数学形式表示出来，即为连续性方程

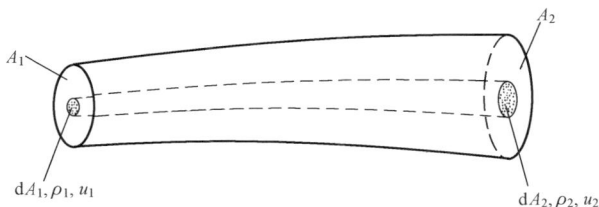

$$dM_1 = dM_2$$
$$\rho_1 u_1 dA_1 = \rho_2 u_2 dA_2 \tag{3-8}$$

图3-7　稳定流动的连续性方程示意图

式（3-8）是稳定流动微元流束的连续性方程。无数微元流束的总和构成总流，故稳定流动总流的连续性方程对式（3-8）积分就可得到，即

$$\int_A \rho_1 u_1 dA_1 = \int_A \rho_2 u_2 dA_2$$

引入平均流速，可得

$$\rho_1 V_1 A_1 = \rho_2 V_2 A_2 \tag{3-9}$$

式（3-9）说明可压缩流体做稳定流动时，各有效截面上的质量流量保持不变。

对不可压缩流体的稳定流动，$\rho_1 = \rho_2 = \rho$，所以

$$V_1 A_1 = V_2 A_2 \tag{3-10}$$

式（3-10）表示的连续性方程的物理意义是：不可压缩流体做稳定流动时，总流的体积流量保持不变，即各有效截面平均流速与有效截面面积成反比，有效截面面积大处，流速低；而有效截面面积小处，流速高。

连续性方程是一个运动方程，既适用于理想流体，也适用于黏性流体。对于沿途流体有分流与汇流的情况，总流的连续性方程仍然适用，对于分流，$q_{V1} = q_{V2} + q_{V3}$；对于汇流，$q_{V1} + q_{V2} = q_{V3}$，如图3-8所示。

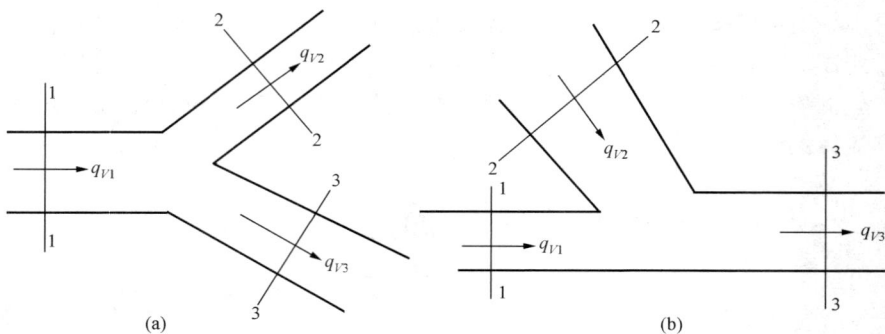

图 3 - 8　稳定流动的分支与汇流

（a）分支；（b）汇流

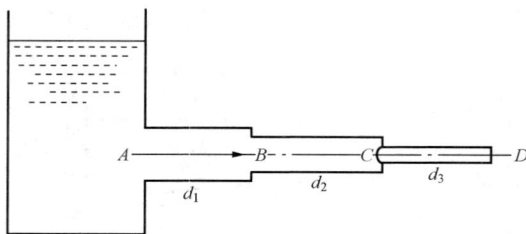

图 3 - 9　例 3 - 2 图

【例 3 - 2】　如图 3 - 9 所示，水从水箱经直径为 $d_1 = 10cm$、$d_2 = 5cm$、$d_3 = 2.5cm$ 的管道流入大气。当出口流速为 10m/s 时，求（1）体积流量及质量流量；（2）d_1 及 d_2 管段的流速。

解　体积流量　$q_V = A_3 V_3 = \dfrac{\pi}{4} d_3^2 V_3$

$$= \dfrac{\pi}{4} \times (0.025)^2 \times 10$$

$$= 0.004\ 9 (m^3/s)$$

质量流量　　　　　$q_m = \rho q_V = 1000 \times 0.004\ 9 = 4.9 (kg/s)$

由　　　　　　　　　$V_1 A_1 = V_2 A_2 = V_3 A_3$

得　　　　$\dfrac{\pi}{4} d_1^2 V_1 = \dfrac{\pi}{4} d_3^2 V_3，\dfrac{\pi}{4} d_2^2 V_2 = \dfrac{\pi}{4} d_3^2 V_3$

$$V_1 = \dfrac{d_3^2}{d_1^2} V_3 = \dfrac{0.025^2}{0.1^2} \times 10 = 0.625 (m/s)$$

$$V_2 = \dfrac{d_3^2}{d_2^2} V_3 = \dfrac{0.025^2}{0.05^2} \times 10 = 2.5 (m/s)$$

【例 3 - 3】　如图 3 - 8（a）所示一分支管路，两支管直径 $d_1 = 20cm$，$d_2 = 30cm$，管路中总流量 $q_V = 200L/s$，求当两支管平均流速相等时两支管的流量。

　　解　　　　　　　　　　$q_V = q_{V1} + q_{V2}$

　　　　　　　　　　　　　　$q_V = V A_1 + V A_2$

支管平均流速　$V = \dfrac{q_V}{A_1 + A_2} = \dfrac{q_V}{\dfrac{\pi}{4}(d_1^2 + d_2^2)} = \dfrac{0.2}{\dfrac{\pi}{4}(0.2^2 + 0.3^2)} = 1.96 (m/s)$

两支管流量分别为

$$q_{V1} = \dfrac{\pi}{4} d_1^2 V = \dfrac{\pi}{4} \times 0.2^2 \times 1.96 = 0.062 (m^3/s)$$

$$q_{V2} = \frac{\pi}{4}d_2^2 V = \frac{\pi}{4} \times 0.3^2 \times 1.96 = 0.139(\text{m}^3/\text{s})$$

第三节　伯努利方程及其应用

教学目的

深刻理解伯努利方程的意义，熟练掌握伯努利方程的应用。

教学内容

伯努利方程又称能量方程，是能量转换与守恒定律在流体流动中的数学表达式，反映了流体沿流程各点（或截面上形心）的位置高度、压强和流速三者的关系。它是流体流动时遵循的又一基本规律，常与连续性方程式联立起来解决生产实际问题。

一、伯努利方程

能量守恒与转换定律可以叙述为：能量不可能被创造，也不可能被消灭，但能量可以从一种形态转变成为另一种形态。在能量的转换过程中，某种形态的能量总是确定地转换为另一种形态的能量，而总能量保持不变。这一定律对自然界是普遍适用的。因此，在实际流体的稳定流动中，若没有能量输入与输出，那么流体从一个断面流到另一个断面的过程中，断面上各种形式机械能可以互相转换。同时，因流体的黏性作用，流动时还存在机械能的损失。所以，上游断面上的总机械能应等于下游断面上的总机械能与两断面之间机械能损失之和。

1. 微元流束的伯努利方程

与第二章一样，我们只讨论不可压缩流体。先来分析稳定流动微元流束的伯努利方程，然后推广到总流中，如图 3 - 10 所示。

机械能分为势能和动能。在静止流体中，动能为零，单位重力作用下流体的总势能是守恒的，位势能和压强势能之和构成总势能。在运动流体中，位势能、压强势能和动能构成总机械能。对于理想流体，不计流动过程的能量损失，总机械能是守恒的。

由物理学知识知，$\frac{1}{2}mu^2$ 表示物体的动

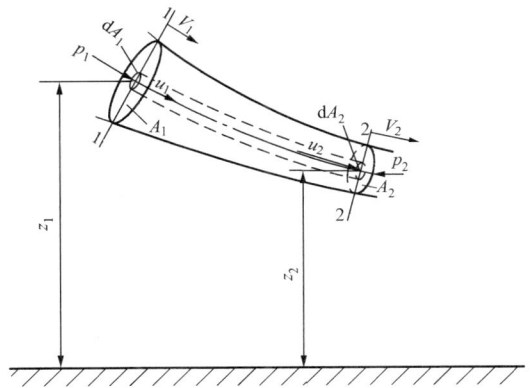

图 3 - 10　伯努利方程推导用图

能，$\frac{\frac{1}{2}mu^2}{mg} = \frac{u^2}{2g}$ 表示单位重力作用下流体的动能，所以 z、$\frac{p}{\rho g}$、$\frac{u^2}{2g}$ 分别表示单位重力作用下流体的三种不同形式的能量。

z 表示单位重力作用下流体流经给定点时所具有的位势能，简称位能。

$\frac{p}{\rho g}$ 表示单位重力作用下流体流经给定点时所具有的压强势能，简称压能。

$\frac{u^2}{2g}$ 表示单位重力作用下流体流经给定点所具有的动能。

$\left(z+\dfrac{p}{\rho g}+\dfrac{u^2}{2g}\right)$ 表示单位重力作用下流体流经给定点所具有的总机械能。

对于理想流体，微元流束各有效截面上三种能量之和是不变的，所以不可压缩理想流体微元流束的伯努利方程可表示为

$$z_1+\frac{p_1}{\rho g}+\frac{u_1^2}{2g}=z_2+\frac{p_2}{\rho g}+\frac{u_2^2}{2g} \qquad (3-11a)$$

对于实际（黏性）流体，要考虑流体在流动过程的能量损失，因此，上游断面上的总机械能应等于下游断面上的总机械能加上两断面间机械能损失。这种机械能的损失，是不可逆转的，可以理解为机械能向其他形态能量（如热能）的转换，以 h_w' 表示单位重力作用下流体在流经两有效截面之间产生的能量损失。所以对于不可压缩实际流体的微元流束上下游有效截面 1、2，伯努利方程可表示成

$$z_1+\frac{p_1}{\rho g}+\frac{u_1^2}{2g}=z_2+\frac{p_2}{\rho g}+\frac{u_2^2}{2g}+h_w' \qquad (3-11)$$

2. 总流的伯努利方程

无数微元流束的总和构成总流，因此，将微元流束的伯努利方程对有效截面积分，即可求得总流的伯努利方程。由于微元流束有效截面上各点的流速 u、位置高度 z 和压力 p 是均匀相等的，因此有效截面上每一点的位能、压能、动能也是均匀相等的。对于总流，流体有效截面上各点的流速 u、位置高度 z 和压力 p 是不相等的，因而各点的动能、位能和压能也不相等。为了便于计算有效截面上的总机械能，常引用缓变流和平均流速概念。

由前面缓变流的知识可知，在缓变流的有效截面上压力的分布遵循重力场中流体静力学规律，即 $z+\dfrac{p}{\rho g}=C$，因此同一缓变流截面上各点的总势能都相等。有效截面上的总势能为 $\rho g q_v\left(z+\dfrac{p}{\rho g}\right)$。由于有效截面上各点的流速分布不均匀，流速 u 不相等，用平均流速 V 计算的总动能与实际总动能存在误差。为此，引入动能修正系数 α，则有效截面上的总动能 $\displaystyle\int_A\frac{u^2}{2g}\rho g V\mathrm{d}A=\alpha\rho g q_v\frac{V^2}{2g}$。动能修正系数 α 是个大于 1 的数，有效截面上的流速越均匀，α 值越趋近于 1。在实际工业管道中，通常都近似地取 $\alpha=1.0$，而对于圆管层流流动 $\alpha=2$（层流的概念将在第四章介绍）。

流体流过总流某一有效截面上的单位重力作用下流体的总机械能等于下游另一有效截面上单位重力作用下流体的总机械能加上这两个截面之间的单位重力作用下流体总机械能的损失，写成公式为

$$z_1+\frac{p_1}{\rho g}+\frac{\alpha_1 V_1^2}{2g}=z_2+\frac{p_2}{\rho g}+\frac{\alpha_2 V_2^2}{2g}+h_w \qquad (3-12a)$$

式（3-12a）就是实际流体总流的伯努利方程。由于总流的伯努利方程是在一定条件下推导出来的，所以，它的应用受到限制，其适用条件为：①流体为不可压缩流体；②流体的运动为稳定流动；③流体所受质量力只有重力；④所选取的两有效截面必须处在缓变流段中；⑤除 h_w 外，总流没有能量的输入或输出。

为方便计算，以后如不加特别说明，都假定 $\alpha=1$，则伯努利方程可写成式（3-12）：

$$z_1+\frac{p_1}{\rho g}+\frac{V_1^2}{2g}=z_2+\frac{p_2}{\rho g}+\frac{V_2^2}{2g}+h_w \qquad (3-12)$$

二、伯努利方程的意义

下面从物理学与几何学两方面来说明伯努利方程的意义。

1. 物理意义

伯努利方程中的每一项所表示的物理意义是：

z——单位重力作用下流体在有效截面中心点时所具有的位势能，简称位能；

$\dfrac{p}{\rho g}$——单位重力作用下流体在有效截面中心点所具有的压强势能，简称压能；

$\dfrac{\alpha V^2}{2g}$——单位重力作用下流体在有效截面所具有的动能。

$\left(z+\dfrac{p}{\rho g}+\dfrac{\alpha V^2}{2g}\right)$——单位重力作用下流体在有效截面所具有的总机械能；

h_w——单位重力作用下流体从上游有效截面至下游有效截面之间的机械能损失。

伯努利方程的物理意义可表述为：不可压缩实际流体在重力作用下作稳定流动时，流经各有效截面上的位势能、压强势能和动能三种能量形式之间可以相互转换，但由于在流动过程中产生不可逆转的能量损失，流体的总机械能沿流程是逐渐减少的。对于理想流体，在同样条件下，流经各有效截面上的总机械能保持不变，而三种能量形式（位势能、压强势能和动能）之间可以相互转换。

对于静止流体，$V=0$；又无黏性力的作用，$h_w=0$，则伯努利方程成为以下形式，即

$$z_1+\frac{p_1}{\rho g}=z_2+\frac{p_2}{\rho g}=C \tag{3-13}$$

这正是流体静力学基本方程式。由此可见，流体静力学基本方程式是伯努利方程的一个特例，它们都是能量转换与守恒定律在流体力学中的体现。

2. 几何意义

从几何意义上讲，伯努利方程中各项均具有长度量纲，即方程中各项也可以表示成液柱的高度，称之为水头或能头。

z 表示有效截面中心点流体的位置水头；$\dfrac{p}{\rho g}$ 表示有效截面中心点流体的压强水头；$\left(z+\dfrac{p}{\rho g}\right)$ 表示有效截面中心点流体的静水头（亦称测压管水头）；$\dfrac{\alpha V^2}{2g}$ 表示有效截面上流体的速度水头（亦称动水头）；$\left(z+\dfrac{p}{\rho g}+\dfrac{\alpha V^2}{2g}\right)$ 表示有效截面上流体的总水头。

用成比例的线段来表示各项水头的大小，采用几何图形直观地反映出它们之间的关系和总机械能的变化，如图 3-11 所示。将流体中每个有效截面的中心用光滑曲线连接起来称为位置水头线 $a-a$；将表示流体各有效截面的测压管水头$\left(H=z+\dfrac{p}{\rho g}\right)$的垂线顶点所连成的光滑曲线 $b-b$，称为测压管水头线，测压管水头线反映了总流有效截面上势能的变化情况；将表示流体各断面总水头$\left(z+\dfrac{p}{\rho g}+\dfrac{\alpha V^2}{2g}\right)$的垂线顶点所连成的光滑曲线 $c-c$，称为总水头线，实际流体总水头线是一条沿流程不断下降的线。理想流体总水头线是一条与基准线平行的直线 $c-d$。

因此，伯努利方程的几何意义是：在理想流体的流动中，不同有效截面处的位置水头、压强水头和速度水头可以各不相同，表示这种变化关系的测压管水头和位置水头线均可升可

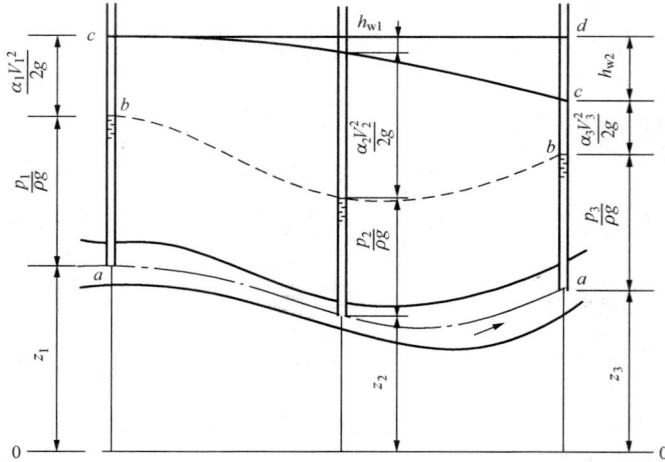

图 3-11　总流的水头线

降，但是，各有效截面上这三项水头之和都相等，等于同一个常数，即整个流体的总水头线是一条水平线。在实际流体的流动中，总水头线是一条沿流程不断下降的曲线，该线上任意两点间的高度差表示这两点所代表的有效截面之间的水头损失，而它与理想流体总水头线之间的高度差，则表示整个流程的水头损失。

三、伯努利方程的应用

（一）伯努利方程的解题步骤及注意事项

伯努利方程的应用是很广泛的，在应用伯努利方程解决实际问题时，除了注意必须满足前面讲述的使用条件外，应用伯努利方程的步骤及注意事项如下：

（1）首先选取两有效截面 1—1 与 2—2。两有效截面必须取在缓变流区段中，至于两有效截面之间是否为缓变流，则无关系。根据题意，为简化计算，有效截面通常选取在大容器的自由液面或者管流的出口截面，因为该有效截面的压强为大气压强，对于大容器自由液面，液面速度近似为零。

（2）选取合适的基准面。伯努利方程中 z 的基准面可任选，但基准面必须是水平面，且 z_1、z_2 必须使用同一基准面。为方便计算，一般取位置相对较低的有效截面中心处的水平面为基准面，这样，该有效截面的位置高度 $z_1 = 0$，而另一有效截面的位置高度 $z_2 \geqslant 0$。

（3）列出两有效截面 1—1 与 2—2 的伯努利方程。注意：方程中的压强 p_1 和 p_2，既可用绝对压强，也可用相对压强，但方程两边必须一致，不能一边用绝对压强，另一边用相对压强；水头损失 h_w 必须加在下游截面上。

（4）当在两个有效截面之间通过泵、风机或水轮机等流体机械，有机械能的输入或输出时，伯努利方程变为

$$z_1 + \frac{p_1}{\rho g} + \frac{V_1^2}{2g} \pm E = z_2 + \frac{p_2}{\rho g} + \frac{V_2^2}{2g} + h_w \qquad (3-14)$$

式中　E——输入或输出的能量，使用泵或风机对系统输入能量时，E 前冠以正号；使用水轮机，由系统输出能量时，E 前冠以负号。

（5）若沿流程有流体分出或汇入的情况，需要考虑沿流程全部流体的能量平衡，因此，

对于图 3-8（a），可将 2-2 与 3-3 截面看成一个假想截面，则在 1-1 与假想截面之间列伯努利方程有

$$q_{V1}\left(z_1 + \frac{p_1}{\rho g} + \frac{V_1^2}{2g}\right) = q_{V2}\left(z_2 + \frac{p_2}{\rho g} + \frac{V_2^2}{2g} + h_{wl-2}\right) + q_{V3}\left(z_3 + \frac{p_3}{\rho g} + \frac{V_3^2}{2g} + h_{wl-3}\right) \quad (3-15)$$

同样，对于图 3-8（b），也可将 1-1 与 2-2 截面看成一个假想截面后，列出假想截面与 3-3 截面之间的伯努利方程。

（6）将已知条件代入求解。若该方程只有一个未知量，则可求得最终结果；若方程中有两个未知量，则可列出连续性方程与之联立求解。求解方程时，还要注意单位的统一与换算。

【例 3-4】 如图 3-12 所示为测量送风机流量常用的测量装置示意图。其入口为圆弧形或圆锥形，已知直管内径 $D=0.3\text{m}$，气体密度 $\rho_a=1.293\text{kg/m}^3$，在有效截面 2-2 位置安装测压管，测得 $\Delta h = 0.25\text{m}$。试计算此风机的风量 q_V。

解 在进风口前取有效截面 1-1，$V_1 \approx 0$，$p_1 = p_a$，以风管轴线的水平面 0-0 为基准面，则 $z_1 = z_2 = 0$，对有效截面 1-1、2-2 列伯努利方程

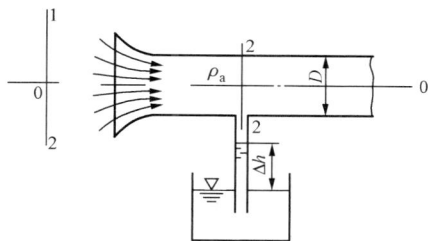

图 3-12 例 3-4 图

$$z_1 + \frac{p_1}{\rho_a g} + \frac{V_1^2}{2g} = z_2 + \frac{p_2}{\rho_a g} + \frac{V_2^2}{2g} + h_w$$

由于 1-1 和 2-2 之间管段很短，损失可忽略不计，$h_w \approx 0$，所以

$$\frac{p_a}{\rho_a g} = \frac{p_2}{\rho_a g} + \frac{V_2^2}{2g}$$

测压管中利用静力学基本方程

$$p_a = p_2 + \rho g \Delta h$$

上两式联立求解得进风管中的平均流速为

$$V_2 = \sqrt{\frac{2(p_a - p_2)}{\rho_a}} = \sqrt{\frac{2\rho g \Delta h}{\rho_a}}$$

$$= \sqrt{\frac{2 \times 1000 \times 9.807 \times 0.25}{1.293}} = 61.5 (\text{m/s})$$

故风机的流量为

$$q_V = \frac{\pi}{4} D^2 V_2 = \frac{\pi}{4} \times 0.3^2 \times 61.5 = 4.35 (\text{m}^3/\text{s})$$

【例 3-5】 由一高位水池引出一条供水管路 AB，如图 3-13 所示。已知：流量 $q_V = 0.034\text{m}^3/\text{s}$；管路直径 $D=0.15\text{m}$，压力表读数 $p_B = 4.9 \times 10^4 \text{Pa}$，高度 $H=20\text{m}$，试计算水流在管路 AB 段的水头损失。

解 水池大液面上的速度可近似当作零，即 $V_1 \approx 0$，压强为大气压强。

管道的流速

$$V = \frac{q_V}{\frac{\pi}{4} D^2} = \frac{0.034}{\frac{\pi}{4} \times 0.15^2} = 1.92 (\text{m/s})$$

对图中所标的 1-1 和 2-2 截面列伯努利方程，并取 0-0 为基准面，得到

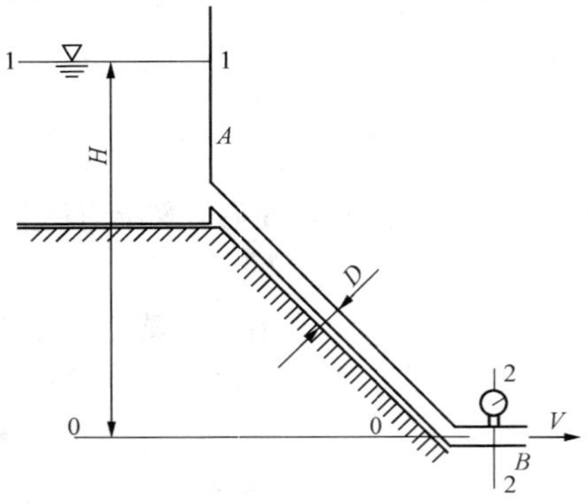

图 3-13　例 3-5 图

$$H+0+0=0+\frac{p_B}{\rho g}+\frac{V^2}{2g}+h_w$$

$$h_w=H-\frac{p_B}{\rho g}-\frac{V^2}{2g}$$

$$=20-\frac{4.9\times10^4}{1000\times9.807}-\frac{1.92^2}{2\times9.807}$$

$$=14.8(\text{mH}_2\text{O})$$

（二）伯努利方程在工程实际中的应用

下面以工程上应用最广泛的皮托管、文特里流量计和喷射泵等来说明伯努利方程的应用。

1. 皮托管

在工程实际中，常常需要来测量某管道中流体流速的大小，然后求出管道的平均流速，从而得到管道中的流量。要测量管道中流体的速度，可采用皮托管来进行，其测量原理如图 3-14（a）所示。

在液体管道的某一截面处装有一个直立的测压管和一根迎向来流弯成直角的测速管。测速管中上升的液柱比测压管内的液柱高 h。这是由于当液流流到测速管入口前的 B 点处，液流受到阻挡，流速变为零，则在测速管入口形成一个驻点 B，此时该点的动能全部转化为压能，驻点 B 的压强 p_B 习惯上称为全压。直立的测压管对运动流体没有阻滞，与 B 点同一水平流线未受扰动处 A 点的液体压强为 p_A，速度为 u。应用伯努利方程于同一流线上的 A、B 两点，则有

$$z_A+\frac{p_A}{\rho g}+\frac{u_A^2}{2g}=z_B+\frac{p_B}{\rho g}+\frac{u_B^2}{2g}+h_w$$

将 $z_A=z_B$，$u_A=u$，$u_B=0$，$h_w\approx0$，代入方程得

$$\frac{u^2}{2g}=\frac{p_B}{\rho g}-\frac{p_A}{\rho g}$$

$$u=\sqrt{\frac{2(p_B-p_A)}{\rho}}\qquad(3-16)$$

因为处于缓变流截面上，测速管中水处于静止状态，所以由静力学基本方程得

$$p_B-p_A=\rho g h$$

则

$$u=\sqrt{2gh}$$

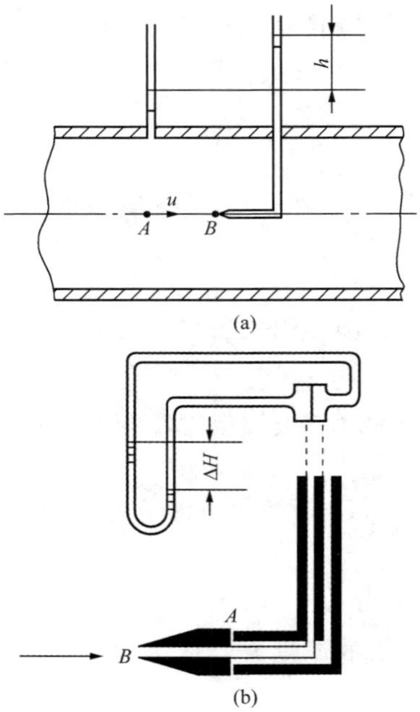

图 3-14　皮托管
（a）工作原理；（b）测速仪

只要测量出流体在 A、B 两点的压强水头差值 h，就可以确定流体的流动速度。由于流体黏性以及皮托管本身对流动的干扰，实际流速比用式（3-16）计算出的要小。用流速修正系数 ϕ 修正后的实际流速为

$$u=\phi\sqrt{2gh}\qquad(3-17)$$

ϕ 值一般由实验确定，$\phi=0.9\sim1.03$。

在工程应用中多将皮托管的两个测管组合成一件，其示意图如图 3 - 14（b）所示。图中 A 点为静压测点，B 点为全压测点，将全压孔和静压孔的通路分别连接于 U 形差压计的两端，差压计的指示为全压和静压的差值，称为动压，这样就可测量液体或气体的流速。

差压计中工作介质的密度为 ρ_m，流体的密度为 ρ，由流体静力学方程可知，B、A 两点的压强差值为

$$p_B - p_A = (\rho_m - \rho)g\Delta H$$

将式（3 - 17）代入式（3 - 16），结合式（3 - 17）得到测点的流速计算式为

$$u = \phi\sqrt{2g\Delta H\left(\frac{\rho_m}{\rho}-1\right)} \tag{3 - 18}$$

由于皮托管测得的是某一点的流速，在需要知道管道流体的流量时，必须在管道同一截面上布置多个测点，求出速度的平均值，从而获得流量。测点的具体布置方法将在第七章第二节中详细介绍。

2. 文特里流量计

文特里流量计主要用于管道中流体的流量测量，主要是由收缩段、喉部和扩散段三部分组成，如图 3 - 15 所示。其原理是利用收缩段，造成一定的压强差，在收缩段前和喉部用测压管或 U 形管差压计测量出两处的压强差，从而求出管道中流体的体积流量。

以管道下方的任一水平面作为基准面。列截面 1—1 与 2—2 的伯努利方程

$$z_1 + \frac{p_1}{\rho g} + \frac{V_1^2}{2g} = z_2 + \frac{p_2}{\rho g} + \frac{V_2^2}{2g} + h_w$$

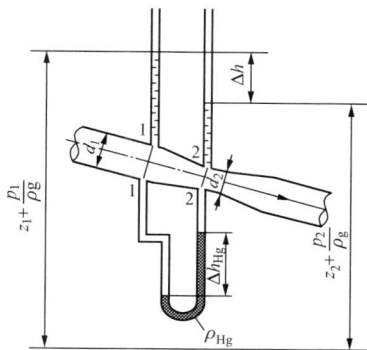

图 3 - 15　文特里流量计

由于 1—1 和 2—2 之间管段很短，损失可忽略不计，$h_w \approx 0$，所以

$$\frac{V_2^2 - V_1^2}{2g} = \left(z_1 + \frac{p_1}{\rho g}\right) - \left(z_2 + \frac{p_2}{\rho g}\right)$$

上式右端为截面 1—1、2—2 的测压管水头差 Δh，继续化简得

$$\frac{V_2^2 - V_1^2}{2g} = \Delta h \tag{3 - 19}$$

由一维流动连续性方程

$$V_2 = V_1\frac{A_1}{A_2} = V_1\left(\frac{d_1}{d_2}\right)^2$$

代入式（3 - 19），整理得

$$\frac{V_1^2}{2g}\left[\left(\frac{d_1}{d_2}\right)^4 - 1\right] = \Delta h$$

进口断面 1—1 的流速为

$$V_1 = \frac{1}{\sqrt{\left(\dfrac{d_1}{d_2}\right)^4 - 1}}\sqrt{2g\Delta h}$$

管中的流量为

$$q_V = V_1 A_1 = \frac{\pi}{4} d_1^2 \frac{1}{\sqrt{\left(\dfrac{d_1}{d_2}\right)^4 - 1}} \sqrt{2g\Delta h} \qquad (3 - 20)$$

为计算方便，令

$$K = \frac{\pi}{4} d_1^2 \frac{1}{\sqrt{\left(\dfrac{d_1}{d_2}\right)^4 - 1}} \sqrt{2g}$$

由于流体两截面间存在一定的能量损失，还须给式（3 - 20）引入一小于 1 的流量修正系数 φ，φ 值通过实验测定，一般 $\varphi = 0.96 \sim 0.99$，这样实际管道流量的计算公式

$$q_V = \varphi K \sqrt{\Delta h} \qquad (3 - 21)$$

如图 3 - 15 所示，当文特里流量计的进口与喉部装设 U 形管内水银差压计，且 U 形管内水银差压计两液面的高度差为 Δh_{Hg} 时，与皮托管中流速的计算同理，此时流量按下式计算：

$$q_V = \varphi K \sqrt{\left(\frac{\rho_{\mathrm{m}}}{\rho} - 1\right)\Delta h_{\mathrm{Hg}}}$$

文特里流量计是节流式流量计的一种，除此之外还有喷嘴流量计、孔板流量计等，其基本原理与文特里流量计基本相同，但水力损失较大，这里不再叙述。

【例 3 - 6】 已知低压蒸汽管道装有文特里流量计监测流量。装置如图 3 - 15 所示，文特里流量计的进口管道直径 $d_1 = 300\mathrm{mm}$，喉部直径 $d_2 = 100\mathrm{mm}$，U 形管内水银柱液面的高度差为 $\Delta h_{\mathrm{Hg}} = 200\mathrm{mm}$，流量系数 $\varphi = 0.98$，蒸汽的密度 $\rho = 0.704\mathrm{kg/m^3}$，水银的密度 $\rho_{\mathrm{Hg}} = 13\,555\mathrm{kg/m^3}$，试求通过的体积流量。

解　管道内蒸汽在流动过程中，压强和温度变化很小，仍可看成不可压缩流体，可应用伯努利方程。由于蒸汽的密度较小，蒸汽的柱重忽略不计，截面 1—1、2—2 处的静压分别等于 U 形管中水银面上的压强，忽略能量损失，则有

$$\frac{p_1}{\rho g} + \frac{V_1^2}{2g} = \frac{p_2}{\rho g} + \frac{V_2^2}{2g}$$

$$\frac{V_2^2}{2g} - \frac{V_1^2}{2g} = \frac{p_1}{\rho g} - \frac{p_2}{\rho g}$$

由静力学基本方程知

$$p_1 - p_2 = \rho_{\mathrm{Hg}} g \Delta h_{\mathrm{Hg}}$$

所以

$$V_1 = \frac{1}{\sqrt{\left(\dfrac{d_1}{d_2}\right)^4 - 1}} \sqrt{2g \Delta h_{\mathrm{Hg}} \frac{\rho_{\mathrm{Hg}}}{\rho}}$$

$$= \frac{1}{\sqrt{\left(\dfrac{0.3}{0.1}\right)^4 - 1}} \sqrt{2 \times 9.807 \times 0.2 \times \frac{13\,555}{0.704}}$$

$$= 30.7(\mathrm{m/s})$$

$$q_V = \varphi V_1 \frac{\pi}{4} d_1^2 = 0.98 \times 30.7 \times \frac{\pi}{4} \times 0.3^2 = 2.13(\mathrm{m^3/s})$$

3. 喷射泵

电厂中有一种抽吸或输送流体的设备，叫喷射泵，如图 3 - 16 所示。其工作原理是：高

压工作流体经截面缩小的喷管时一部分压强势能转变成动能后高速喷出，从而在工作室形成一定的真空，在压强差的作用下，水池中的水（或容器中的气体）被吸入工作室混合，经扩压管升压后输出。

【例 3 - 7】　如图 3 - 16 所示，一喷射泵将水池中的水抽吸输送到远处，已知喷射泵管道轴心距离水池液面 $H_0 = 2$m，进口管道中流量 $q_V = 0.3\,\text{m}^3/\text{s}$，进口管道直径 $d_1 = 200$mm，喷嘴出口直径 $d_2 = 70$mm，为实现抽水输送功能，喷射泵进口管道中水的最大相对压强为多少？

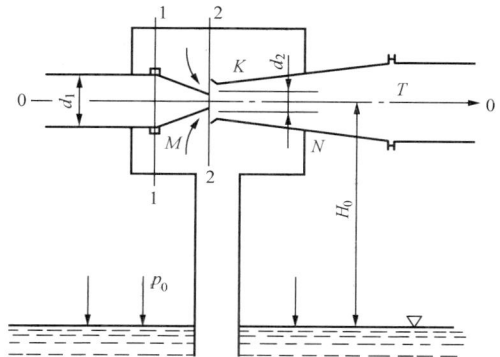

图 3 - 16　喷射泵

解　进口管道中速度

$$V_1 = \frac{q_V}{\frac{\pi}{4}d_1^2} = \frac{0.3}{\frac{\pi}{4} \times 0.2^2} = 9.56(\text{m/s})$$

喷嘴出口速度

$$V_2 = \frac{q_V}{\frac{\pi}{4}d_2^2} = \frac{0.3}{\frac{\pi}{4} \times 0.07^2} = 77.9(\text{m/s})$$

若能将水池中的水抽吸上来，工作室内最大相对压强

$$p_2 = -\rho g H_0$$

选取管道轴线的水平面为基准面，列喷嘴进口截面 1—1、出口截面 2—2 的伯努利方程

$$z_1 + \frac{p_1}{\rho g} + \frac{V_1^2}{2g} = z_2 + \frac{p_2}{\rho g} + \frac{V_2^2}{2g} + h_w$$

其中 $z_1 = z_2 = 0$，不计损失，$h_w \approx 0$，则有

$$\frac{p_1}{\rho g} = \frac{p_2}{\rho g} + \frac{V_2^2 - V_1^2}{2g}$$

$$= -2 + \frac{77.9^2 - 9.56^2}{2 \times 9.807}$$

$$= 302(\text{m})$$

喷射泵进口管道中水的最大相对压强为 $p_1 = 302 \times 9807 = 2.94 \times 10^6 (\text{Pa})$

4. 虹吸管

用一根内部充满液体的弯管连接两个液位不等的容器，则高液位的液体自动经弯管流入低液位的容器，这种现象称为虹吸现象，这根弯管称为虹吸管，如图 3 - 17 所示。

充满液体的虹吸管之所以能引液自流是由于在虹吸管 BC 管段中的液体借重力往下流动，在 B 截面上产生一定的真空，从而把 AB 管段中的液体吸上来。高液位的液面与虹吸管最高点的距离称为虹吸高度 H_s。显然，虹吸高度 H_s 越高，要求 B 处的真空也越大。但是 B 截面处的压强不能低于液体温度所对应的饱和压强，否则液体就会因汽化破坏真空，从而破坏了虹吸作用，因此虹吸高度 H_s 会有所限制。虹吸管的真空在生活中通常是用灌水排出管内空气后，迅速将吸入段进口插入液体内的方法建立的。在电厂实际应用中，如化学水处理的滤池中也利用虹吸管控制进水和排水，此时虹吸管内的真空是利用射水抽气器或真空泵来建立的。

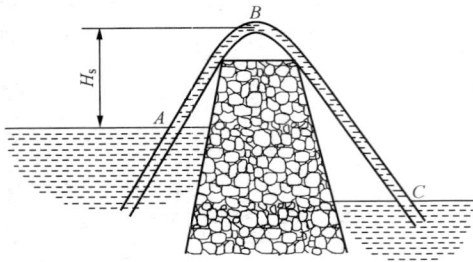

图 3 - 17 虹吸管

如果高液位与低液位容器均在大气压作用下，虹吸高度 H_s 受到 AB 管段阻力、管内流速、液体的饱和压强等因素的影响，所以虹吸高度 H_s 的最大值必定小于 10m 水柱，一般不超过 7m。

【例 3 - 8】 如图 3 - 18 所示，电厂利用虹吸管自江中引水到水井中以供循环水泵抽水作为凝汽器的冷却水之用。已知虹吸管的直径 $d=$ 800mm，整个管段总阻力损失 $h_{wl-3}=5.7$m，其中虹吸管吸入段 1—1 至 2—2 截面之间的阻力损失 $h_{wl-2}=3.5$m，虹吸管的输水流量 $q_V=$ 5760m³/h。

求：（1）江中水面与井中水面的高度差 H 是多少？

（2）当虹吸管中允许的最大真空值 $\dfrac{p_v}{\rho g}=8$m 水柱时，虹吸高度 H_s 为多少？

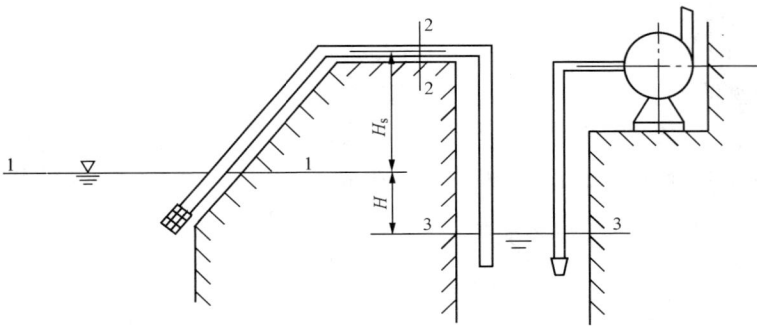

图 3 - 18 例 3 - 8 图

解 （1）列江中水面 1—1 与井中水面 3—3 的伯努利方程，并取井中水面 3—3 作为基准面，得到

$$z_1 + \frac{p_1}{\rho g} + \frac{V_1^2}{2g} = z_3 + \frac{p_3}{\rho g} + \frac{V_3^2}{2g} + h_{wl-3}$$

因为江中液面与井中液面面积足够大，故可认为 $V_1 = V_3 \approx 0$，$p_1 = p_3 = p_a$，$z_3 = 0$，$z_1 = H$，则

$$H = h_{wl-3} = 5.7(\text{m})$$

由此可见，虹吸管进、出液面的高度差为虹吸管工作时提供了克服流动阻力损失的能量。

（2）虹吸管中速度

$$V_2 = \frac{q_V}{\frac{\pi}{4}d_2} = \frac{5760}{3600 \times \frac{\pi}{4} \times 0.8^2} = 3.18(\text{m/s})$$

由前面的分析知，虹吸管最高处的有效截面 2—2 处的压强值最小，即有效截面 2—2 处的真空值最大。列江中水面 1—1 与有效截面 2—2 的伯努利方程：

$$z_1 + \frac{p_1}{\rho g} + \frac{V_1^2}{2g} = z_2 + \frac{p_2}{\rho g} + \frac{V_2^2}{2g} + h_{wl-2}$$

取江面 1—1 为基准面，则 $z_1=0$，$z_2=H_s$，且 $V_1\approx0$，$p_1=p_a$，代入各已知量整理得

$$H_s = \frac{p_a \cdot p_2}{\rho g} - \frac{V_2^2}{2g} - h_{w1-2}$$

$$= \frac{p_V}{\rho g} - \frac{V_2^2}{2g} - h_{w1-2}$$

$$= 8 - \frac{3.18^2}{2 \times 9.807} - 3.5$$

$$= 3.98(\text{m})$$

由此可知，虹吸管是依靠管内顶部的真空吸入上游的液体，利用上下游的液面高度差来克服管段内的流动阻力损失。只要维持虹吸管内的真空，保证上下游液面高度差的存在，虹吸管就能源源不断地吸入液体并向低处输送，若破坏真空，就能阻止虹吸管的工作。

第四节 动 量 方 程 及 其 应 用

教学目的

深刻理解不可压缩流体稳定流动的动量方程的意义，掌握动量方程在工程实际中的应用。

教学内容

在工程实际中，常常会遇到要确定运动流体与固体边界面的相互作用力问题，例如：在弯管内流动的流体对弯管的作用力；水力采矿时，高压水枪射流对水枪、对矿床的作用力；火箭飞行过程中，从火箭尾部喷射出的高温高压气体对火箭的反推力等。这类问题应用动量方程求解十分方便，因为这时不需要考虑流体内部的详细流动情况，所以，不论对理想流体还是实际流体、可压缩流体还是不可压缩流体，动量定理都是适用的。

一、动量方程

力学中动量定理叙述为：作用在系统上的外力矢量和等于单位时间内系统的动量变化量，即

$$\sum \boldsymbol{F} = \frac{\mathrm{d}(m\boldsymbol{V})}{\mathrm{d}t} \qquad (3-22)$$

我们来讨论不可压缩流体作稳定流动时动量定理的表达式——动量方程。如图 3-19 所示，取有效截面 1—1 和 2—2 之间的流体作为研究对象，两截面上的平均流速分别为 V_1 和 V_2，流体在质量力、两截面上的压强和管壁作用力的作用下，经过 $\mathrm{d}t$ 时间后从位置 1—2 流到 1′—2′。与此同时，流体的动量发生了变化，其变化量等于流体在 1′—2′ 和 1—2 位置时相对应的动量之差。由于稳定流动中流管内各空间点的流速不随时间变化，因此 1′—2 这部分流体（图中阴影部分）的动量没有改变。于是在 $\mathrm{d}t$ 时间内流体的动量变化就等于 2—2′ 段流体的动量与

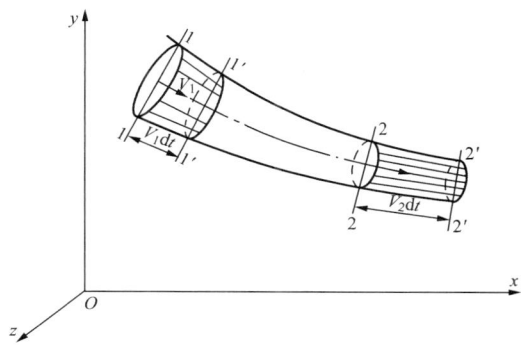

图 3-19 动量方程推导示意图

1—1′段流体的动量之差。

由于有效截面上各点的流速分布不均匀，流速V不相等，用平均流速计算的动量与实际动量存在误差，为此，引入一个动量修正系数β。于是修正后的 2—2′段动量和1—1′段的动量之差为

$$d(m\,\boldsymbol{V}) = \rho q_{V2}\,dt\beta_2\,\boldsymbol{V}_2 - \rho q_{V1}\,dt\beta_1\,\boldsymbol{V}_1 \qquad (3\text{-}23\text{a})$$

将式（3-23a）代入式（3-22）得

$$\sum \boldsymbol{F} = \frac{d(m\,\boldsymbol{V})}{dt} = \rho q_{V2}\beta_2\,\boldsymbol{V}_2 - \rho q_{V1}\beta_1\,\boldsymbol{V}_1 \qquad (3\text{-}23\text{b})$$

根据不可压缩流体一维管流的连续性方程，流过截面 1—1 的流量和流过截面 2—2 的流量相等，即 $q_{V1} = q_{V2} = q_V$。动量修正系数 β，层流时，$\beta = \dfrac{4}{3}$；紊流时，$\beta = 1.02 \sim 1.05$。为计算方便，在工程计算中通常取 $\beta = 1$，则式（3-23b）可写成

$$\sum \boldsymbol{F} = \rho q_V(\boldsymbol{V}_2 - \boldsymbol{V}_1) \qquad (3\text{-}24)$$

式（3-24）就是不可压缩流体稳定流动的动量方程。它表明：作用在所研究流体上的外力矢量和等于单位时间内流出与流入流体的动量之差。

动量方程是一个矢量方程。为计算方便，通常将其转化为三个正交坐标轴上的分量形式为

$$\left.\begin{array}{l} \sum F_x = \rho q_V(V_{2x} - V_{1x}) \\ \sum F_y = \rho q_V(V_{2y} - V_{1y}) \\ \sum F_z = \rho q_V(V_{2z} - V_{1z}) \end{array}\right\} \qquad (3\text{-}25)$$

二、动量方程的应用

（一）应用动量方程的步骤及注意事项

1. 应用动量方程的步骤

（1）选取控制体。在流场中，将所研究的流体隔离出来作为研究对象，其对应的空间作为控制体。控制体是由流体段两端的缓变流截面及流体段的边界面构成。限定缓变流截面是为了能应用伯努利方程。

（2）分析作用在控制体内流体上的外力。作用在控制体内流体上的外力应包括质量力和表面力，主要有：重力、控制体两端有效截面上的总压力（方向垂直指向有效截面）、固体边界对流体的作用力。

（3）建立坐标系。为方便矢量投影和简化计算，应至少使一个坐标轴的方向与流体的一个流速方向一致。

（4）列动量方程。通常列分量形式的动量方程，注意力的方向、速度的方向是否与坐标轴方向一致，一致为正，相反为负。方程式中动量之差只能是单位时间内流出 2—2 截面与流入 1—1 截面的动量之差，不能颠倒。

2. 应用动量方程的注意事项

应用动量方程解题时应注意以下几点：

（1）有效截面上的总压力一般采用相对压强计算，也可采用绝对压强计算。若采用绝对压强计算，不仅有效截面上要计入大气压强，控制体的侧表面上也必须计入大气压强，否则计算结果不正确。

（2）当待求量的方向不能明确时，可先假定方向。若计算结果为正值，说明实际方向与

原先假定的方向相同。反之，则说明实际方向与原先假定方向相反。

（3）若动量方程中有两个或两个以上的未知量时，还需列出连续性方程式或伯努利方程式联立求解。

（二）应用举例

1. 流体作用于弯管上的力

图 3 - 20（a）所示一水平放置的弯管，已知：管道进口平均流速 V_1、平均压强 p_1，出口平均流速 V_2、平均压强 p_2，求流体通过弯管时对弯管的作用力。

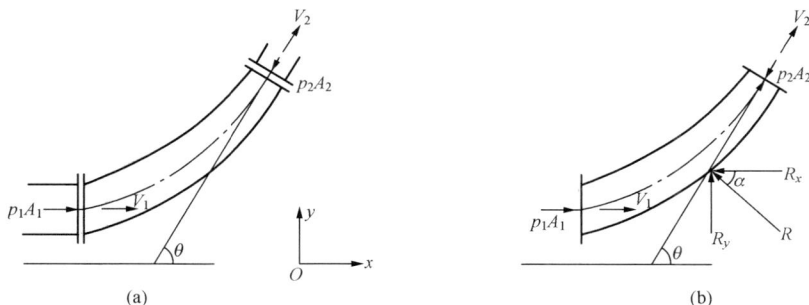

图 3 - 20　流体作用于弯管上的力

取弯管中如图 3 - 20（b）所示的控制体，控制体内流体在水平面内受到的外力有：两端截面上周围流体对控制体内流体的压力 p_1A_1、p_2A_2，弯管壁对流体的作用力 R。

沿 x 轴、y 轴的动量方程为

$$\left.\begin{aligned}\sum F_x = p_1 A_1 - p_2 A_2 \cos\theta - R_x = \rho q_V (V_{2x} - V_{1x})\\ \sum F_y = -p_2 A_2 \sin\theta + R_y = \rho q_V (V_{2y} - V_{1y})\end{aligned}\right\} \qquad (3-26)$$

所以

$$\left.\begin{aligned}R_x = p_1 A_1 - p_2 A_2 \cos\theta - \rho q_V (V_2 \cos\theta - V_1)\\ R_y = p_2 A_2 \sin\theta + \rho q_V V_2 \sin\theta\end{aligned}\right\}$$

则

$$R = \sqrt{R_x^2 + R_y^2}$$

R 的方向与 x 轴的夹角为 $\qquad \alpha = \arctan\dfrac{R_y}{R_x} \qquad (3-27)$

流体对弯管的作用力，与 R 是一对作用力和反作用力，与 R 大小相等、方向相反。

【例 3 - 9】　如图 3 - 20（a）所示的变直径弯曲管道，$d_1 = 500\text{mm}$，$d_2 = 400\text{mm}$，转角 $\theta = 45°$，截面 1—1 处流速 $V_1 = 1.2\text{m/s}$，相对压强 $p_1 = 245\text{kPa}$，求水流对弯管的作用力（不计能量损失）。

解　体积流量

$$q_V = A_1 V_1 = \frac{\pi}{4} d_1^2 V_1 = \frac{\pi}{4} \times 0.5^2 \times 1.2$$
$$= 0.236 (\text{m}^3/\text{s})$$
$$V_2 = V_1 \left(\frac{d_1}{d_2}\right)^2 = 1.2 \times \left(\frac{0.5}{0.4}\right)^2 = 1.875 (\text{m/s})$$

沿水平弯管轴线取基准面，则 $z_1 = z_2 = 0$，$h_w = 0$，列 1—1 与 2—2 截面伯努利方程，得

$$\frac{p_1}{\rho g}+\frac{V_1^2}{2g}=\frac{p_2}{\rho g}+\frac{V_2^2}{2g}$$

$$p_2=p_1+\frac{\rho(V_1^2-V_2^2)}{2}$$

$$=245\times10^3+\frac{1000\times(1.2^2-1.875^2)}{2}$$

$$=243.96(\text{kPa})$$

因弯管水平放置，故此弯管内液体所受重力在水平面内的投影分量等于零，任设弯管对水流作用力 R 的方向，它在 x、y 轴上的投影分量为 R_x、R_y，则动量方程为

$$p_1A_1-p_2A_2\cos\theta-R_x=\rho q_V(V_{2x}-V_{1x})\left.\right\}$$
$$-p_2A_2\sin\theta+R_y=\rho q_V(V_{2y}-V_{1y})$$

则

$$R_x=p_1A_1-p_2A_2\cos\theta-\rho q_V(V_2\cos\theta-V_1)\left.\right\}$$
$$R_y=p_2A_2\sin\theta+\rho q_V V_2\sin\theta$$

$$R_x=p_1A_1-p_2A_2\cos\theta-\rho q_V(V_2\cos\theta-V_1)$$

$$=245\times10^3\times\frac{\pi}{4}\times0.5^2-243.96\times10^3\times\frac{\pi}{4}\times0.4^2\times\cos45°$$

$$-1000\times0.236\times(1.875\times\cos45°-1.2)$$

$$=26.40(\text{kN})$$

$$R_y=p_2A_2\sin\theta+\rho q_V V_2\sin\theta$$

$$=243.96\times10^3\times\frac{\pi}{4}\times0.4^2\times\sin45°+1000\times0.236\times1.875\times\sin45°$$

$$=21.99(\text{kN})$$

R_x、R_y 均为正值，说明 R 的方向与假设的方向一致。

弯管对水流作用力 R 的大小

$$R=\sqrt{R_x^2+R_y^2}=\sqrt{26.4^2+21.99^2}=34.4(\text{kN})$$

R 的方向与 x 轴的夹角为

$$\alpha=\arctan\frac{R_y}{R_x}=\arctan\frac{21.99}{26.40}=39.8°$$

水流对弯管的作用力与 R 的大小相等、方向相反。

2. 射流对固体壁面的冲击力

流体从管嘴喷射出而形成射流。如射流在同一大气压强之下，并忽略自身重力，则作用在流体上的力，只有固体壁面对射流的阻力，它与射流对固体壁面的冲击力构成一对作用力和反作用力。

图 3-21 所示固定平板与水平面成 θ 角，流体从喷嘴射出，射流的动量方程为

$$\boldsymbol{R}=\rho_1 q_{V1}\boldsymbol{V}_1+\rho_2 q_{V2}\boldsymbol{V}_2-\rho_0 q_{V0}\boldsymbol{V}_0$$

与板垂直方向的动量方程为

$$-R=0-\rho_0 q_{V0}V_0\sin\theta$$

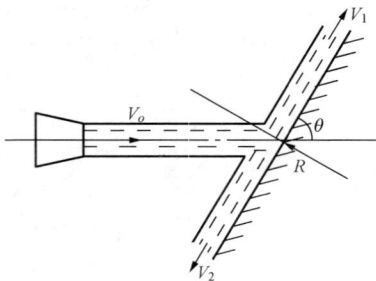

图 3-21 射流对固定平面的冲击力

由于 $q_{V0}=A_0V_0$，因此

$$R = \rho A_0 V^0 2\sin\theta$$

射流对平板的冲击力 $R' = -R$

当 $\theta = 90°$ 时，射流对垂直平板的冲击力

$$R' = -\rho A_0 V_0^2 \qquad (3-28)$$

【例 3 - 10】 如图 3 - 22 所示，水流从直径 $d=25\text{mm}$ 的固定管嘴中射出，撞击一墙壁，射流的速度 $V_0=10\text{m/s}$，忽略射流的冲击损失及重力的影响，且假设射流撞击墙壁后均匀向四周散开，求水流对墙壁的撞击力。

解 取图中虚线所围的射流为控制体，在同一大气压强之下，控制面上的压力互相抵消，控制体上只受到墙壁对射流的作用力。

x 轴的动量方程为

$$0 - \rho_0 q_{V0} V_0 = -R$$

即

$$R = \rho_0 q_{V0} V_0 = \rho A_0 V_0^2$$
$$= 1000 \times \frac{\pi}{4} \times 0.025^2 \times 10^2$$
$$= 49(\text{N})$$

水流对墙壁的冲击力与 R 大小相等、方向相反。

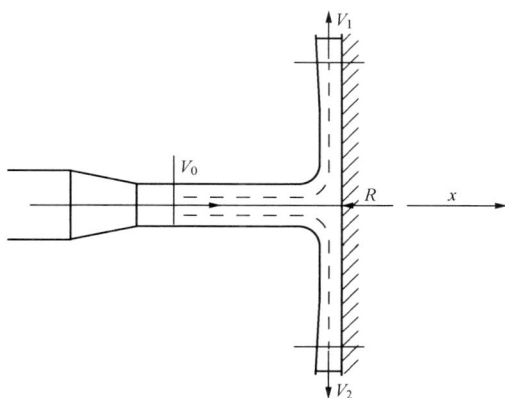

图 3 - 22 例 3 - 10 图

3. 射流的反推力

我们知道，火箭飞行的根本动力是火箭内部的燃料发生爆炸性燃烧，产生大量高温高压的气体，从尾部喷出形成射流，射流对火箭有一反推力，使火箭向前运动。

下面我们具体讨论反推力的计算。

如图 3 - 23 所示，装有液体的容器侧壁开一直径为 d 的小孔，流体便从小孔流出形成射流。取孔口中心线为基准面，列水箱液面 1－1 与孔口截面 2－2 列伯努利方程：

$$z_1 + \frac{p_1}{\rho g} + \frac{V_1^2}{2g} = z_2 + \frac{p_2}{\rho g} + \frac{V_2^2}{2g} + h_\text{w}$$

不计能量损失，$h_\text{w}=0$，$V_1\approx 0$，$p_1=p_2=p_\text{a}$，$z_2=0$，$z_1=H$，代入上式整理得

$$H = \frac{V^2}{2g}$$

则射流速度为

$$V = \sqrt{2gH} \qquad (3-29)$$

取 1－1 与 2－2 之间充满流体的空间为控制体，设作用在控制体上的力为 R，且与射流方向一致，并定义为正向，则该方向上的动量方程为

$$R = \rho q_V (V_{2x} - V_{1x})$$

由于 $V_{2x}=V$，$V_{1x}=0$，因此有

$$R = \rho q_V V = \rho \frac{\pi}{4} d^2 V^2$$

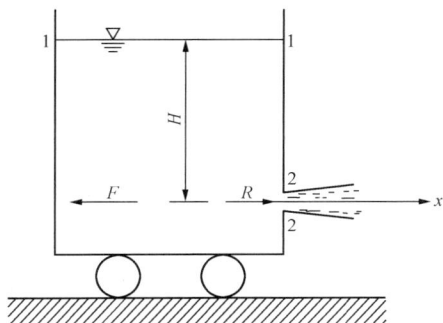

图 3 - 23 射流反推力

将式（3 - 29）代入上式得

$$R = \frac{\pi}{2}\rho g d^2 H \qquad\qquad (3 - 30)$$

根据作用力与反作用力，则射流给容器的反推力 F 与 R 大小相等、方向相反。如果容器与地面间无摩擦，可自由运动，那么容器在反推力 F 的作用下，将沿与射流相反的方向运动，这就是射流的反推力。火箭、喷气式飞机、喷水船等都是借助这种反推力而工作的。

第五节　水 击 现 象 及 其 预 防

教学目的

　　了解水击现象产生的原因及危害，掌握防止或减缓水击危害的措施。

教学内容

　　前面研究的都是不可压缩流体的流动，没有考虑流体的压缩性，但在研究有压管道中水击现象时必须要考虑两个因素：①流体的压缩性；②管壁的变形。

一、水击现象及产生的原因

（一）水击现象

在有压管路中流动的液体，由于某种外界原因（如阀门突然关闭、水泵或水轮机组突然停车等），使得液体流速发生突然变化，并由于液体的惯性作用，引起压强急剧升高和降低的交替变化，这种现象称为水击。升压和降压交替进行时，对于管壁和阀门的作用如同锤击一样，因此水击也称为水锤。

发生轻微水击时引起噪声和管路振动，严重时由于水击产生的压强升高值有可能达到正常工作压强的几十倍甚至几百倍，造成阀门损坏，管路接头断开，甚至引起管路的爆裂。另外，水击引起的压强降低，使管内形成真空，有可能使管路扁缩而损坏。

（二）水击发生的过程

如图 3 - 24 所示，以储液池向某处供水管道系统为例，管道长度为 L，管中液体的压强为 p，管中液体的平均流速为 V。下面以管道出口阀门突然全部关闭为例来说明水击现象的发生过程。

1. 压缩阶段

阀门关闭，由于液体压缩性的影响，邻近阀门处厚度为 dL 的一层液体首先停止了流动，流速由原来的 V 瞬间变为零。流速的这种变化引起了该层液体的动量发生变化。由动量定理可知，这是关闭后的阀门对薄层液体施加外力作用的结果。与此同时，该层液体在这个外力作用下压强突然升高，从原来的正常压强 p 骤然升高到 $p+\Delta p$。突然增加的压强 Δp 称为水击压强。它使该层液体受到压缩，管壁发生膨胀，截面增大。然后相邻的另一层液体也随即停止了流动，其压强相应升高 Δp，液体被压缩，这种压缩必然是逐渐向左传播，这种压强升高的情况以波的形式从阀门一直向管道进口传播，称为水击波传播，如图 3 - 24 (a) 所示。它的速度叫水击波传播速度，以 C_0 表示。在时间 $t_1 = \dfrac{L}{C_0}$ 时，水击波传播到管道进口，整个管道中压强都升高了 Δp，液体受压缩，金属管道全长均受到锤击而膨胀，液体的动能转变为压能和管道变形的弹性能，这是水击的一个压缩过程。

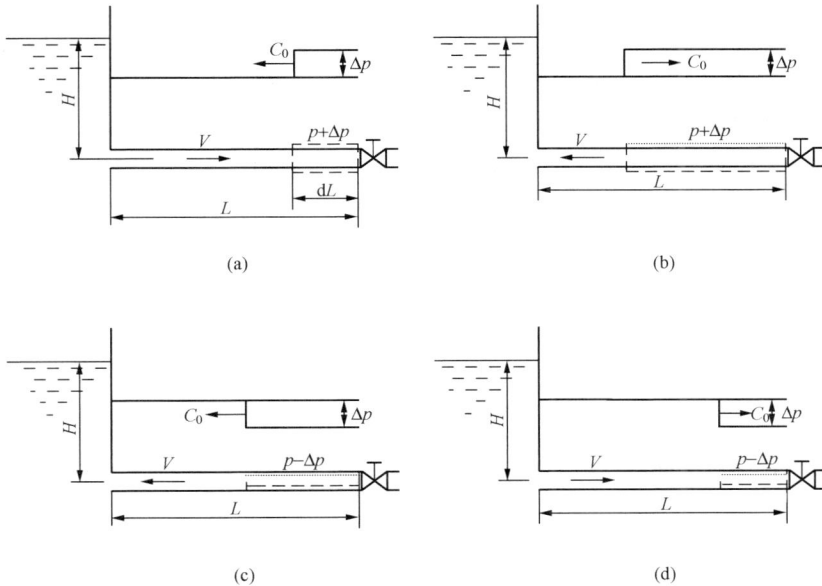

图 3 - 24　水击过程

2. 恢复阶段

由于管道进口截面左侧的压强仍保持正常压强 p，而右侧的压强为 $p+\Delta p$，两侧存在压强差 Δp，管内液体将向箱内倒流，使压强恢复到 p，压缩被解除。这种减压的压强恢复情形也是以水击波的形式从管道进口一直传播到阀门处，如图 3 - 24（b）所示。当 $t_2=\dfrac{2L}{C_0}$ 时，管内液体的压强均恢复为 p，管道截面也恢复正常，这是水击的压缩恢复过程。

3. 膨胀阶段

由于管道进口处液体运动的惯性作用，压强虽然恢复，但液体却仍然倒流，从而先在阀门处形成一个减压 Δp 的水击波，从阀门向管道进口传播，如图 3 - 24（c）所示。在 $t_3=\dfrac{3L}{C_0}$ 时，全管液体压强均为 $p-\Delta p$，液体压强降低处于膨胀状态，金属管道收缩。水击又完成了一个膨胀过程。

4. 恢复阶段

在管道进口两侧的压强差的作用下，箱中液体又流入管道。一个以压强恢复正常为特点的水击波开始从管道进口向阀门传播，如图 3 - 24（d）所示。在 $t_4=\dfrac{4L}{C_0}$ 时，管道中流速和压强都恢复到阀门突然关闭前的情况，完成了水击的膨胀恢复过程。

因为阀门处于关闭状态，故管道内液体又要重复上述压缩、压缩恢复、膨胀及膨胀恢复四个过程，从而产生压强、流速等周期性的变化。若不计水击传播过程中的能量损失，这种变化将一直进行下去。实际上，由于液体的黏性以及管道的膨胀与收缩必将引起能量损失，因此，水击时压强波动值将逐渐衰减，直至水击逐渐消失。

当阀门突然开启时，所产生的水击压强波的传播情况与上述相仿。只不过每一个周期中的第一个阶段是膨胀阶段，第三阶段是压缩阶段，第二、第四阶段仍是恢复阶段。

二、直接水击与间接水击

在前面的讨论中，假定阀门的关闭是瞬时完成的，但实际上阀门的关闭是需要一定的时间的，因此可将整个关闭过程看成是一系列微小瞬时关闭的累加，每一个微小关闭都产生一个水击波，并按上述过程传递。

若管道中的阀门是缓慢关闭时，水击产生的压强升高值 Δp 将会很大地削减，因此又根据阀门的关闭时间将水击分为直接水击和间接水击两类。

当阀门关闭的时间 $T_s < \dfrac{2L}{C_0}$ 时，也就是水击波从阀门处向水箱方向传播再以常压恢复波形式返回到阀门之前，阀门就已关闭，这种水击称为直接水击，阀门处的压强变化值达到水击所能引起的最大值。

如果阀门关闭的时间 $T_s > \dfrac{2L}{C_0}$，即当水击波返回阀门时，阀门尚未完全关闭，这种水击称为间接水击。压缩、膨胀的水击波之间有部分抵消，这时阀门处所受到的水击压强小于直接水击的压强。

直接水击的压强升高值 Δp 可以根据动量定理推出

$$\Delta p = \rho V C_0 \tag{3-31}$$

水击波的传播速度 C_0，根据材料力学中的胡克定律可导出计算公式

$$C_0 = \dfrac{\sqrt{\dfrac{E_0}{\rho}}}{\sqrt{1 + \dfrac{E_0 d}{E \delta}}} \tag{3-32}$$

式中　E_0——液体的弹性系数，水的 $E_0 = 2.06 \times 10^9 \, \mathrm{Pa}$；

　　　　E——管壁材料的弹性系数，钢管的 $E = 206 \times 10^9 \, \mathrm{Pa}$；

　　　　ρ——液体的密度，$\mathrm{kg/m^3}$；

　　　　d——管道直径，m；

　　　　δ——管壁厚度，m。

间接水击可用下述经验公式：

$$\Delta p = \rho V C_0 \frac{T_r}{T_s} = \rho V C_0 \frac{\dfrac{2L}{C_0}}{T_s} = \rho V \frac{2L}{T_s} \tag{3-33}$$

式中　T_r——水击波往返一次的时间，s；

　　　　T_s——阀门关闭所用的时间，s。

三、水击危害的预防

预防水击所造成的危害，常用如下几种方法：

（1）运行中在条件允许的情况下，延长阀门的启闭时间。

（2）缩短管路长度 L，也就是使 $\dfrac{2L}{C_0}$ 减小，$\dfrac{2L}{C_0}$ 愈小，则 Δp 愈小。

（3）增大管径，使在流量一定的情况下，减小流速，Δp 减小。

（4）在管路系统的适当位置装设蓄能器（空气罐或安全阀），排放超出安全许可的压强脉冲。

（5）在低压管路上装设一橡胶管段，加大管系的弹性，吸收水击能量，使 Δp 减小。

但水击也可有效利用。例如，水击泵便是利用水击原理设计的一种无动力输水设备，可将水由低处送到高处。这种设备对于无动力和电源的地方是很方便的。

小　　结

本章主要讲述流体动力学的三个方程及其应用。

一、流体运动的基本概念

流线——表示流场中同一瞬间一系列连续质点流动方向的空间曲线，即流线各点的切线方向就是各点上流体质点的流速方向。流场中，流线密处，流速大；反之，流速小。

稳定流动——流场中任意一点的运动要素不随时间变化，只随空间位置不同而变化的流动。而运动要素不仅随空间位置变化，同时也随时间变化的流动称为非稳定流动。

缓变流——在稳定流中，如果流线是近乎平行的直线为缓变流。其特点有两个：一是与所有流线垂直的横截面是与轴线相垂直的平面；二是缓变流有效截面上的压强遵循流体静压强的分布规律。

流量——单位时间内通过有效截面的流体体积量或质量，分别称为体积流量 $q_V(\mathrm{m^3/s}$ 或 $\mathrm{m^3/h})$ 及质量流量 $q_m(\mathrm{kg/s}$ 或 $\mathrm{t/h})$。

有效截面平均流速——流体有效截面上各点真实流速的平均值，以平均流速计算的流量与各点以实际流速流动所通过的流量相等。

二、稳定流动的三个方程

（一）连续性方程

（1）数学表达式：

$$V_1 A_1 = V_2 A_2 = 常数$$

（2）连续性方程说明：在稳定的不可压缩流体的流动过程中，通过任一有效截面的体积流量都相等，即有效截面的平均流速与有效截面面积成反比，面积大处流速低，面积小处流速高。

（3）应用：①在已知 V_1、d_1、V_2、d_2 中任意三个量时由方程式可求出另一个量。②根据有效截面沿流程的变化情况，分析平均流速 V 沿流程的变化。

（二）伯努利方程

1. 方程式

$$z_1 + \frac{p_1}{\rho g} + \frac{\alpha_1 V_1^2}{2g} = z_2 + \frac{p_2}{\rho g} + \frac{\alpha_2 V_2^2}{2g} + h_w$$

2. 方程式意义

（1）物理意义：不可压缩理想流体在重力作用下作稳定流动时，沿同一流线（或微元流束）上各点的单位重力作用下流体所具有的总机械能是一常数，但位势能、压强势能和动能三种能量之间可以相互转换。不可压缩实际流体在重力作用下作稳定流动时，由于在流动过程中不可避免的能量损失，流体的总机械能沿流程是逐渐减少的。

（2）几何意义：理想流体总水头线是一条与基准线平行的直线。实际流体总水头线是一条沿流程不断下降的线，该线上任意两点间的高度差表示这两点所代表的有效截面之间的水头损失，而它与理想流体总水头线之间的高度差，则表示整个流程的水头损失。

3. 方程式的应用

（1）方程式适用条件：①不可压缩流体的稳定流动；②沿程没有能量的输入或输出；③所取的两个有效截面应位于缓变流上。

（2）在已知稳定流中任意两个缓变流截面上的压强、平均流速、位置高度及两截面间水头损失共 7 个物理量中的任意 6 个量时，可直接利用伯努利方程求解另一个未知量。若 7 个物理量中只已知 5 个量时，还要列出连续性方程联立求解。

（3）皮托管、文特里流量计、射流泵和虹吸管等都是伯努利方程工程实际中的具体应用。

（三）动量方程

1. 方程式及其意义

（1）矢量方程：

$$\sum \boldsymbol{F} = \rho q_V (\boldsymbol{V}_2 - \boldsymbol{V}_1)$$

（2）投影方程：

$$\left.\begin{array}{l} \sum F_x = \rho q_V (V_{2x} - V_{1x}) \\ \sum F_y = \rho q_V (V_{2y} - V_{1y}) \\ \sum F_z = \rho q_V (V_{2z} - V_{1z}) \end{array}\right\}$$

方程式表明：作用在所研究流体上的外力矢量和等于单位时间内流出与流入流体的动量之差。

2. 方程式的应用

（1）应用时的注意事项：①在不可压缩流体的稳定流动中，所选取控制体的两有效截面必须处于缓变流区段上；②采用投影表达式时，必须首先选定直角坐标系，以确定所有作用力及流速在坐标轴上投影的大小和正负号，与坐标轴方向相同为正、相反为负；③对所选取的控制体内流体进行受力分析，以确定合外力$\sum F$，其中截面上的压强一般采用相对压强计算；④方程式中动量之差只能是单位时间内流出截面与流入截面的动量之差，不能颠倒。

（2）方程式的实际应用：①分析与确定不可压缩流体作稳定流动中，当有效截面平均流速的大小、方向改变时，流体与壁面之间产生相互作用力的大小和方向；②确定射流的反冲力。

三、水击现象

（1）水击现象——当液体在压力管道中流动时，由于某种外界原因使液体的流动速度突然改变，从而引起管内压强产生反复的急剧的周期性变化的现象。

（2）防止水击的主要措施：①缩短管长 L，或延长阀门的启闭时间 T_s，使直接水击变成间接水击，其水击压强减小；②增大管径，降低流速，使 Δp 减小；③在管道上装设安全阀等减压装置，防止水击时管内压强超限升高。

思　考　题

3-1　什么是流线？流线有哪些性质？

3-2　什么是体积流量？什么是质量流量？两者的关系如何？

3-3 什么是有效截面？什么是平均流速？

3-4 什么是稳定流动？什么是非稳定流动？试举出电厂生产中的实例说明。

3-5 什么是缓变流？缓变流有哪些特征？

3-6 写出连续性方程式，并说明它所表达的意义。

3-7 写出伯努利方程式，并说明伯努利方程式中各项的物理意义和几何意义，以及伯努利方程所表达的物理意义和几何意义。

3-8 在如图3-25所示的水箱中，水位及压强保持不变。当管中的流量为 q_V 时，观察到 A 截面处的玻璃管中的水银柱高度为 Δh。试问当调节阀门 B 的开度，使管中流量增大或减小后，玻璃管中水银柱高度如何变化？为什么？

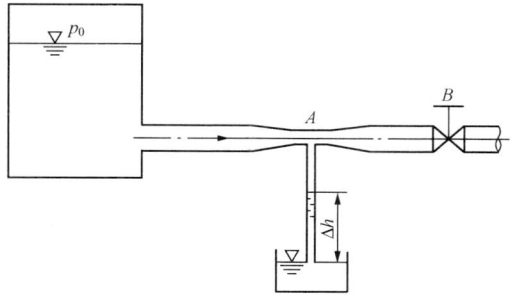

图3-25 思考题3-8图

3-9 在一段倾斜的管道上，如图3-26所示装有一文特里流量计用来测量流量的大小。试问当管道的倾斜角度 α 改变时，连接在流量计上的 U 形管差压计 Δh 的读数是否发生变化？为什么？

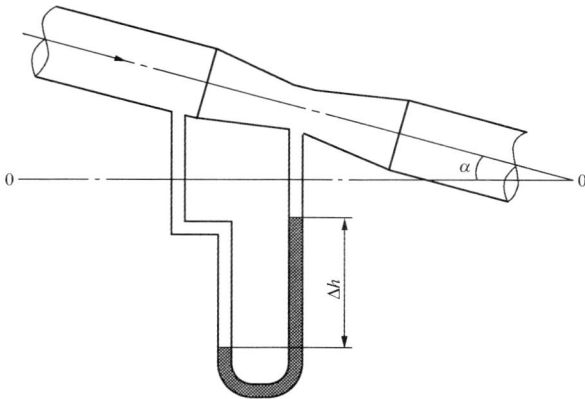

图3-26 思考题3-9图

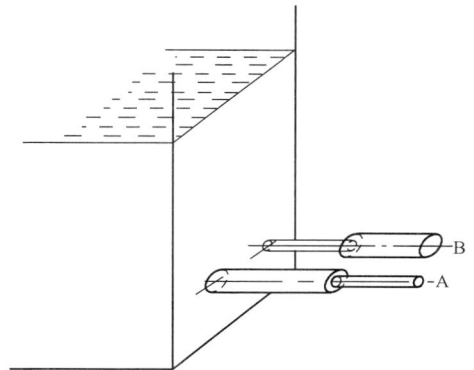

图3-27 思考题3-10图

3-10 两根不同直径的短管串接后，安装在水箱的淹深 H 处，如图3-27所示，有两种不同的安装方法 A 及 B，问这两种安装方法获得的出口流量是否相同？为什么？（不计能量损失）。

3-11 什么叫虹吸现象？什么样的管道叫虹吸管？

3-12 虹吸管内的真空一般是怎样建立的？为了不使虹吸中断，需要注意哪些问题？

3-13 在什么场合下应用动量方程式解决问题？

3-14 什么是水击现象？防止水击的措施有哪些？

习 题

3-1 矩形风道的截面为 300mm×400mm，风量为27 000m³/h。求截面平均流速。若风量不变，风道出口处的截面缩小为 150mm×200mm，求出口截面的平均流速。

3-2 电厂主蒸汽的绝对压强为 16.7MPa，温度为 538℃，流量为 403t/h，采用 $\phi273\times20$ 的管道，试确定管道中平均流速。

3-3 空气从 40mm×40mm 的方形管进入压缩机，密度是 1.2kg/m³，平均速度是 4m/s，经压缩从内径为 25mm 的圆形管中排出，平均速度为 3m/s，试确定出口的平均密度和质量流量。

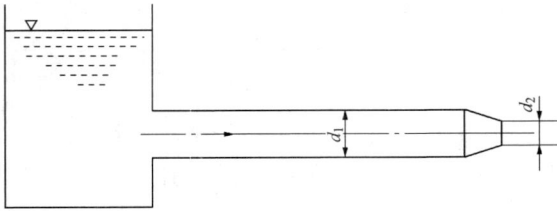

图 3-28 习题 3-4 图

3-4 如图 3-28 所示，水从水箱经直径为 $d_1=10$cm 的管道流出，管道顶端装有喷嘴直径 $d_2=5$cm，最后流入大气。当出口流速为 10m/s 时，求(1) 水的容积流量及质量流量；（2）在管道内的流速。（水的密度为 $\rho=1000$kg/m³）

3-5 如图 3-29 所示为一变直径的管段 AB。$d_A=0.2$m，$d_B=0.4$m，高度差 $\Delta h=1.0$m。用压力表测得 $p_A=60$kPa、$p_B=40$kPa，用流量计测得 $q_V=0.2$m³/s。试判断水在管段中的流动方向。

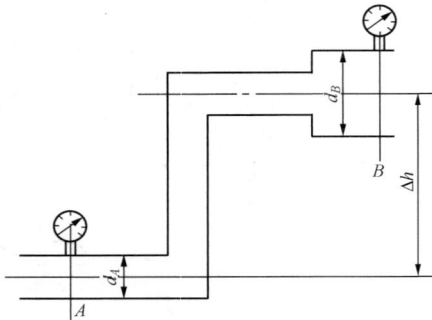

图 3-29 习题 3-5 图

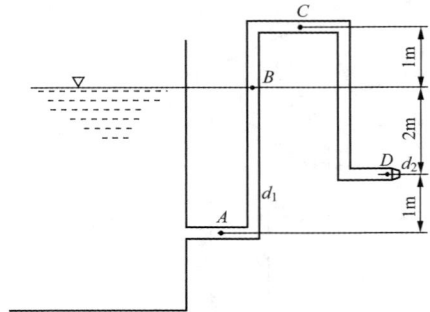

图 3-30 习题 3-6 图

3-6 管道布置如图 3-30 所示，管道直径 $d_1=150$mm，管道出口喷嘴直径 $d_2=50$mm，计算管道的流量，并求出 A、B、C、D 各点的压强，不计水头损失。（水的密度为 $\rho=1000$kg/m³）

3-7 如图 3-31 所示，水沿变直径管道向下流动，已知：上管直径 $D=0.3$m，流速 $V=2.0$m/s。为使上、下两个压力计的读数相同，下管直径 d 应为多大？忽略能量损失。（水的密度为 $\rho=1000$kg/m³）

3-8 如图 3-32 所示，有一文特里流量计，已知 $d_1=15$cm，$d_2=10$cm，水银差压计液面高度差 $\Delta h=20$cm，若不计损失，求管道流量。（水的密度为 $\rho=1000$kg/m³，水银的密度为 $\rho_{Hg}=13\,600$kg/m³）

3-9 如图 3-33 所示，一冲灰水管的前端接上一收缩喷嘴，其进口直径 $d_1=53$mm，喷嘴长 $L=450$mm。欲使流量为 $q_V=10$L/s，水流喷射高度 $H=15$m，求喷嘴的出口直径 d_2 及喷嘴进口处的压强。（不计阻力损失，水的密度为 $\rho=1000$kg/m³）

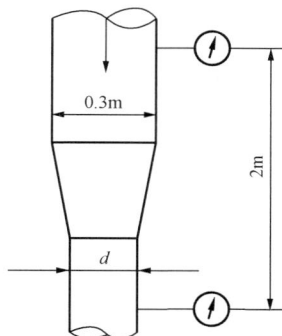

图 3 - 31　习题 3 - 7 图

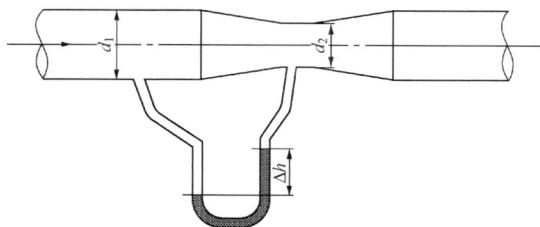

图 3 - 32　习题 3 - 8 图

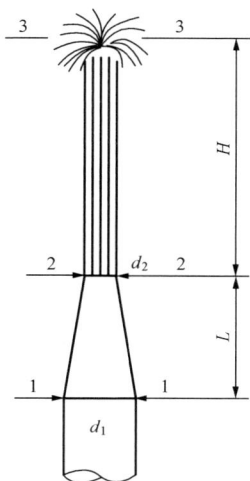

图 3 - 33　习题 3 - 9 图

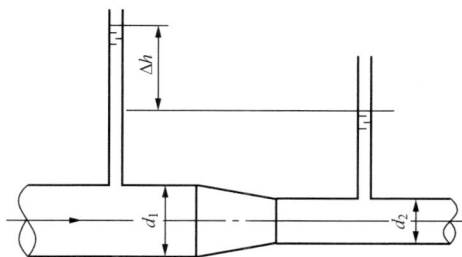

图 3 - 34　习题 3 - 10 图

3 - 10　有一水平渐缩的管段如图 3 - 34 所示。已知管径 $d_1=0.2$m，$d_2=0.1$m，测压管中水面高度差 $\Delta h=400$mm，不计水头损失，管中流速是均匀分布的，求管中流量 q_V。（水的密度为 $\rho=1000$kg/m^3）

3 - 11　水流通过如图 3 - 35 所示的管道流入大气。已知 U 形测压管中水银面高度差 $\Delta h=200$mm，$h=0.85$m，管径 $d_1=0.1$m，喷嘴出口直径 $d_2=0.05$m，不计水头损失，求管中流量 q_V。（水的密度为 $\rho=1000$kg/m^3，水银的密度为 $\rho_{Hg}=13\,600$kg/m^3）

3 - 12　如图 3 - 36 所示的文特里流量计，差压计中水银面高度差 $\Delta h=250$mm，管径 $d_1=30$cm，$d_2=15$cm，不计水头损失，求管中水的流量 q_V。（水的密度为 $\rho=1000$kg/m^3，水银的密度为 $\rho_{Hg}=13\,600$kg/m^3）

3 - 13　用虹吸管从一大水箱抽水，虹吸管直径 $d=100$mm，位置尺寸如图 3 - 37 所示，忽略阻力损失，求虹吸管中的流速及 A 点的相对压强。（水的密度为 $\rho=1000$kg/m^3）

3 - 14　空气以流量 $q_V=2.32$m^3/s 在管中流动，空气密度 $\rho=1.22$kg/m^3，管道的流通面积 $A_1=0.092\,9$m^2，如图 3 - 38 所示，若使水由水槽中吸入管道，试求管道截面面积 A_2 应为多少？（水的密度为 $\rho=1000$kg/m^3，水银的密度为 $\rho_{Hg}=13\,600$kg/m^3）

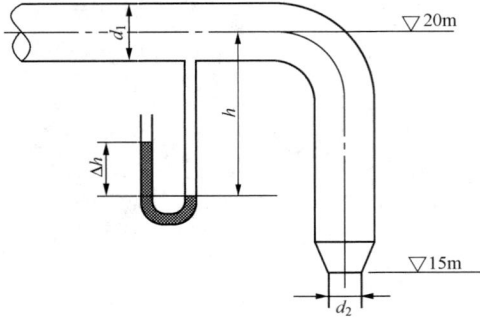

图 3‐35　习题 3‐11 图

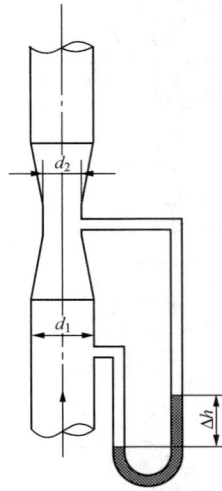

图 3‐36　习题 3‐12 图

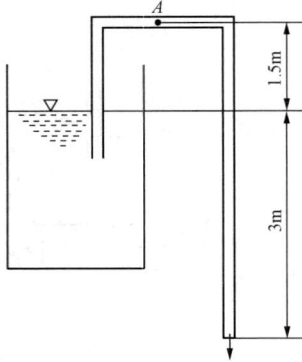

图 3‐37　习题 3‐13 图

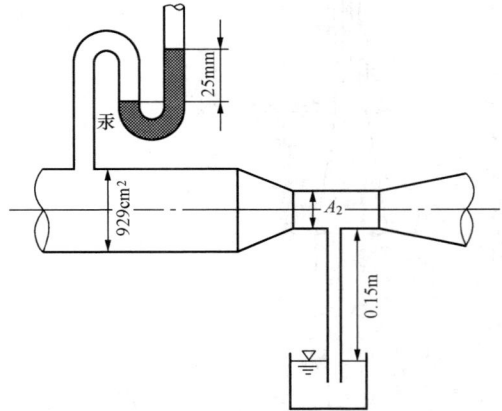

图 3‐38　习题 3‐14 图

3‐15　如图 3‐39 所示一压力管道的渐变段固定在一支座上。已知管径 $d_1=1.5$m，$d_2=1.0$m，渐变段起始截面的压强 $p_1=490$kPa，管中水的流量 $q_V=2.5$m³/s，不计水头损失，求渐变段的支座所受的作用力。（水的密度为 $\rho=1000$kg/m³）

3‐16　如图 3‐40 所示，容器侧壁装一短管，其直径 $d=50$mm，容器中水面高于管中心 $H=1.5$m。不计水头损失，求短管出流对容器的作用力。（水的密度为 $\rho=1000$kg/m³）

3‐17　一变直径水平放置的 90°的弯管，如图 3‐41 所示，已知管径 $d_1=200$mm，$d_2=100$mm，管道中水的相对压强 $p_1=200$kPa，管中水的流量 $q_V=220$m³/h，不计水头损失，求水流对弯管的作用力。（水的密度为 $\rho=1000$kg/m³）

3‐18　如图 3‐42 所示，水箱 A 的水经圆滑无摩擦的孔口水平射到一圆盖板上，圆盖板刚好能封盖着另一水箱 B 的孔口，两孔口中心重合，并且 $d_1=\frac{1}{2}d_2$，当已知水箱 A 中水位 $h_1=600$mm 时，求水箱 B 中的水位 h_2。

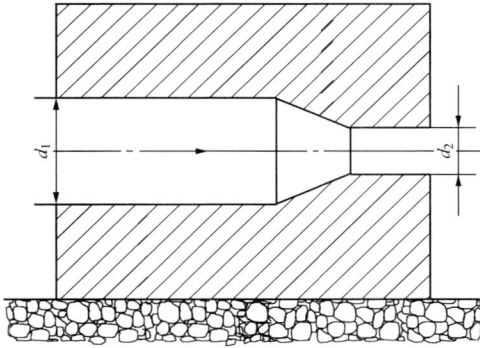

图 3 - 39　习题 3 - 15 图

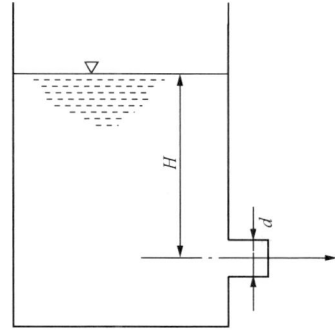

图 3 - 40　习题 3 - 16 图

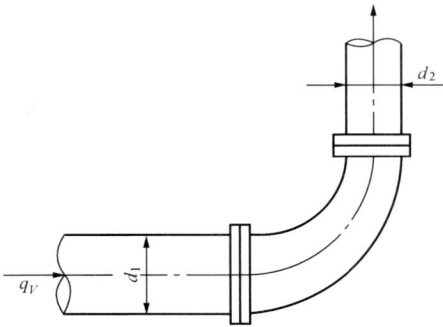

图 3 - 41　习题 3 - 17 图

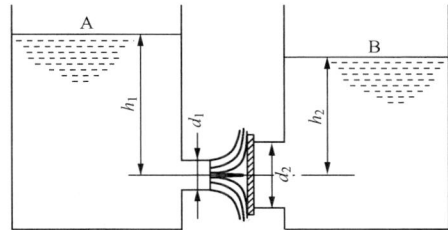

图 3 - 42　习题 3 - 18 图

第四章　流动阻力及能量损失

⭐ **内 容 提 要**

　　本章重点讲述流体的两种流动状态，流体的流动阻力损失及管道的水力计算方法，边界层，以及绕流物体的阻力和升力。

第一节　流体流动阻力及其分类

教学目的

　　深刻理解沿程水头损失、局部水头损失产生的原因，掌握流动阻力损失的叠加原理。

教学内容

一、流动阻力及其分类

　　由于流体的黏性和固体边界的影响，使流体流动过程中受到阻力，称为流动阻力。流体为保持流动必须克服流动阻力而做功，使它的一部分机械能转化为热能，这种机械能的损失称为流动阻力损失。流动阻力损失一般有两种表示方法：对于液体，通常用单位重力作用下液体的能量损失 h_w 来表示，称为水头损失，它是用液柱高度来量度的；对于气体，通常用单位体积气体的能量损失 Δp_w 来表示，称为压强损失，它是用压强差来量度的，故习惯上又称为压降。Δp_w 与 h_w 的关系为 $\Delta p_w = \rho g h_w$。

　　流体产生流动阻力的内因是流体的黏性和惯性，外因是固体边界形状和固体内壁面的粗糙度对流体质点的阻滞和扰动作用。所以，研究流动阻力损失必然要分析流体内部黏性和惯性的作用，又要分析外部固体边界特征的影响。

　　为了便于分析和计算，根据边界条件的不同，把流动阻力及其损失分为两类。

　　1. 沿程阻力与沿程水头损失

　　黏性流体在缓变流区段的管道中流动时，流体与管壁以及流体之间存在摩擦力，这种沿流程在缓变流区段中始终存在的摩擦阻力，称为沿程阻力。流体流动克服沿程阻力而损失的能量，就称为沿程阻力损失。单位重力作用下液体的沿程阻力损失称为沿程水头损失，用 h_f 表示；单位体积气体的沿程阻力损失称为沿程压强损失，用 Δp_f 表示。Δp_f 与 h_f 的关系为 $\Delta p_f = \rho g h_f$。

　　沿程阻力损失是发生在缓变流整个流程中的能量损失，它的大小与流过的管道长度成正比。造成沿程阻力损失的主要原因是流体的黏性，因而这种损失的大小与流体的流动状态（层流或紊流）有密切关系。在较长的管道和河流中流体的流动都是以沿程阻力损失为主的流动。

　　2. 局部阻力与局部水头损失

　　在管道系统中通常装有阀门、弯管、变截面（截面突然扩大、缩小或渐变）管等局部装置。流体流经这些局部装置时流速将重新分布，流体质点与质点之间，以及流体与局部装置之间发生碰撞、产生旋涡，使流体的流动受到阻碍，由于这种阻碍是发生在局部急变流区段内，所以称为局部阻力。流体为克服局部阻力所损失的能量，称为局部阻力损失。单位重力作用下液体的局部阻力损失称为局部水头损失，用 h_j 表示；单位体积气体的局部阻力损失称为局部压强损失，用 Δp_j 表示。Δp_j 与 h_j 的关系为 $\Delta p_j = \rho g h_j$。

二、流动阻力损失的叠加原理

某一流段中的总流动阻力损失应等于各段沿程水头损失和局部水头损失的总和。

对于液体总水头损失等于各段沿程水头损失和局部水头损失的之和，即

$$h_w = \sum h_f + \sum h_j \tag{4-1}$$

对于气体总压强损失等于各段沿程压强损失和局部压强损失的之和，即

$$\Delta p_w = \rho g h_w = \sum \Delta p_f + \sum \Delta p_j \tag{4-2}$$

上述公式称为流动阻力损失的叠加原理。

第二节　流体流动的两种状态

教学目的

会用雷诺数判定流体流动的两种状态。

教学内容

一、雷诺实验

1883 年，英国物理学家雷诺通过实验，提出了流体流动的两种状态，并研究了流动状态与沿程水头损失之间的关系。

图 4-1 为雷诺实验装置的示意图。

在恒定水位水箱 1 侧壁的下部，装有一根带喇叭口的水平放置的直玻璃管 4，其上装有两根测压计 5，管的末端装有调节阀 6。在水箱上部装有一个颜色水瓶 7，通过一末端为针形的细管将颜色水引入玻璃管喇叭口处，细管上装有调节阀 8。

实验时，首先将水箱充满水，并利用进水调节阀 2 和溢流管 3 使水箱水位保持恒定，管内水流为稳定流。稍微开启阀门 6，再将调节阀 8 稍开启，使颜色水流入玻璃管内。

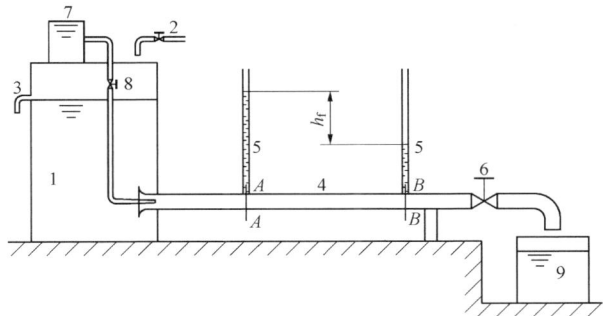

图 4-1　雷诺实验装置

1—恒位水箱；2—进水管；3—溢流管；4—玻璃管；5—测压计；
6—调节阀；7—颜色水瓶；8—颜色水调节阀；9—水容器

这时，可以看到玻璃管的水流中有一条细而清晰的颜色小水流，如图 4-2（a）所示，这说明颜色水与无色水在玻璃管中共同流动时，两种液体质点之间互不掺混、互不干扰作定向分层流动，这种流动状态称为层流。如将阀门 6 开大，玻璃管中水的流速也随之增大，当流速增大到某一数值后，颜色小水流开始颤动，成为波浪形的小水流，如图 4-2（b）所示，这时，两种液体质点在流动中已经互相掺混、互相干扰，但互相掺混的程度较小，这种流动状

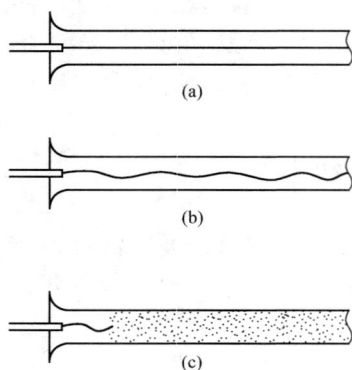

图 4 - 2　流动状态

(a) 层流；(b) 过渡状态；(c) 紊流

态为过渡状态。当将阀门 6 继续开大，随着水流速度的增加，颜色水流进入玻璃管喇叭口后就立即四面扩散，使全部水流染色，如图 4 - 2 (c) 所示，这说明此时，两种液体质点之间已经发生剧烈的互相掺混、互相干扰作不定向的紊乱流动，这种流动状态，称为紊流。

此后，若将阀门 6 逐渐关小，反方向进行上面实验，则上述现象将以相反的程序重现。但发现紊流向层流转变的过程中，玻璃管中的流速要比层流向紊流转变的流速小。

我们把由层流转变为紊流时的临界流速称为上临界流速 V_c'，由紊流转变为层流时的临界流速称为下临界流速 V_c。实验证明，上临界流速 V_c' 大于下临界流速 V_c。并且在实验条件相同的情况下，上临界流速 V_c' 是不固定的，如果实验时存在某些扰动，则在较低的流速下，层流就能转变为紊流。反之，若实验时能小心排除由于实验设备和操作引起的外界扰动，则层流可以保持较高的流速。但是，下临界流速 V_c 却是固定的。对于工程实际来说，扰动是普遍存在的。所以，上临界流速对工程实际没有意义，而下临界流速 V_c 就可以成为判别流态的界限，下临界流速 V_c 也直接称为临界流速。

雷诺及其以后的大量实验得出以下结论：

(1) 任何实际流体的流动，都具有两种流态——层流和紊流。当流速小于临界流速 V_c 时，为层流；当流速大于上临界流速 V_c' 时，为紊流。介于 V_c 与 V_c' 之间的可能是层流，也可能是紊流，是紊流的可能性大。

(2) 在相同管径的玻璃中用不同的流体进行实验，所测得的临界流速不同，黏性大的流体临界流速也大。

(3) 用相同的流体在不同管径的玻璃管中进行实验，所测得的临界流速也不同，管径大的临界流速反而小。

二、流态的判别

1. 雷诺数

由于临界流速与边界条件（管道的有效截面形状、尺寸）和流体特性（种类、密度、黏性）有关。因此，临界流速并不能作为层流和紊流的唯一判别标准。雷诺对不同直径的圆管和多种流体进行实验研究，发现临界流速 V_c 与流体的动力黏度 μ 成正比，与流体的密度 ρ 和管径 d 成反比，即

$$V_c \propto \frac{\mu}{\rho d}$$

引入一比例系数 Re_c，则上式可写成

$$V_c = Re_c \frac{\mu}{\rho d} = Re_c \frac{\nu}{d}$$

或

$$Re_c = \frac{V_c d}{\nu} \qquad\qquad (4 - 3)$$

尽管不同条件下的临界流速 V_c 不同，但由式 (4 - 3) 计算的比例系数 Re_c 都等于一个固定的数。因为这一研究是雷诺发现的，故把这一比例系数称为临界雷诺数，它是一个无量

纲数。

经过许多精密实验结果表明，对于非常光滑、均匀的直圆管，临界雷诺数 Re_c 等于 2320，但对于一般程度的粗糙管道 Re_c 值稍低，约为 2000，所以在工业管道中通常取临界雷诺数 $Re_c = 2000$。

$$Re_c = \frac{V_c d}{\nu} = 2000$$

根据式（4-3），由管中的实际流速 V、流体的运动黏度 ν 与管径 d 组成的数称为雷诺数 Re，即

$$Re = \frac{Vd}{\nu} \tag{4-4}$$

式中　V——管中平均流速，m/s；

　　　d——管内径，m；

　　　ν——流体的运动黏度，m^2/s。

2. 流态的判别

无数实验表明，不论流速、管内径和流体黏性的大小，只要雷诺数相等，它们的流动状态就相同。所以，雷诺数是层流和紊流两种流态判别的准则数。当流体流动的雷诺数 $Re < Re_c$ 时，流动状态为层流；当 $Re > Re_c$ 时，则为紊流。

因此，流体两种流态的判别标准是：

当 $Re = \dfrac{Vd}{\nu} \leqslant 2000$ 时，为层流；当 $Re = \dfrac{Vd}{\nu} > 2000$ 时，为紊流。

对于流体在任意形状截面的非圆管道中流动时，雷诺数的形式是

$$Re = \frac{Vd_e}{\nu} \tag{4-5}$$

$$R_h = \frac{A}{\chi}$$

$$d_e = 4R_h$$

式中　V——管道中的实际流速；

　　　d_e——当量直径；

　　　R_h——水力半径，它等于管道的有效截面面积 A 与湿周 χ 之比；

　　　χ——流体湿润有效截面的周界长度，称为湿周。

对于充满流体的圆形管道，其当量直径就是管的内径。所以，式（4-5）雷诺数的形式具有普遍意义。

对于流体充满长方形管道（边长分别为 a、b）中的流动，如图 4-3（a）所示，其当量直径 d_e 为

$$d_e = 4R_h = \frac{4A}{\chi} = \frac{4ab}{2(a+b)} = \frac{2ab}{a+b}$$

对于流体充满圆环形管道（内径为 d_1、外径为 d_2）中的流动，如图 4-3（b）所示，其当量直径 d_e 为

$$d_e = \frac{4\left(\dfrac{\pi}{4}d_2^2 - \dfrac{\pi}{4}d_1^2\right)}{\pi(d_1 + d_2)} = d_2 - d_1$$

对于绕流管束的流动，如图 4 - 3（c）所示，其当量直径 d_e 为

$$d_{\mathrm{e}} = \frac{4\left(S_1 S_2 - \frac{\pi}{4} d^2\right)}{\pi d} = \frac{4 S_1 S_2}{\pi d} - d$$

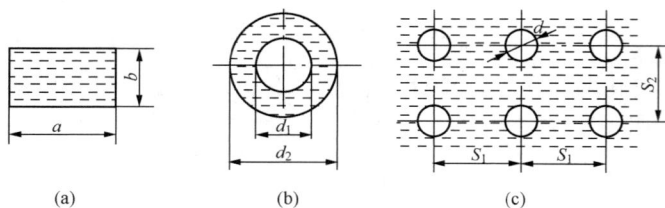

图 4 - 3　非圆形管道的截面

3. 雷诺数的物理意义

黏性流体流动时受到惯性力和黏性力的作用，这两个力用量纲可分别表示为

$$\text{惯性力} = m \frac{\mathrm{d}V}{\mathrm{d}t} = \rho V^2 l^2$$

$$\text{黏性力} = \mu A \frac{\mathrm{d}V}{\mathrm{d}y} = \mu V l$$

$$Re_{\mathrm{c}} = \frac{\rho V l}{\mu} = \frac{\rho V^2 l^2}{\mu V l} = \frac{\text{惯性力}}{\text{黏性力}}$$

式中　l——长度量纲，m。

由此可见，雷诺数是惯性力与黏性力的比值，其大小表示了流体在流动过程中惯性力和黏性力的作用地位。雷诺数小，表示黏性力起主导作用，流体质点受黏性的约束，保持分层流动，即处于层流状态；雷诺数大，表示惯性力起主导作用，使质点保持自身的运动状态，流动便处于紊流状态。

【例 4 - 1】　水在直径 $d = 100\mathrm{mm}$ 的直管中，以速度 $V = 1.0\mathrm{m/s}$ 流动，水温 $t = 20℃$。试确定水的流动状态？若运动黏度 $\nu = 100 \times 10^{-6}\mathrm{m^2/s}$ 的石油以同样的速度通过该管，其流动状态又如何？

解　查表 1 - 2 得水在 20℃下的运动黏度 $\nu = 1.003 \times 10^{-6}\mathrm{m^2/s}$，管中水流的雷诺数

$$Re = \frac{Vd}{\nu} = \frac{1.0 \times 0.1}{1.003 \times 10^{-6}} = 99\ 700 > 2000$$

可见，水在管中处于紊流状态。

管中为石油时的雷诺数为

$$Re = \frac{Vd}{\nu} = \frac{1.0 \times 0.1}{100 \times 10^{-6}} = 1000 < 2000$$

所以石油在管中是层流。

三、流动状态与沿程水头损失之间的关系

如图 4 - 1 所示，雷诺实验装置测压管所处的玻璃管位置上取两有效截面 $A—A$ 和 $B—B$，并取玻璃管中心线为基准面，则有 $z_A = z_B = 0$，$V_A = V_B$，利用伯努利方程得到

$$\frac{p_A}{\rho g} = \frac{p_B}{\rho g} + h_{\mathrm{f}}$$

即

$$\frac{p_A}{\rho g} - \frac{p_B}{\rho g} = h_f$$

上式说明，两测压管中的水柱高度差就是两截面之间的沿程水头损失值，重复上述雷诺实验，并将实验结果整理，就可以得到如图 4-4 所示的沿程水头损失与流态之间的关系。

图 4-4 表明，当管中的流速 V 小于下临界流速 V_c（A 点对应的流速）时，即流体处于层流状态时，沿程水头损失 h_f 与流速 V 的关系呈图中的 OAB 直线，斜率为 1，这说明流动为层流状态时，沿程水头损失 h_f 与流速 V 的一次方成正比，这种关系一直持续到流速达到上临界流速 V'_c。当流速继续增加，即流体处于层流到紊流过渡状态时，沿程水头损失 h_f 与流速 V 不再成正比，而是曲线突然从 B 点上升到 C 点。当继续增加流速使 $V>V'_c$ 时，即完全紊流状态时，沿程水头损失 h_f 与流速 V 的关系呈 CD 线，其斜率比 OAB 线大，其沿程水头损失 h_f 与 V^m 成正比。m 值与管壁粗糙度有关：对于管壁非常光滑的管道，$m=1.75$；对于管壁粗糙的管道，$m=2$。所以紊流中的沿程水头损失比层流中的要大。当流速减小，流动状态由紊流变成层流时，h_f 与流速 V 的关系沿曲线 $DCAO$ 下降。

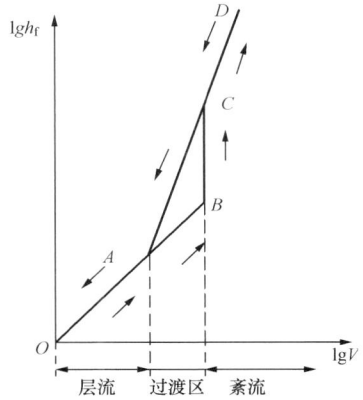

图 4-4 沿程水头损失 h_f 与流速 V 的关系曲线

由此可见，流动状态不同，其流动阻力损失 h_f 与流速 V 之间的关系差别很大。因此，在计算管道内的流动阻力损失时，必须首先判别其流态是层流还是紊流，然后根据所确定的流态选择不同的计算方法。

第三节 圆管中流体的层流与紊流

教学目的

　　了解圆管中层流和紊流的流速及切应力分布特征，掌握水力光滑管、水力粗糙管的概念。

教学内容

一、圆管中流体的层流特征

层流一般发生在流速非常小或管径较小的水流或黏性较大的油流中。例如地下水或农业滴灌毛细管中水流、水工建筑物的渗漏、工程机械中传动油的渗漏及轴承中润滑油的流动等。因此，研究层流运动不仅具有一定的实际意义，而且也是研究紊流运动的基础。

1. 切应力分布

层流流动时，黏性力起主导作用，各流层间互不掺混，流线平行于管轴线。在管壁处质点流速为零，在管轴上流速最大。流体在管内的流动，可以看成为无数个无限薄的圆筒层，一个套着一个地滑动。由缓变流的伯努利方程和切应力公式推导，可以得到圆管层流时其切应力 τ 的数学表达式，即

$$\tau = \rho g J \frac{r}{2} \tag{4-6}$$

$$J = \frac{h_f}{l} = \frac{2\tau_0}{\rho g r_0}$$

式中　r——圆管的横截面半径，m；

　　　J——水力坡度，为管道单位长度上的沿程水头损失；

　　　r_0——圆管内壁处的半径，m；

　　　τ_0——圆管内壁处的切应力，m；

　　　l——管长，m。

式（4-6）说明，流体在圆管中层流流动时，切应力沿半径方向按直线规律分布，在管轴线处切应力为零，在管壁处切应力最大，如图4-5所示。

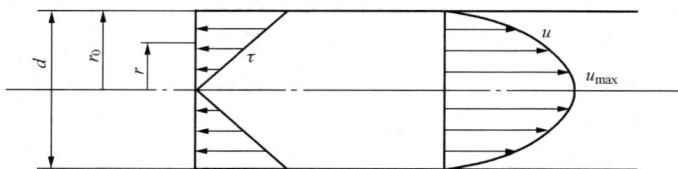

图4-5　圆管层流的切应力和流速分布

2. 流速分布

由圆管中层流切应力的数学式（4-6）和牛顿内摩擦定律推得圆管中层流的流速 u 的数学表达式为

$$u = \frac{\rho g J}{4\mu}(r_0^2 - r^2) \tag{4-7}$$

式（4-7）说明圆管层流流动时，流速分布是一个以管轴线为中心线的旋转抛物面，管壁处流速为零，管轴线上流速最大，如图4-5所示。当 $r=0$ 时，由式（4-7）得管轴线上的最大流速为

$$u_{max} = \frac{\rho g J}{4\mu} r_0^2 \tag{4-8}$$

通过对圆管层流流量的计算，并使其比上有效截面积，可得有效截面上平均流速的计算式为

$$V = \frac{\rho g J}{8\mu} r_0^2 \tag{4-9}$$

比较式（4-8）和式（4-9）可知，有效截面上平均流速等于其最大流速的一半，即

$$V = \frac{1}{2} u_{max} \tag{4-10}$$

工程中应用这一特性，可非常简便地直接从管轴心测得最大流速从而得到管中的流量，即

$$q_V = \frac{1}{2} u_{max} A \tag{4-11}$$

二、圆管中的紊流

1. 脉动现象和时均化概念

在前面介绍的雷诺实验里已经看到，在紊流运动时，流体质点运动是不规则的，它们与相邻质点互相碰撞、掺混，各点的速度、压强等运动参数在无规则地变化着。如图4-6所

示某点瞬时速度在管轴方向的分速度 u
随时间变化的曲线，可以看到该点瞬时
分速度总是围绕一个平均值上下变化，
这种瞬时运动参数随时间而发生不规则
波动的现象称为脉动现象。

图 4-6　瞬时速度随时间的变化曲线

瞬时速度在 T 时间内的平均值，
称为时均速度，定义为

$$\bar{u} = \frac{1}{T}\int_0^T u\mathrm{d}t$$

则紊流中某一点的瞬时速度可表示为

$$u = \bar{u} + u'$$

式中　u'——脉动速度。

紊流中的压强和密度也有脉动现象，同理，p 和 ρ 也可写成以下形式

$$p = \bar{p} + p'$$
$$\rho = \bar{\rho} + \rho'$$

运动参数的时均值不随时间变化的紊流也可以认为是稳定流动，故稳定流动的基本方程
同样适用于时均值不随时间变化的紊流流动。

2. 紊流结构

流体在管内作紊流运动时，在管壁上的流体质点与管壁黏附在一起，无相对滑移。紧邻
管壁的质点由于受到管壁的限制，其横向运动很小，黏性力起主导作用。因此，在紧贴壁面
附近有一极薄的层流底层，在层流底层内，流体作层流运动。从层流底层向管道中心，离管
壁愈远，管壁对流体的影响就愈小，经过一个过渡层后，流体质点的混杂能力增强，形成了
完全的紊流区，如图 4-7（a）所示。

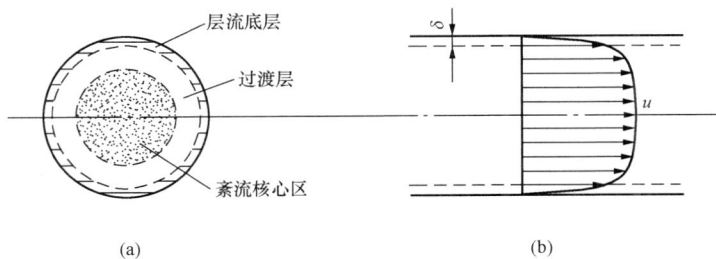

图 4-7　紊流结构与流速分布
（a）紊流结构；（b）流速分布

圆管中的紊流运动沿截面由外向里可分为三部分：层流底层、过渡区和紊流核心区。过
渡区很薄，通常把它归为紊流核心区。层流底层厚度 δ 也很薄，只有几分之一毫米，但对流
动阻力损失及管壁热交换有很大的影响。

层流底层厚度 δ 的计算公式为

$$\delta = \frac{34.2d}{Re^{0.875}} \tag{4-12}$$

式（4-12）表明，层流底层厚度 δ 随着雷诺数的增大而减小。

3. 水力光滑管与水力粗糙管

任何管壁都不是绝对光滑的，而是凸凹起伏的，起伏高度的平均值 ε 称为管壁的绝对粗糙度。绝对粗糙度 ε 与管径内径 d 之比称为相对粗糙度。

当层流底层厚度 δ>ε 时，层流底层完全掩盖了管壁的粗糙情况对流动阻力和能量损失的影响，主流流体就像在光滑管中流动一样，主流的流体所处的状态为水力光滑，此时的管子称为水力光滑管，如图 4-8（a）所示。当 δ<ε 时，层流底层不能掩盖管壁的粗糙情况对流动阻力和能量损失的影响，管壁粗糙的扰动作用成为能量损失的主要原因，此时所对应的管子称为水力粗糙管，如图 4-8（b）所示。

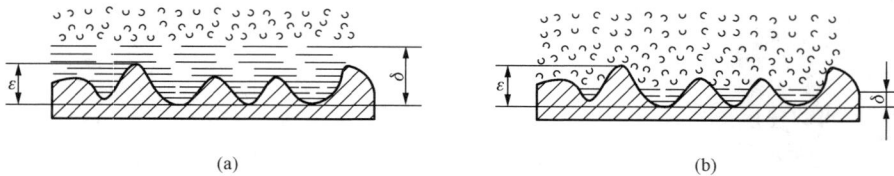

(a)　　　　　　　　　　　　　　　　(b)

图 4-8　水力光滑管与水力粗糙管
（a）水力光滑管；（b）水力粗糙管

水力光滑和水力粗糙是相对的，同一管道在不同的流动情况下，可能是水力光滑管，也可能是水力粗糙管，这是因为 δ 随着 Re 的变化而变化。

4. 速度分布和切应力分布

（1）速度分布。紊流状态下，流体质点互相混杂、碰撞，产生动量交换，速度快的质点流向速度慢的质点处时，运动较快的质点就会推动运动慢的质点层，使慢层的流动速度加快，而运动慢的质点会阻碍运动较快的质点层，使快层质点的流动速度减慢，结果使有效截面上各点的速度趋向均匀，速度梯度变小。因此，在紊流核心区，速度按对数曲线分布，而在靠管壁处的层流底层，仍遵循层流的速度分布规律，呈二次抛物线分布，如图 4-7（b）所示。

（2）切应力分布。紊流中切应力包括摩擦切应力和附加切应力。摩擦切应力是指由于流体的黏性而产生的切应力，附加切应力是指由于流体质点互相混杂、碰撞，产生动量交换，速度慢的流体质点对速度快的流体质点的阻碍而产生的切应力。在层流底层中，摩擦切应力占主导地位；在紊流核心区，附加切应力占主要地位。根据对光滑管的紊流实验，其切应力的分布规律是：在 $r=0.95r_0$ 处，附加切应力为最大；当 $r>0.95r_0$ 处，是以摩擦切应力占主导地位的层流底层；而在 $r<0.7r_0$ 范围内，摩擦切应力近乎为零，是以附加切应力为主的紊流核心区。

第四节　流动阻力损失的计算

教学目的

熟练掌握沿程水头损失、局部水头损失的计算方法，掌握沿程阻力系数在不同流动情况下的变化规律。

教学内容

一、沿程水头损失的计算

（一）沿程水头损失计算公式

通过理论推导和大量的实验研究发现，管流的沿程水头损失与管道的长度 l、管径 d、管壁的绝对粗糙度 ε、流速 V 以及流体的运动黏度 ν 有关，其计算式为

$$h_{\mathrm{f}} = \lambda \frac{l}{d} \frac{V^2}{2g} \tag{4-13}$$

式中　l——管道长度，m；

　　　d——对于圆管，为管道的内径；对于非圆管道，为当量直径 d_e，m；

　　　V——管道中有效截面上的平均流速，m/s；

　　　λ——沿程阻力系数，是一个无量纲的系数。它不仅与雷诺数有关，而且与相对粗糙度有关，即 λ 为 Re 及 $\dfrac{\varepsilon}{d}$ 的函数，即 $\lambda = f\left(Re, \dfrac{\varepsilon}{d}\right)$。

沿程水头损失的计算关键是沿程阻力系数 λ 的确定，下面就对它进行分析、计算。

（二）沿程阻力系数 λ

1. 尼古拉兹实验曲线

1933 年，尼古拉兹进行了一系列的研究实验，具体做法是：在圆管内壁上涂胶，然后粘上一层具有同一直径的砂粒，砂粒的凸起高度就是管壁的绝对粗糙度 ε。尼古拉兹用多种管径和不同粒径的砂粒，制成不同相对粗糙度 $\dfrac{\varepsilon}{d}$ 的圆管。

在图 4-9 的实验装置中，对于不同相对粗糙度 $\dfrac{\varepsilon}{d}$ 的管道，测量管中流速 V 和管段中的沿程水头损失 h_{f}，并计算出相应的 $Re\left(Re = \dfrac{Vd}{\nu}\right)$ 和 λ 值 $\left(\lambda = h_{\mathrm{f}} \dfrac{d}{l} \dfrac{2g}{V^2}\right)$，从而得出尼古拉兹实验曲线，如图 4-10 所示。

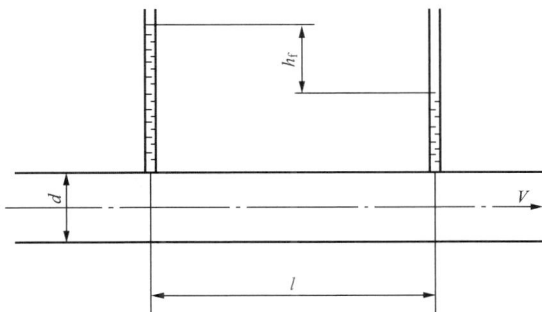

图 4-9　尼古拉兹实验装置简图

尼古拉兹实验曲线共分以下五个区：

Ⅰ区为层流区。当 $Re < 2000$ 时，实验点集中落在直线 ab 上，说明 λ 与 $\dfrac{\varepsilon}{d}$ 无关，只是 Re 的函数，λ 和 Re 成反比关系，且符合式（4-14）：

$$\lambda = \frac{64}{Re} \tag{4-14}$$

Ⅱ区为层流到紊流的过渡区。Re 的范围在 $2000 \leqslant Re < 4000$ 之间，实验点比较乱，λ 的变化规律不明显。由于在过渡区中的流动极不稳定，很容易变成紊流，因此如涉及此区，λ 按Ⅲ区计算。

Ⅲ区为水力光滑管区。此区 Re 的范围为 $4000 \leqslant Re < 27\left(\dfrac{d}{\varepsilon}\right)^{\frac{8}{7}}$，实验点集中落在直线 cd 上。这说明，此时流体虽然已经处于紊流状态，但由于 Re 较小，层流底层的厚度 δ 比绝对

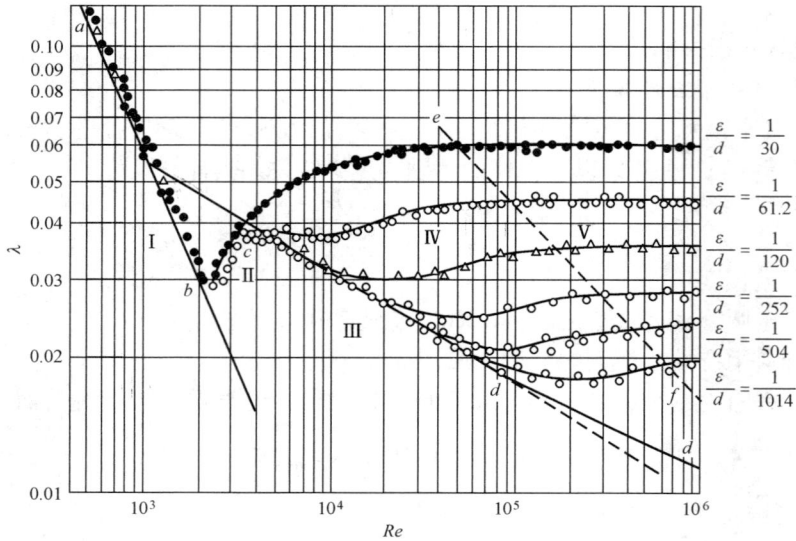

图 4 - 10　尼古拉兹实验曲线

粗糙度 ε 大得多，层流底层掩盖了管壁的粗糙度对流动阻力损失的影响，形成水力光滑管。

所以该区的 λ 也只与 Re 有关，而与相对粗糙度 $\dfrac{\varepsilon}{d}$ 无关。

在 $4000 \leqslant Re < 10^5$ 范围内，λ 可以用勃拉休斯公式来计算，即

$$\lambda = \frac{0.316\,4}{Re^{0.25}} \qquad\qquad (4-15)$$

在 $10^5 \leqslant Re < 3 \times 10^6$ 范围内，λ 可以用式（4 - 16）计算，即

$$\lambda = 0.003\,2 + 0.221 Re^{-0.237} \qquad\qquad (4-16)$$

Ⅳ区为水力光滑管到水力粗糙管的过渡区。Re 的范围为 $27\left(\dfrac{d}{\varepsilon}\right)^{\frac{8}{7}} \leqslant Re < 4160\left(\dfrac{d}{2\varepsilon}\right)^{0.85}$，

实验点落在 cd 线与 ef 线之间的区域内。从图中不难看出，这时 λ 不仅与 Re 有关，而且与

$\dfrac{\varepsilon}{d}$ 有关，即 λ 为 Re 及 $\dfrac{\varepsilon}{d}$ 的函数。这是因为随着 Re 的增大，层流底层的厚度 δ 逐渐减小，层

流底层不能掩盖管壁的粗糙情况对流动阻力损失的影响，所以开始向水力粗糙管过渡，该区

内 λ 可用经验公式（4 - 17）计算，即

$$\frac{1}{\sqrt{\lambda}} = 1.74 - 2\lg\left(\frac{2\varepsilon}{d} + \frac{18.7}{Re\sqrt{\lambda}}\right) \qquad\qquad (4-17)$$

Ⅴ区为水力粗糙管区。Re 的范围为 $Re \geqslant 4160\left(\dfrac{d}{2\varepsilon}\right)^{0.85}$，实验点落在 ef 线以右的一组接

近水平的直线上，这说明该区的沿程阻力系数 λ 已与 Re 无关，只是 $\dfrac{\varepsilon}{d}$ 的函数。这是因为此

时 Re 已经很大，层流底层的厚度 δ 趋于零，管壁的粗糙情况完全曝露于紊流区，其扰动作

用已经成为流动阻力损失的主要原因，而 Re 的影响则微不足道。此区 λ 可用式（4 - 18）计

算，即

$$\lambda = \frac{1}{\left(1.74 + 2\lg\dfrac{d}{2\varepsilon}\right)^2} \tag{4-18}$$

由沿程水头损失的计算公式可以看出，由于在水力粗糙管区，λ 与 Re 无关，只是 $\dfrac{\varepsilon}{d}$ 的函数，沿程水头损失 h_f 与速度的平方成正比，所以该区域又称为阻力平方区。

2. 莫迪图

由于尼古拉兹实验用的圆管内壁是人工加上的均匀砂粒，而实际管壁粗糙度不是均匀一致的，为修正这种差别，莫迪对实际工业管道进行试验，得到实际管道相当于某一人工粗糙管对应的粗糙度 ε'（称为当量粗糙度）时，λ 与 Re 和 $\dfrac{\varepsilon'}{d}$ 的关系曲线，称为莫迪图，如图 4-11所示。利用莫迪图，由 Re 和 $\dfrac{\varepsilon'}{d}$ 可直接查出 λ 值，非常方便。对于工程实际中的管道，当量粗糙度 ε' 仍可称为绝对粗糙度 ε。

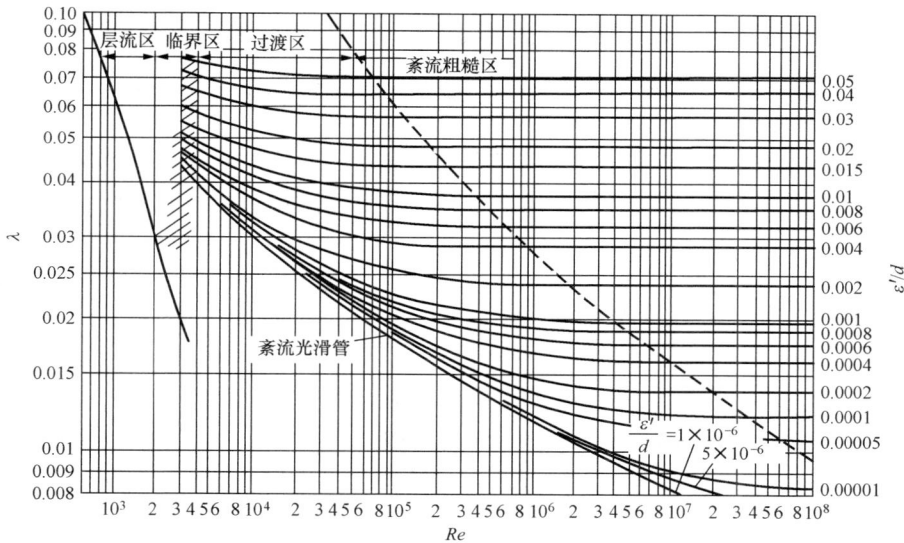

图 4-11 莫迪图

表 4-1 列出了常用工业管道的当量粗糙度。

表 4-1　　　　　　　　　　　常用工业管道的当量粗糙度

管子材料	ε'	管子材料	ε'
新冷拉无缝钢管	0.01～0.03	新铸铁管	0.25
新热拉无缝钢管	0.05～0.10	镀锌钢管	0.12～0.15
新轧制无缝钢管	0.05～0.10	新光滑玻璃管	0.0015～0.01
新纵缝焊接钢管	0.05～0.10	新内涂沥青铸铁管	0.10～0.15
新螺旋焊接钢管	0.10	光滑木质管	0.20～1.00
轻微锈蚀钢管	0.10～0.20	新抹光混凝土管	<0.15

管子材料	ε'	管子材料	ε'
一般内部涂沥青钢管	0.10～0.20	新不抹光的混凝土管	0.20～0.08
新内部涂沥青钢管	0.03～0.05	新光滑铜管	0.001 5～0.01
长硬皮钢管	0.5～2.00	新光滑黄铜管	0.001 5～0.01
新光滑塑料管	0.001 5～0.01	新光滑铝管	0.001 5～0.01

【例 4 - 2】　　长度 $l=1000\text{m}$，内径 $d=200\text{mm}$ 的钢管，管壁的绝对粗糙度 $\varepsilon=0.39\text{mm}$，用来输送黏度系数 $\nu=0.355\text{cm}^2/\text{s}$ 的重油，测得其流量为 $q_V=38\text{L/s}$，求其沿程水头损失。

解　首先计算雷诺数 Re，并判别流态

$$V=\frac{q_V}{A}=\frac{4q_V}{\pi d^2}=\frac{4\times0.038}{\pi\times0.2^2}=1.21(\text{m/s})$$

$$Re=\frac{Vd}{\nu}=\frac{1.21\times0.2}{0.355\times10^{-4}}=6817>2320,\text{为紊流}$$

由于　　　　　　　　　　　　　　$Re=6817>4000$

而 $27\left(\dfrac{d}{\varepsilon}\right)^{\frac{8}{7}}=27\left(\dfrac{200}{0.39}\right)^{1.143}=33\,770$，所以 Re 的范围是 $4000<Re<27\left(\dfrac{d}{\varepsilon}\right)^{\frac{8}{7}}$，故为水力光滑管区，则 λ 用下式计算：

$$\lambda=\frac{0.316\,4}{Re^{0.25}}=\frac{0.316\,4}{6817^{0.25}}=0.034\,8$$

$$h_\text{f}=\lambda\frac{l}{d}\frac{V^2}{2g}=0.034\,8\times\frac{1000}{0.2}\times\frac{1.21^2}{2\times9.807}=12.99(\text{m 油柱})$$

$$\delta=\frac{34.2d}{Re^{0.875}}=\frac{34.2\times200}{6817^{0.875}}=3.025(\text{mm})$$

因为 $\delta=3.025\text{mm}>\varepsilon=0.39\text{mm}$，所以确为水力光滑管。

【例 4 - 3】　　某送风钢管，长度 $l=30\text{m}$，直径 $d=750\text{mm}$，管壁的绝对粗糙度 $\varepsilon=0.39\text{mm}$，在温度 $t=20℃$（$\nu=0.157\text{cm}^2/\text{s}$）的情况下，送风量 $q_V=30\,000\text{m}^3/\text{h}$。求：（1）此风管中的沿程水头损失是多少？（2）使用一段时间后其绝对粗糙度为 $\varepsilon=1.2\text{mm}$，其沿程水头损失又是多少？

解　　　　　　　$$V=\frac{q_V}{A}=\frac{4q_V}{\pi d^2}=\frac{4\times30\,000}{3600\times\pi\times0.75^2}=18.9(\text{m/s})$$

$$Re==\frac{Vd}{\nu}=\frac{18.9\times0.75}{0.157\times10^{-4}}=902\,866>2000,\text{为紊流}$$

根据 $\dfrac{\varepsilon}{d}=\dfrac{0.39}{750}=0.000\,52$ 及 $Re=902\,866$，查莫迪图，得 $\lambda=0.017$。

风管中的沿程水头损失为

$$h_\text{f}=\lambda\frac{l}{d}\frac{V^2}{2g}=0.017\times\frac{30}{0.75}\times\frac{18.9^2}{2\times9.807}=12.39(\text{m 气柱})$$

沿程压强损失为

$$\Delta p_\text{f}=\rho gh_\text{f}=1.2\times9.807\times12.39=145.81(\text{Pa})$$

当 $\varepsilon=1.2\text{mm}$ 时，$\dfrac{\varepsilon}{d}=\dfrac{1.2}{750}=0.001\,6$，再由 $Re=902\,866$，查莫迪图得 $\lambda=0.022$。此时

风管中的沿程水头损失为

$$h_f = \lambda \frac{l}{d} \frac{V^2}{2g} = 0.022 \times \frac{30}{0.75} \times \frac{18.9^2}{2 \times 9.807} = 16 (\text{m 气柱})$$

沿程压强损失为

$$\Delta p_f = \rho g h_f = 1.2 \times 9.807 \times 16 = 188.16 (\text{Pa})$$

二、局部水头损失的分析与计算

1. 局部水头损失的分析

如前所述，流体在流经管道系统中的局部装置时产生局部水头损失，其内因是流体的惯性，其外因是局部装置边界条件的变化。由于局部装置的种类繁多，形状各异，局部水头损失产生的机理和原因非常复杂，下面仅对常用局部装置的局部水头损失进行定性分析。

如图 4 - 12（a）、（b）、（d）、（e）、（f）所示，流体在流经这些局部装置时，由于流体的惯性，流束的形状不会与固体边界一致，在流体流不到的区域形成低压区，主流的一部分流体在压强差的作用下脱离主流进入低压区，流动方向与主流相反，形成回流；而在紧靠主流的地方，由于流体分子之间的吸引力又随主流向前流动，这样在原来的低压区就产生旋涡，故该区域又称之为旋涡区。在旋涡区内的流体质点之间发生碰撞、摩擦以及维持旋涡运动必然要消耗一部分能量。同时，旋涡区本身也是不稳定的，在流体流动过程中，旋涡区的流体质点将不断被主流带走，也不断有新的流体质点从主流中脱离后补充进来，即主流与旋涡之间的流体质点不断地发生碰撞和摩擦，进行剧烈的动量交换，这将产生更大的能量损失。

当流体流经截面突然扩大及弯管时还会产生撞击损失。如图 4 - 12（a）、（c）所示，从小管径管道中流出的较高速度的流体必然要对大管径中的流速较慢的流体产生撞击，从而造成能量损失；如图 4 - 12（f）所示，当流体流经弯管时，在弯管的外侧，由于流体的惯性，流体会对管道产生冲击，也将消耗能量。

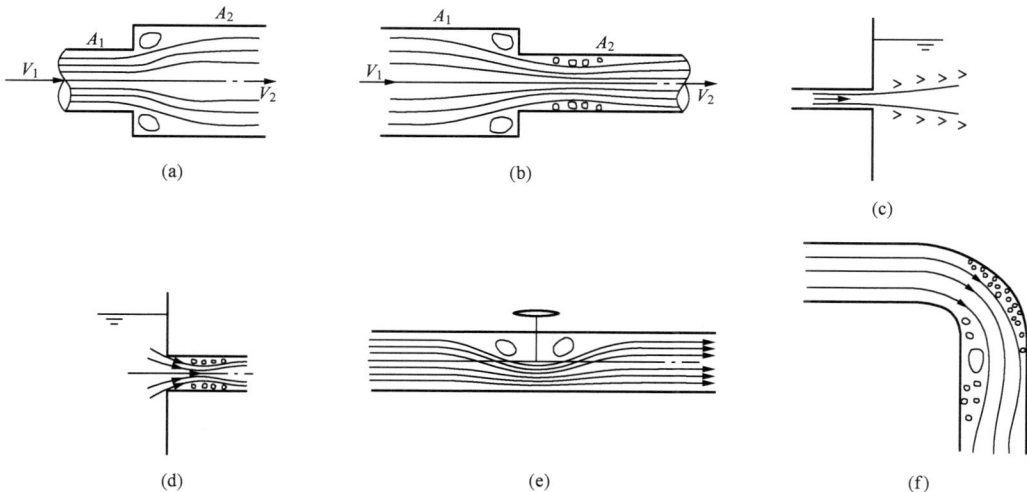

图 4 - 12　局部水头损失

（a）截面突然扩大；（b）断面突然缩小；（c）管道出口；（d）管道进口；（e）阀门；（f）弯管

2. 局部水头损失的计算

由于局部水头损失产生的机理比较复杂，目前只有极少数局部水头损失（如流体通过截面突然扩大的局部装置时）能进行理论计算，而对于大多数局部水头损失只能依赖实验的方法确定。局部水头损失普遍的计算公式为

$$h_j = \zeta \frac{V^2}{2g} \tag{4-19}$$

式中　ζ——局部阻力系数。它是一个无量纲的系数，根据不同的局部装置由实验确定，可直接查图表得。

对于断面突然扩大的局部装置，如图 4-12（a）所示，局部水头损失 h_j 可用以下计算公式：

$$h_j = \zeta_1 \frac{V_1^2}{2g}$$

其中

$$\zeta_1 = \left(1 - \frac{A_1}{A_2}\right)^2$$

或

$$h_j = \zeta_2 \frac{V_2^2}{2g}$$

其中

$$\zeta_2 = \left(\frac{A_2}{A_1} - 1\right)^2$$

对于断面突然缩小的局部装置，如图 4-12（b）所示，局部水头损失 h_j 可用下式计算：

$$h_j = \zeta \frac{V_2^2}{2g}$$

其中

$$\zeta = 0.5\left(1 - \frac{A_2}{A_1}\right)$$

常用局部装置的局部阻力系数 ζ 列于表 4-2，以便查图表计算。

值得注意的是，在利用式（4-19）计算时，应选择图表中注明的与 ζ 值相对应的流速水头。如不加特别说明，流速 V 一般是指局部装置之后的断面平均流速。

表 4-2　　　　　　　　　常用局部装置的局部阻力系数 ζ

名称	示意图	局部阻力系数 ζ 值									
管径逐渐扩大		d_2/d_1	1.10	1.15	1.20	1.25	1.30	1.35	1.40	1.45	1.50
		ζ_1	0.05	0.07	0.10	0.12	0.15	0.17	0.2	0.22	0.24
		ζ_2	0.07	0.13	0.21	0.31	0.43	0.58	0.78	0.98	1.22
		d_2/d_1	1.60	1.70	1.80	1.90	2.00				
		ζ_1	0.27	0.31	0.34	0.36	0.38				
		ζ_2	—	—	—	—	—				
管径逐渐缩小		d_1/d_2	1.10	1.15	1.20	1.25	1.3	1.35	1.40	1.45	1.50
		ζ_1	0.06	0.08	0.10	0.12	0.15	0.18	0.22	0.26	0.31
		ζ_2	0.04	0.045	0.05	0.05	0.055	0.055	0.06	0.06	0.065
		d_1/d_2	1.60	1.70	1.80	1.90	2.00				
		ζ_1	0.36	0.42	0.49	0.57	0.7				
		ζ_2	0.07	0.07	0.075	0.075	0.08				

名称	示意图	局部阻力系数 ζ 值									
90°弯管		d/R	0.2	0.4	0.5	0.6	0.7	0.8	0.9	1.0	1.2
		$\zeta_{90°}$	0.132	0.14	0.15	0.16	0.18	0.21	0.24	0.29	0.44
		d/R	1.4	1.6	1.8	2.0					
		$\zeta_{90°}$	0.66	0.98	1.41	1.98					
任意角度弯管		$\alpha^{(°)}$	20	30	40	50	60	70	80		
		b	0.40	0.55	0.65	0.75	0.83	0.88	0.95		
		$\alpha^{(°)}$	90	100	120	140	160	180			
		b	1.0	1.05	1.13	1.20	1.27	1.33			
节流孔板		A_2/A_1	0.1	0.2	0.3	0.4	0.5	0.6	0.7	0.8	0.9
		ζ_1	266	47.8	17.8	7.8	3.75	1.8	0.8	0.29	0.06
截止阀		开度（%）	10	20	30	40	50	60	70	80	90
		ζ	85	24	12	7.5	5.7	4.8	4.4	4.1	4.0
		开度（%）	100								
		ζ	3.9								
闸阀		h/d	全开	7/8	6/8	5/8	4/8	3/8	2/8	1/8	
		ζ	0	0.07	0.26	0.81	2.06	5.52	17	97.8	
旋塞阀或球阀		$\alpha^{(°)}$	5	10	15	20	25	30	35	40	45
		ζ	0.05	0.29	0.75	1.56	3.10	5.47	9.68	17.3	31.2
		$\alpha^{(°)}$	50	55	60	65	82				
		ζ	52.6	106	206	486	∞				

任意角度弯管公式：$\zeta = b\zeta_{90°}$

名称	示意图	局部阻力系数 ζ 值									
水泵进口滤网		无底阀　　　　ζ=2～3									
		有底阀	d (mm)	40	50	75	100	150	200	250	300
			ζ	12	10	8.5	7.0	6.0	5.2	4.4	3.7
			d (mm)	350	400	500	750				
			ζ	3.4	3.1	2.5	1.6				
管子进口		管口未作圆 ζ=0.50									
		管口稍作圆 ζ=0.2～0.25									
		管口作成流线型 ζ=0.05									
管子出口		ζ=1.0									
补偿器		带导向管的波纹补偿器 ζ=0.1（与波数无关）									
		套筒补偿器 ζ=0.2～0.5									

【例 4-4】　图 4-13 所示为一离心式水泵装置示意，已知吸水管直径 $d=100\text{mm}$，管长度为 $l=20\text{m}$，流量为 $q_V=0.015\text{m}^3/\text{s}$，沿程阻力系数 $\lambda=0.03$，吸水管端部设有一带底阀的滤网，吸水管上还有一曲率半径 $R=100\text{mm}$ 的 $90°$ 的弯管，水泵入口处最大允许真空值 $h_\text{v}=6\text{mH}_2\text{O}$，求水泵的几何安装高度 H_g。

解　取水池的自由表面 1-1 和水泵吸入口处的有效截面 2-2，并取 1-1 为基准面，列伯努利方程

$$z_1+\frac{p_1}{\rho g}+\frac{V_1^2}{2g}=z_2+\frac{p_2}{\rho g}+\frac{V_2^2}{2g}+h_\text{w}$$

因为 $z_1=0$，$V_1\approx0$，$p_1=p_\text{a}$，$z_2=H_\text{g}$，$V_2=\dfrac{4q_V}{\pi d^2}=\dfrac{4\times0.015}{3.14\times0.1^2}=1.91$ （m/s），所以上式可写成

$$\frac{p_\text{a}}{\rho g}=H_\text{g}+\frac{p_2}{\rho g}+\frac{V_2^2}{2g}+h_\text{w}$$

$$H_\text{g}=\frac{p_\text{a}}{\rho g}-\frac{p_2}{\rho g}-\frac{V_2^2}{2g}-h_\text{w}$$

$$H_\text{g}=\frac{p_\text{a}-p_2}{\rho g}-\frac{V_2^2}{2g}-h_\text{w}$$

$$=h_\text{v}-\frac{V_2^2}{2g}-h_\text{w}$$

$$h_{\text{w}} = \sum h_{\text{f}} + \sum h_{\text{j}} = \lambda \frac{l}{d} \frac{V^2}{2g} + (\zeta_1 + \zeta_2) \frac{V^2}{2g}$$

$$= \left(\lambda \frac{l}{d} + \zeta_1 + \zeta_2 \right) \frac{V^2}{2g}$$

查表 4 - 2 得，$d = 100\text{mm}$ 且带底阀的滤

网 $\zeta_1 = 7$，$\dfrac{d}{R} = \dfrac{100}{100} = 1$ 的 $90°$ 弯管 $\zeta_2 = 0.29$，

所以

$$H_{\text{g}} = h_{\text{v}} - \frac{V_2^2}{2g} - \left(\lambda \frac{l}{d} + \zeta_1 + \zeta_2 \right) \frac{V_2^2}{2g}$$

$$= h_{\text{v}} - \left(1 + \lambda \frac{l}{d} + \zeta_1 + \zeta_2 \right) \frac{V_2^2}{2g}$$

$$= 6 - \left(1 + 0.03 \times \frac{20}{0.1} + 7 + 0.29 \right) \times \frac{1.91^2}{2 \times 9.807}$$

$$= 3.53 \ (\text{m})$$

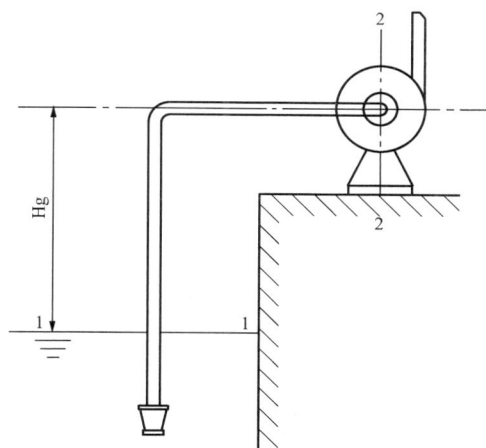

图 4 - 13　离心泵装置示意

第五节　减少流动阻力损失的途径

教学目的

掌握减少沿程水头损失和局部水头损失的途径。

教学内容

流体流动时产生的能量损失，必将导致输送流体的泵与风机能量消耗增加，从而增加发电厂的生产成本。因此，必须在管道的设计、安装和运行过程中，尽量减小管道中的流动阻力损失，从而节约能源，提高发电厂的经济性。减小流动阻力损失要从减小沿程水头损失和减小局部水头损失两个方面着手，下面分别叙述之。

一、减小沿程水头损失

根据沿程水头损失的计算公式

$$h_{\text{f}} = \lambda \frac{l}{d} \frac{V^2}{2g}$$

和沿程阻力系数 λ 与 Re 和 $\dfrac{\varepsilon}{d}$ 的关系，分析可以得到减小沿程水头损失有以下的途径：

（1）减小管长 l。在满足工程需要和工作安全性（如管道的热补偿）的前提下，尽可能减小管道长度。

（2）加大管径。加大管径不仅可直接减小 h_{f}，还可在流量一定的情况下，减小流速 V，从而明显地减小 h_{f}。但加大管径后又将使材料消耗量增加，使投资和维修费用增加。因此，管径 d 的选择应与介质的允许流速一并考虑，从技术经济比较的角度来合理地选择管径。

（3）减小流量。在管径一定的情况下，减小流量，从而减小流速 V，减小 h_{f}。但流量的大小要满足系统工作的需求。

（4）减小管壁的绝对粗糙度 ε，以减小管道的粗糙度对流动阻力损失的影响。对铸造管道，内壁面应清砂和清除毛刺；对于焊接钢管，内壁面应清除焊瘤，以减小 ε。

（5）提高输送液体的温度，降低输送气体的温度，以减小 μ。对于高黏性液体，提高温

度减小 μ，以减小 h_f，效果较为显著。例如，对于冬季锅炉低负荷时燃用的原油，采用逐级加温的办法减小其黏性，不仅能减小沿程水头损失，减少油泵的电耗，同时又可增加原油的雾化效果，强化燃烧，节约燃油。

（6）采用圆管。实验证明，在管道的有效截面积和其他条件相同的情况下，采用圆管的 h_f 为最小。

（7）用柔性边壁代替刚性边壁。用柔性边壁可减小 h_f，并且流体的黏性愈大，软管的管壁愈薄，减阻效果愈好。

（8）流体内投添加剂减阻。在液体内部投加极少量的添加剂，使其影响液体运动的内部结构来实现减阻，其减阻效果突出。具有减阻性能的添加剂主要有三类：高分子聚合物，金属皂，分散的悬浮物等。

二、减小局部水头损失

由局部水头损失计算公式

$$h_j = \zeta \frac{V^2}{2g}$$

可知，减小局部水头损失 h_j，应从减小流速 V 和局部阻力系数 ζ 值两方面考虑。减小流速 V 已在上述内容中分析，这里不再重复。

减小局部阻力系数 ζ 应从影响 ζ 的因素分析。局部阻力系数 ζ 与局部装置的形状、相对粗糙度 $\frac{\varepsilon}{d}$ 和 Re 有关。当流体通过局部装置时，由于局部装置的干扰，流动已经非常紊乱，流动处于水力粗糙管区（阻力平方区）。因此，ζ 仅决定于局部装置形状。但由于局部装置形状不同，ζ 值的影响关系及表现特性也不一样。所以，减小局部阻力系数 ζ 可采取以下措施：

（1）在系统装置允许的情况下，尽量减少弯头、阀门等局部装置，以减小整个系统的局部助力损失。

（2）在系统装置中必须采用局部装置的情况下，可以从改进局部装置的边界形状来改善流体的流动情况，以达到减小 ζ 的目的。下面就几种局部装置进行具体分析。

1）管道进口。如图 4 - 14 所示，管道进口实际上是断面的突然缩小，其阻力系数 ζ 与管道边缘形状有关。由图可以看出，采用流线型进口比锐缘进口几乎可以减小 ζ 值 90％以上。

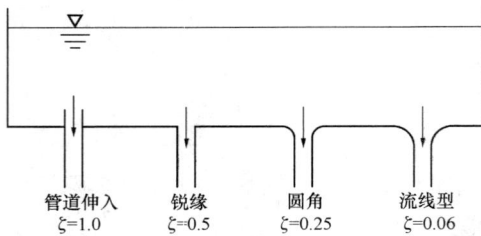

管道伸入   锐缘   圆角   流线型
$\zeta=1.0$ $\zeta=0.5$ $\zeta=0.25$ $\zeta=0.06$

图 4 - 14 几种管道进口的 ζ 值

2）对于弯管，如图 4 - 15（a）所示，弯管的几何形状取决于转角 α 及曲率半径 R 与管径 d 之比 $\frac{R}{d}$。

在 $\alpha > 60°$ 和 $\frac{R}{d} < 1$ 的情况下，进一步减小 $\frac{R}{d}$ 会使 ζ 值急剧增大。所以，减小转角 α，增大 $\frac{R}{d}$ 可以减小 ζ 值。对热力设备中的汽水管道，目前锅炉弯管的 $\frac{R}{d} > 3.5$，常用 $\frac{R}{d} = 4$。

对于烟风道，由于截面比较大，可以一方面使曲率半径适当加大，减小流体转弯时的离心力；另一方面通常在弯道内安装导流叶片，如图 4-15（b）所示。试验指出，未装导流叶片的直角弯管 $\zeta=1.1$，装薄钢板弯成的导流叶片的 $\zeta=0.4$，而装月牙形导流叶片的 $\zeta=0.25$。可见装导流叶片，并选择合理的叶片形状，对减小 ζ 值有显著效果。

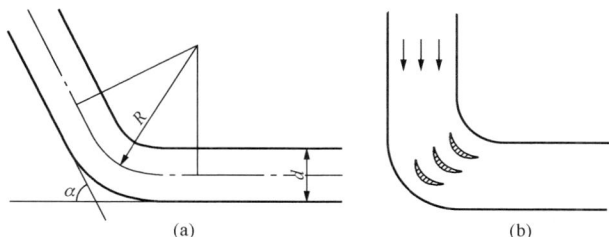

图 4-15　弯管及弯管中的导流叶片
（a）弯管中的导流叶片；（b）烟风道中的导流叶片

3）对于管道突然扩大，如图 4-16 所示，为了减小管道断面的突然扩大所导致的较大 ζ 值，常采用渐扩管，一般可使 ζ 值约减小一半。实验表明，最有利的扩散角 $\alpha=8°$，此时渐扩管的 ζ 值只有相同面积突然扩大的 ζ 值的 $0.2\sim0.15$ 倍。但由于 $\alpha=8°$ 很小，当扩大面积比一定时，渐扩管的长度相应就变长，这会带来安装的困难和耗材太多的问题。一般取 $\alpha=8°\sim20°$。

4）对于三通，如图 4-17（a）所示 T 形三通，一般是将支管与总管处的折角改缓。或在总管中安装合流板或分流板，如图 4-17（b）所示，都能改进三通的工作，减小 ζ 值。对于三通支管，

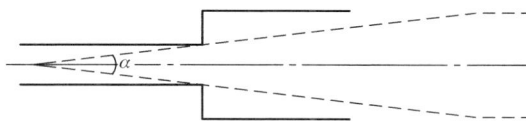

图 4-16　断面的突然扩大管改渐扩管

应尽可能减小总管与支管之间的夹角 θ，以减少 ζ 值，一般 $\theta<30°$，如图 4-17（c）所示。

（3）避免局部装置之间的相互干扰。在管道设计和安装时，各局部装置之间应有大于 3 倍管直径的直管段，尽量避免局部装置的直接连接，引起相互干扰，导致 ζ 值增大。

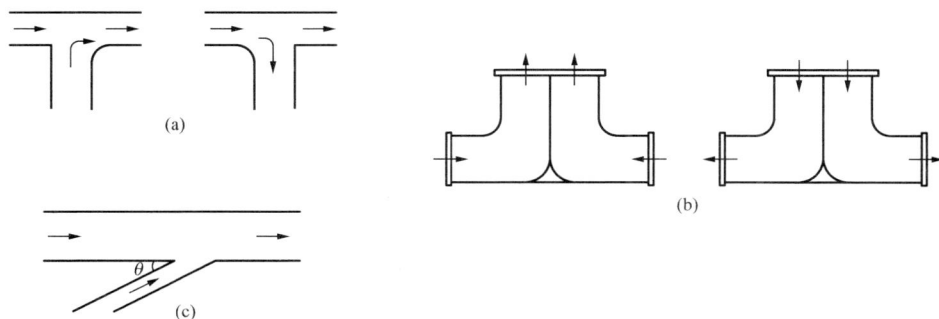

图 4-17　三通
（a）折角后的 T 形三通；（b）安装合流板或分流板的三通；（c）三通支管

（4）合理连接各局部装置。局部装置的不合理衔接，会使 ζ 值明显增大。对于既要转

弯，又要扩大断面的流动，应先扩后弯较好。如果先弯后扩将使 ζ 值增大 2 倍多，这是极不合理的。

第六节　管道的水力计算

教学目的

　　熟练掌握简单管道的水力计算方法，了解复杂管道的水力计算特点及方法。

教学内容

一、管道系统的分类

1. 按能量损失的大小分

管道系统按能量损失分为长管和短管。

长管是指局部水头损失和出口速度水头在总流动阻力损失中所占比例不足 5% 的管道系统，在长管的水力计算中，只考虑沿程水头损失。

短管是指在管道的水力计算中，需要同时考虑沿程水头损失和局部水头损失的管道系统。

2. 按管道的连接方式分

管道系统按其连接方式分为简单管道和复杂管道。

简单管道是指由管径和粗糙度均相同的一根或数根管子串联在一起的管道，如图 4 - 18 (a) 所示。

除简单管道以外的管道系统，均为复杂管道。复杂管道又分为以下类型。

(1) 串联管道：不同管径或不同粗糙度的若干根管子串接而成的管道系统，如图 4 - 18 (b) 所示。

(2) 并联管道：是指若干段管道并列连接所组成的管道系统，如图 4 - 18 (c) 所示。

(3) 枝状管道：各不相同的出口管段在不同位置分流，形状如树枝，如图 4 - 18 (d) 所示。

(4) 网状管道：通过多路管道相互连接组成一些环形回路，而节点的流量来自几个回路的管道，如图 4 - 18 (e) 所示。

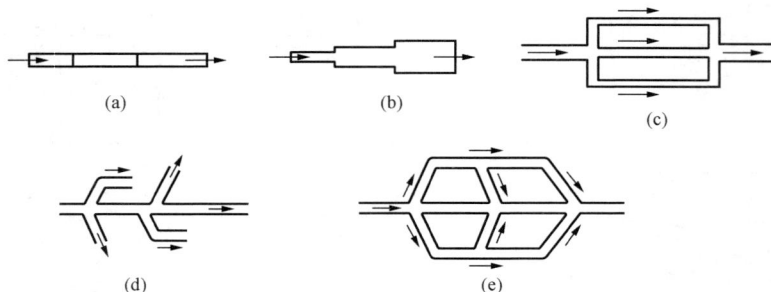

图 4 - 18　不同类型的管道系统

(a) 简单管道；(b) 串联管道；(c) 并联管道；(d) 枝状管道；(e) 网状管道

本节主要介绍简单管道、串联管道和并联管道的水力计算问题。

二、管道水力计算的任务

管道水力计算的主要任务是：

（1）根据给定的管道直径、管道布置情况和流量，计算流动阻力损失；

（2）根据给定的流量和允许的流动阻力损失，确定管道直径和管道布置；

（3）根据给定的管道直径、管道布置和允许的流动阻力损失，校核流量。

管道水力计算的基本依据是连续性方程、伯努利方程和流动阻力损失的计算公式，即

连续性方程

$$q_m = \rho_1 V_1 A_1 = \rho_2 V_2 A_2 = 常数$$

伯努利方程

$$z_1 + \frac{p_1}{\rho g} + \frac{V_1^2}{2g} = z_2 + \frac{p_2}{\rho g} + \frac{V_2^2}{2g} + h_w$$

流动阻力损失的计算公式

$$h_w = \sum h_f + \sum h_j$$

其中

$$h_f = \lambda \frac{l}{d} \frac{V^2}{2g}, h_j = \zeta \frac{V^2}{2g}$$

在热力发电厂管道的水力计算中，主要是管道流动阻力损失的计算，以及管径和管壁厚度的计算和选择。但在管道流量一定的情况下，管径和流动阻力损失是矛盾的。管径越小，流速越大，流动阻力损失越大，因而降低了电厂的运行经济性，但可节约金属材料，降低投资。因此，在发电厂汽水管道的设计计算中，规定了各种介质在各种管道中的允许流速，作为选择流速的依据，如表 4-3 所示。

表 4-3　　　　　　　　　汽水管道中介质的允许流速

介质种类	管道种类	流速（m/s）
主蒸汽	超临界蒸汽管道	40～50
	亚临界蒸汽管道	40～60
	高压蒸汽管道	40～60
	中、低蒸汽管道	40～70
中间再热蒸汽	再热蒸汽管道热段	40～60
	再热蒸汽管道冷段	30～50
其他蒸汽	抽汽管道	30～50
	饱和蒸汽管道	30～50
	饱和蒸汽支道	20～30
给水	高压给水管道	1.5～5
	低压给水管道	0.5～1.5
	给水再循环管道	<4
凝结水	凝结水泵出水管道	1～3
	凝结水泵进水管道	0.5～1
化学净水、生水等	离心泵出水管道或压力管道	2～3
	离心泵进水管道	0.5～1.5

介质种类	管道种类	流速（m/s）
工业用水	压力管道 排水管道	2～3 <1

三、管道的水力计算

1. 简单管道的水力计算

在简单管道中，流量的计算公式为

$$q_V = VA$$

管道的水头损失

$$h_w = \sum h_f + \sum h_j = \left(\lambda \frac{l}{d} + \sum \zeta \right) \frac{V^2}{2g} \tag{4-20}$$

或压强损失

$$\Delta p_w = \rho g h_w \tag{4-21}$$

对于圆管，$V = \dfrac{q_V}{A} = \dfrac{4q_V}{\pi d^2}$ 代入式（4-20）得

$$h_w = \left(\lambda \frac{l}{d} + \sum \zeta \right) \frac{8 q_V^2}{g \pi^2 d^4}$$

对于给定管道，局部阻力系数 ζ、管壁的当量粗糙度 ε、管长 l、管径 d 均是给定的，流体的运动黏度 ν 是已知的，沿程阻力系数 λ 一般取决于雷诺数 Re 和相对粗糙度 $\dfrac{\varepsilon}{d}$，而流速 V 由流量 q_V 确定。因此，某种流体在给定管道系统中的流动水头损失 h_w 仅取决于流量 q_V。

若令 $\dfrac{8}{g \pi^2 d^4} \left(\lambda \dfrac{l}{d} + \sum \zeta \right) = \varphi$，$\varphi$ 称为管道的综合阻力系数，单位是 s^2/m^5，则上式可写为

$$h_w = \varphi q_V^2 \tag{4-22}$$

$$\Delta p_w = \rho g h_w = \varphi' q_V^2 \tag{4-23}$$

式中

$$\varphi' = \rho g \varphi$$

式（4-22）说明，在简单管道中流动水头损失 h_w 与流量 q_V 成二次方关系。

如果已知流量 q_V、管内径 d 和管道情况，求 h_w（或 Δp_w）。可先算出 Re，由 Re 和 $\dfrac{\varepsilon}{d}$，确定 λ 值，然后用式（4-20）或式（4-21）计算出 h_w（或 Δp_w）即可，计算较为简单，如例题 4-4 中 h_w 的计算。

如果已知 d 和 h_w（或 Δp_w），求 q_V。这类问题一般用试算法求解。即先根据经验假定一个 λ 值（或根据允许流速假定一个 V 值），然后校核计算 λ 值（或 V 值），尝试求解，直到 λ 值（或 V 值）的偏差在允许的范围内为止，用准确的 λ 值（或 V 值）计算出 q_V。

如果已知 h_w（或 Δp_w）和 q_V，求 d。对这类问题一般仍用试算法求解较为方便。先根据允许流速假定一个合乎管道标准规范的 d，然后核算 d，尝试求解，直到 d 值的偏差在允许的范围内为止。

表 4-4 列出了一般钢管的公称直径 DN、外径 D、内径 d。

表 4 - 4　　　　　　　　　一般钢管公称直径 DN、外径 D、内径 d

公称直径 DN	外径 D（mm）	内径 d（mm）	公称直径 DN	外径 D（mm）	内径 d（mm）
8	13.5	9.0	125	146	126
10	17.00	12.50	150	168	148
15	21.25	15.75	175	194	174
20	26.75	21.25	200	219	199
25	33.50	27.00	225	245	225
30	42.25	35.75	250	273	253
40	48.00	41.00	275	299	279
50	60.00	53.00	300	325	305
70	75.50	68.00	325	351	331
80	88.50	80.50	350	377	357
100	114.00	106.00	400	426	406
125	140.00	131.00	450	478	458
150	165.00	156.00	500	529	509

【例 4 - 5】　　　温度为 20℃ 的水从 300m 长的钢管中流过，钢管中设有一个曲率半径 $R=$ 400mm 的 90°弯头和一个开度为 80% 的截止阀，已知允许的水头损失 $h_w=6m$，流量 $q_V=$ 34m³/h，试确定该钢管的公称直径 DN。

解　这是属于已知 h_w 和 q_V，求 d 的问题，用试算法求解比较方便。

参考表 4 - 3，假定管中水的流速 $V=1.8m/s$，则

$$d = \sqrt{\frac{4q_V}{\pi V}} = \sqrt{\frac{4 \times 34}{3600 \times 3.14 \times 1.8}} = 0.081\,75(\text{m}) = 81.75(\text{mm})$$

查表 4 - 4，选公称直径 $DN=80mm$ 的钢管，其内径 $d=80.5mm$，则管中水的流速为

$$V = \frac{4q_V}{\pi d^2} = \frac{4 \times 34}{3600 \times 3.14 \times 0.080\,5^2} = 1.856(\text{m/s})$$

查表 1 - 2 得，20℃ 水的运动黏度 $\nu=1.003 \times 10^{-6} \text{m}^2/\text{s}$。

查表 4 - 1 取钢管的当量绝对粗糙度 $\varepsilon=0.05mm$，则

$$Re = \frac{Vd}{\nu} = \frac{1.856 \times 0.080\,5}{1.003 \times 10^{-6}} = 148\,370$$

$$\frac{\varepsilon}{d} = \frac{0.05}{80.5} = 0.000\,62$$

由 Re 和 $\dfrac{\varepsilon}{d}$ 值查莫迪图得 $\lambda=0.019\,5$，又根据 $\dfrac{d}{R}=\dfrac{80.5}{400} \approx 0.2$ 查表 4 - 2 得 90°弯头的局部阻力系数 $\zeta_1=0.132$，开度为 80% 的截止阀的局部阻力系数 $\zeta_2=4.1$。因此

$$h_w = \left(\lambda \frac{l}{d} + \Sigma\zeta\right)\frac{V^2}{2g} = \left(\lambda \frac{l}{d} + \zeta_1 + \zeta_2\right)\frac{V^2}{2g}$$

$$= \left(0.019\,5 \times \frac{300}{0.080\,5} + 0.132 + 4.1\right) \times \frac{1.856^2}{2 \times 9.807}$$

$$= 13.51(\text{m})$$

计算表明，选公称直径 $DN=80mm$ 的钢管，水头损失大大超过允许的水头损失值，说明管径选得太小。所以再选择公称直径大一级的钢管 $DN=100mm$、内径 $d=106mm$，重新计算。

$$V = \frac{4q_v}{\pi d^2} = \frac{4 \times 34}{3600 \times 3.14 \times 0.106^2} = 1.156 (\text{m/s})$$

$$Re = \frac{Vd}{\nu} = \frac{1.156 \times 0.106}{1.003 \times 10^{-6}} = 121\,200$$

$$\frac{\varepsilon}{d} = \frac{0.05}{106} = 0.000\,47$$

由 Re 和 $\dfrac{\varepsilon}{d}$ 值查莫迪图得 $\lambda = 0.021$，又根据 $\dfrac{d}{R} = \dfrac{106}{400} \approx 0.265$ 查表 4 - 2 得 90°弯头的 $\zeta_1 = 0.135$，因此

$$h_w = \left(\lambda \frac{l}{d} + \sum \zeta\right)\frac{V^2}{2g} = \left(\lambda \frac{l}{d} + \zeta_1 + \zeta_2\right)\frac{V^2}{2g}$$

$$= \left(0.021 \times \frac{300}{0.106} + 0.135 + 4.1\right) \times \frac{1.156^2}{2 \times 9.807}$$

$$= 4.34 (\text{m})$$

计算表明，公称直径 $DN = 100\text{mm}$、内径 $d = 106\text{mm}$ 的钢管，水头损失低于允许的水头损失值，且管径为最小，所以选用 $DN = 100\text{mm}$ 的钢管。

需要说明的是，当管道系统为复杂管道时，试算法就显得过于烦琐，所以，现在一般用计算机编程计算，限于教材篇幅的问题，就不再介绍。

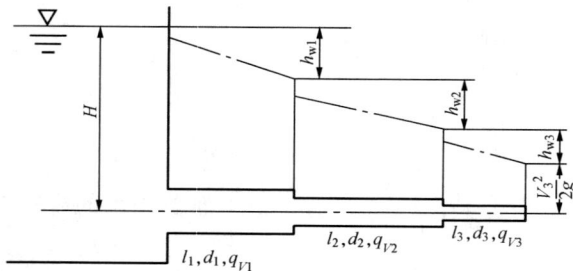

图 4 - 19　串联管道

2. 串联管道的水力计算

如图 4 - 19 所示，串联管道的计算特点是：管道各段的流量相等，总流动阻力损失是各段管道中的流动阻力损失之和，即

$$q_{V1} = q_{V2} = q_{V3} = \cdots = 常数 \tag{4 - 24}$$

和

$$h_w = \sum h_{wi} = h_{w1} + h_{w2} + h_{w3} + \cdots \tag{4 - 25}$$

也可为

$$\rho_1 V_1 A_1 = \rho_2 V_2 A_2 = \cdots = 常数$$

和

$$h_w = \left(\lambda_1 \frac{l_1}{d_1} + \sum \zeta_1\right)\frac{V_1^2}{2g} + \left(\lambda_2 \frac{l_2}{d_2} + \sum \zeta_2\right)\frac{V_2^2}{2g} + \left(\lambda_3 \frac{l_3}{d_3} + \sum \zeta_3\right)\frac{V_3^2}{2g} + \cdots$$

$$= (\varphi_1 + \varphi_2 + \varphi_3 + \cdots)q_V^2 = q_V^2 \sum \varphi_i$$

或

$$\Delta p_w = \rho g \sum h_{wi} = q_V^2 \sum \varphi_i' \tag{4 - 26}$$

串联管道的水力计算与简单管道没有实质的差别，其计算方法雷同。

3. 并联管道的水力计算

如图 4 - 20 所示，并联管道的计算特点是：并联各支管的流动阻力损失相等，总流量等于各支管流量之和，即

$$h_{w1} = h_{w2} = h_{w3} = \cdots = h_w \qquad (4-27)$$
$$q_V = q_{V1} + q_{V2} + q_{V3} + \cdots = \sum q_{Vi} \qquad (4-28)$$

式（4-27）也可为

$$\left(\lambda_1 \frac{l_1}{d_1} + \sum \zeta_1\right)\frac{V_1^2}{2g} = \left(\lambda_2 \frac{l_2}{d_2} + \sum \zeta_2\right)\frac{V_1^2}{2g} = \left(\lambda_3 \frac{l_3}{d_3} + \sum \zeta_3\right)\frac{V_3^2}{2g} = \cdots$$

$$\varphi_1 q_V^2 = \varphi_2 q_V^2 = \varphi_3 q_V^2 = \cdots = \varphi q_V^2$$

上式中的 φ 为整个并联管道总的综合阻力系数。

因为 $\qquad\qquad\qquad\qquad h_w = \varphi q_V^2$

所以

$$q_V = \sqrt{\frac{h_w}{\varphi}}, \quad q_{V1} = \sqrt{\frac{h_{w1}}{\varphi_1}}, \quad q_{V2} = \sqrt{\frac{h_{w2}}{\varphi_2}}, \quad q_{V3} = \sqrt{\frac{h_{w3}}{\varphi_3}}, \cdots \qquad (4-29)$$

将式（4-29）代入式（4-28），结合式（4-27）得

$$\frac{1}{\sqrt{\varphi}} = \frac{1}{\sqrt{\varphi_1}} + \frac{1}{\sqrt{\varphi_2}} + \frac{1}{\sqrt{\varphi_3}} + \cdots \qquad (4-30)$$

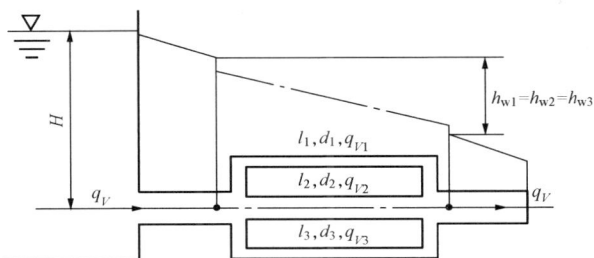

图 4-20　并联管道

式（4-30）表明，并联管道总的综合阻力系数平方根的倒数等于各支管综合阻力系数平方根的倒数之和。

式（4-29）可写成连比的形式

$$q_{V1} : q_{V2} : q_{V3} : \cdots = \frac{1}{\sqrt{\varphi_1}} : \frac{1}{\sqrt{\varphi_2}} : \frac{1}{\sqrt{\varphi_3}} : \cdots \qquad (4-31)$$

式（4-31）为并联管道的流量分配规律，即综合阻力系数大的支管流量小，综合阻力系数小的支管流量大。

综上可知，串、并联管道水力计算的特点类似于电路的串、并联计算，管道中的流量相当于电路中的电流，流动阻力损失相当于电压，管道综合阻力相当于电阻。

【例 4-6】　如图 4-21 所示，某两层楼的供暖立管，已知支管 1 的 $d_1 = 20\text{mm}$，$l_1 = 20\text{m}$，$\lambda_1 = 0.036$，$\sum \zeta_1 = 15$；支管 2 的 $d_2 = 20\text{mm}$，$l_2 = 10\text{m}$，$\lambda_2 = 0.025$，$\sum \zeta_2 = 15$，总管中的流量为 $q_V = 1 \times 10^{-3}\text{m}^3/\text{s}$。求各支管中的流量 q_{V1} 和 q_{V2}。

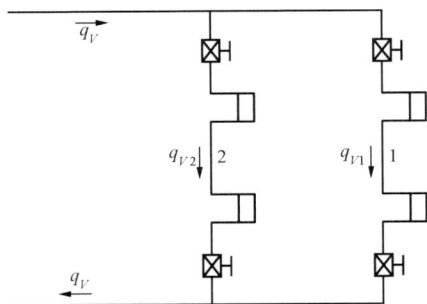

图 4-21　供暖并联管道

解　对于 1、2 并联支管有

$$\frac{q_{V1}}{q_{V2}} = \sqrt{\frac{\varphi_2}{\varphi_1}}$$

$$\varphi_1 = \frac{8}{g\pi^2 d_1^4}\left(\lambda_1 \frac{l_1}{d_1} + \sum \zeta_1\right)$$

$$= \frac{8}{9.807 \times 3.14^2 \times 0.02^4} \times \left(0.036 \times \frac{20}{0.02} + 15\right)$$

$$= 2.64 \times 10^7 \, (\text{s}^2/\text{m}^5)$$

$$\varphi_2 = \frac{8}{g\pi^2 d_2^4}\left(\lambda_2 \frac{l_2}{d_2} + \sum \zeta_2\right)$$

$$= \frac{8}{9.807 \times 3.14^2 \times 0.02^4} \times \left(0.025 \times \frac{10}{0.02} + 15\right)$$

$$= 1.42 \times 10^7 (\text{s}^2/\text{m}^5)$$

所以　　　　　　$\dfrac{q_{V1}}{q_{V2}} = \sqrt{\dfrac{\varphi_2}{\varphi_1}} = \sqrt{\dfrac{1.42 \times 10^7}{2.64 \times 10^7}} = 0.73$

则　　　　　　　　　　　　　　　$q_{V1} = 0.73 q_{V2}$

又因为

$$q_V = q_{V1} + q_{V2} = 0.73 q_{V2} + q_{V2} = 1.73 q_{V2}$$

$$q_{V2} = \frac{q_V}{1.73} = \frac{1 \times 10^{-3}}{1.73} = 5.78 \times 10^{-4} (\text{m}^3/\text{s})$$

$$q_{V1} = 0.73 q_{V2} = 0.73 \times 5.78 \times 10^{-4} = 4.22 \times 10^{-4} (\text{m}^3/\text{s})$$

从以上计算可以看出，支管 1 的 φ_1 大于支管 2 的 φ_2，所以流量分配是 $q_{V1} < q_{V2}$。如果要求两支管中流量相等，则必须改变各支管的 d、l、ε 和 $\sum \zeta$，使 φ 相等才能达到流量相等。在热力发电厂中，锅炉的水冷壁、过热器、再热器、省煤器等受热面，都是由相同规格的很多根管子并联而成的，这些管子在运行中，由于如受热不均，联箱内压强不同，管子外表面积灰，管内有结垢、焊瘤等因素的影响，使它们的综合阻力系数 φ 不等，导致蒸汽或水在各管中流动时的流量不同，吸热量不同，从而产生热偏差，形成热应力，最后造成爆管，严重威胁着锅炉的安全运行。因此，在锅炉运行中，要尽可能地采取措施，保证并联管道内各支管的流量均匀。

第七节　绕流物体的阻力和升力

教学目的

　　掌握绕流物体边界层及其特征，深刻理解边界层分离，以及黏性流体绕流物体时产生阻力和升力的原因，了解卡门涡街及其应用，会计算绕流物体的阻力和升力。

教学内容

　　以上讨论了流体在约束边界中流动时所产生的能量损失，下面来分析流体绕流物体时的运动规律。

一、边界层

（一）边界层的概念

1904 年德国著名的力学家普朗特提出了边界层的概念。他指出：对于水和空气等黏度很小的流体，在大雷诺数下绕物体流动时，黏性对流动的影响仅限于紧贴物体壁面的薄层中，而在这一薄层外黏性影响很小，完全可以忽略不计，这一薄层称为边界层。

　　工程实际中，绕流物体的流动一般均是大雷诺数流动问题，如黏性较小的流体（水、空气、蒸汽等）以较高的流速绕流物体。这种情况下，流体运动主要受惯性力支配，而黏性力的影响主要限于边界层范围以内。如图 4 - 22 所示为黏性流体绕流翼型的二维流动，根据边界层理论，大雷诺数下均匀绕流物体表面的流体运动结构可分为三个区域：边界层、外部势流区和尾涡区。

　　在紧贴翼型表面的边界层和尾涡区内，由于流体对于物体表面的附着力，在翼型表面上

流体质点的速度必然为零，且边界层
非常薄，所以沿物体表面法线方向上
流体的速度梯度很大。根据牛顿内摩
擦定律，流体内部速度梯度大，必然
产生较大的黏性力。在该区域内，黏
性力与惯性力是同一个数量级，它们
都对流体运动产生重要的影响。

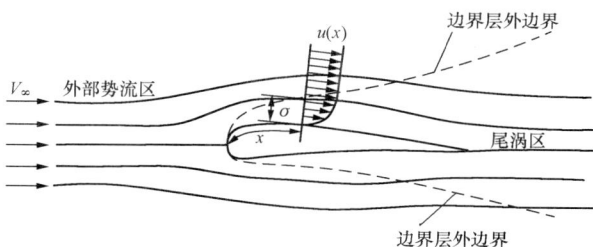

图 4 - 22　空气流过机翼上的边界层

　　在外部势流区，随着流体离开物
体壁面距离增大，流体的运动速度几乎相同，速度梯度很小，其流动不受固体壁面的影响，
即使黏度较大的流体，黏性力也很小，主要是惯性力。所以在这个区域内的流体可看作是理
想流体，用理想流体伯努利方程来研究流速的分布。

　　边界层和外部势流区没有明显的分界面，一般地说，把从物体壁面开始沿着物体表面的
法线方向至流速达到来流速度的 99% 处的距离，定义为边界层厚度。由于边界层中流体质
点受到黏性力的作用，沿着流体流动方向速度逐渐减小，只有离壁面逐渐远些，才能达到来
流速度，因此，边界层厚度沿着流体流动方向逐渐增大。通常边界层厚度只有被绕流物体厚
度的百分之几或千分之几，如在汽轮机叶片出汽边缘上，边界层最大厚度一般在 1mm 以
内。虽然边界层很薄，但它对流动阻力和传热热阻都有很大的影响。

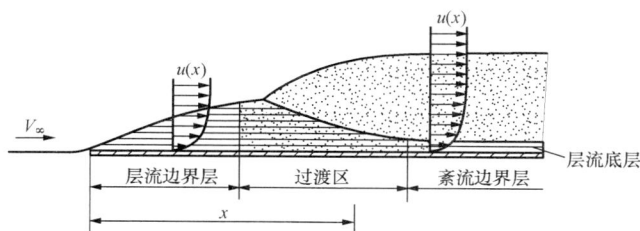

图 4 - 23　平板上的混合边界层

　　实验研究表明，同管流一样，
边界层内也存在着层流和紊流两种
流动状态。若全部边界层内部都是
层流，称为层流边界层；若在边界
层起始部分是层流，而在其余部分
是紊流，称为混合边界层。如图 4
- 23 所示，平板上的混合边界层，
在层流变为紊流之间有一过渡区，
在紊流边界层内紧靠壁面处也有一层极薄的层流底层。

　　判别边界层内层流和紊流的准则数仍为雷诺数，但雷诺数中的特征尺寸用离前缘点的距
离 x 表示，特征速度取边界层外边界上的速度 V_∞，即

$$Re_x = \frac{V_\infty x}{\nu} \tag{4-32}$$

　　对平板的边界层，层流转变为紊流的临界雷诺数为 $Re_c = 5 \times 10^5 \sim 3 \times 10^6$。临界雷诺数
的大小与物体表面的粗糙度、层外流体的紊流程度等因素有关。增加壁面粗糙度或层外流体
的紊流程度都会降低临界雷诺数的数值，使层流边界层提前转变为紊流边界层。

　　与管流一样，在同一 Re_x 下紊流边界层中的阻力要比层流边界层中的阻力大。这是因为
在层流中流动阻力只是由流体的黏性引起的，而在紊流中还由于流体质点剧烈的横向掺混，
从而产生更大的阻力。

　　（二）边界层的基本特征

　　由以上分析可归纳出边界层的基本特征如下：

　　（1）与绕流物体的长度相比，边界层很薄。故可近似认为边界层中各截面上的压强等于

同一截面上边界层外边界上的压强值。

（2）边界层内沿物体表面的法线方向，存在很大的速度梯度。因此，在边界层内，黏性力与惯性力是同一数量级。

（3）边界层厚度沿流体流动方向是增加的。

（4）边界层内也有层流和紊流两种流动状态。

（三）边界层分离

当绕流物体为钝头体（如圆柱体、球体等）时，边界层都可能在物体下游急剧变厚，使边界层脱离物体表面，形成旋涡，产生很大的能量损失，这种现象称为边界层分离。现以流体绕流圆柱体为例来分析边界层分离的原因。

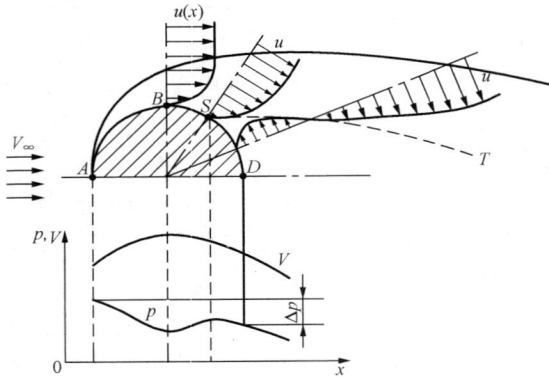

图 4 - 24　边界层分离现象

如图 4 - 24 所示，当黏性流体绕圆柱体流动时，在圆柱体前驻点 A 处，流速为零，边界层厚度为零。随着流体沿圆柱体表面上下两侧绕流，边界层厚度逐渐增大。边界层外的流体可近似地作为理想流体。根据连续性方程和理想流体的伯努利方程，在圆柱体前半部，由于流体流动的有效截面减小，流速逐渐增加，压强逐渐减小，有一部分压强势能转变为动能，从而抵消一部分因流体质点受到摩擦阻力逐渐减速不断消耗的动能，以维持流体在边界层内继续向前流动。当流体流到圆柱体的后半部时，有效截面逐渐增大，流速逐渐减小，压强逐渐增加，流体的一部分动能转变为压强势能，加之由于摩擦阻力作用使流体的流速逐渐减小，使流体的动能消耗更大。当达到 S 点时，近壁面处流体质点的动能已消耗殆尽，流体质点不能再继续向前运动，于是一部分流体质点在 S 点停滞下来。过 S 点以后，压强继续增加，在压强差的作用下，除了壁面上的流体质点速度仍等于零外，接近壁面处的流体质点开始倒流。接踵而来的流体质点在近壁处都同样被迫停滞和倒流，以致越来越多被阻滞的流体在短时间内在圆柱体表面和主流之间堆积起来，使边界层剧烈增厚，边界层内流体质点的倒流迅速扩展，而边界层外的主流继续向前流动，这样在这个区域内以 ST 线为界，在 ST 线内是倒流，在 ST 线外是向前的主流，两者流动方向相反，从而形成旋涡。这时流体已不再贴着圆柱体表面流动，而是从壁面上分离出来，造成边界层分离，S 点称为分离点。边界层分离所形成的旋涡，不断地被主流带走，在圆柱体后面产生一个尾涡区。

尾涡区内的流体由于旋涡不断地消耗机械能，使该区中的压强小于圆柱体前和尾涡区外面的压强，从而在圆柱体前后 A、D 两点产生压强差，如图 4 - 24 所示的 Δp，该压强差作用在圆柱体的有效截面上就形成向后的压差阻力，其大小与物体的形状有很大关系，逆来流的方向，物体的形状越钝，压差阻力就越大，所以压差阻力又称为形状阻力。

（四）卡门涡街

实验表明，黏性流体绕过圆柱体，当 Re 较小（$Re \approx 40$）时，就会发生边界层分离，在圆柱体后面产生一对不稳定的、旋转方向相反的对称旋涡。当 $Re > 40$ 时，对称旋涡不断增

多。当 $Re \approx 60$ 时，最后形成几乎稳定的、非对称
性的、旋转方向相反、具有一定上下交替脱落频率
的旋涡，称为卡门涡街，如图 4 - 25 所示。

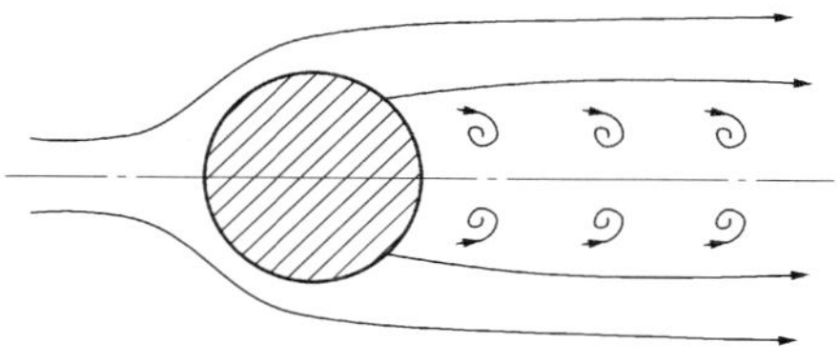

　　圆柱体的卡门涡街的脱落频率 f 与流体流动的
速度 V 和圆柱体直径 d 有关。

$$f = S_r \frac{V}{d} \qquad (4 - 33)$$

图 4 - 25　卡门涡街

式中，S_r 称为斯特劳哈数，它是无量纲数，与 Re 有关。当 Re 大于 1000 时，S_r 近似地等于
常数，且 $S_r = 0.21$，则

$$f = 0.21 \frac{V}{d} \qquad (4 - 34)$$

　　根据卡门涡街的上述性质，可以制成卡门涡街流量计，即在管道内从与流体流动相垂直
的方向插入一根圆柱体验测杆，管内流体流经圆柱体验测杆时，在验测杆下游产生卡门涡
街，测得了旋涡的脱落频率，便可由式（4 - 34）求得管内流体的流速，进而确定管内流体
的流量。测定卡门涡街脱落频率的方法有热敏电阻丝法、超音波束法等。

　　在卡门涡街的旋涡交替脱落时，会使流体产生振动，并发生声响效应，如果振动频率与
圆柱体的固有频率相同，就会引起共振和噪声，严重时造成圆柱体的破坏。例如，在日常生
活中，我们听到风吹过电线发出嘘嘘的响声就属于此类现象。在热力发电厂中，锅炉烟道中
的过热器、再热器、管式空气预热器等受热面，为强化传热，均设计成烟气或空气在管外横
向冲刷管道，当烟气或空气绕流这些圆柱形管道时，就会出现卡门涡街，引起管束振动。如
果卡门涡街旋涡的脱落频率恰好与管道固有频率相同时，就会产生强烈的共振。经过大量实
践证实，要避免边界层分离现象和卡门涡街的出现，最有效的措施是使绕流物体的外形为圆
头尖尾的流线型，如汽车的车身形状、飞机的机翼、汽轮机叶型和轴流式泵与风机的叶
型等。

二、绕流物体的阻力和升力

　　黏性流体绕流物体时，物体一定受到流体的压力和切向应力的作用，这些力的合力 F_G
一般可分解为与来流方向一致的作用力 F_D 和垂直于来
流方向的力 F_L。由于 F_D 与物体运动方向相反，起着
阻碍物体运动的作用，所以称为绕流阻力。由于 F_L 垂
直于来流方向，且使物体上升，故称为绕流升力，飞
机就是借助于气流作用在飞机机翼上的升力在空中飞
行的，如图 4 - 26 所示。

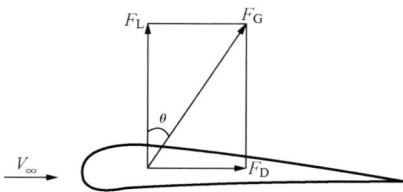

图 4 - 26　作用于翼上的阻力和升力

　　（一）绕流阻力

　　绕流阻力由两部分组成：一部分是由于流体的黏
性，在物体表面上形成摩擦阻力；另一部分是由于边界层分离，物体前后形成压强差而产生
的压差阻力（即形状阻力）。对于圆柱体和球体等钝头体，压差阻力比摩擦阻力要大得多，
而流体纵向流过平板时一般只有摩擦阻力。

　　通过实验分析可以得出，绕流物体阻力 F_D 与流体的动压 $\frac{1}{2}\rho V_\infty^2$ 和在垂直于来流方向上
物体的有效截面积 A 成正比，即

$$F_\mathrm{D} = C_\mathrm{D} A \frac{\rho V_\infty^2}{2} \qquad (4-35)$$

式中　ρ——流体的密度，$\mathrm{kg/m^3}$；

　　V_∞——来流速度，$\mathrm{m/s}$；

　　A——计算阻力的有效面积，$\mathrm{m^2}$；

　　C_D——无量纲的阻力系数。

　　由式（4-35）可知，在流体密度 ρ、来流速度 V_∞ 和有效截面积 A 一定时，绕流阻力 F_D 的大小主要取决于 C_D，因此，工程上引用阻力系数 C_D 来表示绕流阻力 F_D 的大小，其公式为

$$C_\mathrm{D} = \frac{F_\mathrm{D}}{A \dfrac{\rho V_\infty^2}{2}} \qquad (4-36)$$

　　实验证明，C_D 与雷诺数 Re、物体的形状和空间方位有关。对于不同形状的物体，C_D 随着 Re 增加总的趋势是减小的。这是因为在雷诺数 Re 较小时，边界层为层流，边界层的分离点在物体最大截面附近，物体后面形成较宽的尾涡区，从而产生较大的压差阻力。随着雷诺数 Re 的增大，边界层变为紊流，由于紊流中强烈的动量交换，边界层的分离点向后移动，使尾涡区变窄，阻力系数显著降低。因此，提高来流的紊流度，可明显减少绕流物体的阻力。将物体制成流线型，可以使边界层的分离点后移，甚至不发生分离，阻力系数也会大大减小。

　　（二）绕流物体的升力

　　当绕流的物体不对称，或来流方向与物体的对称轴不平行时，像空气绕流飞机的机翼时，如图 4-26 所示。根据连续性方程和伯努利方程，翼型的上表面（凸面）上有效截面减小，流体绕流速度加快，压强降低；而在翼型的下表面（凹面）有效截面增大，绕流速度减小，压强升高，在翼型的凹、凸面上产生压强差，此压强差作用在与来流方向一致的翼型有效截面上，就形成一个垂直于来流方向并指向凸面的作用力，这就是绕流升力 F_L。

　　升力的计算公式为

$$F_\mathrm{L} = C_\mathrm{L} A \frac{\rho V_\infty^2}{2} \qquad (4-37)$$

式中　C_L——无量纲的升力系数，一般由实验测定；

　　ρ——流体的密度，$\mathrm{kg/m^3}$；

　　V_∞——来流速度，$\mathrm{m/s}$；

　　A——计算升力的有效面积，$\mathrm{m^2}$。

　　在自然界和人们的生活、生产中，也常遇到许多有关升力的问题，例如，鸟和飞机在空中飞翔，水泵、风机、水轮机等流体机械的工作等。

　　在以后章节中所讲述的轴流式泵与风机，就是利用叶片旋转产生的升力提高流体能量，从而输送流体的。设计良好的叶片形状，可以获得较大的升力，而阻力却很小。

小　　结

一、基本概念

层流——流体质点间互不掺混、互不干扰、保持分层流动的流动状态。

紊流——流体质点间互相掺混、互相干扰的流动状态。

沿程水头损失——黏性流体在缓变流区段的管道中流动时，总是受到管壁以及流体之间摩擦力的阻滞，这种在缓变流区段的管道中沿流程始终存在的摩擦阻力，称为沿程阻力。单位重力作用下流体流动时克服沿程阻力而损失的能量称为沿程水头损失。

局部水头损失——流体流经局部装置时，流体质点与质点之间及与局部装置之间发生碰撞、产生旋涡，使流体的流动受到阻碍，这种发生在局部急变流区段的阻碍称为局部阻力。单位重力作用下流体为克服局部阻力所损失的能量称为局部水头损失。

水力光滑管——当层流底层厚度大于管壁的粗糙度，即 $\delta > \varepsilon$ 时，层流底层厚度掩盖了管壁的粗糙度对流体能量损失的影响，流体就像在光滑壁面上流动一样，这时的管道称为水力光滑管。

水力粗糙管——当层流底层厚度小于管壁的粗糙度，即 $\delta < \varepsilon$ 时，层流底层厚度不能掩盖管壁的粗糙度对流体流动的影响，流体质点冲击凸起部位，并有旋涡产生，产生较大的能量损失，这时的管道称为水力粗糙管。

边界层——紧靠物体表面，具有很大速度梯度，并对流动阻力和传热热阻影响很大的流体薄层。

压差阻力——流体绕流物体时，由于边界层分离，在物体前后产生压强差作用于有效截面上所形成的逆来流方向的阻力，又称为形状阻力。

绕流阻力——由流体的黏性直接引起的摩擦阻力和边界层分离引起的压差阻力两部分构成。

绕流升力——流体绕流不对称物体时，产生与来流方向垂直并指向凸面的作用力。

二、主要计算公式

1. 雷诺数及流态的判别

雷诺数
$$Re = \frac{Vd}{\nu}$$

当 $Re < 2000$ 时，管内流动为层流；当 $Re > 2000$ 时，管内流动为紊流。

2. 流动阻力损失的计算

（1）沿程水头损失的计算公式为

$$h_f = \lambda \frac{l}{d} \frac{V^2}{2g}$$

沿程水头损失的计算关键是沿程阻力系数 λ 的确定。尼古兹实验曲线反映 λ 随 Re 和 $\frac{\varepsilon}{d}$ 的变化规律：在层流区，λ 与 $\frac{\varepsilon}{d}$ 无关，与 Re 成反比。在层流到紊流的过渡区，λ 变化不明显。在水力光滑管区，λ 只随 Re 变化，而与 $\frac{\varepsilon}{d}$ 无关。在水力光滑管到水力粗糙管的过渡区，λ 不仅是 Re 的函数，也是 $\frac{\varepsilon}{d}$ 的函数。在水力粗糙管区（阻力平方区），λ 只是 $\frac{\varepsilon}{d}$ 的函数，而

与 Re 无关。通过莫迪图，根据 Re 及 $\dfrac{\varepsilon}{d}$ 可直接查出 λ 值。

（2）局部水头损失的计算公式为

$$h_{\mathrm{j}} = \zeta \frac{V^2}{2g}$$

式中 ζ 可直接查有关图表得到。

3. 管道的水力计算

（1）简单管道的水力计算：

$$h_{\mathrm{w}} = \left(\lambda \frac{l}{d} + \Sigma \zeta\right) \frac{V^2}{2g} = \varphi q_{\mathrm{V}}^2$$

或

$$\Delta p_{\mathrm{w}} = \rho g h_{\mathrm{w}} = \varphi' q_{\mathrm{V}}^2$$

（2）串联管道的计算特点是：管道各段的流量相等，总流动阻力损失等于各段管道中的流动阻力损失之和。

$$q_{\mathrm{V1}} = q_{\mathrm{V2}} = q_{\mathrm{V3}} = \cdots = 常数$$
$$h_{\mathrm{w}} = h_{\mathrm{w1}} + h_{\mathrm{w2}} + h_{\mathrm{w3}} + \cdots$$
$$= q_{\mathrm{V}}^2 \sum \varphi_i$$

（3）并联管道的计算特点是：并联各支管的流动阻力损失相等，总流量等于各支管流量之和，即

$$h_{\mathrm{w1}} = h_{\mathrm{w2}} = h_{\mathrm{w3}} = \cdots = h_{\mathrm{w}}$$
$$q_{\mathrm{V}} = q_{\mathrm{V1}} + q_{\mathrm{V2}} + q_{\mathrm{V3}} + \cdots = \sum q_{\mathrm{V}i}$$

并联管道的流量分配规律：综合阻力系数大的支管流量小，综合阻力系数小的支管流量大，即

$$q_{\mathrm{V1}} : q_{\mathrm{V2}} : q_{\mathrm{V3}} : \cdots = \frac{1}{\sqrt{\varphi_1}} : \frac{1}{\sqrt{\varphi_2}} : \frac{1}{\sqrt{\varphi_3}} : \cdots$$

4. 绕流阻力和升力的计算

绕流阻力

$$F_{\mathrm{D}} = C_{\mathrm{D}} A \frac{\rho V_\infty^2}{2}$$

升力

$$F_{\mathrm{L}} = C_{\mathrm{L}} A \frac{\rho V_\infty^2}{2}$$

三、减小流动阻力损失的途径

（1）减小沿程水头损失的途径有：①减小管长 L；②加大管径 d；③减小管壁的绝对粗糙度 ε；④提高输送流体的温度；⑤采用圆管；⑥用柔性边壁代替刚性边壁；⑦液体内投添加剂减阻。

（2）减小局部水头损失的途径有：①尽量减少弯头等特殊管段及阀门等局部装置；②改进局部装置的边界形状来改善流体的流动状况；③各局部装置之间应有 $l > 3d$ 的直管段，并合理衔接。

思 考 题

4-1 什么是沿程阻力和沿程水头损失？什么是局部阻力和局部水头损失？

4-2 什么是流动阻力损失的叠加原理？

4-3 什么是层流？什么是紊流？如何判别这两种流动状态？

4-4 在内径相同的圆形管中流过相同的流体，当流速相等时，它们的雷诺数是否相等？当流过不同的流体时，它们的雷诺数相等吗？为什么？

4-5 当输水管道直径一定时，流量加大，雷诺数 Re 是加大还是减小？当输水管道的流量一定时，管径加大，雷诺数是加大还是减小？为什么？

4-6 同一种流体分别在圆管和矩形管中流动，当圆管中的直径与矩形管的当量直径相等，且速度相等时，它们的流态是否相同？为什么？

4-7 圆管中层流的切应力如何分布？速度又如何分布？

4-8 圆管中紊流的运动状态结构如何？其速度如何分布？

4-9 什么是水力光滑管？什么是水力粗糙管？"管壁绝对粗糙度大的管道肯定是水力粗糙管"，这种说法对吗？为什么？

4-10 尼古拉兹实验曲线共分为哪五个区？在不同的区域内，沿程阻力系数的 λ 随 Re 和 $\frac{\varepsilon}{d}$ 的变化规律怎样？

4-11 若有两根管道，其直径 d、长度 l、相对粗糙度 $\frac{\varepsilon}{d}$ 均相等，其中一根输油，另一根输水，问：①当两根管道中流速 V 相等时，其沿程水头损失是否相等？②当两根管道液体的雷诺数 Re 相等时，其沿程水头损失是否相同？

4-12 减小沿程水头损失的途径有哪些？

4-13 减小局部水头损失的途径有哪些？

4-14 什么是串联管道？什么是并联管道？在管道的水力计算中各有什么特点？试举例说明串、并联管道系统在热力发电厂中的应用。

4-15 什么是边界层？它有哪些基本特征？

4-16 什么是边界层分离现象？试分析边界层分离的原因。

4-17 什么是卡门涡街？它在工程实际中有什么应用？又会产生什么危害？

4-18 什么是绕流物体的压差阻力？它是怎样产生的？

4-19 什么是绕流物体的阻力和升力？

习 题

4-1 温度 $t=20℃$ 的水在直径 $d=100mm$ 的直管中，以速度 $V=1.0m/s$ 流动。试确定水的流动状态。若运动黏度 $\nu=100\times10^{-6}m^2/s$ 的石油以同样的速度通过该管，其流动状态又如何？

4-2 油的运动黏度 $\nu=100\times10^{-6}m^2/s$，当它在直径 $d=25mm$ 的圆管内流动时，试确

定流量分别为 $q_V=5\times10^{-4}\ \mathrm{m^3/s}$ 及 $q_V=1.4\times10^{-3}\ \mathrm{m^3/s}$ 时的雷诺数,并说明其流态。

4-3　有一管径 $d=10\mathrm{cm}$ 的水管,水温为 20℃,当流量 $q_V=4\mathrm{L/s}$ 时,试确定管中水流流态。如果要保持层流流动,流速与流量要受怎样的限制?

4-4　运动黏度 $\nu=0.015\times\mathrm{cm^2/s}$ 的水,在管径 $d=100\mathrm{mm}$、管壁的绝对粗糙度 $\varepsilon=0.3\mathrm{mm}$ 的管道中流动,当水的流速由 $V=0.5\mathrm{m/s}$ 增大到 $V=2.5\mathrm{m/s}$ 时,沿程阻力系数 λ 如何变化?

4-5　温度为 20℃ 的空气在截面为 $1\mathrm{m}\times1.6\mathrm{m}$ 的短形管道中流动,若通过的流量为 $q_V=9800\mathrm{m^3/h}$,管壁的绝对粗糙度 $\varepsilon=0.8\mathrm{mm}$,管长为 50m,求管中的沿程水头损失 Δp_f。

4-6　有一无缝钢管,管径 $d=300\mathrm{mm}$,管长 $l=1000\mathrm{m}$,水的流量 $q_V=100\mathrm{L/s}$,水温 10℃,求沿程水头损失。若水管为水平布置,则水管的压降为多少?

4-7　一水泵的吸水管上装一个带滤网的底阀并有一个铸造的 90° 弯头,吸水管直径 $d=150\mathrm{mm}$,其流量 $q_V=0.016\mathrm{m^3/s}$,弯头的阻力系数 $\zeta=0.43$,底阀滤网的阻力系数 $\zeta=3$,求吸水管的局部水头损失为多少?

4-8　有一送风管段,直径 $d=400\mathrm{mm}$,管长 $l=30\mathrm{m}$,其中有两个曲率半径为 $R=1000\mathrm{mm}$ 的 90° 弯管和一个蝶阀($\zeta=2.5$),管段的沿程阻力系数 $\lambda=0.025$,流量 $q_V=2\mathrm{m^3/s}$,求该管段上的压强损失。若拆除这两个 90° 弯管,而管长和管段上的压强损失不变,问管中的流量为多少?(空气的密度为 $\rho=1.86\mathrm{kg/m^3}$。)

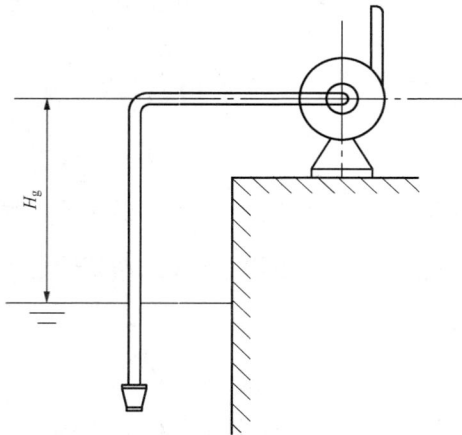

图 4-27　习题 4-9 图

4-9　如图 4-27 所示的离心式水泵装置,已知:水泵的几何安装高度 $H_\mathrm{g}=5\mathrm{m}$,吸水管直径 $d=200\mathrm{mm}$,管长度为 $l=30\mathrm{m}$,流量为 $q_V=0.2\mathrm{m^3/s}$,沿程阻力系数 $\lambda=0.025$,吸水管上设有一个带阀的滤网和一个曲率半径 $R=400\mathrm{mm}$ 的 90° 的弯管,求水泵入口处最大允许真空值 h_v。

4-10　已知:烟囱直径 $d=1\mathrm{m}$,烟气流量 $q_V=7.2\mathrm{m^3/s}$,烟气密度 $\rho=0.76\mathrm{kg/m^3}$,外界大气密度 $\rho=1.2\mathrm{kg/m^3}$,烟道的沿程阻力系数 $\lambda=0.036$,为保证烟囱底部截面上有 100Pa 负压时,烟囱的高度应为多少?

4-11　温度为 20℃ 的水在长度 $l=350\mathrm{m}$、绝对粗糙度 $\varepsilon=0.05\mathrm{mm}$ 的钢管中流过,钢管中设有一个曲率半径 $R=400\mathrm{mm}$ 的 90° 弯头和一个开度为 60% 的截止阀,已知允许的水头损失 $h_\mathrm{w}=8\mathrm{m}$,流量 $q_V=35\mathrm{m^3/h}$,试确定该钢管的公称直径 DN。

4-12　有一供水系统由三种不同管径组成,如图 4-28 所示。已知:$d_1=0.3\mathrm{m}$,$l_1=10\mathrm{m}$,$\lambda_1=0.026$;$d_2=0.2\mathrm{m}$,$l_2=15\mathrm{m}$,$\lambda_2=0.023$;$d_3=0.15\mathrm{m}$,$l_3=10\mathrm{m}$,$\lambda_3=0.018$。在保证供水量 $q_V=50\mathrm{L/s}$ 时,求所需的水头

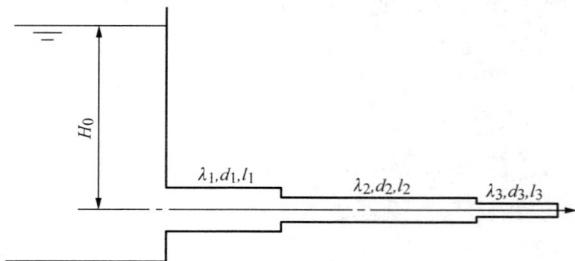

图 4-28　习题 4-12 图

H_0，不计局部水头损失。

4-13　如图 4-29 所示，某中压锅炉的过热器，由 108 根管径为 $\phi42\times3.5$ 的钢管组成。已知：管长为 $l=24\text{m}$，管壁的当量粗糙度 $\varepsilon=0.08\text{mm}$，由中间联箱进入管子的局部阻力系数 $\zeta_1=0.7$，弯头 $\zeta_2=0.2$，有 7 个 $\zeta_3=0.2$ 的弯头和 2 个 $\zeta_4=0.4$ 的 90° 弯头，管子进入出口联箱的局部阻力系数 $\zeta_5=1.2$，过热蒸汽的质量流量 $q_m=130\text{t/h}$，密度 $\rho=12.8\text{kg/m}^3$，运动黏度 $\nu=1.98\times^{-6}\text{m}^2/\text{s}$，求过热器的压降。

4-14　如图 4-30 所示的并联管道，已知：$d_1=0.25\text{m}$，$l_1=1000\text{m}$，$\lambda_1=0.023$，$\sum\zeta_1=5$；$d_2=0.4\text{m}$，$l_2=1300\text{m}$，$\lambda_2=0.019$，$\sum\zeta_2=3$，系统总流量 $q_V=100\text{L/s}$，求各并联支管中的流量 q_{V1} 和 q_{V2} 及并联管道 A、B 两点间的水头损失 h_w。

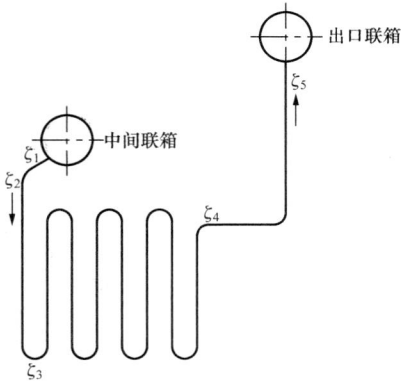

图 4-29　习题 4-13 图　　　　　　图 4-30　习题 4-14 图

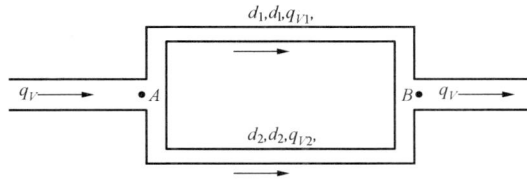

4-15　由两管子并联的管道，其支管的直径均为 $d=20\text{mm}$，管长均为 $l=15\text{m}$，局部阻力系数分别为 $\sum\zeta_1=20$，$\sum\zeta_2=15$，第一支管的沿程阻力系数 $\lambda_1=0.026$，试问第二支管的沿程阻力系数 λ_2 为多少时，才能使两支管中的流量 q_{V1} 和 q_{V2} 相等？

下篇 泵 与 风 机

第五章 泵与风机的分类和构造

内 容 提 要

本章着重介绍泵与风机的分类，叶片式泵与风机基本工作原理、结构及性能特点；详细介绍泵与风机的基本性能参数及其计算方法。

第一节 泵与风机的分类

教学目的

了解泵与风机类型；熟悉离心式和轴流式泵与风机、容积式泵、射流泵以及真空泵的工作过程。

教学内容

我们知道，泵与风机是提高流体能量并输送流体的机械，在各行各业有着广泛的应用，种类繁多，按不同的方式分为不同的类型。

一、按产生的压强大小分

泵与风机按其产生的压强大小分为不同的类型，如表 5-1 所示。

表 5-1　　　　　泵与风机按产生的压强大小分类

名称	类型		压 强 范 围	
泵	低压泵		<2MPa	
	中压泵		2～6MPa	
	高压泵		>6MPa	
风机	通风机	<15kPa	低压离心通风机	<1kPa
			中压离心通风机	1～3kPa
			高压离心通风机	3～15kPa
			低压轴流通风机	<0.5kPa
			高压轴流通风机	0.5～5kPa
	鼓风机		15～340kPa	
	压气机		>340kPa	

二、按工作原理分类

泵与风机按其工作原理不同，分成如下类型。

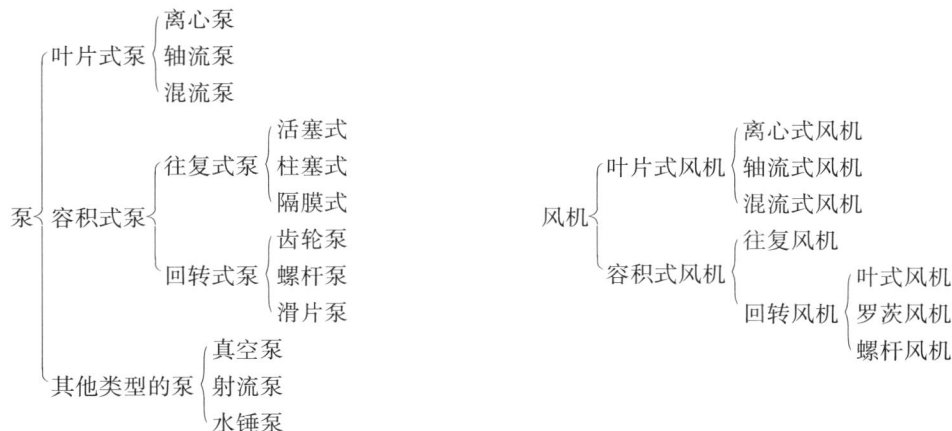

```
       ┌ 叶片式泵 ┌ 离心泵
       │          │ 轴流泵
       │          └ 混流泵
       │          ┌ 往复式泵 ┌ 活塞式
       │          │          │ 柱塞式
  泵 ──┤ 容积式泵 │          └ 隔膜式
       │          │          ┌ 齿轮泵
       │          └ 回转式泵 │ 螺杆泵
       │                     └ 滑片泵
       │          ┌ 真空泵
       └ 其他类型的泵 │ 射流泵
                   └ 水锤泵
```

```
       ┌ 叶片式风机 ┌ 离心式风机
       │            │ 轴流式风机
       │            └ 混流式风机
  风机 ┤            ┌ 往复风机
       └ 容积式风机 │          ┌ 叶式风机
                    └ 回转风机 │ 罗茨风机
                              └ 螺杆风机
```

下面将介绍主要泵与风机的工作原理、结构及性能特点。

（一）叶片式泵与风机

叶片式泵与风机通过装在主轴上带叶片的叶轮旋转时对流体做功，将机械能连续不断地传给流体，流体获得足够的能量并被输送到高压、高位处或远处。叶片式泵与风机又分为离心式、轴流式、混流式。

1. 离心式泵与风机

如图5-1所示，离心式泵与风机螺旋形的外壳内装有一个带叶片的叶轮，当原动机带动叶轮旋转时，产生的离心力使流体的压能和动能增加，并从中心向叶轮边缘流出，进入压出室（导叶或蜗壳），再经扩散管径向排出。同时因叶轮中心的流体流向边缘，在叶轮中心形成真空，从而使流体经吸入室轴向进入叶轮。随着叶轮不停地旋转，流体连续不断地被泵轴向吸入和径向排出，从而将流体输送到所需的地方。

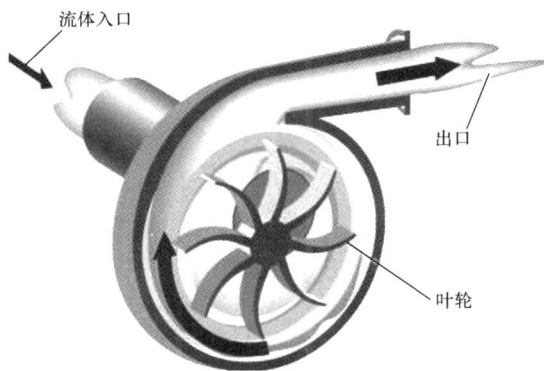

离心式泵与风机具有效率高、性能可靠、流量均匀、易于调节等特点，应用最为广泛。如电厂中的给水泵、凝结水泵、送风机、引风机等。

图5-1　离心泵示意图

离心式泵的形式很多，按其结构特点可分为不同的类型，见表5-2。

表5-2　　　　　　　　　　　离心式泵的结构形式

分类方式	形式	结构特点
按叶轮的个数分	单级泵	只有一个叶轮
	多级泵	具有多个叶轮，一个叶轮算一级，液体通过多级泵所获得的总能头等于在各个叶轮中提高能头的总和（见图5-15、图9-2）

续表

分类方式	形式	结　构　特　点
按叶轮吸入方式分	单吸泵	只有单侧吸入口的泵（见图 10-24）
	双吸泵	具有对称的两侧吸入口的泵（见图 9-7）
按泵体接合形式分	分段式泵	将各级泵体在与主轴垂直的平面上依次接合，节段之间用螺栓紧固的离心泵（见图 5-15）
	中开式泵	中开式泵的泵体在通过泵轴中心线的平面上接合，若泵壳的结合面是水平的称为水平中开（见图 9-7）；若泵壳的结合面是垂直的称为垂直中开
按泵轴安装的方向分	卧式泵	泵轴水平方向布置的泵（见图 9-2）
	立式泵	泵轴垂直方向布置的泵（见图 9-5、图 9-6）

2. 轴流式泵与风机

轴流式泵的结构如图 5-2 所示，轴流式风机的结构如图 5-3 所示。叶轮安装在圆筒形（风机为圆锥形）机壳内，叶片为机翼型叶片。当原动机驱动叶轮旋转时，流体绕流翼型叶片，就会对翼型叶片产生一指向凸面的升力，根据作用力与反作用力定律，叶片对流体必产生一大小相等、方向相反的反作用力，即反升力，简称升力。流体在叶轮中运动时，由于升力的作用，使流体获得能量并沿轴向排出。

轴流式泵与风机中流体是轴向流入、轴向流出叶轮的，故而得名。由于其具有流量大、压头低、结构紧凑、外形尺寸小、重量轻等特点。一些大型电厂中的循环水泵、送、引风机采用此种类型的泵与风机。

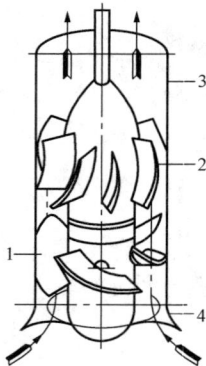

图 5-2　轴流式泵示意图
1—叶轮；2—导叶；
3—泵壳；4—喇叭管

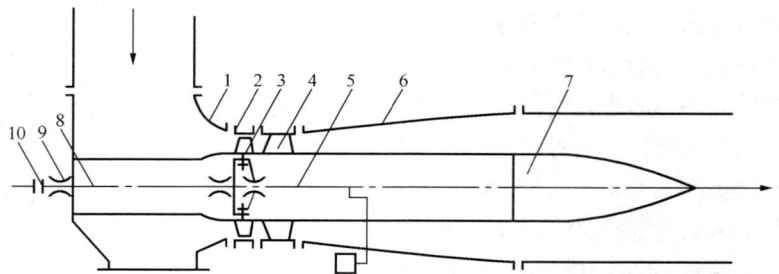

图 5-3　轴流式风机示意图
1—进气箱；2—外壳；3—动叶片；4—导叶；5—动叶调节机构；
6—扩压筒；7—导流体；8—轴；9—轴承；10—联轴器

3. 混流式泵与风机

混流式泵与风机是一种介于轴流式与离心式之间的叶片式泵与风机。图 5-4 是混流式泵叶轮部分示意图，流体轴向流入泵，同时利用叶型升力和叶轮的离心力获得能量后，沿介于轴向与径向之间的圆锥面方向流出叶轮，故称为混流式。由于其流量较大、压头较高，现在大型火电厂中的循环水泵都采用这种泵。

（二）容积式泵与风机

容积式泵与风机通过泵或风机内部工作室容积的周期性变化，吸入或排出流体并提高流体的能量，从而输送流体。容积式泵与风机又分为往复式和回转式。

1. 往复泵

往复泵包括活塞泵和柱塞泵。常用于输送流量小、压强高的各种介质，例如高黏度、有腐蚀性、易燃、易爆等各种液体。特别是当流量小于 $100m^3/h$、排出压强大于 $980.6kPa$ 时，更能显示出较高的效率和良好的运行特性。在火电厂中，锅炉加药泵常采用活塞泵，灰浆泵也越来越多地采用柱塞泵。

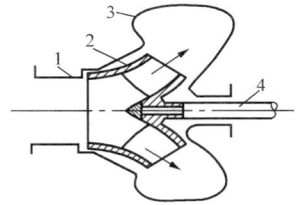

图 5-4　混流式泵示意图
1—吸入室；2—叶轮；
3—压水室；4—轴

图 5-5 所示为活塞泵的工作原理示意图。它主要由活塞 1 在泵缸 2 内作往复运动，通过改变工作室容积来改变室内压强，从而吸入和排除液体。

驱动装置通过连杆将活塞 1 从最左端位置向右移动时，工作室 3 的容积逐渐扩大，工作室内压强降低，流体顶开吸水阀 4 进入工作室，此过程为泵的吸水过程。当活塞 1 从右端开始向左端移动时，充满泵的流体受挤压，将吸水阀 4 关闭，并打开压水阀 5 而排出，此过程称为泵的压水过程。活塞不断往复运动，泵的吸水与压水过程就连续不断地交替进行。

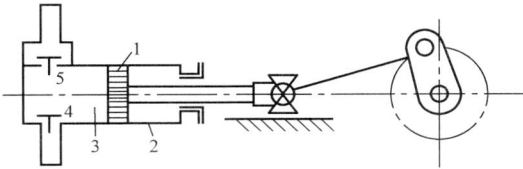

图 5-5　活塞泵工作原理示意图
1—活塞；2—泵缸；3—工作室；4—吸水阀；5—压水阀

柱塞泵的工作原理与活塞泵完全相同。所不同的是活塞由盘状改为柱状，以增大强度防止高压时被破坏。

2. 齿轮泵

齿轮泵属于容积式的回转泵。齿轮泵具有一对互相啮合的齿轮，通常用作供油系统的动力泵，如图 5-6 所示，主动齿轮固定在主动轴上，轴的一端伸出壳外由原动机驱动，另一个齿轮（从动轮）装在另一个轴上，齿轮旋转时，液体沿吸油管进入到吸入空间，沿上下壳壁被两个齿轮分别挤压到排出空间汇合，然后进入压油管排出。

齿轮泵结构简单，轻便紧凑，工作可靠，适用于输送扬程较高而流量较小的润滑油。在火电厂中，常用作小型汽轮机的主油泵以及电动给水泵，锅炉送、引风机的润滑油泵等。

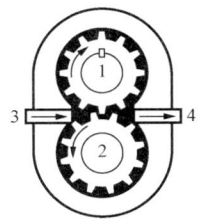

图 5-6　齿轮泵示意图
1—主动轮；2—从动轮；
3—吸油管；4—压油管

3. 螺杆泵

如图 5-7 所示，螺杆泵是一种利用螺杆相互啮合来吸入和排出液体的回转式泵。

螺杆泵的转子由主动螺杆 1 和从动螺杆 2 组成。主动螺杆与从动螺杆螺纹相互啮合作相反方向转动。当主动螺杆在原动机带动下旋转时，靠近吸入室一端的啮合螺纹将打开，使容积增大，压强降低，液体流进吸入室，充满打开的螺纹槽内，并随着螺纹的啮合在推挤作用下沿轴向移动，压强增高并排出。

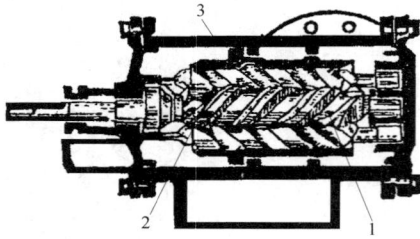

图 5 - 7　螺杆泵示意图

1—主动螺杆；2—从动螺杆；3—泵壳

4. 罗茨风机

罗茨风机也是一种容积式回转风机，如图 5 - 8 所示，它由两个外形是渐开线 "8" 字形转子组成。转子被装在轴末端的一对齿轮带动而作同步反向旋转。其工作原理与齿轮泵相似，是依靠两个 "8" 字转子的打开和啮合来间歇改变工作室容积的大小，从而吸入和挤出气体的。只要转子在转动，总有一定体积的气体被吸入和挤出，因此其出口压强可随出风管阻力的增大而增大。使用时，应在它的出口安装带安全阀的储气罐，以保证其出口压强稳定和防止超压。

由于它重量轻，价格便宜，使用方便，所以虽然运行中磨损严重，噪声大，仍用作火电厂气力除灰的送风设备。

（三）其他类型的泵与风机

1. 喷射泵

喷射泵是一种没有任何运动部件，用能量较高的工作流体来输送能量较低的流体的泵，其结构如图 5 - 9 所示，工作原理如第三章所述。

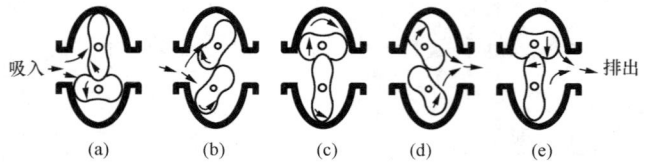

图 5 - 8　罗茨风机的工作示意图

工作流体是高压蒸汽的称为蒸汽喷射泵（或射汽抽气器），工作流体是高压水的称为射水抽气器。在电厂中被用来抽出泵入口或凝汽器中的空气。

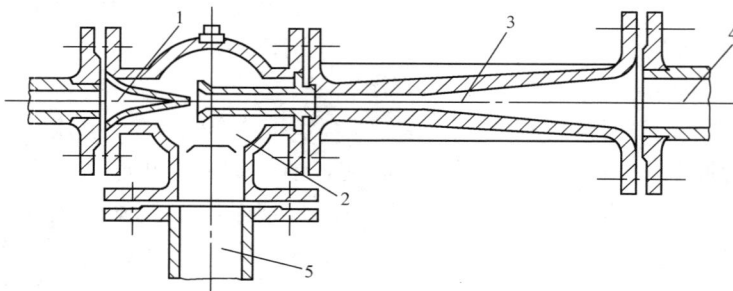

图 5 - 9　喷射泵

1—喷管；2—混合室；3—扩压管；4—排出管；5—吸入管

2. 真空泵

真空泵主要用于抽吸空气，一般真空度可高达 85%，特别适合有吸入管段的大型泵（如循环水泵），在启动时常用真空泵抽气充水。大型电厂中用来抽吸凝汽器内空气，使凝汽器内保持高度真空。目前常用的真空泵有机械式和水环式两种。

水环式真空泵的外形及原理示意如图 5 - 10（a）、（b）所示。

在圆筒形泵壳内偏心安装着叶轮，其叶片为前弯式（也有径向直板式）。当叶轮旋转时，工作水在离心力的作用下，形成沿泵壳旋流的水环。由于叶轮的偏心布置，水环相对于叶片作相对运动，使相邻两叶片与水环之间的空间容积呈周期性变化。当叶片从右上方旋转到下方时，水环与叶片之间的容积逐渐变大，压强逐渐降低，从而形成真空，到最下部时真空最

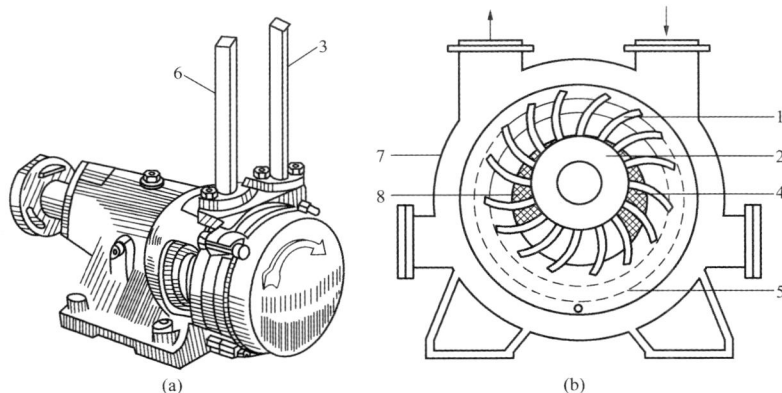

图 5 - 10　水环式真空泵

(a) 水环式真空泵外形；(b) 水环式真空泵原理图

1—叶轮；2—轮毂；3—进气管；4—进气空间；5—水环；6—出气管；7—泵壳；8—排气空间

高，使气体经进气管被吸入泵内。当叶片从最下方向左上方转动过程中，水环与叶片间的容积由大变小，压强不断升高，气汽混合物被压缩，通过排气空间和排气管排出。随着叶轮的稳定转动，吸、排气过程连续不断地进行。

真空泵的工作水与被压缩的气体是一起排出的。因此水环需用新的冷水连续补充，以保持稳定的水环厚度及带走摩擦产生的热量。

水环泵结构简单，容易制造加工，一般可与电动机直联，故可用小的结构尺寸获得很大的排气量。由于泵内没有金属摩擦表面，无须对泵内进行润滑，磨损小。但是真空泵效率低，在 30% 左右，较好的可达 50%。

第二节　泵与风机的主要性能参数

教学目的

熟悉泵与风机的主要性能参数，牢固掌握泵与风机的实际扬程、全压、功率和效率的计算方法。

教学内容

泵与风机的性能参数是用来描述泵与风机工作状况的物理量，主要包括流量、扬程（或全压）、功率、效率、转速、比转数、允许吸上真空高度、允许汽蚀余量等。在泵与风机的铭牌上标注有这些参数的具体数值，用来说明设备在额定工况下的性能。

一、流量

流量是指单位时间内泵与风机输送的流体数量，与第三章中流量的定义相同，这里不再叙述。

二、扬程和全压

单位重力作用下液体通过泵所获得的机械能，称为扬程，用 H 来表示，单位为 m。

单位体积的气体流过风机时所获得的机械能，称为全压，用 p 来表示，单位为 Pa。

全压与扬程之间的关系为

$$p = \rho g H \tag{5-1}$$

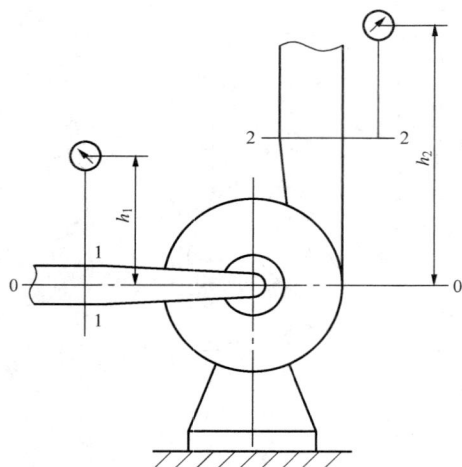

图 5 - 11   泵运行时扬程的确定

（一）泵与风机运行时扬程和全压的计算

1. 泵扬程的计算

如图 5 - 11 所示，根据扬程的定义，流体从泵进口截面 1 - 1 到泵出口截面 2 - 2 能量增加值就是泵的扬程，即

$$H = E_2 - E_1 \qquad (5 - 2)$$

$$E_2 = \frac{p_2}{\rho g} + \frac{V_2^2}{2g} + z_2$$

$$E_1 = \frac{p_1}{\rho g} + \frac{V_1^2}{2g} + z_1$$

式中 E_2——泵出口截面上单位重力作用下液体的机械能；

E_1——泵入口截面上单位重力作用下液体的机械能。

因此，泵的扬程为

$$H = \frac{p_2 - p_1}{\rho g} + \frac{V_2^2 - V_1^2}{2g} + (z_2 - z_1) \qquad (5 - 3)$$

式中 p_2、p_1——泵出口、入口截面处液体的压强，Pa；

V_2、V_1——泵出口、入口截面处液体的平均速度，m/s；

z_2、z_1——泵出口、入口截面中心到基准面的距离，m；

ρ——液体的密度，kg/m^3。

如果泵出、入口两表计中心至基准面（泵轴中心线）的垂直距离分别为 h_2、h_1，如图 5 - 11所示，则泵所产生的扬程用式（5 - 4）计算：

$$H = \frac{p_2 - p_1}{\rho g} + \frac{V_2^2 - V_1^2}{2g} + (h_2 - h_1) \qquad (5 - 4)$$

式中 h_1、h_2——两表计中心至基准面（泵轴中心线）的垂直距离，m。高于基准面用"+"号；低于基准面用"-"号。

（1）当入口压强大于大气压，则 p_1 和 p_2 可直接用泵入口和出口压力表的读数 p_{1g}和 p_{2g}进行计算，这时泵在工作时的实际扬程为

$$H = \frac{p_{2g} - p_{1g}}{\rho g} + \frac{V_2^2 - V_1^2}{2g} + (h_2 - h_1) \qquad (5 - 5)$$

（2）如果泵入口压强小于大气压时，入口安装的是真空表，读数为 p_v，则泵在工作时的实际扬程为

$$H = \frac{p_{2g} + p_v}{\rho g} + \frac{V_2^2 - V_1^2}{2g} + (h_2 - h_1) \qquad (5 - 6)$$

2. 风机全压的计算

根据式（5 - 1）和式（5 - 3），并忽略气体位势能的变化（气体的密度较小），则风机的全压的计算式为

$$p = \left(p_2 + \frac{\rho V_2^2}{2} \right) - \left(p_1 + \frac{\rho V_1^2}{2} \right) \qquad (5 - 7)$$

式中　p_2、p_1——风机出口、入口截面处气体的压强，Pa；

　　　　V_2、V_1——风机出口、入口截面处气体的平均速度，m/s；

　　　　ρ——气体的密度，kg/m³。

风机的全压包括静压 p_{st} 和动压 p_d 两部分。通常将风机出口截面处的动压作为风机的动压，即 $p_d = \dfrac{\rho V_2^2}{2}$，则风机的静压为

$$p_{st} = p_2 - \left(p_1 + \frac{\rho V_1^2}{2} \right) \tag{5-8}$$

风机运行时全压的测定一般是在风机进口和出口管道上安装皮托管进行的。具体方法将在第七章第二节中详细介绍。

（二）选择泵与风机时扬程和全压的计算

1. 泵扬程的计算

若管路系统需要将流体从一个容器 A 输送到位置较高的另一个容器 B，如图 5 - 12 所示，由于容器较大，液面速度可近似为 0，容器内液面上的压强分别为 p_A 和 p_B，额定工况下吸入管道和压出管道的阻力损失分别为 h_{w1} 和 h_{w2}，根据伯努利方程式（3 - 14），泵对系统输入的能量为 H，则水泵扬程的计算式为

$$H = \frac{p_B - p_A}{\rho g} + (z_B - z_A) + h_{w1} + h_{w2} \tag{5-9}$$

由此可见，在管道系统确定的情况下，泵的扬程等于管道系统所要求的压强能头增加量、位置能头提高量以及管道总阻力损失之和。

2. 风机全压的计算

选择风机时，分析方法同泵一样，不过因为输送的是气体，密度较小，位势能的变化可以忽略，而电厂中风烟系统的管道两端都接近大气压，所以风机的全压可近似用式（5 - 10）计算：

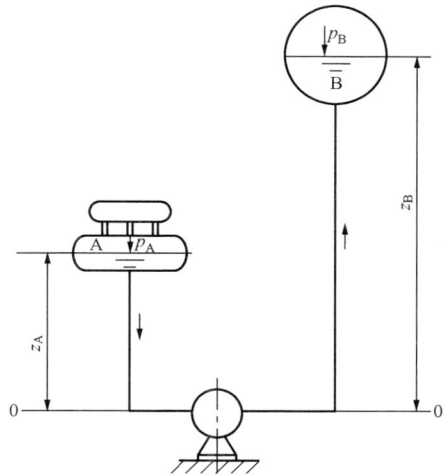

图 5 - 12　选择泵时扬程的确定

$$p \approx p_{w1} + p_{w2} \tag{5-10}$$

式中，p_{w1}、p_{w2} 分别为吸入风管和压出风管的压强损失，也就是说在管道系统确定的情况下，风机的全压应能克服管道系统总压强损失。

三、功率与效率

泵与风机的功率可分为有效功率、轴功率和原1动机功率。它们之间的关系如图 5 - 13 所示。

1. 有效功率

有效功率是指单位时间内流体通过泵或风机所获得的能量，即泵与风机的输出功率，用 p_e 来表示，单位是 kW。

泵的有效功率　　　　　　　　$P_e = \dfrac{\rho g q_V H}{1000}$　　kW　　　　　$\qquad$ (5 - 11)

风机的有效功率　　　　　　　$P_e = \dfrac{q_V p}{1000}$　　kW　　　　　$\qquad$ (5 - 12)

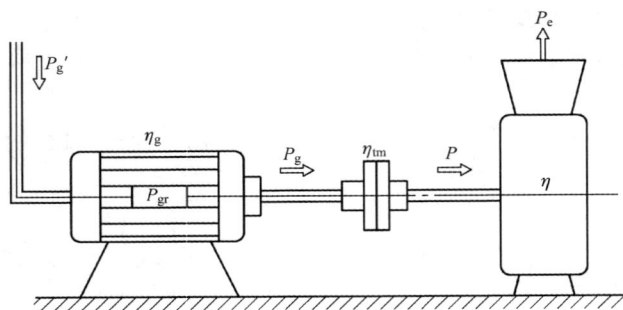

图 5 - 13　各种功率之间的关系

式中　q_V——通过泵或风机流体的体积流量，m^3/s；

　　　　H——泵的扬程，m；

　　　　p——风机的全压，Pa。

2. 轴功率

轴功率即原动机传到泵或风机轴上的功率，即泵与风机的输入功率，用 P 来表示。轴功率与有效功率之差是泵与风机内的损失功率。

3. 效率

有效功率与轴功率之比是泵与风机的效率，用 η 来表示。

效率的表达式为

$$\eta = \frac{P_e}{P} \times 100\% \tag{5-13}$$

4. 原动机的功率

原动机有输入功率 P'_g 和输出功率 P_g。它们之间的关系为 $P_g = P'_g \eta_g$，其中 η_g 为原动机效率。

由于原动机与泵或风机是依靠传动装置（联轴器）连接的，所以存在传动装置的机械损失。若传动装置的效率为 η_{tm}，一般 $\eta_{tm} = 0.95 \sim 1.0$，则轴功率还可利用式（5 - 14）得到：

$$P = P_g \eta_{tm} = P'_g \eta_g \eta_{tm} \tag{5-14}$$

原动机设备铭牌上标注的功率，又称为原动机的铭牌功率，常作为泵或风机选择原动机的依据，故又称配用原动机功率。考虑到设备超负荷运行或可能过载情况下的功率冗余，原动机的铭牌功率应为在额定工况下的输入功率 P'_g 乘以安全系数 K，即

$$P_{gr} = KP'_g \tag{5-15}$$

安全系数 K 随电动机容量的增大而减小，一般为 $1.05 \sim 1.4$。

对泵　　　$$P_{gr} = K\frac{p_e}{\eta_{tm}\eta_g} = K\frac{\rho g q_V H}{1000\eta_{tm}\eta_g} \tag{5-16}$$

对风机　　$$P_{gr} = K\frac{p_e}{\eta_{tm}\eta_g} = K\frac{q_V p}{1000\eta_{tm}\eta_g} \tag{5-17}$$

四、转速

转速是指泵或风机轴每分钟的转数，用符号 n 表示，单位为 r/min。它是影响泵与风机性能的一个重要参数，当某一台泵或风机的转速变化时，它的流量、扬程（全压）、功率等就会发生变化。

除上述参数外，还有比转数、允许汽蚀余量（Δh）或允许吸上真空高度（H_s）。这些将在后续章节中介绍。

【例 5 - 1】　如图 5 - 14 所示，某水泵在吸水池上方将水提升到水塔中，吸水高度为 $H_1 = 3m$，水泵出口到水塔水面的高度为 $H_2 = 30m$，吸水池和水塔的水面均为大气压。吸水管道的直径为 $d_1 = 300mm$，长度为 $l_1 = 8m$，吸水管路的局部阻力系数之和为 $\sum\zeta_1 = 9.0$；排水管道的

直径为 $d_2 = 250\text{mm}$，长度为 $l_2 = 60\text{m}$，排水管路的局部
阻力系数之和为 $\sum \zeta_2 = 16$；吸水管道和排水管道的沿程
阻力系数均取 $\lambda = 0.035$，水的密度取 1000kg/m^3。已知
泵进口处的真空表读数为 $p_v = 65\text{kPa}$（该表中心高度与
泵进口管中心高度相同），试计算此时泵的扬程。

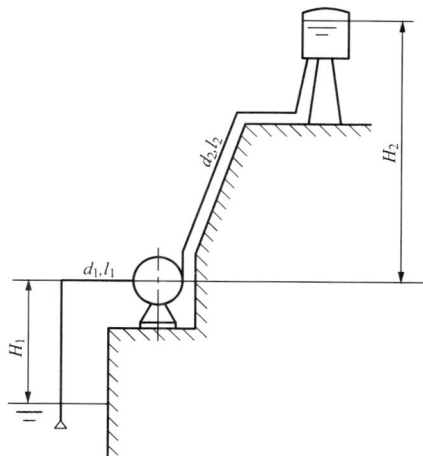

图 5 - 14　例 5 - 1 图

解　计算吸水管道总阻力损失

$$h_{w1} = \left(\lambda \frac{l_1}{d_1} + \sum \zeta_1\right)\frac{V_1^2}{2g}$$

$$= \left(0.035 \times \frac{8}{0.3} + 9\right)\frac{V_1^2}{2g} = 0.506\,3V_1^2$$

对吸水池液面和水泵入口列伯努利方程

$$\frac{p_a}{\rho g} = \frac{p_1}{\rho g} + \frac{V_1^2}{2g} + H_1 + h_{w1}$$

则

$$p_v = p_a - p_1 = \rho g(H_1 + h_{w1}) + \frac{\rho V_1^2}{2} = \rho g H_1 + \rho g h_{w1} + \frac{\rho V_1^2}{2}$$

$$= \rho g H_1 + 1000 \times 9.807 \times 0.506\,3V_1^2 + \frac{1000 \times V_1^2}{2}$$

$$= \rho g H_1 + 5466.8V_1^2$$

$$V_1 = \sqrt{\frac{p_v - \rho g H_1}{5466.8}} = \sqrt{\frac{65\,000 - 1000 \times 9.807 \times 3}{5466.8}} = 2.55(\text{m/s})$$

所以，泵的流量为 $q_V = A_1 V_1 = \frac{\pi d_1^2}{4}V_1 = \frac{\pi \times 0.3^2}{4} \times 2.55 = 0.180\,25\ (\text{m}^3/\text{s})$

$$V_2 = \frac{q_V}{A_2} = \frac{4q_V}{\pi d_2^2} = \frac{4 \times 0.180\,25}{\pi \times 0.25^2} = 3.672(\text{m/s})$$

$$h_w = h_{w1} + h_{w2} = 0.506\,3V_1^2 + \left(\lambda \frac{l_2}{d_2} + \sum \zeta_2\right)\frac{V_2^2}{2g}$$

$$= 0.506\,3 \times 2.55^2 + \left(0.035 \times \frac{60}{0.25} + 16\right) \times \frac{3.672^2}{2 \times 9.807} = 20.06(\text{m})$$

由于吸水池和水塔的水面均为大气压，压强能头的增加量为零，则泵的扬程为

$$H = (H_1 + H_2) + h_{w1} + h_{w2} = (H_1 + H_2) + h_w$$

$$= (3 + 30) + 20.06 = 53.06(\text{m})$$

【例 5 - 2】　某水泵的出口压力表与入口真空表处于同一标高，其流量 $q_V = 25\text{L/s}$，出
口压力表读数 $p_B = 32 \times 10^4\text{Pa}$，入口处真空表读数 $p_v = 4 \times 10^4\text{Pa}$，吸入管直径 $d_1 = 100\text{cm}$，
出水管直径 $d_2 = 75\text{cm}$，电动机功率表读数 $p_g' = 12.6\text{kW}$，电动机效率 $\eta_g = 0.9$，传动效率
$\eta_{tm} = 0.97$。试求泵的有效功率、轴功率和效率。

解　泵入口的流速

$$V_1 = \frac{q_V}{A_1} = \frac{4q_V}{\pi d_1^2} = \frac{4 \times 25 \times 10^{-3}}{3.14 \times 1^2} = 0.032(\text{m/s})$$

泵出口的流速

$$V_2 = \frac{q_V}{A_2} = \frac{4q_V}{\pi d_2^2} = \frac{4 \times 25 \times 10^{-3}}{3.14 \times 0.75^2} = 0.057(\text{m/s})$$

水获得的能量

$$H = \frac{p_B + p_v}{\rho g} + \frac{V_2^2 - V_1^2}{2g} = \frac{32 \times 10^4 + 4 \times 10^4}{1000 \times 9.807} + \frac{0.057^2 - 0.032^2}{2 \times 9.807} = 36.69(\text{m})$$

所以泵的有效功率为

$$P_e = \frac{\rho g q_V H}{1000} = \frac{1000 \times 9.807 \times 25 \times 10^{-3} \times 36.69}{1000} = 8.998(\text{kW})$$

泵的轴功率为

$$P = p_g \eta_g \eta_{tm} = 12.6 \times 0.9 \times 0.97 = 11(\text{kW})$$

泵的效率为

$$P = \frac{P_e}{\eta} = \frac{8.998}{11} = 81.8\%$$

第三节　离心式泵与风机的构造

教学目的

　　掌握离心式泵与风机主要工作部件的作用、结构及特点；理解轴向推力产生的原因，掌握轴向推力的平衡方法。

教学内容

一、离心泵的构造

　　虽然离心式泵的形式很多，但由于基本工作原理相同，因而它们的主要部件基本相同。现以分段式多级离心泵为例，来说明离心式泵的结构。如图 5-15 所示，离心式泵的主要部件有叶轮、轴、吸入室、压出室、导叶、密封装置、轴向推力的平衡装置等。

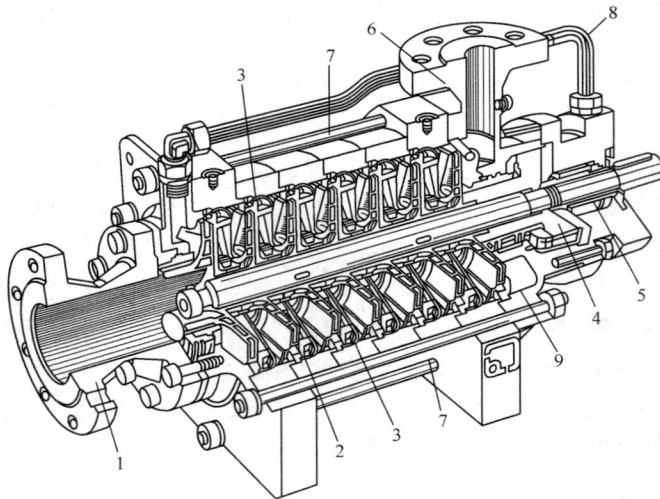

图 5-15　分段式多级离心泵

1—吸入室；2—叶轮；3—导叶；4—平衡鼓与平衡盘联合装置；5—轴端密封；
6—排出管；7—拉紧螺栓；8—平衡管；9—压出室

（一）叶轮

1. 作用

叶轮是对液体做功将原动机输入的机械能转化为液体压能和动能的主要部件。它在泵腔内套装于泵的主轴上，一般有 6～12 片叶片。

2. 形式

叶轮的形式有闭式、半开式和开式之分，其结构及性能特点见表 5 - 3。

表 5 - 3　　　　　　　　　　　叶轮的形式、结构及性能特点

叶轮形式	闭式叶轮		半开式叶轮	开式叶轮
	单吸	双吸		
图	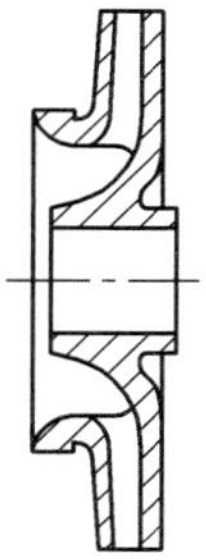		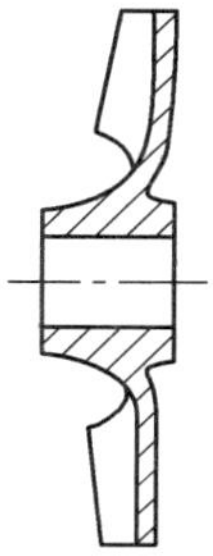	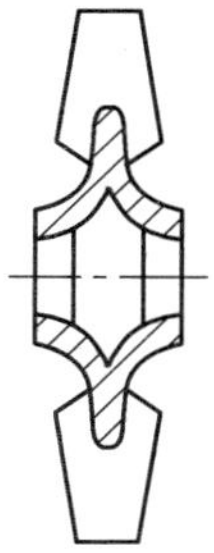
结构特点	由前、后盖板、叶片及轮毂组成，前盖板与主轴之间形成叶轮的圆环形吸入口	由前盖板、叶片及轮毂组成，没有后盖板，但有两块前盖板，形成对称的两个圆环形吸入口	只有后盖板、叶片及轮毂	没有盖板，只有叶片及轮毂
性能特点	闭式叶轮内部泄漏量小，效率较高；双吸叶轮能平衡轴向推力和改善汽蚀性能		有较大的泄漏量，使效率降低	泄漏量大，效率低
应用	常用于输送清水、油等无杂质的液体		输送含有灰渣等杂质的液体，可防止流道堵塞	输送黏性很大或含纤维的液体

3. 材料

根据输送液体的化学性能、杂质的含量以及机械强度而定。清水泵一般采用铸铁或铸钢制成。采用青铜、磷青铜、不锈钢等材料的叶轮具有高强度、抗腐蚀、抗冲刷的性能。大型给水泵和凝结水泵的叶轮采用优质合金钢。

（二）轴及轴套

1. 轴

轴是传递扭矩（机械能）的主要部件。它位于泵腔中心，沿着该中心的轴线伸出腔外搁置在轴承上。中小型泵多用等直径轴，叶轮滑配在轴上，叶轮间的距离用轴套定位。大型泵常采用阶梯式轴，不等孔径的叶轮用热套法装在轴上，这样叶轮与轴间无间隙，可减少泵内碰磨或振动，使泄漏损失降低，泵的效率提高。轴的材料一般采用碳钢（35 或 45 钢），对大功率高压泵则采用 40Cr 钢或特种合金钢。

2. 轴套

离心泵轴穿出泵腔的区段装有轴套，等径轴、短轮毂的多级离心泵叶轮之间也装有轴套。它有两个方面的作用：一是用来保护主轴，防止填料或液体中的杂质对轴的磨损；二是

对叶轮进行轴向定位。

（三）吸入室

离心泵吸入口法兰至首级叶轮入口之间的流动空间称为吸入室。它的作用是引导液体以最小的流动损失平稳而均匀地进入首级叶轮。吸入室一般有以下三种形式。

1. 锥形管吸入室

如图 5 - 16 （a）所示，锥形管吸入室结构简单，制造方便。液体在直锥形吸入室内流动，速度逐渐增加且分布均匀，损失也小。锥形管吸入室的锥度约 7°～8°。一般应用于单级单吸悬臂式离心泵上。

2. 圆环形吸入室

如图 5 - 16 （b）所示，圆环形吸入室各轴面内的断面形状和尺寸均相同。其优点是结构对称简单，轴向尺寸较小。缺点是流体进入叶轮存在冲击和旋涡，流速分布不均匀因而损失较大。分段式多级泵为了缩小轴向尺寸，大都采用圆环形吸入室。

3. 半螺旋形吸入室

如图 5 - 16 （c）所示，半螺旋形吸入室可使液体流动产生旋转运动，绕泵轴转动，致使液体进入叶轮吸入口时速度分布更均匀，损失小。缺点是进口预旋会使泵的扬程略有降低，其降低值与流量是成正比的。主要用于单级双吸式水泵、水平中开式多级泵中。

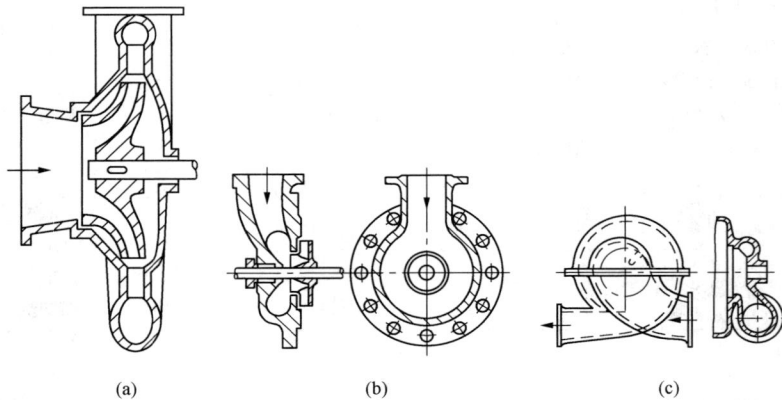

图 5 - 16　离心泵吸入室
（a）锥形管吸入室；（b）圆环形吸入室；（c）半螺旋形吸入室

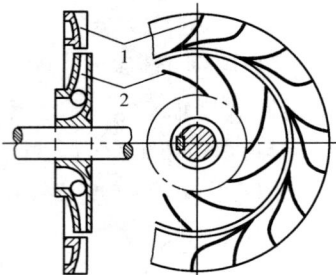

图 5 - 17　导叶
1—导叶；2—叶轮

（四）导叶

导叶又称导向叶轮，如图 5 - 17 所示，位于叶轮的外缘，相当于一个固定的叶轮。分段式多级泵上都装有导叶，一个叶轮和一个导叶组成多级泵的级。

1. 作用

导叶的作用是将叶轮甩出的高速液体汇集起来引向下一级叶轮或压出室，并将一部分动能转换为压能。

2. 类型

分段式多级泵的导叶有径向式导叶和流道式导叶两种。

（1）径向式导叶。如图 5 - 18 所示，由正导叶、过渡区（环状空间）和反导叶（向心的环列叶栅）组成。螺旋线和扩散管部分称正导叶（图中 *AB* 段），液体从叶轮中流出，由螺旋线部分收集起来，在扩散管中将大部分动能转换为压能，进入过渡区（图中 *BCD* 段），改变流动方向，再流入反导叶（图中 *DE* 段），消除速度环量，并把液体引向次级叶轮的进口。

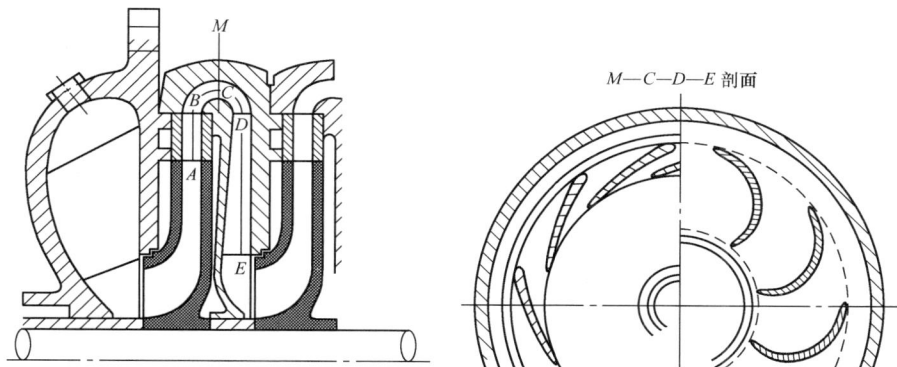

图 5 - 18　径向式导叶

（2）流道式导叶。如图 5 - 19 所示，流道式导叶的特点是液体从正导叶的入口到反导叶的出口都处在一个连续变化的流道内，没有环状空间，所以液流速度变化均匀，损失小。结构尺寸比径向式导叶小，但结构复杂。现代分段式多级泵设计中，趋向采用流道式导叶。

（五）压出室

压出室是指叶轮出口或末级导叶出口到泵出口法兰之间的流动空间，分段式多级泵还包括前级导叶到后级叶轮进口前的过流部分。其作用是以最小的能量损失汇集从叶轮流出的高速液体，并将液体的大部分动能转换为压能，然后引入压水管。

压出室按结构分为螺旋形压出室和环形压出室。

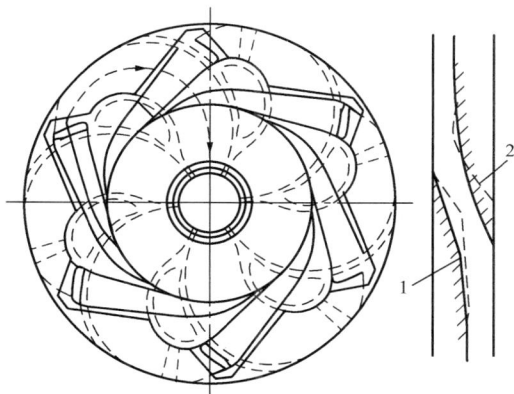

图 5 - 19　流道式导叶
1—流道式；2—径向式

1. 螺旋形压出室

（1）螺旋形压出室，又称蜗壳。如图 5 - 20 所示，它不仅起收集液体和导流的作用，同时在压出室及螺旋形的扩散管中将部分液体动能转换成压能。螺旋形压出室制造方便，效率高，广泛应用于单级离心泵以及水平中开式多级泵中。

（2）螺旋形压出室的径向力。螺旋形压出室是按设计流量设计的，当泵在设计工况下运行时，压出室中液体的速度和压强的分布基本上是均匀的、轴对称的。当单蜗壳泵在非设计工况下运行时，由于压出室中液体的速度和压强分布出现非均匀性，故作用于叶轮径向力的合力不再为零，此合力 *R* 与液体对叶轮的动反

图 5 - 20　螺旋形压出室

力合力 T 的矢量和形成了作用在叶轮上并与泵轴相垂直的径向力 F_r。

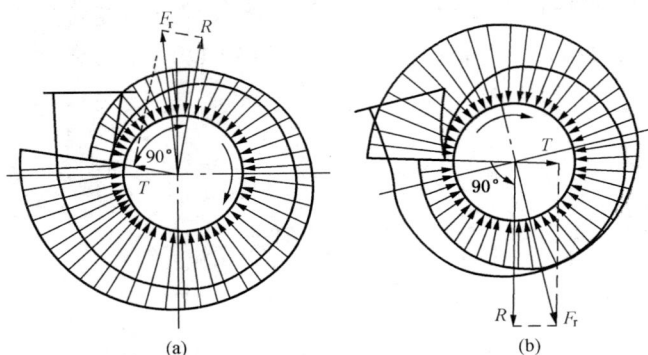

图 5-21 径向推力
(a) 流量小于设计流量时径向力；(b) 流量大于设计流量时径向力

当流量小于设计流量时，压出室内的压强从蜗舌开始不断增大，到扩散段进口处达到最大，产生的径向力如图 5-21（a）所示。当流量大于设计流量时，压出室内液体压强从蜗舌开始下降到扩散段进口处达到最小，产生的径向力如图 5-21（b）所示。

（3）径向力的平衡。径向力是个交变应力（载荷），易使轴疲劳破坏，产生挠度，甚至使轴套、轴承等发生磨损。因此，大型蜗壳形压出室必须采取措施平衡径向力，具体方法是：①采用双层压出室。单级泵可采用双层压出室，即用分隔筋将压出室分成两个对称的部分，这两部分在其共用的扩散管重新汇合，如图 5-22（a）所示。虽然在每个压出室里压强分布是不均匀的，但由于上下压出室相互对称，从而使泵在所有运行工况下产生对称的径向力，作用在叶轮上的径向力相互抵消，达到平衡。也可采用如图 5-22（b）所示的双压出室，也可使作用在叶轮上的径向力互相平衡。②采用倒置蜗壳形压出室。对多级泵可采用倒置蜗壳形压出室的布置方法，即在每相邻两级中把各自的压出室布置成相差 180°，如图 5-23 所示。这样，作用于相邻两级叶轮上的径向力互相抵消。

2. 环形压水室

如图 5-24 所示，环形压水室的流道断面面积是相等的，而收集到的液体流量却沿圆周不断增加，所以各处流速就不相等。因此，不论在设计工况还是非设计工况时总有冲击损

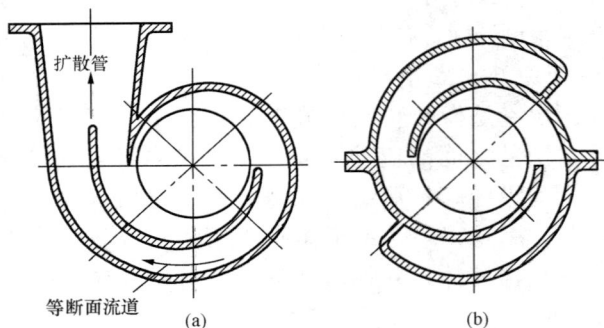

图 5-22 径向力的平衡方法
(a) 双层压出室；(b) 双压出室

失，故效率低于螺旋形压水室。在分段式多级泵，输送杂质的泵，如灰渣泵，或采用螺旋形压出室困难的情况下采用。

（六）密封装置

根据密封装置在泵内的位置和具体的作用，有密封环和轴封两种密封装置。

1. 密封环

密封环又称口环、卡圈。因为离心泵出口压强高，吸入口压强低，这样叶轮出口获得能量的一部分液体就会在压差作用下经动静之间的间隙流向吸入口，使实际出口流量减少，造成泄漏损失，为此，在泵吸入口装设密封环。动环装在叶轮入口外圆上，通常与叶轮连成一体；静环装在相对应的泵壳上。两环之间构成很小的间隙，一般为 0.1~0.5mm，以防止从叶轮甩出的高压液流返回叶轮的入口，从而减少内部泄漏损失。另外还可以防止叶轮和泵壳

之间的磨损，如果两环发生摩擦时，只需更换用硬度较低的材料制作的静环。

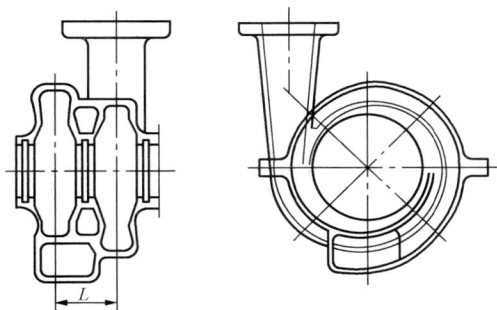

图 5-23　倒置蜗壳形压出室

图 5-24　环形压水室

密封环有四种形式，如图 5-25 所示。一般常用平环式、角环式。在高压泵中为了减少泄漏常用锯齿式或迷宫式。

2. 轴封

轴封的作用是在轴端为正压时防止泵内高压液体经泵轴与泵壳之间的间隙泄漏至泵外，在轴端为真空时，则防止空气漏入，否则泵将吸不上水。根据离心泵的工作特点和应用场合不同，轴封从结构上常分为填料密封、机械密封、迷宫密封和浮动环密封四种。

（1）填料密封。又称盘根密封，主要由填料箱、填料、水封环和填料压盖等组成，如图5-26所示。用压盖使填料和轴（或轴套）之间直接接触而实现密封。

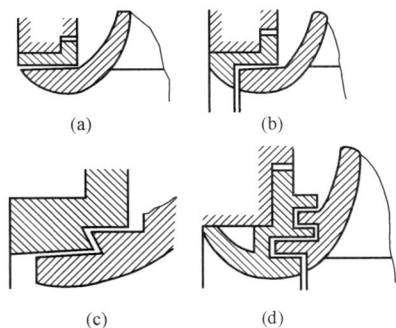

图 5-25　密封环

(a) 平环式；(b) 角环式；(c) 锯齿式；(d) 迷宫式

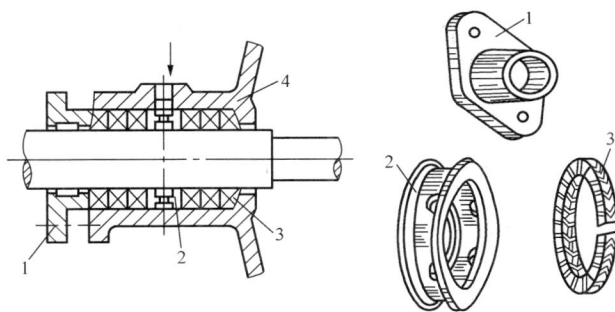

图 5-26　填料密封

1—填料压盖；2—水封环；3—填料；4—填料箱

泵工作时，可以用调整填料压盖松紧度的方法来调节轴封的密封效果。压盖紧，则填料挤紧，泄漏量减少，但摩擦增大，造成发热、冒烟，甚至烧毁填料或轴套；压盖松，则填料放松，又会使泄漏量增大，对吸入室为真空的泵来说还可能因大量空气漏入而吸不上水。因此，合理的压盖松紧度以上紧压盖后填料箱中有少量液滴连续渗漏为好。

填料箱中还布置水封环，其目的：一是为了当泵内吸入口处的压强低于大气压时，向水封环注入高于一个大气压的水，以防空气漏入泵内；二是当泵内水压高于大气压时，可用高于泵内水压的密封水注入，在轴上形成一个密封水环，减少泄漏损失。同时，水在填料与轴之间通过也起到冷却和润滑作用。

火力发电厂中的低压水泵，一般采用软填料密封。这种填料一般用黄油浸透的棉编织物，或用石墨浸透的含铜、铝、铅等金属丝的石棉编织成方形或圆形。高温高压泵采用聚四氟乙烯。填料密封具有用途广、价格便宜等特点；最大缺点是只适合低速泵，且使用周期一般较短，对轴套的磨损较大，平时维护量也大。近年来，一些电厂采用填料枪注射软填料的方法来代替盘根的使用，即把泥状的软填料用较高的压强注射入水泵的填料室，从而代替呈

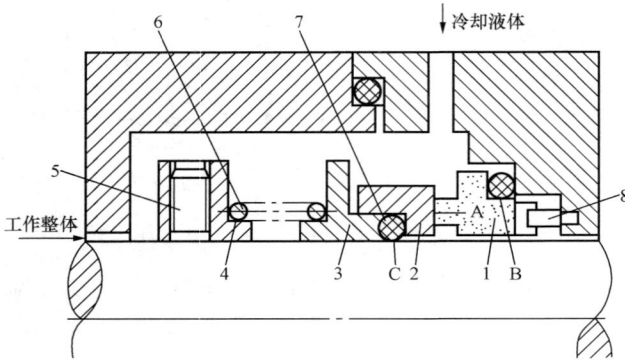

图 5 - 27　机械密封

1—静环；2—动环；3—动环座；4—弹簧座；

5—固定螺钉；6—弹簧；7—密封圈；8—防转销

A—密封面；B、C—密封圈

绳状的盘根，填料室的其他部件保持不变。该填料主要由碳素纤维、聚四氟乙烯、凯芙拉等合成原料制成泥状，耐磨性高，摩擦系数小，有良好的不渗透性，对保护轴套很有利，在有压情况下结合紧密，故密封效果好。

（2）机械密封。如图 5 - 27 所示，机械密封主要由动环（随轴一起旋转并能作轴向移动）、静环、压紧元件（弹簧）、密封元件（密封圈）等组成。动环与静环形成的端面垂直于旋转轴线，并在流体压力和压紧元件弹力的作用及辅助密

封（密封圈）的配合下，保持贴合并相对滑动以防止流体泄漏。机械密封又称为端面密封。两个端面之间是由一层极薄的流体膜来润滑。由于这层液膜具有动压和静压，一方面起润滑作用，另一方面起着平衡压力的作用，从而获得良好的密封性能。

机械密封的密封性好，泄漏量一般在 $3\sim5\mathrm{mL/h}$ 以下，摩擦功率消耗小，只是填料密封的 $10\%\sim50\%$，安装正确后可自动调整，因此在现代高温高压、高转速的给水泵上得到了广泛的应用。其缺点是结构相对复杂，加工、检修工艺要求较高，若动、静环不同心还易引起振动。目前，将机械密封、轴套、密封压盖预先集装成一个整体安装到泵上，不作任何调整（包括弹簧的压缩量），只需固定轴套和压盖，再把卡环取下，即可投入使用，大大方便了用户要求，保证了密封安装质量。图 5 - 28 为集装式机械密封。

图 5 - 28　集装式机械密封

（3）浮动环密封。如图 5 - 29 所示，浮动环密封是由许多可以径向浮动的密封环和支承环（浮动套或密封环座）组成，每个单环均由一个浮动环、一个浮动套及三个弹簧组成。

在浮动套形成的圆环形腔室内的液体压力和弹簧弹力作用下，浮动环的端面紧贴前一单环中浮动套的后端面来实现径向密封，同时浮动环的内圆表面与轴套的外圆表面所形成的狭缝可对液流起节流降压作用以实现轴向密封。液体每经过一个单环进行一次节流，多个单环依次连接形成良好的密封效果。这就要求有较长的轴向长度，不适宜用在粗而短的大容量给水泵上。

在正常运行时，浮动环不与其他部件接触，而是飘浮在液体之中，而且环、轴之间的楔形间隙内的液体会产生支承力，促使浮动环沿着浮动套的密封端面上、下自由浮动，消除楔形间隙，自动对正中心。浮动环与轴套的径向间隙为 $0.05\sim0.1\mathrm{mm}$，间隙越小渗漏的液体

量也越小。在泵启动和停车时浮动环会与轴套发生短时间的摩擦，因此，浮动环和轴套都采用耐磨、防锈材料，并且启动前先引入密封液体，停运时最后关闭，密封水约有 1/4 流入泵内，3/4 从间隙中流至泵外，其漏水量较大，这也是该装置的主要缺点。

（4）迷宫密封。迷宫密封有多种形式，例如，图 5 - 30 所示的炭精迷宫密封（由轴套密封片与炭精环组成微小间隙）、图 5 - 31所示的金属迷宫密封（由金属密封片与转轴组成微小间隙）等。这些形式的基本原理是相同的，即流体在依次连接的狭窄通道中反复节流，逐步降压，达到密封的目的。这种密封的径向间

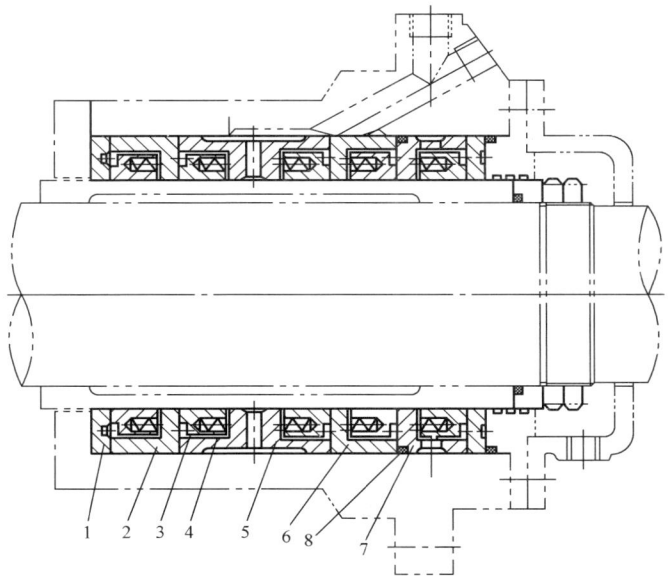

图 5 - 29　浮动环密封

1—密封环；2—浮动套（甲）；3—浮动环；4—弹簧；5—浮动套（乙）；
6—浮动套（丙）；7—浮动套（丁）；8—辅助密封圈

隙较大，泄漏量也较大。但是没有任何摩擦部件，即使在密封液体短时间中断的情况下也不会相互摩擦。功率消耗最小，制造简单。

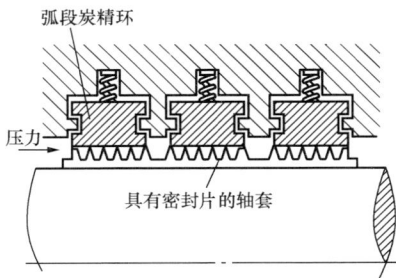

图 5 - 30　炭精迷宫密封

现代高速给水泵多采用螺旋密封，如图 5 - 32 所示，螺旋密封的轴表面开有螺旋槽，螺旋槽与密封衬套之间的间隙可以起到节流降压的作用，这与迷宫密封的微小间隙是相似的，所以可以把螺旋密封看成是迷宫密封的一种特殊形式。但是当轴转动时，螺旋槽作为推进装置与介质发生能量交换，产生一种将水送至泵内的泵送作用，产生泵送压头，与被密封介质的压力相平衡，从而减少泄漏。所以在密封机理上与迷宫密封略有不同。

为达到良好的密封效果，通常在给水泵轴套的外表面加工数条使水流方向指向内侧的螺旋槽，而在固定衬套的内表面加工与轴套螺旋方向相反的螺旋槽。为避免部分高温水越过螺纹齿顶向外泄漏，必须由外部注入密封水。该密封水一部分随螺旋槽泵送至轴封内侧，阻止泵内流体外流，一部分与少量经密封间隙外流的高温水混合形成密封回水而被回收。

（七）轴向推力及其平衡装置

1. 轴向推力的产生

离心泵运行时，转子受到的与轴线平行并指向吸入室的合力称为轴向推力，由以下三部分组成。

（1）叶轮前后两侧液体压强分布不对称所产生的轴向推力 F_1。如图 5 - 33 所示单级单吸卧式离心泵，密封环半径为 r_c，叶轮外径为 r_2，轮毂半径为 r_h，叶轮出口液体压强为 p_2，

叶轮入口液体压强为 p_1，由于叶轮对液体做功，显然 $p_2 > p_1$。

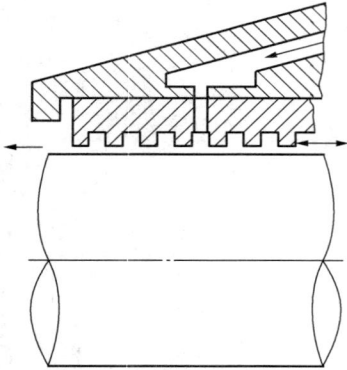

图 5 - 31　金属迷宫密封

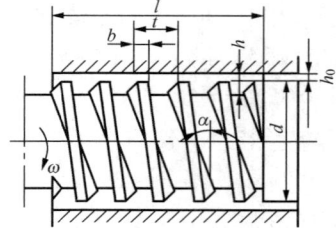

图 5 - 32　螺旋密封

　　单级叶轮工作时，在密封环半径 r_c 以上至叶轮外径 r_2 之间叶轮前后，由于叶轮出口液体中有一小部分回流到盖板两侧的环形空间 A、B 室中，使得 A 和 B 的压强都是 p_2，又因为受到叶轮旋转带动的影响，在 A、B 室中液体旋转角速度大约是叶轮旋转角速度的一半，导致实际压强沿半径方向按二次抛物线的规律分布。因此，在密封环半径 r_c 以上叶轮两侧压强分布对称，大小相等，方向相反，几乎没有轴向推力。

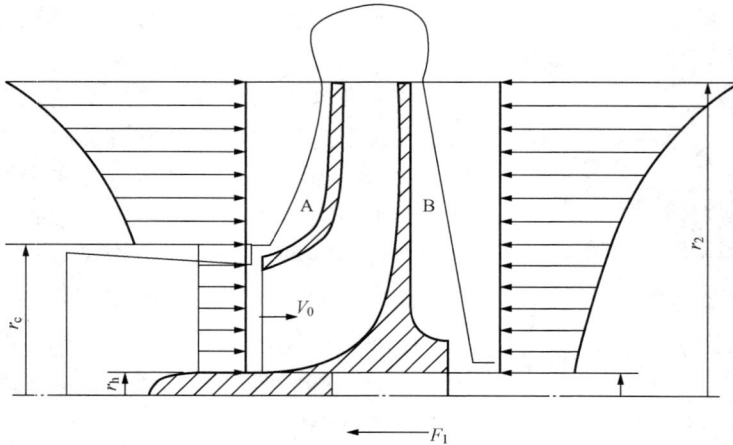

图 5 - 33　叶轮两侧压强分布

　　在叶轮吸入口密封环半径 r_c 以下至轮毂半径 r_h 之间叶轮前后，左侧压强为叶轮吸入口液体压强 p_1 且分布均匀，而右侧压强大于 p_1 小于 p_2，因此，在密封环以下，叶轮前后两侧液体压强分布不对称，从而产生一指向叶轮吸入口的轴向推力 F_1。轴向推力 F_1 的大小可以用式（5 - 18）计算：

$$F_1 = \pi\rho(r_c^2 - r_h^2)\left[\frac{p_1 - p_2}{\rho} - \frac{\omega^2}{8}\left(r_2^2 - \frac{r_c^2 + r_h^2}{2}\right)\right] \tag{5 - 18}$$

式中　ω——叶轮旋转的角速度，rad/s。

　　（2）液体进入叶轮时动量变化所产生的轴向推力 F_2。离心泵运行时，液体沿轴向进入叶轮，径向流出，方向的改变导致液体动量发生变化，这样叶轮受到一个由于液体的动量变化所产生的反作用力，其轴向推力为 F_2。它与叶轮进口的液体流动方向一致，同轴向推力 F_1 相反。根据不可压缩流体稳定流动的动量方程，F_2 的大小为

$$F_2 = \rho q_V V_0 \tag{5-19}$$

式中　q_V——通过叶轮液体的体积流量，m^3/s；

　　　V_0——液体进入叶轮前的轴向速度，m/s。

(3) 离心泵转子重量所产生的轴向推力 F_3。卧式离心泵转子的重量方向与轴向垂直，不会产生轴向推力，其 $F_3=0$。立式离心泵转子重量方向与轴向重合，其 F_3 等于转子的重量。

综上所述可知，离心泵总的轴向推力 F 应该等于上述三个轴向推力的矢量和，即

$$\boldsymbol{F} = \boldsymbol{F}_1 + \boldsymbol{F}_2 + \boldsymbol{F}_3 \tag{5-20}$$

正常运行时，轴向推力 F_1 所占的份额最大，而 F_2 较小，常常忽略不计。但在泵启动时或大流量时，也要考虑 F_2 的影响，一般以指向叶轮进口的轴向推力 F_1 的方向为正，则作用在单级单吸卧式离心泵上的轴向推力为

$$F = F_1 - F_2 \tag{5-21}$$

对于级数为 n 的多级立式离心泵，若每一级都是单吸叶轮，则总的轴向推力为

$$F = n(F_1 - F_2) + F_3 \tag{5-22}$$

离心泵轴向推力的存在，会使转子产生轴向位移，造成叶轮和泵壳等动、静部件碰撞和磨损；还会增加轴承负荷，导致设备发热、振动甚至损坏。因此，在设计和使用时必须设法平衡轴向推力，保证离心泵的安全运行。

2. 轴向推力的平衡

轴向推力的平衡方法主要有：平衡孔、平衡管、双吸叶轮、平衡装置等。

(1) 平衡孔与平衡管。平衡孔与平衡管的原理都是直接消除叶轮后、前的压强差，以平衡轴向推力，如图 5-34 (a)、(b) 所示。平衡孔是在泵的后盖板靠近轮毂处钻 3～6 个孔，并在后盖板上增加一个密封圈，形成一环形室。泵工作时，流出叶轮的高压流体有一部分会在压差作用下经孔口流向泵的入口，使环形室内压强接近泵入口压强，保证后盖板两侧压强相近，减小了轴向推力，这种方法会降低旋转叶轮的强度。平衡管方法是在泵壳上开孔，利用平衡管将叶轮后盖板与泵壳之间的液体引入到泵入口处，使叶轮后的压强接近泵入口压强，从而使轴向推力得到平衡，该方法不会降低叶轮的强度。这两种方法，结构简单、可靠，但泄漏较多，而且返回的液体又干扰了叶轮入口液体的正常流动，因此泵的效率较低，剩余轴向推力还需要推力轴承来承受。一般用于单级泵或小型泵。

(2) 双吸叶轮和叶轮对称布置。双吸叶轮和叶轮对称布置的原理均为在泵轴上产生大小相等、方向相反的轴向推力，互相抵消。双吸叶轮由于作用于叶轮两侧的压强大小相等、方向相反，从而平衡轴向推力，如图 5-34 (c) 所示。但实际上由于制造商很难做到泵的两侧过流部件的几何形状完全一致，所以仍会有较小的轴向推力作用在转子上，靠泵轴一端的单列向心滚珠轴承承受。双吸叶轮还具有抗汽蚀性能，因此通常应用于电厂的凝结水泵及多级锅炉给水泵的首级叶轮。对于多级泵，常将叶轮分成两组，按照两组叶轮进水方向相反的原则对称地布置在同一轴上，如图 5-34 (e) 所示。当叶轮的几何尺寸相同、个数为偶数时，两组叶轮产生的轴向推力，可以互相抵消。对于叶轮个数为奇数的泵，只要首级叶轮采用双吸，其他各级叶轮采用对称排列。该方法效果显著，但是会增加级与级之间流道长度，使能

量损失增加，而且彼此重叠给制造和检修带来困难，级数多的泵结构复杂。

（3）背叶片。如图 5-34（d）所示，在叶轮后盖板的背面对称安置几条径向筋片，称为背（副）叶片。当叶轮回转时，筋片如同泵叶片一样使叶片背面的液体加快旋转，离心力增大，使叶片背面的压强显著下降，从而使叶轮两侧压强达到平衡，其平衡程度取决于平衡叶片的尺寸和叶片与泵体的间隙。背叶片导致了额外的能量损失，使泵效率降低，但是除了平衡轴向推力外还可以防止杂质进入轴封，所以广泛应用于杂质泵。

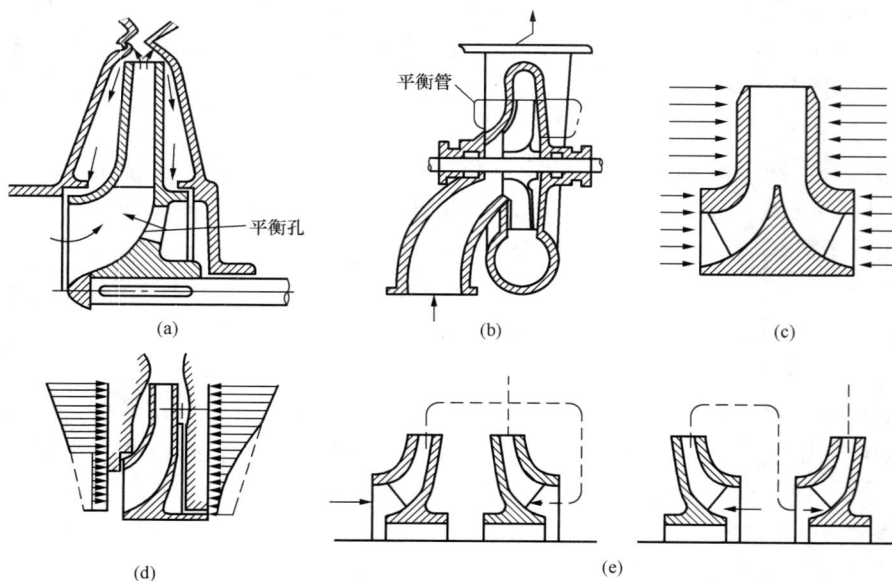

图 5-34　平衡轴向推力的形式
（a）平衡孔；（b）平衡管；（c）双吸叶轮；（d）背叶片；（e）叶轮对称布置

（4）平衡盘。如图 5-35（a）所示，水泵末级叶轮后面的轴上装平衡盘（动盘），随轴一起旋转，平衡盘后的空间称为平衡室，它用平衡管与离心泵的吸入室相连接。在平衡套（或轴套）与平衡盘之间有一个大小不变的径向间隙 b，平衡盘与平衡套之间有一个可以调整的轴向间隙 a。平衡盘不仅在正常运行时能平衡轴向推力，还能在工况变动时自动调整平衡轴向推力。

泵运行中，末级叶轮出口压强为 p 的液体经径向间隙 b 及轴向间隙 a 流入平衡盘前与平衡套空间，在平衡盘前形成指向后侧的压强 p_1，同时液体通过轴向间隙 a 节流降压排入平衡室，平衡室利用平衡管与吸入室相通，使得平衡盘后侧的压强接近于泵入口压强 p_0。所以，在平衡盘两侧将产生压强差，这一压差作用于有效面积上就形成与轴向推力方向相反的平衡力。适当选择轴向间隙和径向间隙以及平衡盘的有效作用面积，就可以使平衡力足以平衡泵的轴向推力。

当工况改变时，末级叶轮出口压强 p 要发生改变，轴向推力也要改变。如果轴向推力增大，大于平衡力，则转子向吸入口方向（低压侧）窜动，因为平衡盘固定在转轴上，这会使轴向间隙 a 减小，泄漏量减小，平衡盘前压强 p_1 增大，平衡力增大。随着转子继续向入口侧窜动，平衡力不断增加，直到与轴向推力相等，达到新的平衡。反之，如果轴向推力减小，小于平衡力，则转子向后（高压侧）窜动，轴向间隙 a 增大，泄漏量增大，平衡盘前压

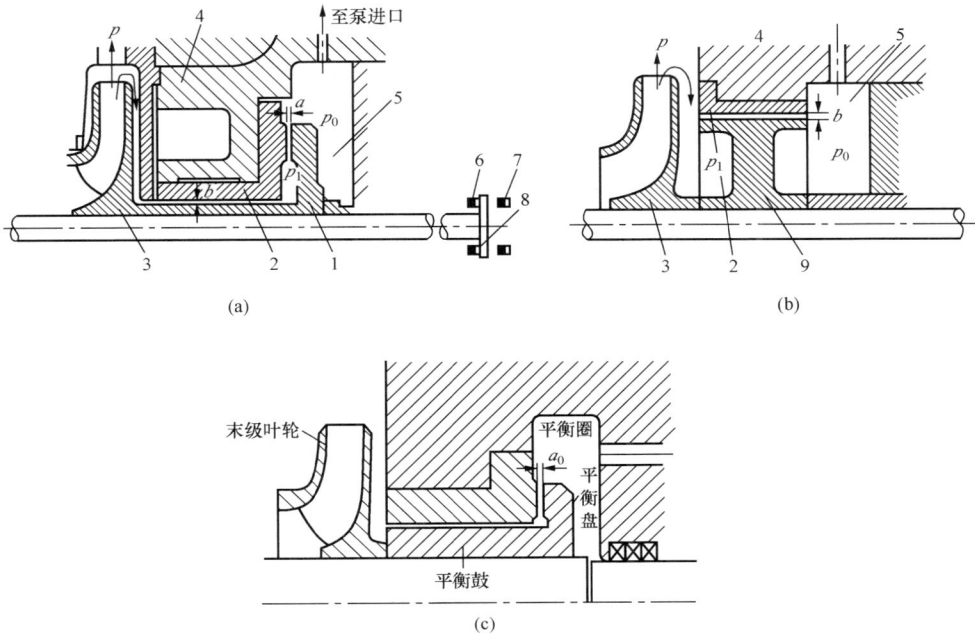

图 5-35　平衡盘、平衡鼓及联合平衡装置
1—平衡盘；2—平衡套；3—末级叶轮；4—泵体；5—平衡室；6—工作瓦；
7—非工作瓦；8—推力盘；9—平衡鼓

强 p_1 减小，平衡力下降，直至与轴向推力平衡。由此可见，转子左右窜动的过程，就是自动平衡的过程。但由于惯性，窜动的转子不会立刻在力平衡时静止下来，还要继续前窜，发生过量位移，这会使平衡盘与平衡套产生碰磨。因此，在平衡盘的设计中，要有合理的灵敏度，以使轴向间隙改变不大的情况下，平衡力发生显著变化，使平衡盘在短期内能迅速达到新的平衡状态。

　　由于平衡盘具有自动平衡轴向推力、平衡效果好且结构紧凑等优点，故在多级离心泵中被广泛采用。但在泵启动时，由于末级叶轮出口液体的压强尚未达到正常值，平衡盘的平衡力严重不足，故泵轴将向吸入口方向窜动，平衡盘和平衡套之间会产生摩擦，造成损坏。停泵时也存在平衡力不足现象。因此，目前在锅炉给水泵上已配有推力轴承，用于水泵启、停时平衡轴向推力。在水泵正常运行后，轴向推力全部由平衡盘平衡，同时推力轴承的推力盘与推力瓦块脱离接触，失去平衡作用。

　　（5）平衡鼓。平衡鼓是装在泵轴末级叶轮后的一个圆柱，跟随泵轴一起旋转，如图5-35（b）所示。平衡鼓外缘表面与泵壳上的平衡套之间有很小的径向间隙 b，平衡鼓前面是末级叶轮的后泵腔，液体压强为 p_1，部分液体经径向间隙漏入场券平衡室，平衡室与吸入口相连通，其内液体的压强几乎与泵入口压强 p_0 相等，于是在平衡鼓前后形成压强差，其方向与轴向推力方向相反，起到平衡作用。

　　平衡鼓不能平衡全部轴向推力，也不能限制泵转子的轴向窜动，因此使用平衡鼓时必须同时装有双向止推轴承。一般平衡鼓约承受整个轴向推力的 $90\%\sim95\%$，推力轴承承受其余 $5\%\sim10\%$。平衡鼓的最大优点是避免了工况变化以及泵启、停时动静部分的摩擦。因此其工作寿命长，安全可靠。

　　（6）平衡鼓与平衡盘联合平衡装置。由于平衡鼓不能完全自动地平衡轴向推力，始终具有剩余轴向推力，因此很少单独使用，一般都采用平衡鼓和平衡盘联合装置，如图 5 - 35（c）所示。该装置中，平衡鼓承受 50％～80％的轴向推力，另设有弹簧式双向止推轴承承担 10％的轴向推力，其余的轴向推力则由平衡盘自动平衡。这样就减少了平衡盘的负荷，平衡盘与平衡套之间可以采用较大的轴向间隙。弹簧式双向止推轴承不仅能适应平衡盘左右移动，缓冲推力盘磨损，而且能保证在低速时其弹簧力代替平衡力，把平衡盘与平衡套推开避免发生平衡盘的磨损或咬死现象。

二、离心式风机的构造

　　如图 5 - 36 所示，离心式通风机主要由进风箱、进口导叶调节、叶轮、蜗壳、主轴、轴承等组成。

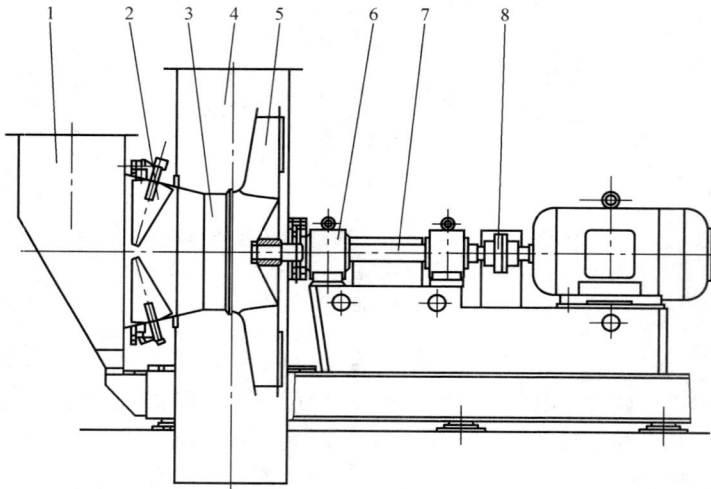

图 5 - 36　叶轮悬臂支承单吸离心风机
1—进气箱；2—进口导叶调节；3—进风口；4—蜗壳；5—叶轮；6—轴承座；7—主轴；8—联轴器

　　1. 叶轮

　　叶轮是通风机向气体传递能量、提高气体压头的核心部件。它的结构形式和尺寸对通风机的性能有很大影响。离心式风机叶一般采用闭式叶轮，由前盘、后盘、叶片和轮毂（轴盘）等组成，如图 5 - 37 所示。轮毂的作用是将叶轮固定在主轴上。叶轮前盘的形式有：平前盘、锥形前盘和弧形前盘等几种，如图 5 - 37（a）、（b）、（c）所示。

　　平前盘制造简单，但流动损失大。弧形前盘的叶轮，制造比较复杂，但是其流线型的形状使得流动损失小，比平前盘效率高、叶轮强度好。锥形前盘的性能与工艺在上述二者之间。图 5 - 37（d）为双侧进气的叶轮，两侧各有一个相同的前盘，背靠背布置，叶轮中间共有一个中盘，中盘铆在轮毂上。

　　叶片的形式及形状是影响气流流动的主要因素，叶片有前弯、后弯和径向三种形式，这三种叶型性能将在第六章中详细说明。离心通风机的叶片形状有单板型、圆弧型和机翼型等几种，如图 5 - 38 所示。

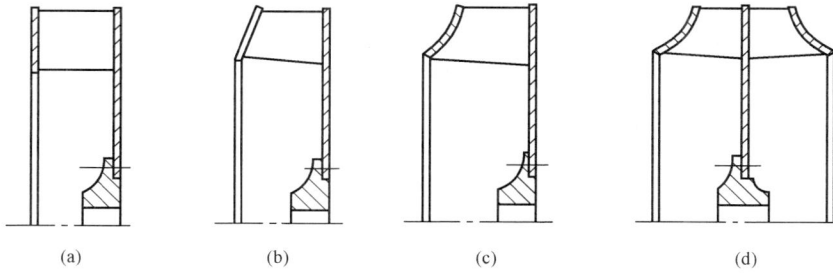

图 5 - 37 离心式通风机叶轮结构形式

（a）平前盘；（b）锥形前盘；（c）弧形前盘；（d）双侧进气的叶轮

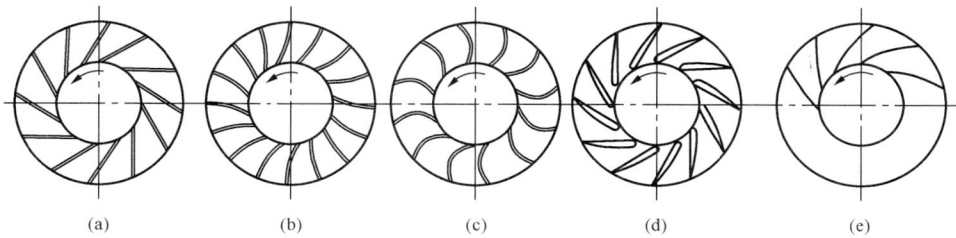

图 5 - 38 叶片形式和形状

（a）平板叶片；（b）圆弧窄叶片；（c）圆弧叶片；（d）机翼型叶片；（e）平板曲线后弯叶片

2. 主轴

风机有实心轴和空心轴两种。叶轮悬臂支承风机采用实心轴，双支承（叶轮在两支承之间）风机采用实心轴或空心轴。大型电站双支承风机的实心轴一般做成中间大、两端小、近于对称的双锥形轴，两端应各有一平直段，以便安装校正水平之用。300MW 电站锅炉离心引风机的实心轴重达 12～15t，600MW 电站锅炉引风机的轴达 20～25t。大型电站离心风机采用的空心轴一般中间由厚壁钢管和两端实心轴头焊接成，其质量只有实心轴的 1/4，不仅减少材料消耗，而且对风机的启动、降低轴承径向载荷有明显的好处。我国引进的 200、600MW 机组离心引风机中有的采用空心主轴。

3. 进风口

进风口又称集流器。其作用是使气流能均匀地充满叶轮进口，在流动损失最小的情况下进入叶轮。离心通风机的进风口有多种形式，如图 5 - 39 所示。

一般锥形比圆筒形的好，锥弧形比锥形的好，如图 5 - 40 所示，锥弧形进气口的涡流区最小且气流经缓慢加速后扩散能均匀充满整个流道。大型风机多采用弧形、锥弧形进风口，以提高风机的效率。

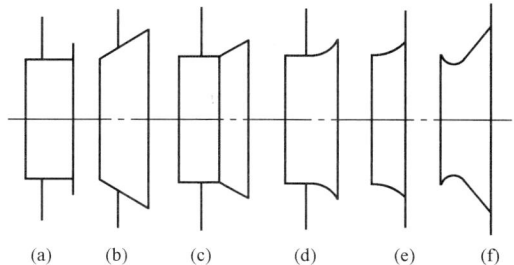

图 5 - 39 进风口的形式

（a）圆筒形；（b）圆锥形；（c）弧形；（d）锥筒形；（e）弧筒形；（f）锥弧形

4. 进气箱

风机从周围大气直接吸风时称为自由进气。但是，在一些工程应用中由于安装的限制和使用条件的不同，有些风机不能采用自由进气方式，特别是当进风需要转弯时，安装进气箱能改善进口流动状况，减少因气流不均匀进入叶轮而产生的流动损失。进气箱一般只用在大型或双吸的离心通风机上，例如电厂中的送风机和引风机。

进气箱装设的好坏直接影响风机的性能，如果进气箱结构不合理，由此所造成的阻力损失可达风机全压的 $15\%\sim20\%$ 左右。由试验知，在确定进气箱的几何形状和尺寸时，应注意以下几点（如图 5-41 所示）：

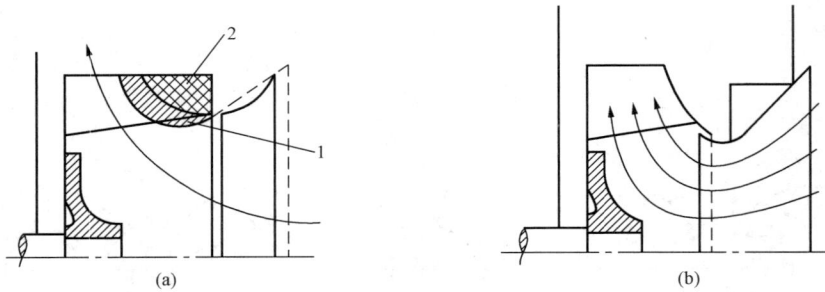

图 5-40 流线型及缩放体集流器
（a）圆锥形（虚线）和锥筒形（实线）进风口；（b）锥弧形进风口
1—圆锥形集流器的涡流区；2—锥筒形集流器的涡流区

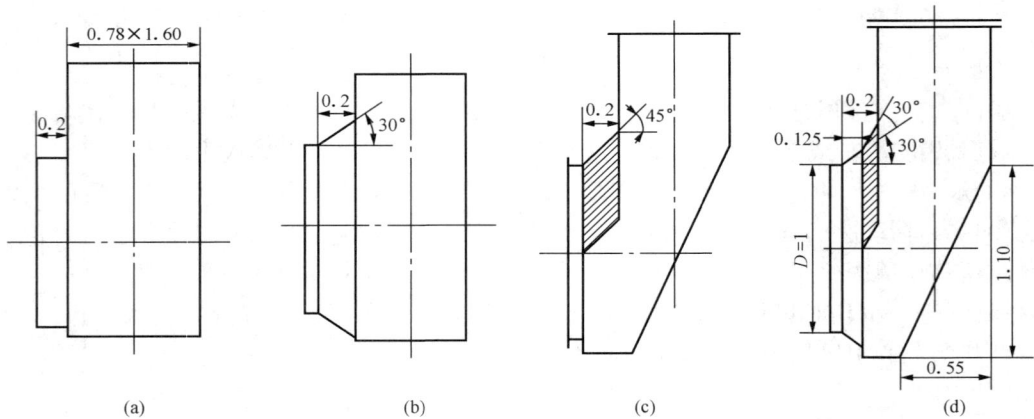

图 5-41 四种进气箱的几何形状与尺寸

（1）进气箱进口的长宽之比取 2～3 为宜。叶轮悬臂支撑一般为 2，单吸双支撑为 2.5，双吸双支撑为 2.8～3.5。

（2）进气箱的横断面积与叶轮的进口面积之比一般取 1.7～2.0 为宜。

（3）进气箱的形状对阻力值的影响很大。进气箱最好做成收敛形式的，要求底部与进气口对齐。

5. 导流器

若需要扩大通风机的使用范围和提高调节性能，可在进风口或进风口流道内装设导流器，如图 5-42 所示。导叶可采用平板型、弧型和机翼型，沿圆周均匀分布，每个导叶上都装有转轴，在转轴的外缘装有由转盘带动的转动臂，运行时通过转盘改变导流器叶片的角度（开度）来改变通风机的性能，实现流量调节。导流挡板的调节范围为 $90°$（全闭）到 $0°$（全开），是目前锅炉离心风机主要调节装置之一。

大型离心风机采用双支承，特别是双吸双支承时，为避免结构设计的困难，常采用安装在进气箱进口的进口挡板来调节性能，进口挡板由多个平板叶片、框架、连接杆和曲柄等组成。

　　6. 蜗壳、蜗舌和扩散器

蜗壳的作用是收集从叶轮出来的气体并引向风机的出口，如图 5-43 所示，离心通风机普遍采用矩形蜗壳，优点是工艺简单，适于焊接，蜗壳的侧面形状是阿基米德螺旋线。蜗壳出口附近的"舌状"结构称为蜗舌（图 5-43 中 3、4、5 所示），其作用是防止部分气流在蜗壳内循环流动。蜗舌附近的流动相当复杂，它的几何形状以及离叶轮圆周的最小距离 t，对通风机的性能，特别是效率和噪声影响较大。t 过大造成风机出口流量和压强下降，效率降低；t 过小风机噪声增大。大型电站风机蜗壳的出口速度一般应为 $15\sim20\text{m/s}$，速度过大采用扩散器，又称扩压器，其作用是降低气流出口速度，使部分动压转化为静压，以降低阻力损失。由于气流旋转惯性会朝叶轮旋转方向一边偏斜，因此扩散器在这一侧做成具有 $6°\sim8°$ 的扩散角。

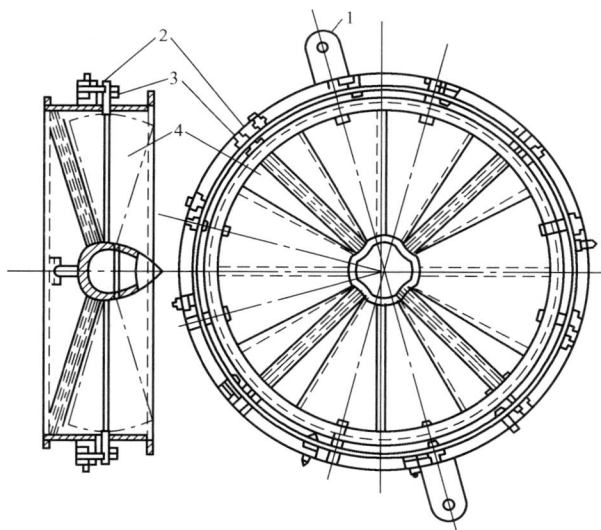

图 5-42　轴向导流器结构
1—调节柄；2—连杆；3—转轴；4—导叶

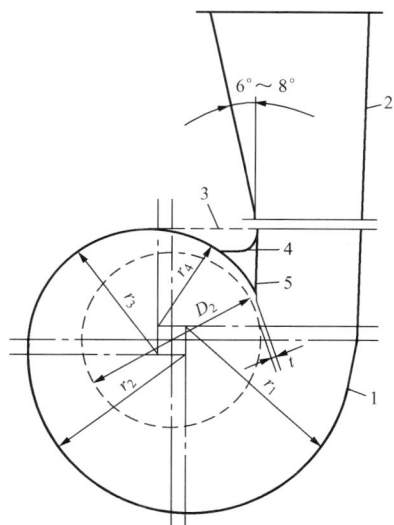

图 5-43　蜗壳、蜗舌和扩散器
1—蜗壳；2—扩散器；3—平舌；
4—浅舌；5—深舌

第四节　轴流式（混流式）泵与风机的构造

教学目的

掌握轴流式泵与风机及混流式泵的主要部件结构、形式、作用及其特点；熟悉几种常用的分类方法。

教学内容

一、轴流式泵的构造

图 5 - 44 为轴流泵结构图，轴流式泵主要是由叶轮及动叶调节装置、泵轴、吸入管、导叶、中间接管、出水弯管、密封装置及轴承等组成。

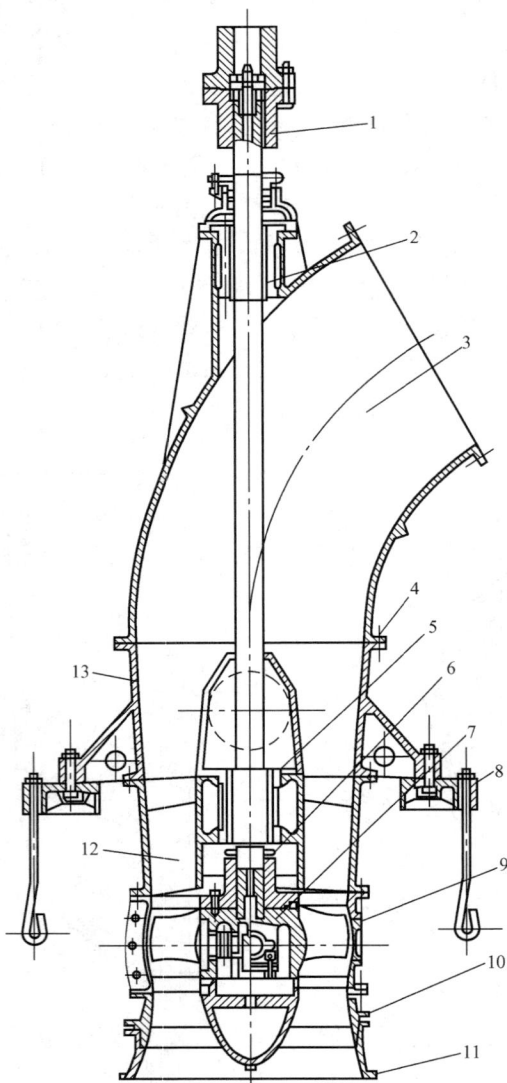

图 5 - 44　轴流泵结构图

1—联轴器；2—橡胶轴承；3—出水弯管；4—泵座；5—橡胶轴承；6—拉杆；7—叶轮；8—底板；9—叶轮外壳；10—进水喇叭口；11—底座；12—导叶；13—中间接管

1. 叶轮及动叶调节机构

（1）叶轮。叶轮装在叶轮外壳内，由动叶头、轮毂、叶片等组成。与离心式泵一样叶轮将原动机的机械能转变为输送流体的能量。

动叶头呈流线形锥体状，用于减小液体流入叶轮前的阻力损失，如图 5 - 45（b）所示。轮毂用来安装叶片及其调节机构，通常有圆柱形、圆锥形和球形三种，在全调节式轴流泵中，一般采用球形轮毂，如图 5 - 45（b）所示。叶片装在转动的轮毂上，利用升力原理对液体做功，提高其能量。一个叶轮通常有 3～6 个机翼型扭曲叶片。叶片的形式有固定式、半调式和全调式三种。后两种叶片可以在一定范围内通过调节动叶片的安装角来调节流量。半调节式叶片依靠紧固螺栓与定位销固定在轮毂上，调节时必须首先停泵，打开泵壳，松开紧固螺栓，按照要求改变叶片的安装角，然后旋紧螺栓，封闭泵壳。全调节式轴流泵叶片依靠安装在轮毂内的动叶调节机构进行调节，无需打开泵壳和拆卸叶片，调节非常方便。

（2）动叶调节机构。图 5 - 45（a）所示为轴流泵的动叶调节机构。空心的泵轴中装有调节杆，当调节杆在泵轴上端蜗轮的传动作用下上升或下降时，就会带动拉板套一起上、下移动，促使拉臂旋转，从而带动用圆锥销连接的叶柄改变动叶片的安装角。叶片的叶柄在轮毂内只能绕自身轴线转动，而不会松动或脱落。若调节杆向上，则叶片安装角将变小，泵的流量减小。

2. 泵轴

泵轴是用来传递扭矩的部件。全调节式轴流泵的泵轴均用优质碳素钢做成空心轴，表面镀铬。这样既减轻了重量，又能在里面安放动叶调节杆。

3. 吸入管

吸入管的作用是使液体以最小的能量损失均匀地流入叶轮。在中、小轴流泵中，一般采用喇叭形吸入管，如图 5 - 44 所示。在大型轴流泵中常用肘形进水流道代替吸入管，如图 5 - 46 所示。

4. 导叶

导叶又称静叶，如图 5 - 44 中 12 所示。由于轴流泵叶轮旋转时，给流体一个推力，流体产生螺旋形上升运动，为使液体流出叶轮的运动转变为轴向运动，在动叶的出口安装固定不动的导流叶片，并将流道设计成圆锥形扩散段，这样可以把液体的部分动能变为压能，减少了损失，提高了泵的效率。装有导叶片的泵壳称为导叶体，导叶一般有 6～12 片。

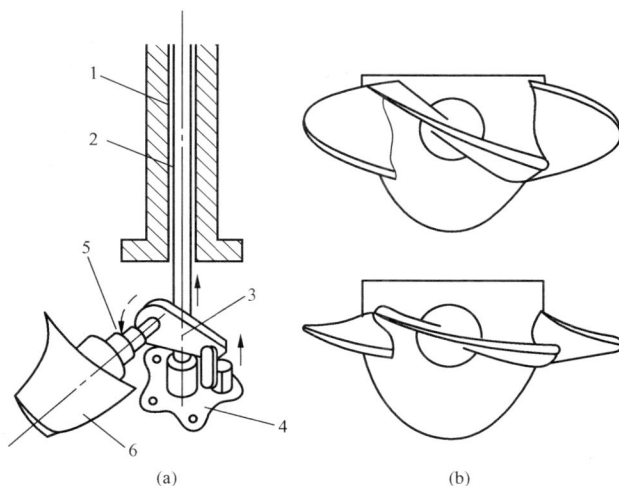

图 5 - 45　轴流泵的动叶调节机构
(a) 动叶调节机构图；(b) 叶片安装角改变示意
1—泵空心轴；2—调节杆；3—拉臂；4—拉板套；5—叶柄；6—叶片

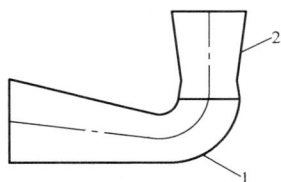

图 5 - 46　肘形进水流道示意图
1—肘形进水流道；2—泵体

5. 出水弯管

出水弯管是将液体以尽量小能量损失排到泵外的部件，通常与压水管道相连，如图 5 - 44 中 3 所示。泵轴穿出出水弯管处还配有轴承和填料密封装置。出水弯管之前还有一段扩散形的中间接管，如图 5 - 44 中 13 所示，它可以进一步降低从导叶流出液体的速度，将部分动能变为压能。

二、轴流式风机的构造

轴流式通风机的主要部件有整流罩、导叶、叶轮、调节装置和扩压器等，如图 5 - 47 所示。大型轴流式通风机装有动叶调节装置以获得良好的工作性能。

1. 叶轮

由轮毂和叶片组成的叶轮是实现能量转换的主要部件。轮毂有圆锥形、圆柱形和球形三种形状，外缘装有叶片。动叶可调式轴流风机轮毂是空心的，内部安装调节杆和液压缸等部件。轴流式通风机的叶片大多采用翼型扭曲叶片，可使叶顶至叶根处的全压相等，避免涡流损失，提高风机效率。

2. 整流罩

为完善进气条件，降低风机噪声，轴流式通风机在叶轮或进口导叶前安装整流罩，整流罩与风机外壳构成良好的进气流道，减少了流动损失。整流罩一般设计成半圆或半椭圆形，也可与尾部扩散筒一起设计成流线型。

3. 导叶

轴流式通风机的导叶根据需要可以安装在进口或出口，也有进口出口都安装有导叶的情况。

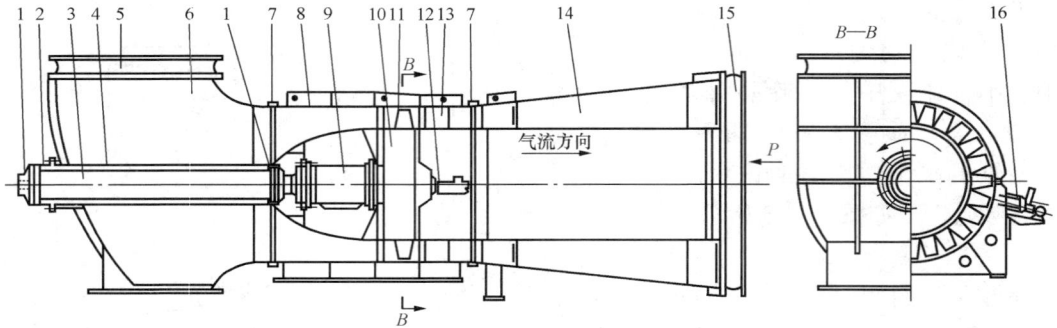

图 5 - 47　液压动叶可调轴流式送风机

1—刚挠性联轴器；2—联轴器罩；3—中间轴；4—中间轴罩；5—进气膨胀节；6—进气室；7—围带；8—具有水
平中分面的机壳；9—主轴承箱；10—叶轮；11—动叶片；12—液压调节装置；13—机壳（具有水平中
分面的整流导叶环）；14—扩压器；15—排气膨胀节；16—电动执行器和叶片角度指示机构

进口导叶的作用，是使进入风机前的气流发生偏转，即气流由轴向运动转为旋转运动，一般情况下是产生负预旋。进口导叶可采用翼型或圆弧板叶型，是一种收敛形叶栅，气流流过时有些加速。有些轴流风机为了提高运行经济性，常将进口前导叶做成安装角可调的或带有调节机构的可转动叶片，通常称之为静叶调节。

出口导叶的作用是将由叶轮出来的旋转气流引向轴向运动，同时由于是扩压型叶栅能使流体的部分动压转换为静压，提高了风机效率。出口导叶可采用翼型，也可采用等厚的圆弧板叶型。

4. 扩压器（扩散筒）

扩压器，也称为扩散筒，其作用是将出口气流的动压（约占全压的 30% 以上）部分转化成静压，以提高静压效率。

5. 调节装置

轴流式风机调节风量的装置有两种，一种是利用可调的入口导叶进行风量调节，又称静叶调节；还有一种动叶调节装置，它是通过改变动叶的角度来调节风量的，其类型有机械式和液压式两种。由于液压动叶调节装置灵敏度高、稳定可靠，推力可随油压增大，而操作力矩小，为大型电站广泛采用。

图 5 - 48 所示为液压动叶调节装置。叶轮内装有一液压缸，液压缸套装在活塞轴上并可轴向移动。液压缸的外圆周通过曲柄轴承与 16 个曲柄相连。液压缸内部有一活塞，活塞固定在活塞轴上，活塞轴内有进油管和回油管，在活塞轴的自由端装有一端封口的轴套，活塞轴的另一端装有控制头。控制头与活塞轴之间既有圆周方向的相对运动，又可沿轴向运动。控制头下方由一执行机构通过控制轴来调节错油门的轴向位移。错油门由两个调节终端限位，控制头上方有一指示轴能够准确显示动叶的安装角。

液压动叶调节装置的调节原理及过程是（以风量增加为例）：伺服马达接收来自控制中心的风量增加信号→控制轴 9 顺时针转动→上下扇形齿轮 12 的下齿左移→错油门 7 阀芯左移→压力油进入液压缸活塞的左侧腔室，活塞右侧腔室的油从控制头 6 的回油口回入油箱→液压缸 4 内指向左侧的压强增加、指向右侧的压强减小，在压强差的作用下缸体左移→控制

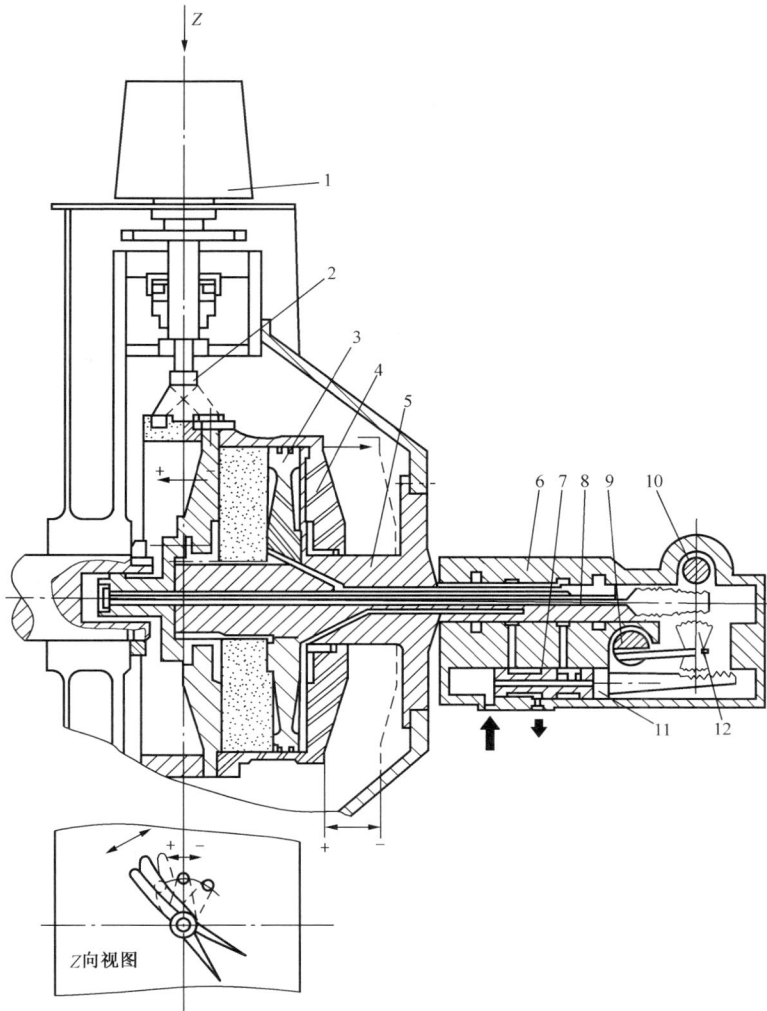

图 5-48　液压动叶调节装置

1—叶片；2—调节杆；3—活塞；4—液压缸；5—活塞轴；6—控制头；7—错油门；8—反
馈杆；9—控制轴；10—指示轴；11—滑阀（叶片调节正终端）；12—上下扇形齿轮

杆 2 逆时针转动→叶片 1 的安装角增大→风机风量增加。同时反馈机构使叶片安装角稳定在某一角度，其反馈过程是：液压缸左移的同时，活塞轴 5 左移→反馈杆 8 左移→上下扇形齿轮 12 的上齿左移、下齿右移→错油门 7 阀芯右移→进、出油口关闭→液压缸停止移动→叶片不再转动，安装角一定。指示轴 10 在机壳外的角度指示叶片安装角的数值。

三、混流式泵的构造

混流泵是一种兼有离心泵与轴流式泵工作原理的叶片式泵，其结构和性能也必然介于离心泵和轴流泵之间。在结构上，混流泵的叶轮出口宽度比离心泵叶轮大，但是比轴流泵叶轮小。叶轮出口方向既不是离心泵的径向，也不是轴流泵的轴向，而是处在两者之间的斜向，故也称之斜流泵。在性能上，它与离心泵相比，有较大的输送流量，同轴流泵相比则又有较高的扬程。通常混流泵按收集叶轮甩出液体的方式分为蜗壳式和导叶式两种。

图 5 - 49 所示为蜗壳式混流泵，叶轮叶片固定不可调。与离心泵相比，其压出室（蜗室）较大；与导叶式混流泵相比，具有结构简单，制造、安装、使用、维护均较方便等优点。

图 5 - 50 所示为导叶式混流泵，与轴流泵相近。叶轮叶片有固定式和可调式两种。与蜗壳式混流泵相比，其径向尺寸较小，流量较大。立式结构的混流泵叶轮淹没在水中，不需抽真空设备，占地面积小，现被 300MW 以上的发电厂广泛用作循环水泵。

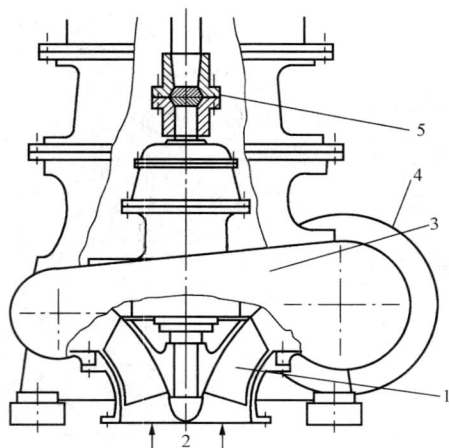

图 5 - 49　蜗壳式混流泵结构图
1—叶轮；2—吸入口；3—蜗壳；4—排出口；5—联轴器

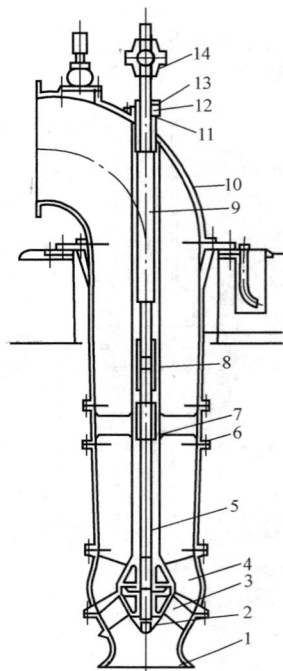

图 5 - 50　导叶式混流水泵
1—喇叭管；2—导流冠；3—叶轮；4—导叶；
5—下部轴；6—支架；7—轴承；8—联轴器；
9—上部轴；10—出口弯管；11—填料箱；
12—填料；13—压盖；14—联轴器

小　　结

一、泵与风机的分类

泵按其产生的扬程大小分低压泵、中压泵和高压泵，风机按其产生的全压大小分为通风机、鼓风机和压气机。根据泵与风机的工作原理可分为叶片式、容积式和其他类型的泵与风机。叶片式泵与风机又可分为离心式、轴流式和混流式等。

二、泵与风机的基本工作原理

1. 叶片式泵与风机是由装在旋转叶轮上的叶片对流体做功来提高流体的动能和压能

（1）离心式泵与风机是叶轮高速旋转时产生的离心力使流体获得能量的，流体径向流出叶轮。

（2）轴流式是利用翼型叶片对流体的升力使流体获得能量的，流体轴向流出叶轮。

（3）混流式泵与风机同时利用叶型升力和离心力使流体获得能量，沿介于轴向与径向之间的圆锥面方向流出叶轮。

2. 容积式泵与风机是利用工作腔室容积周期性变化来输送流体。以活塞泵、齿轮泵、罗茨风机为代表

3. 其他类型的泵与风机

（1）喷射泵是利用高压流体流经喷嘴后，流速升高，压强降低，被抽吸的流体在压差的作用下进入泵腔混合后压出泵外。

（2）水环式真空泵泵内注入一定量的水，叶轮旋转将水甩至泵壳形成一个水环。由于泵壳与叶轮不同心，叶轮旋转造成进气空间和排气空间容积变化，从而不断地吸入和排出流体。

三、泵与风机的主要性能参数

（1）流量——单位时间内输送的流体数量。

（2）扬程——单位重力作用下液体通过泵所获得的机械能；

全压——单位体积气体流过风机时所获得的机械能。

泵与风机运行时，扬程和全压的计算公式分别为

$$H = \frac{p_2 - p_1}{\rho g} + \frac{V_2^2 - V_1^2}{2g} + (h_2 - h_1)$$

$$p = \left(p_2 + \frac{\rho V_2^2}{2}\right) - \left(p_1 + \frac{\rho V_1^2}{2}\right)$$

选择泵与风机时，扬程和全压的计算公式分别为

$$H = \frac{p_B - p_A}{\rho g} + (z_B - z_A) + h_{w1} + h_{w2}$$

$$p = p_{w1} + p_{w2}$$

（3）有效功率——单位时间内流体通过泵或风机所获得的能量，即泵与风机的输出功率，用 P_e 来表示。

对于泵，$P_e = \frac{\rho g q_V H}{1000}$；对于风机，$P_e = \frac{q_V p}{1000}$。

轴功率——原动机传到泵或风机轴上的功率，即泵与风机的输入功率，用 P 来表示。

（4）效率——有效功率与轴功率之比，用 η 来表示，$\eta = \frac{P_e}{P} \times 100\%$。

（5）转速——泵或风机轴每分钟的转数，用符号 n 表示，单位为 r/min。

四、离心泵与风机的主要部件

1. 离心泵的主要部件

离心式泵的主要部件有叶轮、吸入室、轴、压出室、导叶、密封装置、轴向推力平衡装置等。

密封装置分为内密封装置和外密封装置。内密封装置有平环式、角环式、锯齿式和迷宫式。轴封的形式有填料密封、机械密封、迷宫密封和浮动环密封。

平衡装置用于平衡离心泵运行时转子受到的与轴线平行并指向吸入口的轴向推力。平衡轴向推力的措施有平衡孔、平衡管、双吸叶轮、叶轮对称排列、背叶片、平衡盘、平衡鼓以

及平衡盘与平衡鼓的联合平衡装置。

2. 离心式风机的主要部件

离心式风机主要由进风箱、导流器、叶轮、蜗壳、主轴、轴承等组成。

五、轴流式泵与风机的主要部件

（1）轴流式泵主要由叶轮及动叶调节装置、泵轴、吸入管、导叶、中间接管、出水弯管、密封装置及轴承等组成。

（2）轴流式风机的主要部件有整流罩、导叶、叶轮和扩散筒等。大型轴流式通风机也装有动叶调节装置。

思 考 题

5-1 按照风机产生的全压大小，风机大致可分为哪几类？

5-2 叶片式泵与风机可分为哪几种？

5-3 罗茨风机属于哪种类型的泵与风机？它是如何工作的？

5-4 简述齿轮泵工作原理。

5-5 什么是扬程、全压？泵与风机运行时如何确定它们的大小？

5-6 如何确定泵与风机原动机的铭牌功率？

5-7 离心泵有哪些分类方法？主要部件有哪些？它们各有何作用？

5-8 内密封装置的作用是什么？有哪几种形式？

5-9 轴封的作用是什么？有哪几种形式？

5-10 填料箱中布置水封环的目的是什么？如何调节填料密封的密封效果？

5-11 简述机械密封的工作原理。

5-12 蜗壳泵为什么会产生径向推力？如何平衡？

5-13 轴向推力是如何产生的？有哪些平衡方法？

5-14 当轴向推力增大时，平衡盘是如何进行自动平衡的？

5-15 离心风机有哪些分类方法？主要部件有哪些？它们各有何作用？

5-16 轴流式泵与风机主要部件有哪些？各有什么作用？

5-17 简述轴流风机液压动叶调节装置的工作过程。

5-18 混流泵的工作原理及特点是什么？

习 题

5-1 已知一台水泵进、出口标高相同，流量为 25L/s，泵出口水管的压力表读数为 0.35MPa，进水管的真空表读数为 40kPa，压力表高于真空表的标高差 2m，进水管和出水管的半径分别为 50mm 和 40mm，水的密度为 1000kg/m³。试计算泵的扬程 H。

5-2 如图 5-12 所示某 300MW 火电厂给水管路系统，给水泵将水从除氧器 A 输送至汽包 B，额定工况下要求除氧器水箱液面标高为 35m，绝对压强 $p_A = 0.78$MPa，锅炉汽包内液面标高为 60m，绝对压强 $p_B = 18$MPa，已知吸入管段阻力损失为 0.6m，压出管道的阻力损失为 1.9m，求给水泵应具有的扬程至少是多少。

5-3 某水泵的流量为30L/s，扬程 $H = 86m$，吸水管和排水管的直径分别为100mm和80mm，已知吸水池和排水池的水面压强均为大气压，吸水管长度为5m，局部阻力系数之和为 $\sum \zeta_1 = 6$；排水管长度为40m，局部阻力系数之和为 $\sum \zeta_2 = 12$，吸水管和排水管的沿程阻力系数均取 $\lambda = 0.03$。试计算排水池的水面比吸水池的水面高多少。

5-4 欲将某管路系统的低位水箱的水提高30m后送入高位水箱，低位水箱容器液面上的压强 $p_b = 105Pa$，高位水箱容器液面上的压强 $p_h = 4000 \times 10^3 Pa$，整个管路系统的流动阻力 $h_w = 27.6m$，选择泵时至少应保证的扬程为多少？

5-5 某水泵的进水口与出水管截面积相等，出口压力表与进口水银真空计处于同一标高，测得离心泵出口压力表读数为0.25MPa，进口水银真空计读数为 $H_v = 250mm$，已知泵的效率为85%，求该台泵在流量为500m³/h时所需的轴功率。（水银的密度为 $\rho_{Hg} = 13\,600$ kg/m³，水的密度为 $\rho_{H_2O} = 1000kg/m^3$）

5-6 G4-73型离心式风机，在以下两种工况下运行：流量 $q_V = 70\,300 m^3/h$，全压 $p = 1440.6Pa$，轴功率 $P = 33.6kW$；以及流量 $q_V = 37\,800 m^3/h$，全压 $p = 2038.4Pa$，轴功率 $P = 25.4kW$。问风机在哪种工况下运行较经济？

5-7 某台离心式风机的全风压为2.5kPa，流量为50 000m³/h，效率为0.83。联轴器直联传动效率为0.97，电动机效率为0.95，选配功率为50kW的电动机拖动是否合适？（取 $K = 1.1$）

5-8 某台IR125-100-315型热水离心泵的流量为240m³/h，扬程为120m，泵效率为77%，热水温度为80℃，密度为970kg/m³，试计算该泵有效功率和轴功率的大小。

第六章 叶片式泵与风机的叶轮理论

内 容 提 要

本章重点讲述离心式泵与风机的工作原理及叶片型式，适当介绍轴流式泵与风机的翼型和叶栅的空气动力特性，以及轴流式泵与风机的基本型式。

第一节 离心式泵与风机的叶轮理论

教学目的

熟悉流体在叶轮中的运动情况，掌握速度三角形的绘制方法；牢固掌握能量方程式及其分析结论，熟练掌握流体在叶轮中获得扬程和全压的计算方法；掌握离心式泵与风机不同型式叶片的性能特点及其在工程实际中的应用。

教学内容

一、离心式泵与风机的工作原理

在第五章中我们知道，离心式泵与风机主要是利用叶轮旋转时的离心力来提高流体能量的。

如图 6-1 所示为离心式泵与风机的叶轮。假定叶轮的进、出口是封闭的，即流体在流道内不流动。

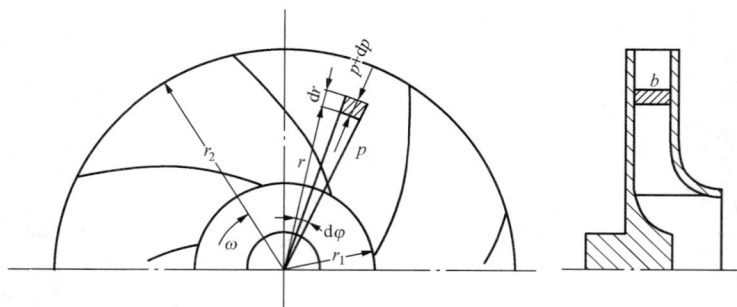

图 6-1 离心式泵与风机的叶轮

在叶轮内的任意半径 r 处，叶轮的厚度为 b，取一宽度为 dr 的流体微团（质点），其长度为 $r d\varphi$，则其质量 dm 为

$$dm = \rho b r \, d\varphi \, dr$$

当流体随叶轮以角速度 ω 旋转时，流体微团的离心力 dF 为

$$dF = \rho b r^2 \omega^2 \, d\varphi \, dr$$

在叶轮的半径方向上，流体微团受到的内侧压强为 p，外侧压强为 $p+dp$，其作用面积为

$$dA \approx br\,d\varphi$$

流体微团受到的总压力 dP 为

$$dP = dAdp = br\,d\varphi dp$$

由于叶轮是封闭的，流体微团在叶轮的半径方向上处于力的平衡状态，总压力就等于离心力，即 $dP = dF$，则有

$$br\,d\varphi dp = \rho br^2\omega^2\,d\varphi dr$$

简化后

$$dp = \rho r\omega^2\,dr$$

若流体是不可压缩的，则叶轮外径与内径处的压强差为

$$p_2 - p_1 = \int_{p_1}^{p_2} dp = \int_{r_1}^{r_2} \rho r\omega^2\,dr = \rho\omega^2\frac{r_2^2 - r_1^2}{2}$$

因为 $u = r\omega$，所以单位重力作用下流体在封闭的叶轮中所获得的静压能为

$$\frac{p_2 - p_1}{\rho g} = \omega^2\frac{r_2^2 - r_1^2}{2g} = \frac{u_2^2 - u_1^2}{2g} \tag{6-1}$$

式中　r_1、r_2——叶轮进、出口处的半径，m；

　　　u_1、u_2——叶轮进、出口处的圆周速度，m/s；

　　　p_1、p_2——叶轮叶片进、出口处的压强，Pa。

式（6-1）说明，流体在封闭的叶轮内作旋转运动时，流体所获得的能量形式为静压能，并且单位重力作用下流体所获得的静压能只与叶轮出、进口的圆周速度的平方差成正比，而与流体的密度无关。即单位重力作用下流体所获得的静压能只与叶轮的旋转角速度 ω、叶轮外径 r_2 以及叶轮内径 r_1 有关。因此，提高叶轮的旋转角速度 ω、增大叶轮外径是提高流体在叶轮中获得静压能的有效途径。

二、流体在叶轮内中的运动及速度三角形

实际上叶轮并非是封闭的，为进一步分析流体在叶轮中所获得的能量，首先要了解流体在叶轮中的运动情况。由于流体在实际叶轮内的运动比较复杂，为简化问题，特作以下两点假设：①不可压缩的理想流体在叶轮中作稳定流动。流体在叶轮中的流动满足连续性方程，且可暂不考虑流动过程中的能量损失；②叶轮是由无限多且无限薄的叶片组成的理想叶轮。在理想叶轮中，流体质点在叶道中严格沿叶片的型线运动，其流速方向即叶片型线的切线方向。

（一）流体在叶轮内的运动

流体在叶轮中一方面随叶轮一起旋转，另一方面又从叶轮的进口流向出口，因此，流体在叶轮中的运动是复合运动，如图 6-2 所示。

流体质点随叶轮作圆周运动，称为牵连运动，其运动速度称为圆周速度或牵连速度，用 u 表示，方向为叶轮圆周的切线方向，如图 6-3（a）所示；流体质点沿叶轮流道的运动，称为相对运动，其运动速度称为相对速度，用 w 表示，其方向为叶片的切线方向，如图 6-3（b）所示；流体质点相对静止机壳的运动，称为绝对运动，其运动速度称为绝对速度，用 v 表示，如图 6-3（c）所示。绝对运动是牵连运动和相对运动的

图 6-2　流体在叶轮中的运动示意

合成运动，它们的速度之间满足以下关系式：

$$\boldsymbol{v} = \boldsymbol{u} + \boldsymbol{w} \qquad (6-2)$$

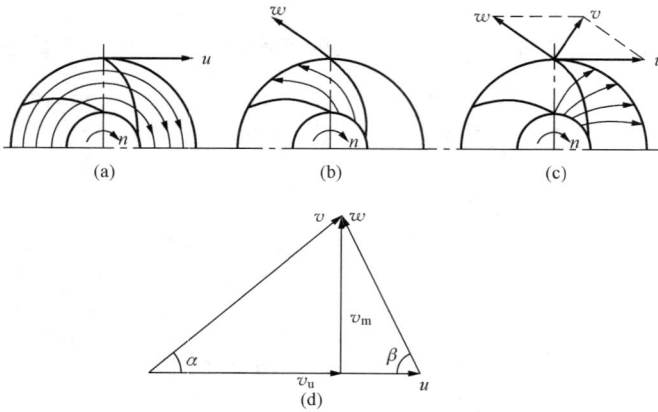

图 6-3　流体在叶轮内的运动及速度三角形

(a) 圆周运动；(b) 相对运动；(c) 绝对运动；(d) 速度三角形

（二）速度三角形及其绘制

流体在叶轮中的运动情况用速度三角形描述较为直观、方便。从图 6-3（c）可以看出，由 $\boldsymbol{u}$ 和 $\boldsymbol{w}$ 两速度矢量通过平行四边形法则合成为 $\boldsymbol{v}$，将矢量 $\boldsymbol{w}$ 平移到与矢量 $\boldsymbol{u}$ 的末端相接，就形成由 $\boldsymbol{u}$、$\boldsymbol{w}$ 和 $\boldsymbol{v}$ 三个速度矢量组成的矢量图，称为速度三角形，如图 6-3（d）所示。

在速度三角形中，绝对速度 $\boldsymbol{v}$ 可以分解为两个相互垂直的分量：一是绝对速度在圆周方向的分量 v_u，称为圆周分速；二是绝对速度在轴面（通过泵与风机轴心线所作的平面）方向上的分量 v_m，称为轴面分速。轴面分速又可分解为沿半径方向的径向分速 v_r 和沿轴向的分速 v_a，对于离心式叶轮，$v_a = 0$，$v_m = v_r$。若用 α 表示绝对速度 v 与圆周速度 u 之间的夹角，则有

$$v_u = v\cos\alpha$$

$$v_m = v\sin\alpha$$

一般用下标 1 和 2 分别表示叶片进口和出口处的参数，则叶轮的进口处 $v_{1u} = v_1\cos\alpha_1$，$v_{1m} = v_1\sin\alpha_1$；出口处 $v_{2u} = v_2\cos\alpha_2$，$v_{2m} = v_2\sin\alpha_2$。当流体径向进入叶轮时，即 $\alpha_1 = 90°$，则 $v_{1u} = 0$，$v_{1m} = v_1$。

相对速度与圆周速度反方向的夹角，称为流动角，用 β 表示。叶片型线的切线与圆周速度反方向的夹角，称为叶片安装角，用 β_a 表示。在理想叶轮中，流动角等于安装角，即 $\beta_a = \beta$。

速度三角形可根据以下计算式分别求出 u、v_m 后，再由已知的流动角 β（或叶片安装角 β_a），即可按比例绘制。

1. 圆周速度 u

流体在叶轮中任意点的圆周速度 u 用式（6-3）计算，即

$$u = \frac{\pi D n}{60} \quad \text{m/s} \qquad (6-3)$$

式中　n——叶轮的转速，r/min；

　　　D——流体质点所处的叶轮直径。

2. 轴面速度 v_m

根据平均流速的计算方法，轴面流速可用式（6-4）计算，即

$$v_m = \frac{q_{VT}}{A} = \frac{q_V}{A\eta_V} \quad \text{m/s} \qquad (6-4)$$

式中　q_{VT}——理论流量，m³/s；

q_V——实际流量，m^3/s；

η_V——容积效率，%。它表示由于流体在叶轮中存在泄漏损失而导致流量的减小程度，其分析、计算将在下一章中进行；

A——与轴面速度 v_m 相垂直的有效截面积，m^2。

实际叶轮是由一定厚度的有限多个叶片组成的，流体的有效截面被叶片厚度占去一部分。所以流体通过叶轮的有效截面积要用下式计算，即

$$A = \psi \pi D b$$

式中　b——叶道的厚度，m；

ψ——排挤系数，它表示叶片厚度使流道有效断面积减小的程度。对于泵 ψ 在 0.75～0.95 的范围。

所以实际叶轮中的轴面速度用式（6-5）计算，即

$$v_m = \frac{q_V}{\psi \pi D b \eta_V} \tag{6-5}$$

3. 流动角 β 或安装角 β_a

当叶片无限多时，相对速度的方向即叶片型线的切线方向，此时，流体沿叶片型线运动，流动角 β 等于安装角 β_a。

速度三角形也可在已知圆周速度 u、相对速度 w 和流动角 β 的条件下直接绘制。实际应用时，要根据具体的已知条件，采用不同的绘制方法。

【例 6-1】 转速 $n=3000 r/min$ 的离心式泵，叶轮的进、出口尺寸分别为：$b_1 = 40mm$，$D_1 = 180mm$，$\beta_{1a}=20°$；$b_2 = 20mm$，$D_2 = 300mm$，$\beta_{2a}=30°$。设流体径向进入叶轮，试按比例画出叶轮进、出口的速度三角形，并计算其理论流量 q_{VT}。

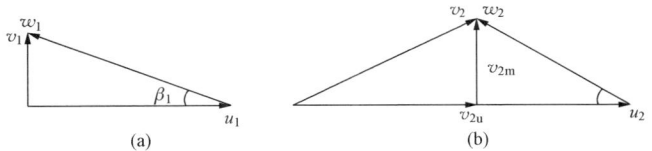

图 6-4　例 6-1 进、出口速度三角形示意图

解
$$u_1 = \frac{\pi D_1 n}{60} = \frac{\pi \times 0.18 \times 3000}{60} = 28.27 (m/s)$$

由题意知：$\alpha_1 = 90°$，则有

$$v_1 = v_{1m} = u_1 \tan\beta_1 = 28.27 \times \tan20° = 10.30 (m/s)$$

由计算出的 u_1、v_{1m} 及已知的 β_1（$\beta_1 = \beta_{1a}$）按比例画出进口速度三角形，如图 6-4（a）所示。

由进口轴面流速 v_{1m} 计算理论流量

$$q_{VT} = A_1 v_{1m} = \pi D_1 b_1 v_{1m} = \pi \times 0.18 \times 0.04 \times 10.30 = 0.233 (m^3/s)$$

由连续性方程知，叶轮进、出口流量相等，则有

$$v_{2m} = \frac{q_{VT}}{A_2} = \frac{q_{VT}}{\pi D_2 b_2} = \frac{0.233}{\pi \times 0.3 \times 0.02} = 12.34 (m/s)$$

$$u_2 = \frac{\pi D_2 n}{60} = \frac{\pi \times 0.3 \times 3000}{60} = 47 (m/s)$$

由计算出的 u_2、v_{2m} 及已知的 β_2（$\beta_2 = \beta_{2a}$）画出出口速度三角形，如图 6-4（b）所示。

三、能量方程式

（一）能量方程式的推导

能量方程式是表明流体在叶轮中获得能量的关系式，该方程式是由欧拉在1756年首先推导而得的，故又称欧拉方程。

能量方程式由动量矩定理推得，动量矩定理指出：在稳定流动中，单位时间内流体的动量矩变化，等于作用于该流体上的外力矩。

为方便能量方程式的推导，流体在叶轮中运动满足上述两点假设。此时各参数用下标∞表示。

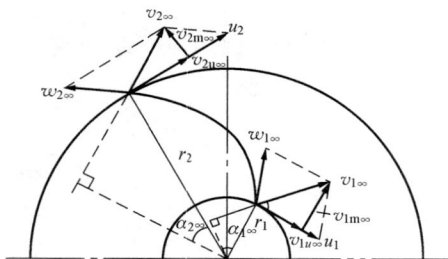

图 6 - 5   能量方程推导示意图

如图 6 - 5 所示，取叶片的进、出口及叶轮前后盘间的流道为控制体，若通过控制体的质量流量为ρq_{VT}，则单位时间内进、出控制体流体的动量分别为$\rho q_{VT} v_{1\infty}$、$\rho q_{VT} v_{2\infty}$。叶片进、出口绝对速度相对于叶轮轴线的垂直距离分别为$r_1\cos\alpha_{1\infty}$、$r_2\cos\alpha_{2\infty}$，则单位时间内进、出控制体流体的动量矩分别为$\rho q_{VT} v_{1\infty} r_1\cos\alpha_{1\infty}$和$\rho q_{VT} v_{2\infty} r_2\cos\alpha_{2\infty}$，因此出、进控制体的动量矩之差为

$\rho q_{VT}(v_{2\infty} r_2\cos\alpha_{2\infty} - v_{1\infty} r_1\cos\alpha_{1\infty})$，设作用于流体上的合外力矩为$M$，则根据动量矩定理有

$$M = \rho q_{VT}(v_{2\infty} r_2\cos\alpha_{2\infty} - v_{1\infty} r_1\cos\alpha_{1\infty})$$

当叶轮的旋转角速度为ω时，该力矩所做的功率为$M\omega$，则上式成为

$$M\omega = \rho q_{VT}(v_{2\infty} r_2\omega\cos\alpha_{2\infty} - v_{1\infty} r_1\omega\cos\alpha_{1\infty})$$

因为$r\omega = u$，$v\cos\alpha = v_u$，所以上式写成

$$M\omega = \rho q_{VT}(u_2 v_{2u\infty} - u_1 v_{1u\infty}) \tag{6-6}$$

单位重力作用下的理想流体通过理想叶轮时所获得的能量称为理论扬程（或称理论能头），用$H_{T\infty}$表示，则流体在叶轮中的有效功率为$\rho g q_{VT} H_{T\infty}$。在不计能量损失的情况下，外力矩所做的功率全部传给流体，成为流体的有效功率，即

$$M\omega = \rho g q_{VT} H_{T\infty} \tag{6-7}$$

比较式（6-6）和式（6-7）得，叶片式泵与风机的能量方程式为

$$H_{T\infty} = \frac{1}{g}(u_2 v_{2u\infty} - u_1 v_{1u\infty}) \tag{6-8}$$

单位体积的理想流体通过理想叶轮时所获得的能量，称为理论全压，用$p_{T\infty}$表示。则有

$$p_{T\infty} = \rho(u_2 v_{2u\infty} - u_1 v_{1u\infty}) \tag{6-9}$$

（二）能量方程式的分析

对能量方程式（6-8）和式（6-9）分析可得出如下结论：

（1）泵的理论扬程$H_{T\infty}$与流体的密度无关，只与叶轮几何尺寸、转速和流量有关。当泵的几何尺寸、转速和流量相同时，输送不同的介质，理论扬程$H_{T\infty}$均相等。而风机的理论全压与流体密度有关。

（2）当流体径向流入叶轮时，可获得最大的理论扬程。即当$\alpha_1 = 90°$时，$v_{1u\infty} = 0$，则最大理论扬程计算式为

$$H_{T\infty} = \frac{u_2 v_{2u\infty}}{g} \tag{6-10}$$

由式（6-10）可知：提高叶轮转速 n、增大叶轮外径 D_2 和增加叶轮出口的圆周分速 $v_{2u\infty}$，均可提高理论扬程 $H_{T\infty}$，但加大 D_2 会使机械损失明显增加，降低泵的效率，所以目前普遍采用提高转速的方法来提高泵的扬程。圆周分速 $v_{2u\infty}$ 在其他条件相同的情况下与叶轮的出口安装角 β_{2a} 有关，即取决于叶片的型式，将在下一节中作详细分析。

（3）流体通过叶轮后所获得的能量形式有两种：静压能和动能。利用速度三角形，根据余弦定理可得

$$w_{2\infty}^2 = v_{2\infty}^2 + u_2^2 - 2u_2 v_{2\infty}\cos a_{2\infty} = v_{2\infty}^2 + u_2^2 - 2u_2 v_{2u\infty}$$

$$w_{1\infty}^2 = v_{1\infty}^2 + u_1^2 - 2u_1 v_{1\infty}\cos a_{1\infty} = v_{1\infty}^2 + u_1^2 - 2u_1 v_{1u\infty}$$

即

$$u_2 v_{2u\infty} = \frac{1}{2}(v_{2\infty}^2 + u_2^2 - w_{2\infty}^2)$$

$$u_1 v_{1u\infty} = \frac{1}{2}(v_{1\infty}^2 + u_1^2 - w_{1\infty}^2)$$

代入式（6-8）得到能量方程的另一形式

$$H_{T\infty} = \frac{u_2^2 - u_1^2}{2g} + \frac{w_{1\infty}^2 - w_{2\infty}^2}{2g} + \frac{v_{2\infty}^2 - v_{1\infty}^2}{2g} \tag{6-11}$$

式（6-11）的第一项正是第一节所讨论的由于离心力的作用单位重力作用下流体在叶轮中获得的静压能。第二项为单位重力作用下流体在有效截面不断扩大的叶道中流动时，由于相对速度不断减小而转换成的压能。前两项统称为静能头，用 $H_{st\infty}$ 表示。第三项是单位重力作用下流体通过叶轮后所增加的动能，称为动能头，用 $H_{d\infty}$ 表示。式（6-11）可写成以下形式：

$$H_{T\infty} = H_{st\infty} + H_{d\infty} \tag{6-12}$$

（三）能量方程式的修正

以上讨论了理想流体在理想叶轮中流动的能量方程式。而实际上，离心式泵与风机的叶轮是由有限多叶片组成的，叶道有一定的宽度，流体不再完全沿叶片的型线运动。另外，实际流体都有黏性，在流动过程中必存在能量损失。所以，工程应用中必须对以上的能量方程式进行修正。

1. 实际叶轮的修正

理想流体在理想叶轮中流动时，流道内的流体是按叶片的型线运动的，因而流道任意半径处相对速度分布是均匀的，如图6-6中 b 处所示。而对于实际叶轮，由于流体的惯性，流体在一定宽度的叶道内流动，会产生反向偏转，从而形成轴向涡流，如图6-6中 a 处所示。轴向涡流使叶片非工作面的流速增大，而工作面的流速减小，在同一半径的有效通流截面上，流速分布不均匀，如图6-6中 c 处所示。

用叶轮出口速度三角形分析，如图6-7所示。由于出口的相对速度发生反向偏转，使 $\beta_2 < \beta_{2a}$，导致 $v_{2u} < v_{2u\infty}$；而在叶轮进口处，由于轴向涡流与 v_{1u} 同向，两速度叠加后使 $v_{1u} > v_{1u\infty}$。因此，在其他条

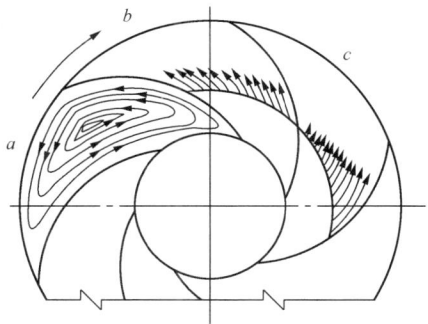

图6-6　流体在叶道中的运动

件一定的情况下，根据式（6-8），实际叶轮的理论能头下降。实际叶轮的理论能头用 H_T 表示，则 $H_T < H_{T\infty}$，其减小程度一般用滑移系数 k 来修正，即

$$H_T = kH_{T\infty} \qquad (6-13)$$

或

$$p_T = kp_{T\infty} \qquad (6-14)$$

式中 k 值恒小于 1。滑移系数 k 表明了在实际叶轮中，由于轴向涡流对理论能头的影响，它与叶片数、叶片的安装角、叶片表面的粗糙度、叶轮的内径以及流体的黏性等因素有关。粗略计算时，一般离心泵取 $k = 0.6 \sim 0.9$，离心风机取 $k = 0.78 \sim 0.86$。

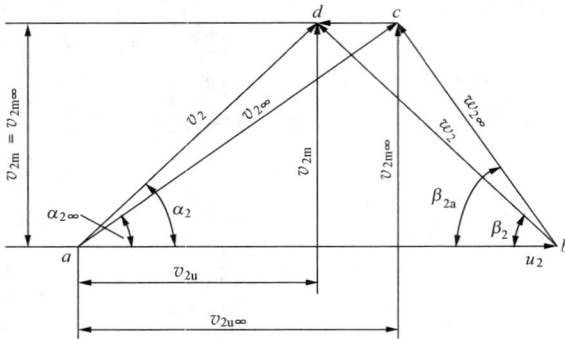

图 6-7　实际叶道中流速的反向偏转

2. 流体黏性的修正

实际流体都有黏性，因此在流动过程中必产生能量损失，导致流体在实际叶轮中获得的能头进一步下降。黏性流体在实际叶轮中获得的能头用 H 表示，则 $H < H_T$，其减小程度一般用流动效率 η_h（η_h 值小于 1）修正，即

$$H = \eta_h H_T = k\eta_h H_{T\infty} \qquad (6-15)$$

或

$$p = \eta_h p_T = k\eta_h p_{T\infty} \qquad (6-16)$$

【例 6-2】　某离心泵转速为 1450r/min，其叶轮尺寸为：$b_1 = 3.5\text{cm}$，$b_2 = 1.9\text{cm}$，$D_1 = 17.8\text{cm}$，$D_2 = 38.1\text{cm}$，$\beta_{1a} = 18°$，$\beta_{2a} = 20°$。假设叶轮为理想叶轮，且不考虑叶片厚度对流道断面的影响。试计算当液体径向流入叶轮时的理论流量 q_{VT} 和理论扬程 $H_{T\infty}$。

解　因为液体径向流入叶轮，则 $v_{1u\infty} = 0$

$$u_1 = \frac{\pi D_1 n}{60} = \frac{\pi \times 0.178 \times 1450}{60} = 13.5(\text{m/s})$$

$$v_{1m\infty} = v_{1\infty} = u_1 \tan\beta_{1a} = 13.5 \times \tan 18° = 4.39(\text{m/s})$$

理论流量为

$$q_{VT} = A_1 v_{1m\infty} = \pi D_1 b_1 v_{1m\infty} = \pi \times 0.178 \times 0.035 \times 4.39 = 0.085\,9(\text{m}^3/\text{s})$$

由连续性方程知，叶轮进、出口流量相等，则

$$v_{2m\infty} = \frac{q_{VT}}{A_2} = \frac{q_{VT}}{\pi D_2 b_2} = \frac{0.085\,9}{\pi \times 0.381 \times 0.019} = 3.778(\text{m/s})$$

$$u_2 = \frac{\pi D_2 n}{60} = \frac{\pi \times 0.381 \times 1450}{60} = 28.93(\text{m/s})$$

$$v_{2u\infty} = u_2 - v_{2m\infty}\cot\beta_{2a} = 28.93 - 3.778 \times \cot 20° = 18.55(\text{m/s})$$

由能量方程式得

$$H_{T\infty} = \frac{1}{g}(u_2 v_{2u\infty} - u_1 v_{1u\infty}) = \frac{u_2 v_{2u\infty}}{g}$$

$$= \frac{28.93 \times 18.55}{9.807} = 54.72(\text{m})$$

【例 6-3】 某离心式通风机，叶轮半径为 150mm，转速为 2980r/min，空气密度为 1.2kg/m³，设叶轮进口处空气径向流入，出口处相对速度的方向为径向，试计算无限多叶片叶轮的理论全压 $p_{T\infty}$，如果滑移系数 $k=0.85$，流动效率 $\eta_h=90\%$，试计算叶轮的实际全压 p。

解 由于空气径向流入叶轮，所以

$$p_{T\infty} = \rho u_2 v_{2u\infty}$$

因为叶轮出口处相对速度的方向为径向，所以 $v_{2u\infty}=u_2$，故叶轮的理论全压

$$p_{T\infty} = \rho u_2^2 = \rho \left(\frac{\pi D_2 n}{60}\right)^2 = 1.2 \times \left(\frac{\pi \times 2 \times 0.15 \times 2980}{60}\right)^2 = 2629(\text{Pa})$$

实际全压为

$$p = k\eta_h p_{T\infty} = 0.85 \times 0.9 \times 2629 = 2011(\text{Pa})$$

四、离心式泵与风机的叶片型式

（一）叶片型式

由叶轮的出口速度三角形得

$$v_{2u\infty} = u_2 - v_{2m\infty}\cot\beta_{2a}$$

将上式代入式（6-10）得

$$H_{T\infty} = \frac{u_2}{g}(u_2 - v_{2m\infty}\cot\beta_{2a}) \tag{6-17}$$

由式（6-17）可见，在流体径向流入叶轮且叶轮的几何尺寸、转速和流量一定的条件下，理论扬程 $H_{T\infty}$ 仅取决于叶片的出口安装角 β_{2a}。按出口安装角 β_{2a} 的不同，叶片可分为以下三种型式。

当 $\beta_{2a}<90°$ 时，这种叶片的弯曲方向与叶轮的旋转方向相反，故称为后弯式叶片，对应的叶轮称为后弯式叶轮，如图 6-8（a）所示。

当 $\beta_{2a}=90°$ 时，叶片的出口处型线的切线方向为径向，故称径向式叶片，对应的叶轮称为径向叶轮，如图 6-8（b）所示。

当 $\beta_{2a}>90°$ 时，叶片的弯曲方向与叶轮的旋转方向相同，故称为前弯式叶片，对应的叶轮称为前弯式叶轮，如图 6-8（c）所示。

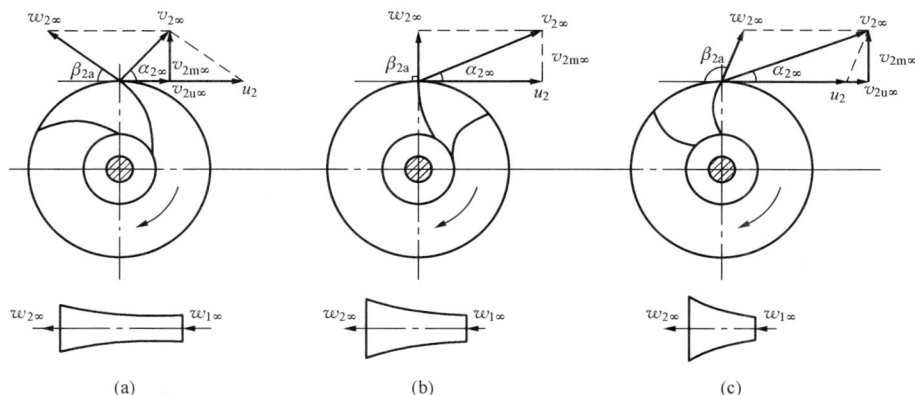

图 6-8 三种叶片形式
（a）后弯式叶片；（b）径向式叶片；（c）前弯式叶片

（二）不同叶型叶轮的性能比较

在叶轮的转速 n、外径 D_2、流量 q_{VT} 及进口条件均相同的情况下，不同的叶片型式，理论扬程 $H_{T\infty}$ 的大小、静能头占总能头的比例以及叶轮的性能也不同。现将三种型式叶片的出口速度三角形绘制在同一图上，如图 6-9 所示，对三种型式的叶轮进行性能比较。

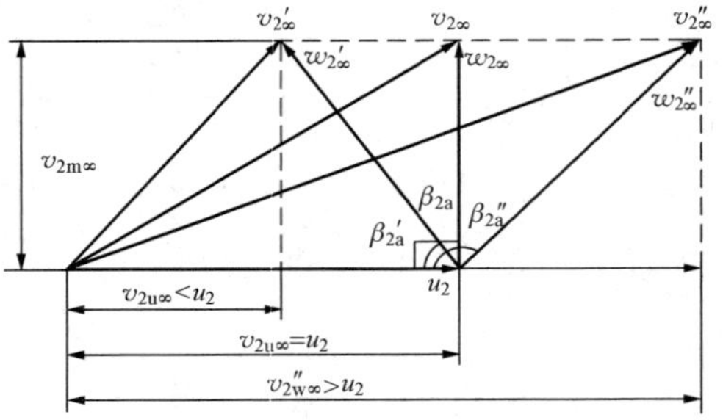

图 6-9　三种叶片型式的速度三角形

1. 理论扬程 $H_{T\infty}$

由图 6-9 可以看出，后弯式叶片的圆周分速 $v'_{2u\infty}$ 最小，前弯式叶片的圆周分速 $v''_{2u\infty}$ 最大，即 $v'_{2u\infty} < v_{2u\infty} < v''_{2u\infty}$。所以，在 u_2 一定时，根据 $H_{T\infty} = \dfrac{u_2 v_{2u\infty}}{g}$，有 $H'_{T\infty} < H_{T\infty} < H''_{T\infty}$，这表明后弯式叶片的理论扬程最小，前弯式叶片的理论扬程最大，径向式叶片的理论扬程的大小介于两者之间。

2. 静能头占总能头的比例

由式（6-11）和式（6-12）知

$$H_{d\infty} = \frac{v_{2\infty}^2 - v_{1\infty}^2}{2g} \tag{6-18}$$

由速度三角形的勾股定理得

$$v_{2\infty}^2 = v_{2u\infty}^2 + v_{2m\infty}^2$$
$$v_{1\infty}^2 = v_{1u\infty}^2 + v_{1m\infty}^2$$

将上两式代入式（6-18）得

$$H_{d\infty} = \frac{v_{2u\infty}^2 - v_{1u\infty}^2 + v_{2m\infty}^2 - v_{1m\infty}^2}{2g} \tag{6-19}$$

在叶轮的设计中，通常使流体径向进入叶轮，即 $v_{1u\infty} = 0$，并且使 $v_{2m\infty} \approx v_{1m\infty}$，将这些关系代入式（6-19）得

$$H_{d\infty} \approx \frac{v_{2u\infty}^2}{2g}$$

根据式（6-12）有

$$H_{st\infty} = H_{T\infty} - H_{d\infty}$$

静压头占总能头的比例

$$\frac{H_{st\infty}}{H_{T\infty}} = 1 - \frac{H_{d\infty}}{H_{T\infty}} = 1 - \frac{\dfrac{v_{2u\infty}^2}{2g}}{\dfrac{u_2 v_{2u\infty}}{g}}$$

$$= 1 - \frac{v_{2u\infty}}{2u_2}$$

令 $\Omega = \dfrac{H_{st\infty}}{H_{T\infty}}$，$\Omega$ 称为反作用度，即静能头占总能头的比例。上式可写成

$$\Omega = 1 - \frac{v_{2u\infty}}{2u_2} \tag{6-20}$$

由式（6-20）可知，当 u_2 一定时，由于 $v'_{2u\infty} < v_{2u\infty} < v''_{2u\infty}$，因此，$\Omega' > \Omega > \Omega''$，且由于 $v'_{2u\infty} < u_2$、$v_{2u\infty} = u_2$ 和 $v''_{2u\infty} > u_2$，所以，后弯式叶片静能头占总能头的比例最大，$\Omega' > \dfrac{1}{2}$，即流体在后弯式叶轮中主要获得的是静压能；径向式叶片静能头占总能头的比例 $\Omega = \dfrac{1}{2}$，即流体在径向式叶轮中获得的总能头中静压能和动能各占一半；前弯式叶片静能头占总能头的比例最小，$\Omega'' < \dfrac{1}{2}$，即流体在前弯式叶轮中主要获得的是动能。

3. 流动效率

由图 6-8 可以看出，后弯式叶轮的叶道最长，叶道的曲率最小，流体在叶道中流动变化平缓，所以流动阻力损失最小，流动效率最高。而前弯式叶轮的叶道最短，叶道的曲率最大，流体在叶道中流动变化急剧，所以流动阻力损失最大，流动效率最低。径向式叶轮流动效率的大小介于两者之间。

4. 理论扬程 $H_{T\infty}$ 随理论流量 q_{VT} 的变化关系（q_{VT}—$H_{T\infty}$ 曲线）

由式（6-5）得

$$v_{2m\infty} = \frac{q_{VT}}{\pi D_2 b_2} \tag{6-21}$$

将式（6-21）代入式（6-17）得

$$H_{T\infty} = \frac{u_2}{g}(u_2 - v_{2m\infty}\cot\beta_{2a}) = \frac{u_2^2}{g} - \frac{u_2\cot\beta_{2a}}{g\pi D_2 b_2}q_{VT} \tag{6-22}$$

令 $A = \dfrac{u_2^2}{g}$，$B = \dfrac{u_2}{g\pi D_2 b_2}$ 代入式（6-22）得

$$H_{T\infty} = A - Bq_{VT}\cot\beta_{2a} \tag{6-23}$$

式（6-23）表明，在叶轮的几何尺寸、转速和进口条件一定的条件下，理论扬程 $H_{T\infty}$ 随理论流量 q_{VT} 呈直线关系变化，在纵坐标上的截距为 $A = \dfrac{u_2^2}{g}$，如图 6-10 所示。

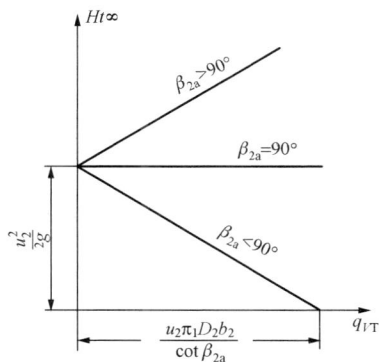

图 6-10　三种叶型的 q_{VT}—$H_{T\infty}$ 曲线

对于后弯式叶片，$\beta_{2a} < 90°$，此时，$\cot\beta_{2a} > 0$，当 q_{VT} 增加时，$H_{T\infty}$ 逐渐减小，$H_{T\infty}$ 与 q_{VT} 的关系为一条由左向右下降的直线，它与横坐标的交点为 $q_{VT} = \dfrac{u_2\pi D_2 b_2}{\cot\beta_{2a}}$。

对于径向式叶片，$\beta_{2a} = 90°$，此时，$\cot\beta_{2a} = 0$，$H_{T\infty} = \dfrac{u_2^2}{g}$，$H_{T\infty}$ 与 q_{VT} 无关。不论 q_{VT} 如何变化，$H_{T\infty}$ 始终等于 $\dfrac{u_2^2}{g}$，因此，q_{VT}—$H_{T\infty}$ 为一条平行于横坐标的直线。

对于前弯式叶片，$\beta_{2a} > 90°$，此时，$\cot\beta_{2a} < 0$，当 q_{VT} 增加时，$H_{T\infty}$ 随之增加，$H_{T\infty}$ 与 q_{VT} 的关系为一条由左向右上升的直线。

5. 理论功率 P_T 随理论流量 q_{VT} 的变化关系（q_{VT}—P_T 曲线）

在不计流动损失的情况下，理论功率 P_T 就等于有效功率 P_e，即

$$P_T = P_e = \rho g q_{VT} H_{T\infty}$$

将式（6-22）代入上式得

$$P_T = \rho g q_{VT}\left(\frac{u_2^2}{g} - \frac{u_2\cot\beta_{2a}}{g\pi D_2 b_2}q_{VT}\right) = \rho u_2^2 q_{VT} - \frac{\rho u_2\cot\beta_{2a}}{\pi D_2 b_2}q_{VT}^2 \qquad (6-24)$$

式（6-24）为理论功率 P_T 随理论流量 q_{VT} 的变化关系，其关系曲线如图 6-11 所示。

对于后弯式叶片，$\beta_{2a}<90°$，$\cot\beta_{2a}>0$，P_T 随 q_{VT} 呈二次抛物线的变化趋势。当 q_{VT} 增加时，P_T 先升后降，变化比较平缓。

对于径向式叶片，$\beta_{2a}=90°$，$\cot\beta_{2a}=0$，$P_T = \rho u_2^2 q_{VT}$，P_T 随 q_{VT} 呈直线关系变化。

对于前弯式叶片，$\beta_{2a}>90°$，$\cot\beta_{2a}<0$，当 q_{VT} 增加时，P_T 随 q_{VT} 的关系曲线是一条通过坐标原点且以纵坐标为对称轴的二次抛物线，P_T 随 q_{VT} 的增加而急剧增加。

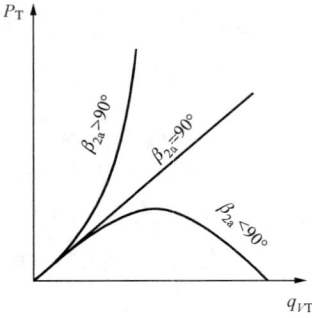

图 6-11　三种叶型的 q_{VT}—P_T 曲线

三种叶片型式的性能综合比较见表 6-1。

表 6-1　　　　　　　　　　　　　　　三种叶片型式的综合比较

比较项目	叶片型式		
	后弯式叶片	径向式叶片	前弯式叶片
理论扬程 $H_{T\infty}$	小	中	大
静能头占总能头的比例 Ω	大	中	小
流动效率	高	中	低
$H_{T\infty}$ 随 q_{VT} 变化的直线关系	下降	水平	上升
P_T 随 q_{VT} 的变化关系曲线	先增后减，变化平缓	呈直线增加	急剧增大

（三）不同叶型的应用

综上所述，后弯式叶轮虽然流体在其中获得的总能头较小，但静能头所占比例较大，而且叶道的流动效率较高。另外，当流量增加时，轴功率的增加缓慢，这使得原动机不易过载。前弯式叶轮由于流动阻力损失大，且出口的动能较大，要想获得比较高的静压能，就要在以后的流动过程中，将部分动能转换为静压能，而在能量转换过程中，又必然伴有较大的能量损失，同时由于轴功率随流量增加而急剧增加，原动机很容易过载，因此，要适应泵与风机的较大流量变化范围，就需配功率较大的电动机，这也使得能量消耗增加。所以前弯式叶轮的效率远低于后弯式叶轮。

对于离心式泵，由于所输送的液体密度较大，要求有较高的运行效率和较多的静压能，所以多采用后弯式叶轮，一般取 $\beta_{2a}=20°\sim35°$。在高效离心式风机中，后弯式叶轮也是最佳选择，一般取 $\beta_{2a}=30°\sim60°$。

风机由于输送气体的密度很小，能量损失远小于泵，所以效率不是主要问题，也有采用径向叶轮和前弯式叶轮的。在输送含有大量固体颗粒气体的风机中，可采用径向叶轮。这是因为径向叶轮的结构简单，防磨、防积尘的性能好，如电厂的排粉风机及耐高温风机等采用径向叶轮。在输送洁净气体、低压或中小容量的通风机中，往往采用前弯式叶轮。这是因为前弯式叶轮在获得同样总能头的情况下，可减小叶轮外径尺寸，从而减小风机的占地面积，减轻重量，节省钢材。但值得注意的是，前弯叶型的风机有较大的不稳定工作区，安全工作区域较窄。

第二节　轴流式泵与风机的叶轮理论

教学目的

　　熟悉流体在轴流式泵与风机内的运动情况及其速度三角形，掌握轴流式泵与风机叶栅的空气动力特性，了解轴流式泵与风机的基本型式。

教学内容

　　轴流式泵与风机是利用翼型叶片对流体的升力作用使流体获得能量的。翼型和叶栅的主要几何参数对翼型和叶栅空气动力特性有着重要的影响。

一、翼型和叶栅的主要几何参数

　　如图 6-12 所示为翼型的主要几何参数。通过翼型内切圆圆心的连线，称为中线或骨架线，它是构成翼型的基础，其形状决定了翼型的空气动力特性。中线与型线的交点，前端称前缘点，后端称后缘点。前缘点与后缘点的连线称弦长或翼弦，用 b 表示。垂直于翼型方向叶片的长度称翼展，即叶片的长度，用 l 表示。翼型前来流速度的方向与弦长的夹

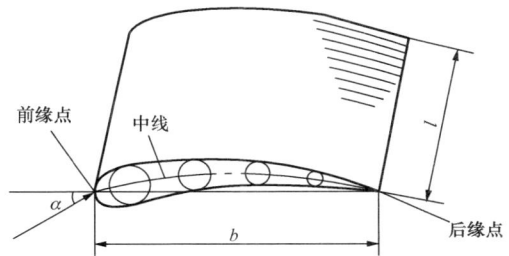

图 6-12　翼型的主要几何参数

角称冲角，用 α 表示，冲角在翼弦以下时为正冲角，以上时为负冲角。

　　如图 6-13 所示，在轴流式叶轮的任意半径 r 及 $r+dr$ 的两个同心圆柱面截取一个微小圆柱层，将圆柱层沿母线切开，展开成平面，就形成由相同翼型等距排列的翼型系列，称为叶栅，这种叶栅称为平面直列叶栅。在叶栅的圆周方向上，两相邻翼型对应点的距离 t 称为栅距。弦长 b 与栅距 t 之比称为叶栅稠度，用 σ 表示，即 $\sigma = \dfrac{b}{t}$。弦长与列线之间的夹角，称为叶片安装角，用 β_a 表示。叶栅进、出口处相对速度方向和圆周速度反方向之间的夹角称为流动角，

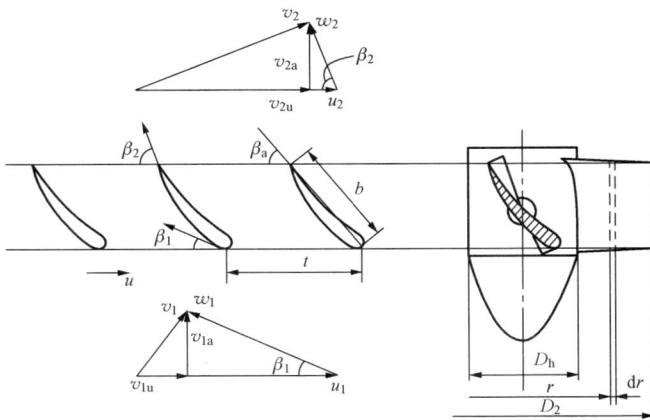

图 6-13　叶栅的主要几何参数及速度三角形

分别用 β_1、β_2 表示。

二、流体在叶轮中的运动及速度三角形

在轴流式泵与风机叶轮中，流体的运动是复杂的三元流动。为简化问题，一般把三元流动简化成二元流动，假定将叶轮分成由若干层圆柱面组成，流体只在圆柱面上流动，而各圆柱面上的流动互不相关，即认为流体没有径向运动，$v_r = 0$，流体在叶轮中只有沿轴向的分速 v_a 和圆周方向的分速 v_u。在叶轮任意半径 r 处取一叶栅，在叶栅进口，流体具有圆周速度 u_1、相对速度 w_1、绝对速度 v_1，出口具有 u_2、w_2、v_2，由这三个速度矢量组成了进、出口速度三角形，如图 6-13 所示。与离心式泵与风机相同，绝对速度也可以分解为圆周方向的分量 v_u 和轴向方向的分量 v_a。

由于流体的流动在进、出口处于同一圆柱面上，因而进、出口的圆周速度 u_1 和 u_2 相等，即 $u_2 = u_1 = u$。另外，对于不可压缩流体，沿叶轮轴向进、出口的通流截面积相等，则轴向速度可视为相等，即 $v_{1a} = v_{2a} = v_a$。

u 和 v_a 可用式（6-25）、式（6-26）计算：

$$u = \frac{\pi D n}{60} \quad \text{m/s} \tag{6-25}$$

$$v_a = \frac{q_V}{\frac{\pi}{4}(D_2^2 - D_h^2)\eta_V \psi} \quad \text{m/s} \tag{6-26}$$

式中 D_2、D_h——叶轮外径和轮毂直径，m；

   η_V——容积效率，一般轴流式泵的容积效率 $\eta_V = 0.96 \sim 0.99$，作近似计算时常取 $\eta_V = 1$。

求出 u 和 v_a，已知进、出口叶片的流动角 β_1、β_2，就可绘出叶栅的进、出口速度三角形。

三、能量方程式

由于轴流式泵与风机也属于叶片式泵与风机，因此用动量矩定理推导出的能量方程式同样适用于轴流式泵与风机，所不同的是在轴流式泵与风机叶轮中，流体进、出口的圆周速度相等，轴向速度也相等，即 $u_2 = u_1 = u$，$v_{1a} = v_{2a} = v_a$，则 $v_{1u} = u - v_a \cot\beta_1$，$v_{2u} = u - v_a \cot\beta_2$，根据式（6-8）和式（6-11），轴流式泵与风机的能量方程式为

$$H_T = \frac{u v_a}{g}(\cot\beta_1 - \cot\beta_2) \tag{6-27}$$

$$H_T = \frac{v_2^2 - v_1^2}{2g} + \frac{w_1^2 - w_2^2}{2g} \tag{6-28}$$

分析式（6-29）和式（6-30）可知：

（1）与离心式泵与风机相比，由于 $u_2 = u_1$，流体在轴流式泵与风机叶轮中获得的总能头和静能头较低。因此轴流式泵与风机适用于扬程（或全压）低的场合，如热力发电厂中的循环水泵，锅炉的送、引风机等。

（2）当 $\beta_1 = \beta_2$ 时，$H_T = 0$，为了增加流体在轴流式泵与风机中获得的能量，必须使出口流动角大于进口流动角，即 $\beta_2 > \beta_1$，从而使 $v_2 > v_1$。

（3）为了获得更多的静压能，应使进口相对速度大于出口相对速度，即 $w_1 > w_2$，因而叶轮的进口通流截面积要小于出口通流截面积，所以轴流式泵与风机的叶片常采用翼型，并将大头置于进口。

四、翼型及叶栅的空气动力特性

1. 单翼型的空气动力特性

单翼型的空气动力特性是指翼型的升力和阻力特性，即升力和阻力与翼型的几何形状、气流参数的关系。由流体力学知，实际流体绕流翼型时，在翼型上产生一个垂直于来流方向的升力 F_{L1} 和一个平行于来流方向的阻力 F_{D1}。升力和阻力可用以下公式计算：

$$F_{L1} = C_{L1} \rho b l \frac{V_\infty^2}{2} \tag{6-29}$$

$$F_{D1} = C_{D1} \rho b l \frac{V_\infty^2}{2} \tag{6-30}$$

式中　　b——弦长，m；

　　　　l——翼展，m；

　　　　V_∞——来流速度，m/s；

C_{L1}、C_{D1}——无量纲的升力系数和阻力系数。

作用于流体上的力是升力 F_{L1} 和阻力 F_{D1} 的合力 F_{G1}，如图 6-14 所示，合力 F_{G1} 与升力 F_{L1} 之间的夹角 θ 称为升力角。θ 越小，说明升力越大而阻力越小，翼型的空气动力特性就越好。

C_{L1}、C_{D1} 与翼型的几何形状及冲角有关。各种翼型的 C_{L1} 和 C_{D1} 值均由风洞试验求得，并将试验结果绘制成 C_{L1} 和 C_{D1} 与冲角 α 的关系曲线，称为翼型的空气动力特性曲线，如图 6-15（a）所示。由图可知，升力系数 C_{L1} 随正冲角 α 的增大而增大。当冲角 α 超过某一数值时，C_{L1} 则下降。这是因为冲角 α 大到一定程度时，流体在后缘点前发生边界层分离，

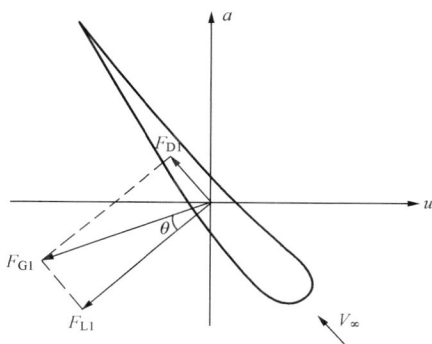

图 6-14　翼型上的作用力

如图 6-15（b）所示，从而在翼型后面形成很大的旋涡区，致使翼型凹、凸面的压差减小，升力系数和升力也随之减小。升力系数和升力减小的点称为失速点，冲角增大到失速点后，

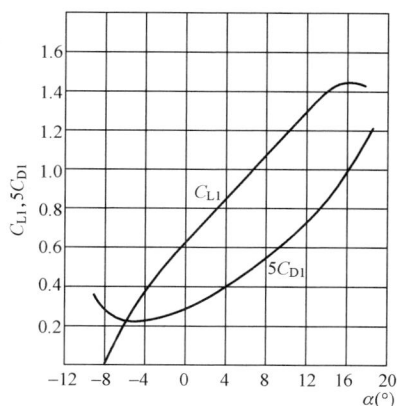

(a)

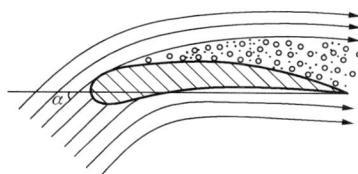

(b)

图 6-15　冲角对升力的影响

（a）翼型的空气动力特性曲线；（b）失速现象

空气动力特性就大为恶化，这种现象称为失速现象。

2. 叶栅的空气动力特性

由于叶栅是由多个单翼型组成的，相邻翼型间将影响来流速度的大小和方向，叶栅中的升力和阻力计算时所用的无限远处来流速度，一般用叶栅前后相对速度 w_l 和 w_2 的几何平均值 w_∞ 代替。其大小和方向可用作图法求得，只要将进、出口速度三角形绘在一起，如图 6-16 所示，把图中 CD 线的中点 E 和 B 连接起来，此连线 BE 即决定了 w_∞ 的大小和方向。由图可以看出，

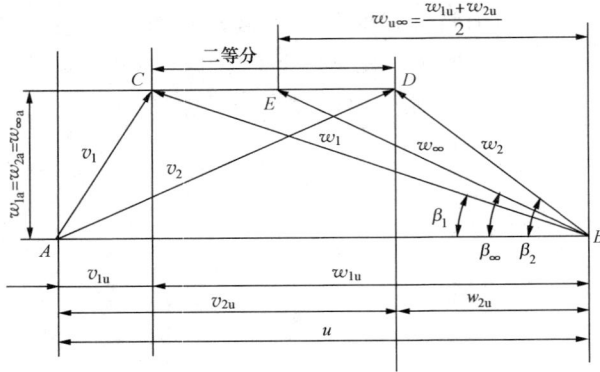

图 6-16　叶栅进、出口速度三角形重叠

$w_{\infty a}=w_{1a}=w_{2a}=w_a=v_a$，$w_{u\infty}=\dfrac{w_{1u}+w_{2u}}{2}=u-\dfrac{v_{1u}+v_{2u}}{2}$，所以 w_∞ 的大小和方向也可按以下三角关系式计算：

$$w_\infty = \sqrt{w_a^2+\left(\frac{w_{1u}+w_{2u}}{2}\right)^2}=\sqrt{v_a^2+\left(u-\frac{v_{1u}+v_{2u}}{2}\right)^2} \tag{6-31}$$

$$\beta_\infty = \tan^{-1}\left(\frac{w_a}{w_{u\infty}}\right)=\tan^{-1}\left(\frac{2w_a}{w_{1u}+w_{2u}}\right)=\tan^{-1}\left(\frac{2v_a}{2u-v_{1u}-v_{2u}}\right) \tag{6-32}$$

因此，叶栅中的升力和阻力分别用以下公式计算：

$$F_L = C_L\rho l\frac{w_\infty^2}{2} \tag{6-33}$$

$$F_D = C_D\rho l\frac{w_\infty^2}{2} \tag{6-34}$$

式中的 C_L 和 C_D 分别为叶栅的升力和阻力系数，当叶栅的稠度 $\sigma=0.5\sim0.7$ 时（轴流式泵与风机多数在此范围内），翼型间的相互干扰很小，单翼型的升力系数 C_L 与阻力系数 C_D 可直接应用于叶栅。当叶栅的稠度 $\sigma>1$ 时，叶栅的升力系数 C_L 与单翼型不同，需要进行试验确定。

流体绕流单翼型叶片的失速现象也会发生在轴流式泵与风机的叶栅中。当轴流式泵与风机运行工况变化时，使流体进入叶栅的冲角增大，当冲角达到临界值时，就可能在某一叶片上发生失速现象，从而依次引起其他叶片的失速现象，如图 6-17 所示。如果在流道 2 内首先发生失速现象，在其叶片背面形成的涡流使叶道阻塞，原先流入流道 2 的气流只能分流进入叶道 1 和 3，此分流的气流与原先进入叶道 1 和 3 的气流汇合，改变了原来气流的流向，使进入流道 1 的冲角减小，而进入流道 3 的冲角则增大，这样就避免了叶片 1 背面产生失速，但却促使叶片 3 发生失速。流道 3 的阻塞又使其气流向流道 4 和流道 2 分流，这样又触发了叶片 4 背面的失速。这一过程持续地沿着与叶轮旋转相反的方向

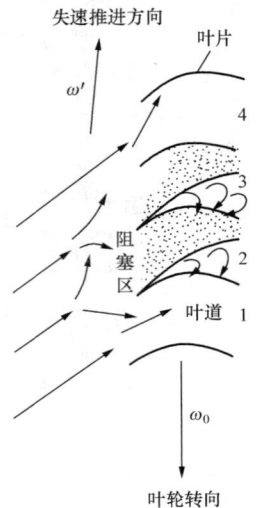

图 6-17　旋转失速现象

移动，其移动速度比叶轮的旋转速度小。因此，以机壳为参照物，就可观察到失速区在旋转，这种现象称为旋转失速。当发生旋转失速时，泵与风机的扬程大大降低，效率下降，性能恶化，并伴有振动和噪声；如果泵与风机长期运行于失速工况，叶片可能会在失速引起的交变应力的作用下发生断裂，以致可能打断其他叶片。所以，轴流式泵与风机应避免在失速工况运行。

五、轴流式泵与风机的型式

轴流式泵与风机有以下几种型式。

（1）只有一个叶轮，不设导叶。如图 6 - 18（a）所示，由出口速度三角形可以看出，绝对速度可分解为轴向分速和圆周分速。出口的圆周分速形成旋转运动，产生能量损失。因此，这种型式结构简单，效率较低，只适用于低压风机。

（2）一个叶轮，后设导叶。如图 6 - 18（b）所示，在叶轮出口增设导叶可将叶轮出口处流体的圆周分速，导向为轴向运动，同时，流体通过截面增大的导叶时，将这部分动能转换为压能。这种型式由于减少了叶轮出口流体的旋转运动所造成的能量损失，效率较高，如果叶片做成动叶可调式，高效区范围更大。因此，这种型式常用于高压风机及水泵，如现代大容量机组的循环水泵，锅炉的送、引风机等。

（3）一个叶轮，前设导叶。如图 6 - 18（c）所示，流体轴向流入进口导叶，经导叶后产生与叶轮旋转方向相反的旋转速度，即产生反预旋。此时 $v_{1u}<0$，在设计工况下，流出叶轮的速度是轴向的，即 $v_{2u}=0$。由于流体进入叶轮时的相对速度较大，因此流动阻力较大，效率较低。但在叶轮转速和叶轮尺寸相同时，可获得的能量较大。若获得相同的能量，其叶轮直径可以减小，从而缩小了体积，减轻了重量，节省钢材。目前一些中小型风机常采用这种型式。水泵因汽蚀问题不采用这种型式。

（4）一个叶轮，前、后均设导叶。如图 6 - 18（d）所示，若进口导叶为可调的，在设计工况下，进口导叶的出口速度为轴向，当工况变化时，可改变导叶角度来适应流量的变化，因而可以在很大的流量变化范围内保持高效率。这种型式适用于流量变化较大的情况。其缺点是结构复杂，增加了制造、操作、维护等困难，所以较少采用。

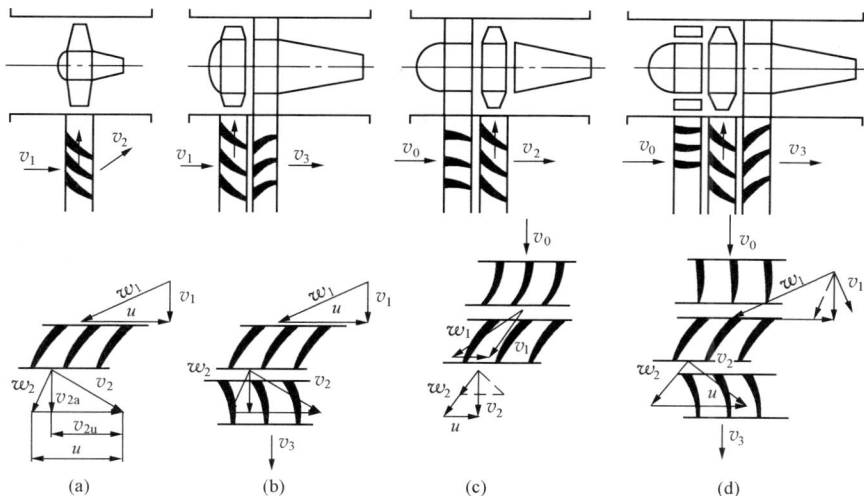

图 6 - 18　轴流式泵与风机的基本型式

（5）多级式。由于发电厂单机容量的增大，以及装设脱硫设备等原因，使锅炉烟风道的阻力增大，需要更高能头的二级轴流风机。这种型式的风机，首级叶轮前、每个叶轮后均设导叶。另外，在燃气轮机中，还应用了将压缩空气送入燃烧室中助燃的多级轴流式风机。

【例 6 - 4】 某单级轴流式水泵，转速 $n=450\text{r/min}$，在叶轮直径 $D=650\text{mm}$ 处，水以 $v_1=4.6\text{m/s}$ 的速度沿轴向流入叶轮，又以 $v_2=7.2\text{m/s}$ 的速度流出叶轮，试求其理论扬程，并计算出、进口相对速度的方向变化。

解 （1）计算理论扬程。

$$u = \frac{\pi Dn}{60} = \frac{\pi \times 0.65 \times 450}{60} = 15.3(\text{m/s})$$

由题意知：$v_{1u}=0$，$v_a=v_1=4.6\text{m/s}$，则

$$v_{2u} = \sqrt{v_2^2 - v_a^2} = \sqrt{v_2^2 - v_1^2} = \sqrt{7.2^2 - 4.6^2} = 5.54(\text{m/s})$$

所以

$$H_T = \frac{u}{g}(v_{2u} - v_{1u}) = \frac{uv_{2u}}{g} = \frac{15.3 \times 5.54}{9.807} = 8.64(\text{m})$$

（2）计算出、进口相对速度的方向变化（$\beta_2 - \beta_1$）。

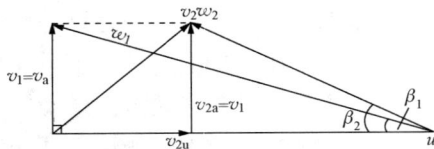

图 6 - 19　例 6 - 4 的速度三角形

由图 6 - 19 所示的速度三角形可知

$$\tan\beta_1 = \frac{v_a}{u} = \frac{4.6}{15.3} = 0.3$$

$$\beta_1 = 16.73°$$

$$\tan\beta_2 = \frac{v_a}{u - v_{2u}} = \frac{4.6}{15.3 - 5.54} = 0.47$$

$$\beta_2 = 25.24°$$

所以

$$\beta_2 - \beta_1 = 25.24° - 16.73° = 8.5°$$

小　　结

一、叶片式泵与风机的基本原理及基本型式

1. 基本原理

离心式泵与风机是利用离心力工作的，而轴流式泵与风机是利用升力工作的。

2. 基本型式

离心式泵与风机的叶片型式有后弯式叶片、径向式叶片、前弯式叶片。虽然后弯式叶片获得的总能头较小，但其中静能头所占比例较大，且叶道的流动效率较高，当流量增加时，原动机不易过载。离心泵多采用后弯式叶片，风机三种型式都有应用。

轴流式泵与风机的基本型式有：①只有一个叶轮，没有导叶；②一个叶轮和一个固定的出口导叶，目前广泛应用；③一个叶轮和一个固定的入口导叶；④有一个叶轮，并具有进、出口导叶；⑤多项式。

二、流体在叶轮内的运动及其速度三角形

流体在叶轮中的运动是复合运动，流体在叶轮中一方面随叶轮一起旋转，另一方面又从叶轮的进口流向出口。

圆周速度 u

$$u = \frac{\pi D n}{60}$$

离心式叶轮的轴面速度 v_m

$$v_m = \frac{q_V}{\psi \pi D b \eta_V}$$

轴流式叶轮的轴向速度 v_a

$$v_a = \frac{q_V}{\frac{\pi}{4}(D_2^2 - D_h^2)\eta_V \psi}$$

已知安装角 β_a 或 β，求出 u 和轴面速度 v_m 或轴向速度 v_a，即可按比例画出离心式或轴流式叶轮的速度三角形。

三、能量方程式

1. 能量方程式

理论扬程

$$H_{T\infty} = \frac{1}{g}(u_2 v_{2u\infty} - u_1 v_{1u\infty})$$

理论全压

$$p_{T\infty} = \rho(u_2 v_{2u\infty} - u_1 v_{1u\infty})$$

或

$$H_{T\infty} = \frac{u_2^2 - u_1^2}{2g} + \frac{w_{1\infty}^2 - w_{2\infty}^2}{2g} + \frac{v_{2\infty}^2 - v_{1\infty}^2}{2g}$$

轴流式泵与风机中，$u_2 = u_1 = u$，$v_{a1} = v_{a2} = v_a$，能量方程式为

$$H_T = \frac{u v_a}{g}(\cot\beta_1 - \cot\beta_2)$$

$$H_T = \frac{v_2^2 - v_1^2}{2g} + \frac{w_1^2 - w_2^2}{2g}$$

2. 能量方程式的主要分析结论

（1）理论扬程与流体的密度无关，只与叶轮几何尺寸、转速和流量有关。而理论全压与流体密度有关。

（2）流体通过叶轮后所获得的能量形式有压能和动能。

（3）对于离心式泵与风机，提高理论能头的途径是：使流体径向进入叶轮，增大叶轮外径，提高转速，而提高转速是较为高效的方法。对于轴流式泵与风机，提高流体所获得的总能头和静能头，必须使出口流动角大于入口流动角，$\beta_2 > \beta_1$，并使入口相对速度大于出口相对速度 $w_1 > w_2$，所以，叶片做成翼型且大头置于入口。

（4）流体在轴流式泵与风机中获得的总能头和静能头均低于离心式泵与风机。所以轴流式泵与风机一般用于能头低的场合。

3. 能量方程的修正

黏性流体在实际叶轮中的理论能头，用滑移系数 k 和流动效率 η_h 来修正。

$$H = \eta_h H_T = k\eta_h H_{T\infty}$$

四、翼型和叶栅的空气动力特性

1. 单翼型的空气动力特性

实际流体绕流翼型时，在翼型上产生一个垂直于来流方向的升力 F_{L1} 和一个平行于来流方向的阻力 F_{D1}，其计算公式如下：

$$F_{L1} = C_{L1} \rho b l \frac{V_{\infty}^2}{2}$$

$$F_{D1} = C_{D1} \rho b l \frac{V_{\infty}^2}{2}$$

作用于流体上的力是升力 F_{L1} 和阻力 F_{D1} 的合力 F_{G1}，升力越大，阻力越小，翼型的空气动力特性就越好。升力系数 C_{L1} 随正冲角 α 的增大而增大，当冲角 α 超过某一数值时，C_{L1} 则下降，会发生失速现象。

2. 叶栅的空气动力特性

由于叶栅是由多个单翼型组成的，因此在叶栅中的升力和阻力分别用以下公式计算：

$$F_{L} = C_{L} \rho b l \frac{w_{\infty}^2}{2}$$

$$F_{D} = C_{D} \rho b l \frac{w_{\infty}^2}{2}$$

叶栅升力和阻力的计算可借用单翼型的计算公式，但其进出口相对速度的几何平均值 w_{∞} 代替 V_{∞}。当叶栅的稠度较小时，其升力系数 C_{L} 与阻力系数 C_{D} 可直接用单翼型的。

轴流式泵与风机叶栅中，当某一叶片上发生失速现象时，会引起旋转失速，从而使轴流式泵与风机的工作性能恶化。

思 考 题

6-1 离心式和轴流式泵与风机的基本工作原理分别是什么？

6-2 流体在封闭的叶轮中获得的是哪种形式的能量，它与哪些因素有关？

6-3 流体在离心式泵与风机中是如何运动的？如何描述其运动情况？

6-4 提高理论扬程有哪些方法？其中较高效的方法是什么？

6-5 理论扬程由哪两种能量形式构成？形成这两种能量形式的原因是什么？

6-6 对黏性流体在实际叶轮中获得的扬程如何修正？

6-7 离心式泵与风机叶片的形式有哪几种？各有什么特点？

6-8 离心式泵与风机不同的叶片形式，理论扬程或理论全压随理论流量的变化关系有什么不同？

6-9 离心式泵与风机不同的叶片形式，它们的理论功率随理论流量的变化关系如何？

6-10 离心式泵一般采用什么形式的叶片？为什么？

6-11 流体在轴流式泵与风机叶轮中的运动有什么特点？

6-12 为什么轴流式泵与风机适用于扬程或全压低的场合？

6-13 怎样提高轴流式泵与风机的扬程或全压？

6-14 什么是失速现象？什么是旋转失速？旋转失速会带来什么后果？

6-15 流体绕流叶栅时与绕流单翼型时的升力和阻力计算式有什么区别？

6-16　流体绕流叶栅时的升力与哪些因素有关?

6-17　轴流式泵与风机的型式有哪些? 其应用情况如何?

习　　题

6-1　转速 $n=1500\text{r/min}$ 的离心风机，叶轮内径 $D_1=480\text{mm}$，叶片进口处空气相对速度 $w_1=25\text{m/s}$，流动角 $\beta_1=60°$，试按比例绘制空气在叶片进口处的速度三角形。

6-2　转速 $n=2900\text{r/min}$ 的离心式泵，叶轮的进、出口尺寸分别为 $b_1=40\text{mm}$，$D_1=150\text{mm}$，$\beta_{1a}=20°$；$b_2=30\text{mm}$，$D_2=250\text{mm}$，$\beta_{2a}=30°$。设流体径向进入叶轮，试按比例画出叶轮进、出口的速度三角形，并计算其理论流量 q_{VT}。

6-3　有一离心泵转速为 1450r/min，其叶轮的进口尺寸为：宽度 $b_1=3.5\text{cm}$，直径 $D_1=17.8\text{cm}$，安装角 $\beta_{1a}=18°$。假设叶轮为理想叶轮，且不考虑叶片厚度对流道断面的影响。

（1）当液体径向流入叶轮时，试计算叶轮的理论流量。

（2）当转速不变，理论流量减小 20%，设进口流动角仍等于安装角时，试计算进口绝对速度的圆周分速。

6-4　某离心泵转速为 1500r/min，其叶轮尺寸为 $b_1=30\text{mm}$，$b_2=20\text{mm}$，$D_1=18\text{cm}$，$D_2=38\text{cm}$，$\beta_{1a}=20°$，$\beta_{2a}=25°$，液体径向流入叶轮。若滑移系数 k 为 0.82，流动效率 $\eta_h=85\%$，试计算：①理论流量 q_{VT} 和理论扬程 $H_{T\infty}$；②实际扬程 H。

6-5　某轴流式风机，在叶轮直径 $D=700\text{mm}$ 处，空气以 $v_1=32\text{m/s}$ 的速度沿轴向流入叶轮，当转速 $n=1500\text{r/min}$ 时，其全压 $p=700\text{Pa}$，空气的密度 $\rho=1.2\text{kg/m}^3$，求该直径处进、出口相对速度的几何平均值 w_∞ 的大小和方向。

6-6　某单级轴流式风机，转速 $n=1500\text{r/min}$，在叶轮半径 $r=250\text{mm}$ 处，空气以 $v_1=24\text{m/s}$ 的速度沿轴向流入叶轮，出口流动角比入口流动角大 $20°$，空气的密度 $\rho=1.2\text{kg/m}^3$。求理论全压 $p_{T\infty}$。

6-7　某轴流式风机的翼型叶片，已知：叶片的弦长为 $b=50\text{cm}$，翼展 $l=30\text{cm}$，来流速度 $V_\infty=25\text{m/s}$，气流的冲角 $\alpha=8°$，空气的密度 $\rho=1.2\text{kg/m}^3$。求叶片对流体的作用力 F_G。[提示：C_D、C_L 可由图 6-15 查得]

第七章　叶片式泵与风机的性能

内 容 提 要

本章重点讲述泵与风机的损失及效率，泵与风机性能曲线的绘制方法及分析，相似定律及其应用，泵内汽蚀问题。

第一节　泵与风机的损失与效率

教学目的

掌握泵与风机的各项损失、产生的原因以及减小损失的措施，掌握泵与风机效率的计算方法。

教学内容

在泵与风机的运行中，存在着多种能量损失，按损失的性质不同，可分为机械损失、容积损失和流动损失，对应所消耗的功率称为机械损失功率、容积损失功率和流动损失功率，

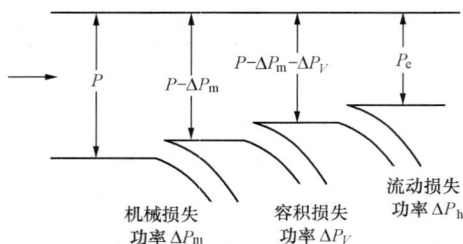

图 7-1　泵与风机内的能量平衡图

分别用 ΔP_m、ΔP_V 和 ΔP_h 表示。这三项损失之和称为损失功率，用 ΔP 表示，即 $\Delta P = \Delta P_m + \Delta P_V + \Delta P_h$。流体通过泵与风机获得的有效功率 P_e 就等于轴功率 P 减去损失功率 ΔP，即 $P_e = P - \Delta P$。如图 7-1 所示为泵与风机内的能量平衡图，它直观地表明了轴功率、损失功率与有效功率之间的能量平衡关系。

通常用总效率 η 反映泵与风机的能量有效利用程度，即能量损失的大小可用效率 η 来衡量。机械损失、容积损失和流动损失的大小可分别用机械效率 η_m、容积效率 η_V、流动效率 η_h 来衡量。

一、机械损失和机械效率

1. 机械损失

泵与风机的机械损失是指由于机械摩擦和圆盘摩擦所造成的能量损失。它主要包括两部分：一部分是轴与轴承以及轴与轴端密封的机械摩擦损失，其损失功率用 ΔP_{m1} 表示；另一部分是叶轮前后盖板外表面与机壳内流体之间的圆盘摩擦损失，其损失功率用 ΔP_{m2} 表示。

机械摩擦损失 ΔP_{m1} 的大小与轴端密封和轴承的结构型式以及输送流体的密度有关，一般 $\Delta P_{m1} = (1\sim5)\% P$。对于小型水泵，当填料盖压得过紧时，$\Delta P_{m1}$ 较大。对于大、中型泵，由于多采用机械密封、浮动环密封等结构，轴端密封的摩擦损失较小。

圆盘摩擦损失 ΔP_{m2} 产生的原因如图 7-2 所示，当叶轮在充满流体的机壳内旋转时，附着在叶轮前后盖板外表面上的流体，就会随叶轮一起旋转，受到离心力的作用，被抛向叶轮

外缘，获得能量，压强增大，但由于机壳的阻碍又流不出去，而同时在叶轮轮毂处，形成低压区，流体在压强差的作用下，从叶轮的外缘流向轮毂处，于是，在叶轮前后盖板外表面与机壳内的流体就形成涡流，造成能量损失。另一方面，附着在叶轮前后盖板外表面上的流体随叶轮一起旋转，而附着在机壳上的流体则处于静止状态，因此，在这较薄的流体层内形成了较大速度梯度，造成了摩擦损失。由于圆盘摩擦损失直接消耗了泵和风机的轴功率，因此归属于机械损失。

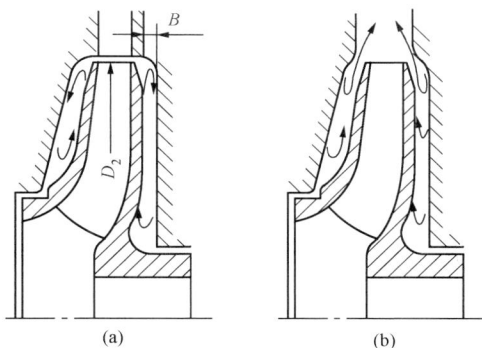

图 7-2　闭式泵腔中圆盘摩擦损失
（a）闭式泵腔；（b）开式泵腔

圆盘摩擦损失 ΔP_{m2} 用式（7-1）计算：

$$\Delta P_{m2} = k' \rho n^3 D_2^5 \times 10^{-6} (\mathrm{kW}) \tag{7-1}$$

式中　D_2——叶轮出口直径，m；

　　　n——叶轮转速，r/min；

　　　ρ——流体密度，kg/m³；

　　　k'——圆盘摩擦系数，它与雷诺数 Re、相对侧壁的间隙 B/D_2、叶轮外表面和机壳内表面的粗糙度有关，由实验测定。

上式可知，圆盘摩擦损失与转速的三次方、叶轮外径的五次方成正比，圆盘摩擦损失随叶轮转速和外径的增加而增加。如果提高单级叶轮扬程，采用加大叶轮外径的方法，则圆盘摩擦损失急剧增加，而采用提高转速的方法，使圆盘摩擦损失增加幅度较小。当产生相同的扬程或全压时，提高转速，叶轮外径可以相应减小，圆盘摩擦损失增加较小，甚至可以不增加。所以，目前广泛采用提高转速的方法来提高单级叶轮扬程。

圆盘摩擦损失是机械损失中的主要部分，$\Delta P_{m2} \approx （2 \sim 10）\% P$。

总的机械损失 ΔP_m 为

$$\Delta P_m = \Delta P_{m1} + \Delta P_{m2}$$

2. 机械效率

机械效率 η_m 用式（7-2）计算，即

$$\eta_m = \frac{P - \Delta P_m}{P} \tag{7-2}$$

泵与风机的机械效率 η_m 与比转数有关，一般离心式泵 $\eta_m = 0.90 \sim 0.97$，离心风机 $\eta_m = 0.92 \sim 0.98$，轴流式泵与风机 $\eta_m \approx 0.97$。

3. 减小机械损失的措施

减小机械损失主要从减小机械摩擦损失和减小圆盘摩擦损失两个方面着手。

（1）减小机械摩擦损失的措施主要有：①保证轴承有良好的润滑；②选择摩擦损失小的轴封，可选用机械密封或浮动环密封，如用填料密封，则填料压盖不可压得过紧。

（2）减小圆盘摩擦损失主要采取下列措施：①降低叶轮外表面和机壳内表面的粗糙度；②选择合理的相对侧壁的间隙 B/D_2，使之处于 2% ~ 5% 之间；③采用开式泵腔，如图 7-2（b）所示，使随叶轮一起旋转获得能量的流体流出机壳，从而回收能量；④采用提高叶轮

转速，适当减小叶轮外径的方法来提高能头。

二、容积损失和容积效率

1. 容积损失

泵与风机由于转动部件与静止部件之间存在间隙，当叶轮转动时，在间隙两侧产生压强差，因而获得能量的流体从高压侧通过间隙向低压侧泄漏，造成的工质和能量损失称为容积损失或泄漏损失。

离心式泵的容积损失主要有：密封环处的回流损失、级间回流损失、平衡装置的回流损失及轴封的向外泄漏损失。

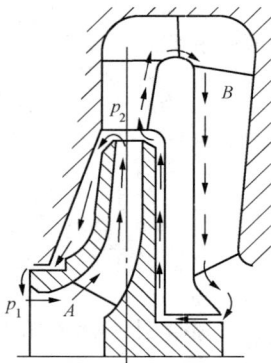

图 7 - 3 密封环处和级间回流

（1）密封环处的回流损失。如图 7 - 3 中的 A 线所示，经叶轮获得能量的流体，其压强较高，而叶轮入口处压强较低，流体在压强差的作用下，通过叶轮与外壳密封环之间的间隙流向叶轮入口。这部分回流虽然没有工质损失，但在叶轮中获得的能量并没有被有效利用，而是无偿地消耗在循环流动中。同时，回流对主流的扰动，造成更大的能量损失。

（2）级间回流损失。如图 7 - 3 中的 B 线所示，在多级泵中，由于导叶扩散段的减速增压作用，使导叶出口压强较高，而在叶轮与导叶的侧隙处，由于流体随叶轮一起旋转，形成低压区，在压强差的作用下，本应进入下一级或压出室的部分流体通过导叶与轮毂的径向间隙，产生回流，造成能量损失。

（3）平衡装置的回流损失。平衡孔、平衡管和平衡盘等平衡装置均有流向泵进口处的部分回流，并对主流产生扰动，造成能量损失。

（4）轴封的向外泄漏损失。在高压侧流体，由于压强差的作用，经轴和轴封间的径向间隙向外泄漏，造成工质和能量损失。

离心式风机的容积损失主要发生在叶轮前盘和集流器之间的间隙以及蜗壳与密封处的间隙。

轴流式泵与风机的容积损失主要是由于叶片顶端与外壳之间的间隙回流所致。

流体通过泵与风机的泄漏流量用 q 表示，则实际流量 q_V 等于理论流量 q_{VT} 减去泄漏流量 q，即 $q_V = q_{VT} - q$。

2. 容积效率 η_V

容积效率用式（7 - 3）计算：

$$\eta_V = \frac{P - \Delta P_m - \Delta P_V}{P - \Delta P_m} = \frac{\rho g q_V H_T}{\rho g q_{VT} H_T} = \frac{q_V}{q_{VT}} = \frac{q_V}{q_V + q} \qquad (7 - 3)$$

一般离心式泵 $\eta_V = 0.92 \sim 0.98$，离心风机的容积效率要低些，轴流式泵与风机 $\eta_V = 0.96 \sim 0.99$。

3. 减小容积损失的措施

减小容积损失可以采取两个方面的措施：一是应尽可能地减小动、静间隙。这是因为由于容积损失均是由动、静间隙所致。但过小的动、静间隙，又会使泵与风机在运行中发生动、静碰磨，造成机械损失增大，甚至会危及泵与风机的寿命。二是增大泄漏间隙的阻力。如密封环可以采用多齿迷宫型、锯齿型、螺旋槽型，轴封采用机械密封、浮动环密封等，都可有效地减小泄漏量。

三、流动损失和流动效率

1. 流动损失

流动损失主要包括流动阻力损失和冲击损失。在所有损失中，流动损失最大。

（1）流动阻力损失。流动阻力损失由沿程阻力损失和局部阻力损失组成。流体在流经吸入室、叶轮流道、导叶和壳体时，由于流体和各部分流道壁面摩擦会产生摩擦阻力损失，即沿程阻力损失。流体在流经截面变化的流道、转弯等会使边界层分离、产生旋涡和二次回流等而引起局部阻力损失。

由流体力学知，流动阻力损失的计算式为

$$h_w = \varphi q_V^2$$

可见，流动阻力损失随流量的变化关系是一条通过坐标原点的二次抛物线，如图 7 - 5 所示。

（2）冲击损失。泵与风机在运行中，由于工况的改变，使叶轮中的流量 q_V 偏离设计流量 q_{Vd} 时，入口流动角 β_1 与叶片安装角 β_{1a} 不一致会引起冲击损失。

当泵与风机在设计工况工作时，流体沿叶片切线方向流入，相对速度的方向即叶片的切线方向，此时入口流动角 β_1 就等于叶片安装角 β_{1a}，此时冲角 $\alpha = \beta_{1a} - \beta_1 = 0$，没有冲击损失。当流量 q_V 小于设计流量 q_{Vd} 时，$\beta_1 < \beta_{1a}$，冲角 $\alpha > 0$ 为正，流体冲击在工作面上，漩涡产生在非工作面上，如图 7 - 4（a）所示。当 $q_V > q_{Vd}$ 时，$\beta_1 > \beta_{1a}$，冲角 $\alpha < 0$ 为负，流体冲击在非工作面上，漩涡产生在工作面上，如图 7 - 4（b）所示。

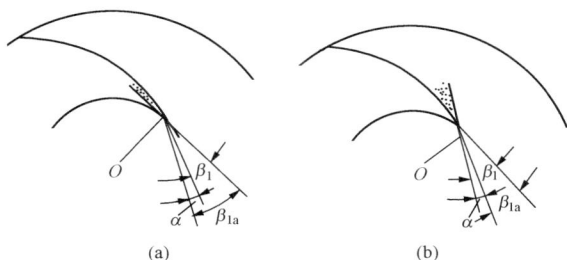

图 7 - 4　工况变化时的冲击损失

（a）$q_V < q_{Vd}$ 时；（b）$q_V > q_{Vd}$ 时

冲击损失用式（7 - 4）计算：

$$h_S = \varphi_S (q_V - q_{Vd})^2 \tag{7 - 4}$$

可见，冲击损失随流量的变化关系是一条顶点在设计流量 q_{Vd} 处的二次抛物线，如图 7 - 5 所示。

应该指出：在正冲角时，由于漩涡区发生在叶片非工作面上，因此能量损失比产生负冲角时小，性能较稳定。

由流动阻力损失曲线和冲击损失相叠加，就得到流动损失随流量变化的关系曲线，如图 7 - 5 所示。由图可见，最小的流动损失出现在小于设计流量工况。所以，为减小流动损失，泵与风机应避免在大于设计流量工况下工作。

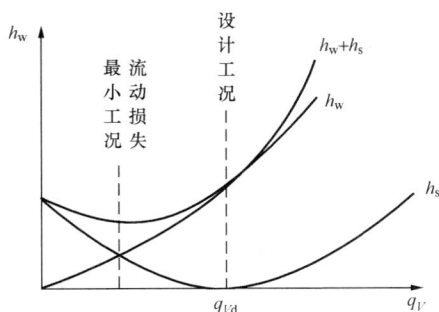

图 7 - 5　流动损失曲线

2. 流动效率

流动效率可用式（7 - 5）计算，即

$$\eta_h = \frac{P - \Delta P_m - \Delta P_V - \Delta P_h}{P - \Delta P_m - \Delta P_V} = \frac{P_e}{P - \Delta P_m - \Delta P_V} = \frac{\rho g q_V H}{\rho g q_V H_T} = \frac{H}{H_T} \tag{7 - 5}$$

一般离心式泵 $\eta_h = 0.8 \sim 0.95$，离心风机 $\eta_h = 0.7 \sim 0.85$，轴流式泵 $\eta_h = 0.8 \sim 0.93$。

3. 减小流动损失的措施

减小流动损失可采取以下措施：①提高流道表面的光洁度，消除流道中的污垢，保证流道通畅，以减少沿程损失；②合理设计叶片和通流部件的形状，保证流体在流道中速度变化平缓，避免死角和旋涡区，以减少局部损失；③应尽量使泵与风机在设计工况或在设计工况附近运行，以减少冲击损失；④提高检修质量，保证叶轮与导叶的中心对准。

四、泵与风机的总效率

泵与风机的总效率等于有效功率与轴功率之比，即

$$\eta = \frac{P_e}{P} = \frac{P - \Delta P_m}{P} \times \frac{P - \Delta P_m - \Delta P_V}{P - \Delta P_m} \times \frac{P_e}{P - \Delta P_m - \Delta P_V} = \eta_m \eta_V \eta_h \qquad (7-6)$$

综上分析，泵与风机的总效率等于流动效率、容积效率和机械效率三者的乘积。因此，要提高泵与风机的效率就必须在安装、检修、运行等各方面注意减少各种损失。离心式泵与风机的总效率视其容量、型式和结构而异，目前离心泵总效率约在 0.60～0.90 的范围，离心风机约在 0.70～0.90 的范围内，高效风机可达 0.90 以上。轴流泵的总效率约为 0.70～0.89，大型轴流风机可达 0.90 左右。

【例 7-1】　有一输水泵，其流量 $q_V = 1.25 \text{m}^3/\text{s}$，扬程 $H = 65\text{m}$，泵的轴功率为 $P = 1100\text{kW}$，机械效率 $\eta_m = 0.93$，容积效率 $\eta_V = 0.95$，求泵的流动效率 η_h。

解　泵的总效率为

$$\eta = \frac{P_e}{P} = \frac{\rho g q_V H}{P} = \frac{1000 \times 9.807 \times 1.25 \times 65}{1100 \times 1000} = 0.72$$

因为

$$\eta = \eta_m \eta_V \eta_h$$

所以

$$\eta_h = \frac{\eta}{\eta_m \eta_V} = \frac{0.72}{0.93 \times 0.95} = 0.82$$

第二节　泵与风机的性能曲线

教学目的

掌握离心式泵与风机性能曲线的绘制方法，牢固掌握离心式泵与风机性能曲线及其分析结论，了解轴流式泵与风机性能曲线及其特点。

教学内容

泵与风机的性能曲线是指在一定的转速 n 下，其性能参数扬程 H（全压 p）、轴功率 P、效率 η、汽蚀余量 Δh 随流量 q_V 的变化关系曲线。主要有：流量与扬程（q_V—H）曲线，流量与全压（q_V—p）曲线（风机）、流量与轴功率（q_V—P）曲线、流量与效率（q_V—η）曲线。对于水泵，还有反映其汽蚀性能的（q_V—Δh_r）曲线，对于风机还有评价其静压性能的（q_V—p_{st}）曲线。这些性能曲线是泵与风机正确选择和安全经济运行的依据。

性能曲线的绘制方法有两种：一是理论分析法，二是性能试验法。由于泵与风机内流动的复杂性，目前还不能用理论计算的方法精确绘制性能曲线，一般是制造厂家通过"性能试验"进行绘制。但对性能曲线进行理论分析，可揭示影响泵与风机性能的各种因素，对提高

泵与风机的性能具有十分重要的意义。

一、理论分析法绘制性能曲线

现以后弯式叶片的离心式泵与风机为例，来说明泵与风机性能曲线的理论分析绘制法。

1. 流量与扬程（q_V—H）曲线

由第六章第四节的分析可知，后弯叶片 q_{VT}—$H_{T\infty}$ 曲线为一条自左向右下降的直线，该直线在纵坐标上的截距为 $A=\dfrac{u_2^2}{g}$，与横坐标的交点为 $q_{VT}=\dfrac{u_2\pi D_2 b_2}{\cot\beta_{2a}}$。而实际上，流量不可能增大到使理论扬程 $H_{T\infty}$ 为零，所以，q_{VT}—$H_{T\infty}$ 直线与横坐标并没有交点，如图 7 - 6 所示。

对于实际叶轮，由于轴向涡流的影响使 $H_{T\infty}$ 降至 H_T，即 $H_T=kH_{T\infty}$。其中滑移系数 k 值恒小于 1，且基本与流量无关，因此，实际叶轮的 q_{VT}—H_T 曲线，也是一条向下倾斜的直线，且位于 q_{VT}—$H_{T\infty}$ 曲线的下方。考虑流动损失使扬程下降，根据图 7 - 5 所示的流动损失随流量的变化关系，在 q_{VT}—H_T 曲线上减去因流动阻力损失（图中竖影线所示）和冲击损失（图中斜影线所示）的扬程，就可得到实际扬程 H 随理论流量 q_{VT} 的变化关系曲线，即 q_{VT}—H 线。另外，还要考虑容积损失的影响，当泵的结构不变时，泄漏量 q 与扬程 H 的平方根成正比，在 q_{VT}—H 线上的各点减去相应的泄漏量 q（图中水平影线所示），即可得到实际扬程 H 随实际流量 q_V 的变化关系曲线 q_V—H 线。风机的 q_V—p 曲线的分析方法与之相同。

2. 流量与功率（q_V—P）曲线

对于后弯式叶片，在不计能量损失的情况下，理论功率 P_T 随理论流量 q_{VT} 的变化关系曲线（q_{VT}—P_T 线）是一条变化平缓的二次抛物线，如图 7 - 7 所示。考虑泵与风机内的损失后，功率 P 应增加。由于机械损失与流量无关，所以，在 q_{VT}—P_T 曲线上加上 ΔP_m（图中竖影线所示），即得 q_{VT}—P 曲线（图中虚线所示）。再考虑泄漏量的影响，q_{VT}—P 曲线所对应的流量 q_{VT} 减去泄漏量 q，即得实际的 q_V—P 曲线。

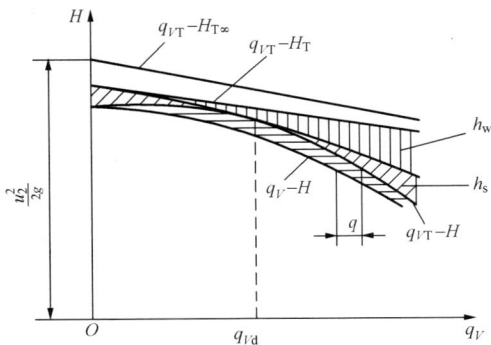

图 7 - 6　q_V—H 性能曲线　　　　图 7 - 7　q_V—P 性能曲线

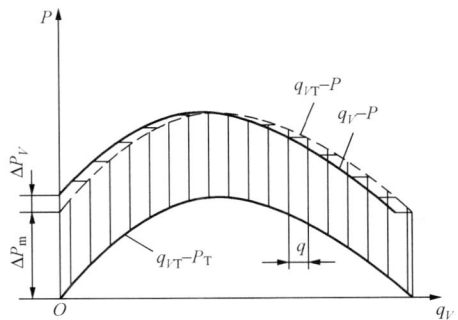

3. 流量与效率（q_V—η）曲线

泵与风机的效率等于有效功率与轴功率之比，即

$$\eta=\frac{P_e}{P}=\frac{\rho g q_V H}{P}$$

由上式可知，当 $q_V=0$ 时，$\eta=0$；当 $H=0$ 时，$\eta=0$。q_V—η 曲线是一条通过坐标原点与横坐标相交于 $q_V=q_{V\max}$ 点的曲线，如图 7 - 8 中的虚线所示。这是理论分析的结果，实际

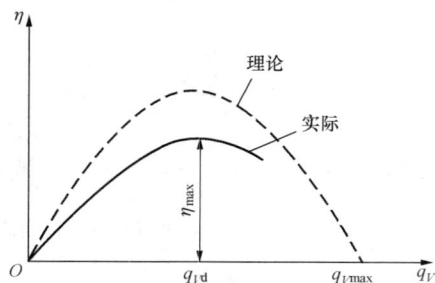

图 7-8 q_V—η 性能曲线

上流体通过泵时，必须有动压头，扬程 H 不可能随流量 q_V 的增大下降到零，所以 q_V—η 曲线也不可能与横坐标轴相交。实际的 q_V—η 性能曲线位于理论性能曲线的下方，如图 7-8 中的实线所示。曲线上最高效率 η_{max} 点是泵与风机的设计工况点，对应的流量为设计流量 q_{Vd}。

二、试验法绘制性能曲线

精确地绘制泵与风机的性能曲线，是通过性能试验法进行的。现介绍目前我国多采用的常规试验法。

（一）离心泵的性能试验

1. 试验装置

离心水泵性能试验装置如图 7-9 所示，在水泵入口处装有一真空表，用来测量水泵进口的真空值，在水泵出口处装一压力表，用来测量水泵的出口压强。在水泵入口处的吸水管上装有隔离阀，在水泵充水放气时关断，在作水泵性能试验时全开。在压水管上装有调节阀，用来调节流量。压水管上还装有流量表，可直接读出流量值。流量表必须装在距调节阀较远处，以免调节时干扰水流影响测量的准确度。在水泵吸入口与水箱之间装有一充水放气管道和充水阀，充水阀在水泵充水放气时打开，而在作

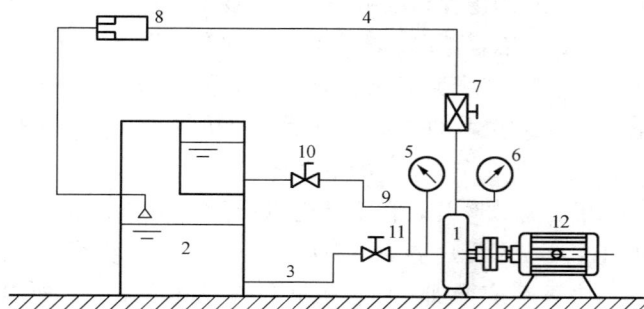

图 7-9 离心水泵性能试验装置示意
1—水泵；2—水箱；3—吸水管；4—压水管；5—真空表；6—压力表；
7—调节阀；8—流量表；9—充水放气管；10—充水阀；
11—进口隔离阀；12—电动机

水泵性能试验时关闭。另备有砝码，用于测量功率。水泵由电动机驱动。

2. 试验方法与步骤

试验前首先将水箱灌满水，对水泵进行充水放气工作后，关闭出水调节阀。启动水泵，开启进口隔离阀。在出口调节阀门全关状态时，记录流量 $q_V=0$ 时的真空表和压力表的读数 p_v 和 p_g、砝码的重量 G 及转速表的读数 n，由此可以算得试验曲线上的第一点。以后逐渐开大调节阀，增加流量，待稳定后开始记录各工况下的上述数据。试验最少应均匀取得 10 点以上的读数。由每一点测得的数据，计算出该流量下对应的扬程 H、轴功率 P 和效率 η，从而绘制出在某一转速下的 q_V—H、q_V—P、q_V—η 曲线。

3. 性能参数的测量和计算

（1）流量的测量。从流量表上直接读得数据，并将其单位换算成 m³/s。流量计有涡轮流量计、孔板流量计和文特里流量计等。

（2）扬程的计算 H。根据水泵运行时扬程的计算公式

$$H = \frac{p_2 - p_1}{\rho g} + \frac{V_2^2 - V_1^2}{2g} + z$$

当水泵进、出口真空表和压力表的读数分别为 p_v、p_g，且出口压力表中心和进口真空表中心所处的位置标高差为 z，水泵的吸入管道和出水管道的内径相同时，不计泄漏损失，则 $V_2 = V_1$，扬程 H 的计算公式可简化为

$$H = \frac{p_g + p_v}{\rho g} + z \quad \text{m} \qquad (7 - 7)$$

（3）轴功率 P 的测量和计算。轴功率 P 的测量可用功率表、数字式转矩测量仪和测功电机等测得。测功电机的测量原理是利用电机的转矩与电机外壳上静子的反转矩相等的关系，通过外壳力臂上的砝码重量 G 来确定轴功率，其计算式为

$$P = \frac{2mg\pi Ln}{60 \times 1000} = \frac{mLn}{974} \quad \text{kW} \qquad (7 - 8)$$

式中　　m——挂在电动机平衡臂上砝码的质量，kg；

　　　　L——电动机平衡臂的长度，m；

　　　　n——水泵的转速，r/min。

（4）效率的计算。由以上测量和计算出的各参数流量 q_V、扬程 H、轴功率 P，可根据下式计算出效率：

$$\eta = \frac{\rho g q_V H}{P}$$

（二）离心风机的性能试验

离心风机性能试验的方法和步骤，以及功率、效率的测定和计算方法与离心泵基本相同，这里不再叙述。下面主要介绍离心风机的试验装置及性能参数的测量和计算方法。

1. 试验装置

风机的试验装置按风管的布置方式分为进气试验、排气试验和进排气联合试验，具体采用哪种形式，可根据现场试验条件来决定，如送风机是从大气吸入空气，经管道送入炉膛，则应采用排气试验装置。引风机是抽出炉膛的烟气使之经烟囱排入大气，则应采用进排气联合试验装置。

图 7 - 10 所示为排气试验装置，该装置只在风机的出口装设管道，气体由集流器 1 进入叶轮 2，由叶轮排出的气体经排风管道 3 的整流栅流出，用出口锥形节流阀 4 调节风量，并在出口管道上装设测压管 5 和皮托管 6。

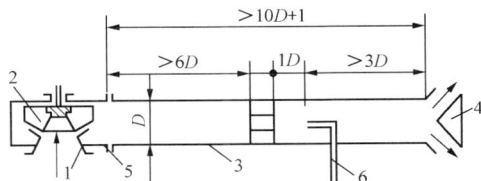

图 7 - 10　排气试验装置
1—集流器；2—叶轮；3—排气管道；4—锥形节流阀；
5—测压管；6—皮托管

2. 性能参数的测量和计算

（1）流量测量和计算。测量气体流量通常采用动压测定管，先在截面上测得若干点的流速，然后取算术平均值，再按截面尺寸计算出流量。

动压测定管有皮托管、笛形管和遮板式测定管。若用皮托管，只能测量截面上某一点的流速，而所需要的是截面上的平均流速，这就要求正确选择测点。测点的布置一般采用等面积法。对圆形管道，通常是将圆形截面的管道分成若干个面积相等的同心圆环，每个圆环再分成两个面积相等的部分，测点就放在这两部分的分界面上，如图 7 - 11（a）所示。对矩形截面管道，将测量截面分成若干面积相等的小矩形，各小矩形的对角线的交点就是动压的测量点，如图 7 - 11（b）所示。

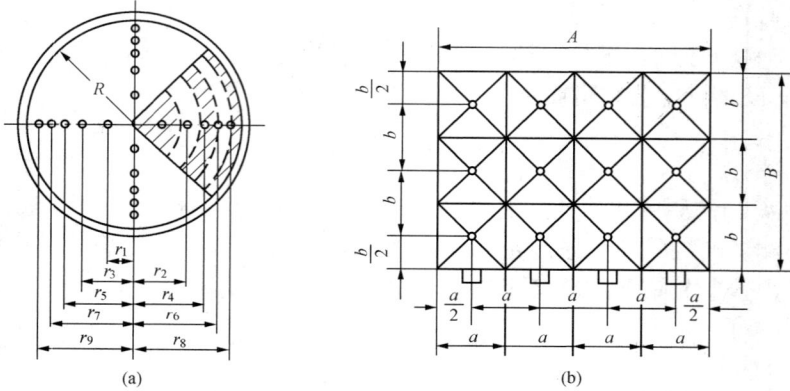

图 7 - 11　测点分布

（a）圆形截面管道；（b）矩形截面管道

　　当圆形或矩形管道面积较大时，使用皮托管测点太多，一般现场多采用笛形管，如图 7 - 12所示。笛形管是一根或数根横穿测量截面的铜管或钢管，迎气流方向按上述皮托管测点等面积布置原则开全压测孔，而静压测孔则开在同一测量截面的通道侧壁上。在保证刚度的条件下，笛形管径越小越好，但要防止灰尘堵塞。

　　在测量含尘浓度较大的烟气流量时，采用遮板式测定管，如图 7 - 13 所示，其传压孔均面向遮板而背向气流，以防止灰尘的堵塞。

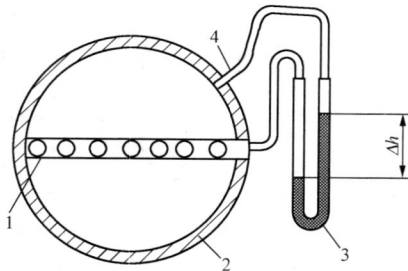

图 7 - 12　单笛形管的安装图

1—笛形管；2—管道；3—差压计；4—测压短管

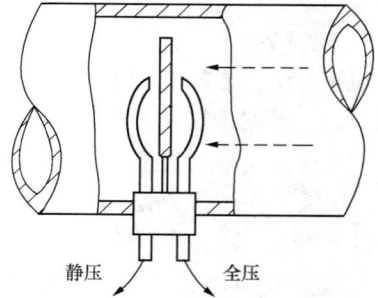

图 7 - 13　遮板式测定管

　　（2）风压的测量和计算。风机产生的全压 p 应等于风机的出口全压 p_2 减去进口全压 p_1，即

$$p = p_2 - p_1$$

　　因为进、出口的全压等于动压和静压之和，即 $p = p_{st} + p_d$，又考虑测点截面到风机进、出口有压强损失 p_{w1}、p_{w2}，所以风机产生的全压 p 可写成式（7 - 9）：

$$p = (p_{st2} + p_{d2} + p_{w2}) - (p_{st1} + p_{d1} - p_{w1}) \tag{7-9}$$

式中　　p_{st1}、p_{st2}——进、出口管道上安装的测压管测得的数据，Pa；

　　　　p_{d1}、p_{d2}——进、出口管道上的动压，Pa，即 $p_{d1} = \rho \dfrac{V_1^2}{2}$ 和 $p_{d2} = \rho \dfrac{V_2^2}{2}$，其中 V_1、V_2

　　　　　　为由进、出口管道上的动压测定管测得的平均流速值；

　　　　p_{w1}、p_{w2}——要根据装置中各测点的具体位置计算，详情请参阅 GB/T1236—2000《工业通风机用标准化风道进行性能试验》的有关规定。

对于风机，还要对其所产生的静压作出评价，绘制出静压随流量的变化关系曲线，即 q_V—p_{st} 线。所以要计算风机所产生的静压。通常将风机出口的动压 p_{d2} 作为风机的动压，故风机所产生的静压可用式（7 - 10）计算：

$$p_{st} = p - p_{d2} \qquad (7 - 10)$$

如采用排气装置试验，$p_1 = 0$，$p_{w1} = 0$，则由式（7 - 9）和式（7 - 10）得

$$p = p_{st2} + p_{d2} + p_{w2}$$

$$p_{st} = p_{st2} + p_{w2}$$

泵与风机的性能曲线是制造厂家通过试验得到的，载入泵与风机的样本供用户使用。图 7 - 14 为国产 600MW 机组配套的锅炉给水泵的性能曲线。从图中可以看出，离心泵的 q_V—H 曲线是一条下降的曲线，q_V—P 曲线和 q_V—Δh_r 曲线均是上升的曲线，q_V—η 曲线比较平坦。

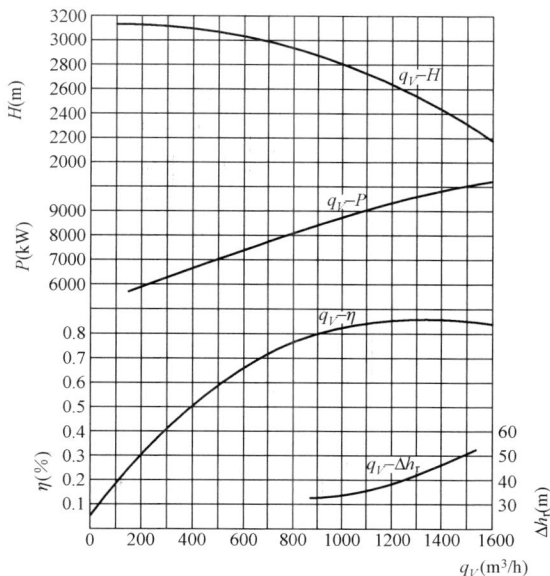

图 7 - 14 80CHTA/4 型锅炉给水泵的性能曲线

三、离心式泵与风机性能曲线分析

将 q_V—H 曲线（或 q_V—p 曲线）、q_V—P 曲线、q_V—η 曲线绘制在同一坐标图上，能直观、明确地反映泵与风机的性能，如图 7 - 15 所示。现对离心式泵与风机的性能曲线进行分析。

1. 最佳工况点与高效工作区

在性能曲线上，每一流量 q_V 下，均有一个与之对应的扬程 H 或全压 p、功率 P 及效率 η 值。把某一流量下对应的这一组参数（q_V，H 或 p，P，η），称为一个工况，这一工况在坐标图上的位置称为工况点。最高效率所对应的工况，称为最佳工况。泵与风机在最佳工况点运行最经济，泵与风机的铭牌参数指的就是最佳工况点的参数。在最佳工况点附近的区域（一般不低于最高效率的 85%～90%）称为高效工作区或经济工作区。制造厂家在泵与风机的样本中，通常对某些泵与风机的性能曲线标出高效区，或列出最佳工况点及高效区上下限工况点的参数值，作为泵与风机的推荐工作区。选泵与风机时，应使现场要求的泵与风机流量和扬程在高效区范围内；运行时，应尽量使泵与风机的运行工况在高效区内，以提高其运行经济性。

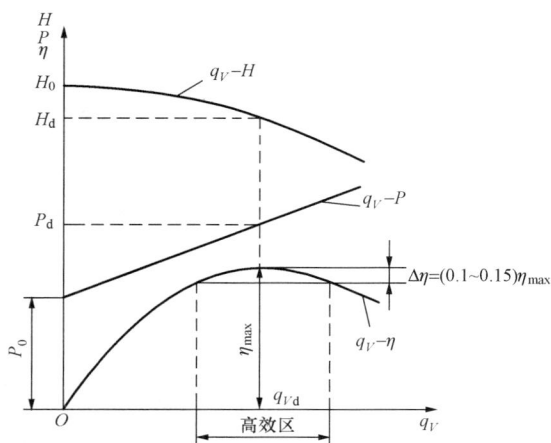

图 7 - 15 离心式泵与风机的性能曲线

2. 空载工况

空载工况是指流量 $q_V = 0$ 时所对应的工况，即（0，H_0，P_0，0）。此时，轴功率并不等于零，而是为最小，称为空载功率，用

P_0 表示。为确保泵与风机的安全经济运行，对空载工况均有严格规定。

（1）不允许泵在空载工况运行。这是因为泵空转时的功率 P_0 主要消耗在机械损失上，其结果使水温迅速升高，从而导致泵壳变形、泵轴弯曲，甚至使水汽化，造成水泵的汽蚀。特别是热力发电厂中的锅炉给水泵和凝结水泵，由于它们输送的是饱和水，很容易发生汽蚀，为确保水泵的安全，不仅不允许空载运行，还在水泵的出口设置了最小流量再循环管，如图 7 - 16 所示。当水泵流量小于额定流量的 25%～30% 时，必须开启再循环阀，使部分给水通过再循环管重新回到吸水容器，以增加水泵的通水量，将因摩擦生成的热量及时带走，防止汽蚀。

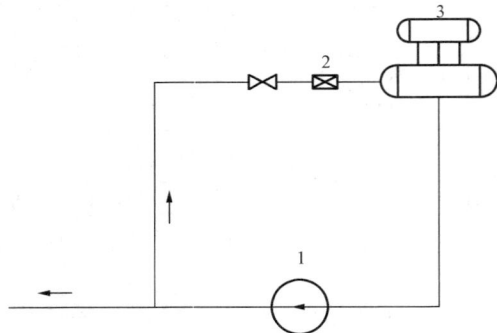

图 7 - 16　给水泵最小流量再循环示意
1—锅炉给水泵；2—再循环调节阀；3—除氧器

（2）离心式泵与风机必须采用"闭阀启动"。由于空载工况下的轴功率最小，为避免原动机因启动电流过大而被损坏，因此离心式泵与风机要在阀门全关的状态下启动，待运转正常后，再开大出口管路上的阀门，使泵与风机投入正常运行，故称为"闭阀启动"。"闭阀启动"方式对于离心式泵和离心式风机是不同的，离心式泵是关闭出口阀门启动，而离心式风机却是关闭进口挡板启动。这是因为不论是泵还是风机，关闭进口阀门，由于阀门的节流作用都会使其进口处的流体压强下降。对于风机，进口处的压强下降，会使风机产生的风压减小，相应的轴功率也减小，这对风机的启动是有利的。然而对于泵，进口处压强下降，有可能引起汽蚀，还会使进入叶轮处的液体流速分布不均匀，产生能量损失。

3. q_V—H 性能曲线的三种基本形式

后弯式叶轮的 q_V—H 性能曲线，总的来说是一条下降的曲线，但由于其结构型式和出口安装角的不同，就使后弯式叶轮的 q_V—H 性能曲线具有三种基本类型：陡降型、平坦型和驼峰型，如图 7 - 17 所示。

q_V—H 性能曲线的形状用斜度 k_p 度量：

$$k_p = \frac{H_0 - H_d}{H_0} \times 100\% \qquad (7 - 11)$$

式中　H_0——空载工况的扬程值，m；

　　　　H_d——最佳工况的扬程值，m。

（1）平坦型。当斜度 $k_p = 8\%～12\%$ 时，称为平坦型 q_V—H 曲线，如图 7 - 17 中的 a 线所示。具有这

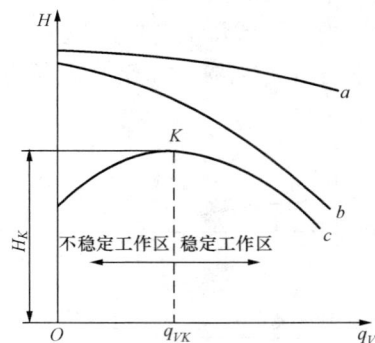

图 7 - 17　q_V—H 性能曲线的
三种基本类型

种形状的 q_V—H 性能曲线的泵与风机，适用于流量变化大而扬程变化小的场合。如电厂中的锅炉给水泵和凝结水泵，当外界负荷变化时，泵的流量随之变化，而要求泵的扬程变化较小，以保证有足够的能量将水打入锅炉或除氧器。

（2）陡降型。当斜度 $k_p = 25\%～30\%$ 时，称为陡降型 q_V—H 曲线，如图 7 - 17 中的 b 线所示。具有这种形状的 q_V—H 性能曲线的泵与风机，适用于扬程变化大而流量变化小的场合。如电厂中的循环水泵，当江河、湖泊水位涨落，或凝汽器铜管中由于阻塞使流动阻力

增大时，泵的扬程变化较大，而要求泵的流量变化不大，以保证机组的正常运行。

（3）驼峰型。图 7 - 17 中的 c 线所示为驼峰型 q_V—H 性能曲线。具有这种形状的 q_V—H 性能曲线的泵与风机，其扬程随流量的变化是先增加后减小，曲线上出现扬程最大值 H_K 对应的临界点 K 点，对应的流量为 q_{VK}，在 K 点以右为稳定工作区，K 点以左为不稳定工作区。泵与风机在不稳定工作区工作，就会产生振动和噪声。所以，尽量不使用具有驼峰形曲线的泵与风机，若必须使用这样的泵与风机，应设法使其在驼峰以右的区域工作。

四、轴流式泵与风机的性能曲线分析

图 7 - 18 所示为轴流式泵与风机的性能曲线，它与离心式泵与风机的性能曲线相比，有着明显的差别。

（1）q_V—H 曲线是一条具有拐点的陡降曲线。在流量为零时，扬程（全压）为最大，最大扬程（全压）约为设计工况下扬程（全压）的两倍，即 $H_0 \approx 2H_d$。随着流量的增加，扬程（全压）先是急剧下降曲线到 b 点，之后随着流量的增大，扬程（或全压）有所上升，曲线到 c 点，然后扬程（全压）又急剧下降，曲线到 d 点、e 点。在 q_V—H 曲线上，出现了拐点，其原因是：当在设计工况时，对应曲线上的 d 点，流量为 q_{Vd}，此时沿叶片各截面的流线分布均匀，扬程（全压）相等，效率最高。当 $q_V < q_{Vd}$ 时，流动角减小，冲角 α 增大，由翼型的空气动力特性可知，冲角适当增大时，翼型的升力系数也增加，因而扬程（全压）上升，但当流量减小到 q_{Vc} 时，冲角 α 已增加到临界值，出现失速现象，使翼型上产生边界层分离，升力系数降低，扬程（全压）也随之下降，当 $q_V = q_{Vb}$ 时，扬程（全压）降到一极值点。当流量继续减小到 $q_V < q_{Vb}$ 时，沿叶片各截面扬程（全压）不相等，叶片顶部压强高，而根部压强低，导致出现二次回流，此时，一部分从叶顶流出的流体又返回叶轮再次获得能量，使得扬程（全压）又开始升高。由于二次回流伴有较大的能量损失，所以，效率明显下降。

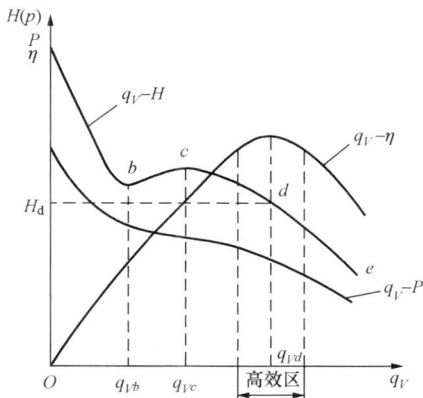

图 7 - 18　轴流式泵与风机的性能曲线

由此可见，在 q_V—H 曲线上出现小流量范围内（$q_{Vb} < q_V < q_{Vc}$）的不稳定工作区，并且在流量 $q_V < q_{Vb}$ 时，泵与风机的效率明显下降，所以，应避免轴流式泵与风机在 c 点以左的区域工作。

（2）q_V—P 曲线是一条陡降的曲线。轴功率在空载状态（$q_V = 0$）时最大，随流量的增加轴功率随之减小。因此，为避免原动机过载，轴流式泵与风机要在进、出口阀门全开状态下启动，故称为"开阀启动"。如果叶片安装角是可调的，在叶片安装角小时，轴功率也小，所以对可调叶片的轴流式泵与风机可在小安装角时启动。

（3）高效区比较窄。轴流式泵与风机 q_V—η 曲线比较尖，这说明其经济工作区小，工作流量一旦偏离设计流量，效率将大幅度下降。但轴流式泵与风机如果采用可调叶片，则可扩大其经济工作区，这也是目前广泛应用可调叶片轴流式泵与风机的主要原因。

混流式泵与风机的性能介于离心式和轴流式之间。

第三节　泵与风机的相似定律及其应用

教学目的

　　掌握叶片式泵与风机的相似定律及其应用，掌握比转数的计算方法，了解比转数的应用。

教学内容

　　利用叶片式泵与风机的相似定律，可以很方便地将模型泵与风机的试验结果换算到与之相似的实型泵与风机上，从而非常经济地进行泵与风机的优化设计；利用相似定律，还可对不同运行工况下性能参数进行换算。通常在表示模型泵与风机的参数时加下标"m"，表示实型泵与风机的参数仍用以前的符号。

　　泵与风机相似首先要满足相似条件。

一、相似条件

1. 几何相似

几何相似是指模型和实型泵与风机各对应点几何尺寸的比值相等，各对应角、叶片数相等，即

$$\frac{D_1}{D_{1m}} = \frac{b_1}{b_{1m}} = \frac{b_2}{b_{2m}} = \cdots = \frac{D_2}{D_{2m}} = 常数$$

$$\beta_{1a} = \beta_{1a,m}, \beta_{2a} = \beta_{2a,m}, Z = Z_m$$

2. 运动相似

运动相似是指模型和实型泵与风机各对应点的同名速度大小比值相等、方向相同。即流体在模型和实型泵与风机各对应点的速度三角形相似，如图 7 - 19 所示。

$$\frac{v_1}{v_{1m}} = \frac{v_2}{v_{2m}} = \frac{w_1}{w_{1m}} = \frac{w_2}{w_{2m}} = \frac{u_1}{u_{1m}} = \cdots = \frac{u_2}{u_{2m}} = \frac{D_2 n}{D_{2m} n_m} = 常数$$

$$\beta_1 = \beta_{1m}, \beta_2 = \beta_{2m}, \alpha_1 = \alpha_{1m}, \alpha_2 = \alpha_{2m}$$

3. 动力相似

动力相似是指模型和实型泵与风机各对应点上所受的同名力大小比值相等、方向相同。流体在泵与风机流动时主要受惯性力、黏性力、重力、压力四种力的作用，起主导作用的是惯性力和黏性力，而雷诺数是惯性力与黏性力的比值，所以只要模型和实型泵与风机的雷诺数相等，就满足了动力相似。在泵与风机中，流体的流动已处于水力粗糙管区，阻力系数与雷诺数无关，不论模型和实型泵与风机的雷诺数相等与否，都会自动满足动力相似。所以，泵与风机相似条件中，可不考虑动力相似。

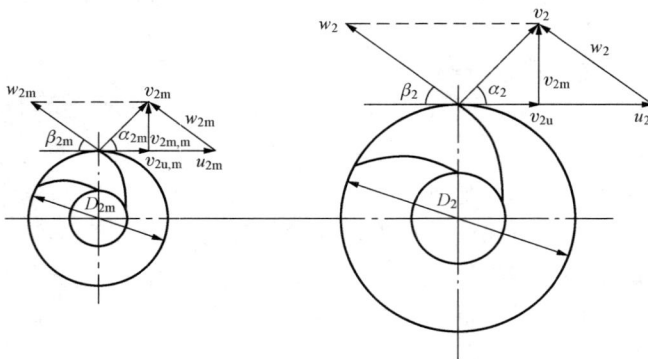

图 7 - 19　几何相似和运动相似示意图

二、相似定律

只有同时满足上述三个相似条件的泵与风机才是相似的泵与风机。相似的泵与风机各对应的工况称为相似工况。相似工况各性能参数之间必存在着相似关系，主要有流量关系、扬程（全压）关系和轴功率关系，这种相似关系称为相似定律。

1. 流量关系

流量计算式为

$$q_V = \pi D_2 b_2 v_{2m} \psi_2 \eta_V$$

相似工况的流量之比为

$$\frac{q_V}{q_{Vm}} = \frac{\pi D_2 b_2 v_{2m} \psi_2 \eta_V}{\pi D_{2m} b_{2m} v_{2m,m} \psi_{2m} \eta_{Vm}}$$

因为只有满足相似条件，泵与风机才相似，所以有 $\psi_2 = \psi_{2m}$，$\dfrac{b_2}{b_{2m}} = \dfrac{D_2}{D_{2m}}$；$\dfrac{v_{2m}}{v_{2mm}} = \dfrac{D_2 n}{D_{2m} n}$；因此，相似工况的流量关系为

$$\frac{q_V}{q_{V,m}} = \left(\frac{D_2}{D_{2m}}\right)^3 \frac{n}{n_m} \frac{\eta_V}{\eta_{Vm}} \tag{7-12}$$

式（7-12）表明：相似的泵与风机在相似工况下，其流量之比与几何尺寸之比的三次方和转速之比的一次方成正比。

2. 扬程（全压）关系

当流体径向进入叶轮时，扬程的计算式为

$$H = \eta_h \frac{u_2 v_{2u}}{g}$$

相似工况的扬程之比为

$$\frac{H}{H_m} = \frac{u_2 v_{2u} \eta_h}{u_{2m} v_{2um} \eta_{hm}}$$

由运动相似知，$\dfrac{v_{2u}}{v_{2um}} = \dfrac{u_2}{u_{2m}} = \dfrac{D_2 n}{D_{2m} n_m}$，因此，泵相似工况的扬程关系为

$$\frac{H}{H_m} = \left(\frac{D_2}{D_{2m}}\right)^2 \left(\frac{n}{n_m}\right)^2 \frac{\eta_h}{\eta_{h,m}} \tag{7-13}$$

式（7-13）表明：相似的泵在相似工况下，其扬程之比与几何尺寸之比的平方以及转速之比的平方成正比。

由全压与扬程的关系 $p = \rho g H$ 可得，风机相似工况的全压关系为

$$\frac{p}{p_m} = \frac{\rho}{\rho_m} \left(\frac{D_2}{D_{2m}}\right)^2 \left(\frac{n}{n_m}\right)^2 \frac{\eta_h}{\eta_{h,m}} \tag{7-14}$$

式（7-14）表明：相似的风机在相似工况下，其全压之比与密度之比的一次方、几何尺寸之比的平方以及转速之比的平方成正比。

3. 功率关系

轴功率的计算式为

$$P = \frac{\rho g q_V H}{\eta}$$

相似的泵与风机，轴功率之比为

$$\frac{P}{P_m} = \frac{\rho g q_V H \eta_m}{\rho_m g q_{Vm} H_m \eta}$$

即

$$\frac{P}{P_{m}} = \frac{\rho}{\rho_{m}} \left(\frac{D_{2}}{D_{2m}}\right)^{5} \left(\frac{n}{n_{m}}\right)^{3} \frac{\eta_{m}}{\eta} \qquad (7-15)$$

式（7-15）表明：相似的泵与风机在相似工况下，其轴功率之比与密度之比的一次方、几何尺寸之比的五次方以及转速之比的三次方成正比。

一般情况下，实心泵与风机容积效率 η_{V}、流动效率应 η_{h} 及总效率 η 要大于模型泵与风机相应的三个效率 η_{m}、$\eta_{h,m}$ 和 η_{m}。而在实际应用时，当相似泵与风机的几何尺寸之比 $\frac{D_{2}}{D_{2m}} < 5$、转速较高且相对变化量 $\frac{n-n_{m}}{n_{m}} \times 100\% \leqslant 20\%$ 时，可近似认为它们各对应的效率相等，则上述关系式可简化归纳为

$$\left.\begin{aligned}
\frac{q_{V}}{q_{Vm}} &= \left(\frac{D_{2}}{D_{2m}}\right)^{3} \frac{n}{n_{m}} \\
\frac{H}{H_{m}} &= \left(\frac{D_{2}}{D_{2m}}\right)^{2} \left(\frac{n}{n_{m}}\right)^{2} \\
\frac{p}{p_{m}} &= \frac{\rho}{\rho_{m}} \left(\frac{D_{2}}{D_{2m}}\right)^{2} \left(\frac{n}{n_{m}}\right)^{2} \\
\frac{P}{P_{m}} &= \frac{\rho}{\rho_{m}} \left(\frac{D_{2}}{D_{2m}}\right)^{5} \left(\frac{n}{n_{m}}\right)^{3}
\end{aligned}\right\} \qquad (7-16)$$

式（7-16）为相似定律的数学其表达式，它反映了相似的泵与风机，其相似工况之间的流量关系、扬程或全压关系和轴功率关系。

三、相似定律的应用

在讨论相似定律的应用时，用下标"1"表示变化前的参数，用下标"2"表示变化后的参数。

（一）比例定律及其应用

1. 比例定律

同一台泵或风机，输送相同的流体，当转速变化时，相似工况各性能参数之间的关系称为比例定律。

由于 $D_{2} = D_{1}$，$\rho_{2} = \rho_{1}$，因此，根据相似定律推得比例定律的表达式为

$$\left.\begin{aligned}
\frac{q_{V1}}{q_{V2}} &= \frac{n_{1}}{n_{2}} \\
\frac{H_{1}}{H_{2}} &= \left(\frac{n_{1}}{n_{2}}\right)^{2} \text{ 或 } \frac{p_{1}}{p_{2}} = \left(\frac{n_{1}}{n_{2}}\right)^{2} \\
\frac{P_{1}}{P_{2}} &= \left(\frac{n_{1}}{n_{2}}\right)^{3}
\end{aligned}\right\} \qquad (7-17)$$

2. 比例定律的应用

（1）不同转速下性能曲线的换算。如图 7-20 所示，已知泵在 n_{1} 转速下的性能曲线 q_{V1}—H_{1}，利用比例定律求转速变化为 n_{2} 时的性能曲线 q_{V2}—H_{2}。其换算步骤和方法是：首先在 q_{V1}—H_{1} 取若干个工况点 A_{1}（q_{VA1}，H_{A1}）、B_{1}（q_{VB1}，H_{B1}）、…，由比例定律计算在 q_{V2}—H_{2} 曲线上对应的相似工况点的参数。

$$q_{VA2} = \frac{n_2}{n_1} q_{VA1}, H_{A2} = \left(\frac{n_2}{n_1}\right)^2 H_{A1}$$

$$q_{VB2} = \frac{n_2}{n_1} q_{VB1}, H_{B2} = \left(\frac{n_2}{n_1}\right)^2 H_{B1}$$

$$\cdots$$

将这些工况点 A_2（q_{VA2}，H_{A2}）、B_2（q_{VB2}，H_{B2}）…描在坐标图上，最后用光滑的曲线把它们连接起来，即为 n_2 时的性能曲线 q_{V2}—H_2。

同理，已知泵在 n_1 转速下的性能曲线 q_{V1}—P_1，由 $q_{V2} = \frac{n_2}{n_1} q_{V1}$，$P_2 = \left(\frac{n_2}{n_1}\right)^3 P_1$，可换算成 n_2 时的性能曲线 q_{V2}—P_2。

在转速变化不大时，根据满足比例定律的各相似工况点效率相等的原则，进行效率曲线 q_V—η 的换算，如图 7 - 20 所示的 q_{V1}—η_1 换算为 q_{V2}—η_2。

（2）确定泵与风机在新工况下的转速。在泵与风机变速调节中遇到这样的问题，已知泵与风机在转速 n_1 下的性能曲线 q_{V1}—H_1，现要求泵与风机在另一工况点 C_2（q_{VC2}，H_{C2}）下工作，则确定泵与风机的转速 n_2，如图7 - 21所示。解决问题的方法是利用由比例定律推得的比例曲线，在已知的性能曲线 q_V—H_1 上找出与工况点 C_2 相似的工况点 C_1。

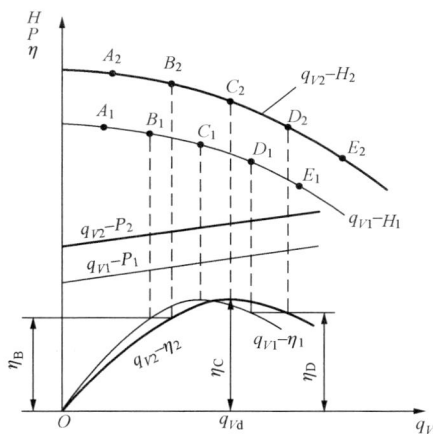

图 7 - 20　转速变化时性能曲线的换算　　　　图 7 - 21　比例曲线

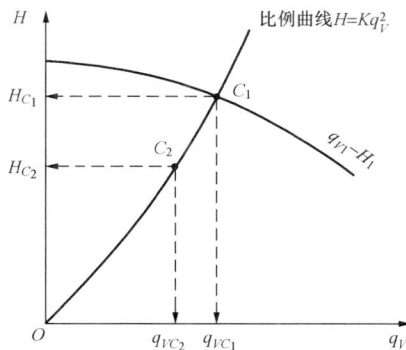

由比例定律

$$\frac{q_{V1}}{q_{V2}} = \frac{n_1}{n_2}, \frac{H_1}{H_2} = \left(\frac{n_1}{n_2}\right)^2$$

得

$$\frac{H_1}{H_2} = \left(\frac{q_{V1}}{q_{V2}}\right)^2$$

即

$$\frac{H_1}{q_{V1}^2} = \frac{H_2}{q_{V2}^2} = \cdots = K = 常数$$

比例曲线方程为

$$H = K q_V^2 \qquad\qquad (7 - 18)$$

式（7-18）表示的比例曲线是一条以坐标原点为顶点的二次抛物线。在比例曲线上各工况点相似，其性能参数满足比例定律，且各点的效率相等，故比例曲线又称工况相似抛物线或等效率曲线。需要注意的是：①比例曲线是根据式（7-16）推得的，故其应用条件也应限制在转速较高且转速的相对变化量 $\frac{n-n_m}{n_m}\times100\%\leqslant20\%$ 的范围内，否则，将带来较大的计算误差；②只有在同一条比例曲线上点才是相似工况点，各参数之间的关系才满足比例定律。

将 C_2（q_{VC2}，H_{C2}）点的参数代入式（7-18），计算出通过 C_2 点的比例曲线方程 $H=K_C q_V^2$ 的比例系数 K_C 值。

$$K_C=\frac{H_{C2}}{q_{VC2}^2}$$

在坐标图上描点作通过 C_2 点的比例曲线，该比例曲线与原转速 n_1 下的性能曲线 q_{V1}—H_1 相交于 C_1（q_{VC1}，H_{C1}）点。因为 C_1 与 C_2 两点处在同一条比例曲线上，所以满足比例定律，应用下式可计算出 n_2：

$$n_2=\frac{q_{VC2}}{q_{VC1}}n_1$$

或

$$n_2=n_1\sqrt{\frac{H_{C2}}{H_{C1}}}$$

（3）绘制通用性能曲线。为方便用户，通常将泵与风机在不同转速下的 q_V—H 性能曲线及其相应的等效率曲线绘制在同一坐标图上，这种性能曲线称为通用性能曲线，如图 7-22 所示。图中等效率曲线是各转速下的 q_V—H 性能曲线上效率相等的工况点所连成的曲线。理论上的等效率曲线可由比例定律根据各相似工况点效率相等的原则进行效率曲线 q_V—η 的换算求得，且在转速变化不大时，与通过试验绘制的通用性能曲线是一致的，此时的等效率曲线与比例曲线重合，如图中虚线所示。需要指出的是，当转速变化较大时，由试验得到的等效率曲线与比例曲线不再重合，而是向效率较高的方向偏移，连成图中所示的椭圆形状。这是因为比例曲线是在假设各种转速下效率相等的条件下得到的；而实际上，当转速相差较大时，比例曲线上各点的效率已不再相等。

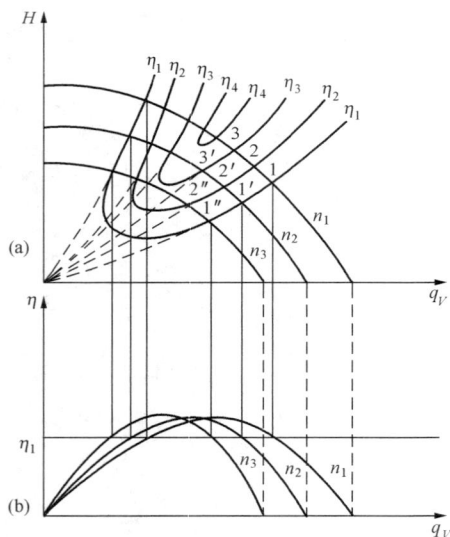

图 7-22 通用性能曲线

【例 7-2】 某离心式泵在转速 $n_1=1450$r/min 下的 q_{V1}—H_1 性能曲线，如图 7-23 所示，求：①转速 $n_2=1680$r/min 下的 q_{V2}—H_2 性能曲线；②当泵的运行工况点移动到 G 点（流量为 $q_{VG}=50$m³/h、扬程为 $H_G=40$m）时，泵的转速 n_3 应为多少？

解 （1）在 q_{V1}—H_1 性能曲线上找出若干个工况点，A_1（0，75）、B_1（20，73）、C_1（40，68）、D_1（60，62）、E_1（80，52）、F_1（100，40），并将其参数列于下表：

工况点	A_1	B_1	C_1	D_1	E_1	F_1
q_V（m³/h）	0	20	40	60	80	100
H（m）	75	73	68	62	52	40

将 $n_1 = 1450 \text{r/min}$，$n_2 = 1680 \text{r/min}$ 代入比例定律得

$$q_{V2} = \frac{n_2}{n_1} q_{V1} = \frac{1680}{1450} q_{V1} = 1.159 q_{V1}$$

$$H_2 = \left(\frac{n_2}{n_1}\right)^2 H_1 = \left(\frac{1680}{1450}\right)^2 H_1 = 1.34 H_1$$

将利用比例定律计算出的转速为 $n_2 = 1680 \text{r/min}$ 时各对应的工况点参数列于下表：

工况点的参数	A_2	B_2	C_2	D_2	E_2	F_2
q_V（m³/h）	0	23.2	46.3	69.5	92.3	115.9
H（m）	100.5	98	91.3	83.2	69.8	53.7

在坐标图上描点 A_2（0，100.5）、B_2（23.2，98）、C_2（46.3，91.3）、D_2（69.5，83.2）、E_2（92.3，69.8）、F_2（115.9，53.7），将这些点用光滑的曲线连接起来即为 $n_2 = 1680 \text{r/min}$ 下的 q_{V2}—H_2 性能曲线。

（2）将 G 点的参数 $q_{VG} = 50 \text{m}^3/\text{h}$、扬程 $H_G = 40 \text{m}$ 代入比例曲线方程计算比例系数 K 值，得

$$K = \frac{H}{q_V^2} = \frac{40}{50^2} = 0.016$$

则通过 G 点的比例曲线方程为

$$H = 0.016 q_V^2$$

比例曲线方程计算结果列于下表：

q_V（m³/h）	0	20	30	40	50	60	70	80
H（m）	0	6.4	14.4	25.6	40	57.6	78.4	102.4

在坐标图上描点作出比例曲线，该比例曲线与 $n_1 = 1450 \text{r/min}$ 下的 q_{V1}—H_1 性能曲线交于 L 点，由图查得 L 点的参数为 $q_{VL} = 62 \text{m}^3/\text{h}$、扬程为 $H_L = 61 \text{m}$。G 与 L 点在同一条比例曲线上，应用比例定律求得 G 点对应的转速为

$$n_3 = \frac{q_{VG}}{q_{VL}} n_1 = \frac{50}{62} \times 1450 = 1169 (\text{r/min})$$

或

$$n_3 = n_1 \sqrt{\frac{H_G}{H_L}} = 1450 \times \sqrt{\frac{40}{61}} = 1174 (\text{r/min})$$

计算结果不同是由于作图误差所致。

（二）密度改变时各参数的变化关系

同一台泵或风机，其转速相同，当输送不同的流体时，由于 $D_2 = D_1$，$n_2 = n_1$，因此，由相似定律得各参数之间的关系为

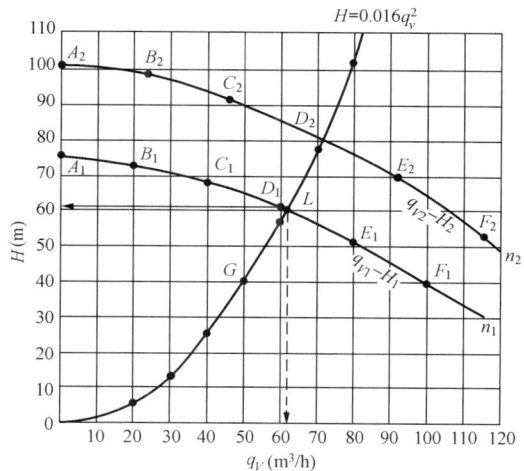

图 7 - 23　例 7 - 2 图

$$\left.\begin{array}{l} q_{V2} = q_{V1} \\ H_1 = H_2 \ 或 \ \dfrac{p_2}{p_1} = \dfrac{\rho_2}{\rho_1} \\ \dfrac{P_2}{P_1} = \dfrac{\rho_2}{\rho_1} \end{array}\right\} \qquad (7\text{-}19)$$

　　式（7-19）表明，对于同一台泵或风机，输送不同的流体，当转速不变时，其流量、扬程不变，而全压及轴功率与流体的密度成正比。工程实际中，风机输送的气体温度和压强通常与制造厂的设计条件不符，可利用上式对全压和轴功率进行换算。设计条件下的全压 p_0、轴功率 P_0 与使用条件下的全压 p、轴功率 P 之间的换算关系分别为

$$p = \frac{\rho}{\rho_0} p_0 \qquad (7\text{-}20)$$

$$P = \frac{\rho}{\rho_0} P_0 \qquad (7\text{-}21)$$

式中　ρ_0、ρ——设计条件和使用条件下气体的密度，kg/m^3。不同状态下的密度由第一章中的式（1-4）进行换算。

四、比转数

（一）比转数的概念

　　为方便泵与风机的设计、选型和改造，利用相似定律推导出由额定转速 n、流量 q_V、扬程 H（或全压 p）组合而成的综合相似特征数，称为比转数，用符号 n_s（泵）或 n_y（风机）表示。

　　1. 泵的比转数 n_s

　　将式（7-12）和式（7-13）进行变换成如下形式：

$$\frac{q_V}{n D_2^3} = \frac{q_{Vm}}{n_m D_{2m}^3} \qquad (7\text{-}22)$$

$$\frac{H}{n^2 D_2^2} = \frac{H_m}{n_m^2 D_{2m}^2} \qquad (7\text{-}23)$$

　　将式（7-22）两边平方、将式（7-23）两边三次方后，并将其相除得

$$\frac{n^4 q_V^2}{H^3} = \frac{n_m^4 q_{Vm}^2}{H_m^3} \qquad (7\text{-}24)$$

　　将式（7-24）两边开四次方得

$$\frac{n \sqrt{q_V}}{H^{3/4}} = \frac{n_m \sqrt{q_{Vm}}}{H_m^{3/4}} = 常数$$

　　上式中的常数称为比转数 n_s，即

$$n_s = \frac{n \sqrt{q_V}}{H^{3/4}} \qquad (7\text{-}25)$$

　　我国比转数的计算公式习惯上在式（7-25）右边乘以 3.65，即

$$n_s = \frac{3.65 n \sqrt{q_V}}{H^{3/4}} \qquad (7\text{-}26)$$

式中　n——转速，r/min；

　　　q_V——体积流量，m^3/s；

　　　H——扬程，m。

2. 风机的比转数

风机的比转数 n_y 与泵的比转数性质完全相同，只是将扬程改为全压，n_y 的计算采用式（7 - 27）：

$$n_y = \frac{n \sqrt{q_V}}{p_0^{3/4}} \tag{7 - 27}$$

式中　　p_0——标准状态（温度 $t = 20\,℃$，当地大气压 $p_a = 101.33 \times 10^3\,Pa$）下风机的全压，Pa。如果实际情况不是标准状态，则要用式（7 - 20）换算成标准状态下的全压 p_0。

3. 比转数的分析与说明

（1）比转数是泵与风机的相似特征数，与泵与风机的实际转速有着本质的区别，决不能将两者混淆。

（2）泵或风机的比转数通常是指最佳工况点的比转数。因为同一台泵或风机，不同的工况就有不同的比转数，为便于分类比较，一般把效率最高点的比转数作为某类型泵或风机的比转数。

（3）泵与风机相似，其比转数必然相等，但比转数相等的泵或风机不一定相似。这是因为比转数是利用相似定律推导得到的，比转数相等只是泵或风机相似的结果，而不是相似的条件。因此，比转数不能作为泵与风机相似的判别标准。

（4）比转数计算公式中的参数是单吸、单级式泵与风机的参数值。如果是双吸式，流量应以 $\frac{q_V}{2}$ 代入计算；如果是多级泵，扬程应以 $\frac{H}{i}$ 代入计算，其中 i 为叶轮级数。计算风机比转数的原则与水泵相同。

（5）比转数是有单位的，其单位并没实际意义，故使用时省去。

近年来，国际化组织（ISO/TC）和我国有关标准（GB3216—1982）要求用型式数 K 来取代目前使用的比转数，型式数的定义式为

$$K = \frac{2\pi n \sqrt{q_V}}{60(gH)^{3/4}} \tag{7 - 28}$$

型式数 K 与我国目前使用的比转数之间存在以下换算关系：

$$K = 0.005\,175\,9 n_s \tag{7 - 29}$$

或

$$n_s = 193.2K \tag{7 - 30}$$

使用型式数 K 的优点是：①由于型式数是无因次量，所以它具有通用性；②型式数与液体的密度无关。而我国目前使用的比转数 n_s 是以水的参数作为计算标准的，因此，有较大的片面性。但由于习惯问题，我国允许在短期内同时使用比转数 n_s。

（二）比转数的应用

1. 对泵与风机进行分类

由比转数的计算式可知，当转速不变时，比转数小的泵与风机，其流量小，扬程（全压）高。为提高扬程（全压），在叶轮的结构上必须增加叶轮的外径 D_2。同时，由于流量小，叶轮的通流面积（$A_2 = \pi D_2 b_2$）较小，这样由于 D_2 较大，叶轮出口宽度 b_2 则很小，所以，对于低比转数的泵与风机，其叶轮呈现出扁而大、叶道显得窄而长的结构特征，如表 7 - 1 所示。随

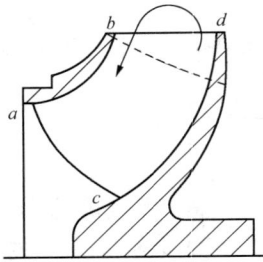

图 7 - 24　二次回流

着比转数的增加，泵与风机的流量增大，扬程（全压）降低，叶轮的外径 D_2 随之减小，而叶轮出口宽度 b_2 则随之增加，则叶轮显得小而厚，叶道变得短而宽。当叶轮外径 D_2 减小、叶轮出口宽度 b_2 增大到某一程度时，如图 7 - 24 所示，叶轮前后盖板处的 ab 和 cd 两条流线相差很大。这时，由于流体在前后盖板处获得的能量不等，致使叶轮出口处的 d 点的压强大于 b 点的压强，从而引起二次回流，造成较大的能量损失。为防止二次回流的发生，叶轮出口边要作成斜切式，如图中虚线所示。此时，流体斜向流出叶轮，泵与风机的型式就从离心式过渡到混流式。当 D_2 减小到极限值等于进口直径 D_0 时，则泵与风机的型式从混流式变成轴流式。由此可见，比转数的大小反映出泵与风机的结构和型式特点，因此，用比转数可对泵与风机进行分类。

表 7 - 1　　　　　　　　比转数与叶轮的形状、泵与风机的型式和性能曲线的关系

水泵类型	离 心 泵			混 流 泵	轴 流 泵
	低比转数	中比转数	高比转数		
比 转 数	$30 < n_s < 80$	$80 < n_s < 150$	$150 < n_s < 300$	$300 < n_s < 500$	$500 < n_s < 1000$
叶轮简图					
尺 寸 比	$\dfrac{D_2}{D_0} \approx 3$	$\dfrac{D_2}{D_0} \approx 2$	$\dfrac{D_2}{D_0} \approx 1.8 \sim 1.4$	$\dfrac{D_2}{D_0} \approx 1.2 \sim 1.1$	$\dfrac{D_2}{D_0} \approx 1.0$
叶片形状	圆柱形叶片	入口处扭曲出口处圆柱形	扭曲形叶片	扭曲形叶片	轴流式翼型式
工作性能曲线					

　　对于泵，比转数在 30～300 范围内为离心式泵，其中 $n_s = 30 \sim 80$ 为低比转数离心式泵，$n_s = 80 \sim 150$ 为中比转数离心式泵，$n_s = 150 \sim 300$ 为高比转数离心式泵。比转数在 300～500 范围内为混流式泵，比转数在 500～1000 范围内为轴流式泵。

　　对于风机，$n_y = 2.7 \sim 12$ 为前弯式离心风机，$n_y = 3.6 \sim 16.6$ 为后弯式离心风机，$n_y = 18 \sim 36$ 为轴流式风机。

　　2. 对泵和风机进行系列编制和选型

　　用比转数编制泵和风机的相似系列或系列型谱，可大大减少模型数量和产品目录的编制工作。用户可根据泵与风机装置所需的流量 q_V、扬程 H（全压 p）以及原动机的转速 n 计算出比转数 n_s，按高效范围大、综合性能优良的要求，非常方便地在相似系列或系列型谱中选择合适的泵与风机。

　　3. 对泵和风机进行相似设计

　　用设计工况的参数 q_V、H（或 p）、n 计算出比转数，选择性能良好的模型进行设计，把模型参数换算成实型泵与风机的参数，设计成与模型相似且具有同样优良性能的泵与风机。

【例 7 - 3】　有一首级为双吸叶轮的多级泵，其最佳工况点的参数为流量 $q_V = 260\text{m}^3/\text{h}$，扬程 $H = 480\text{m}$，转速 $n = 2980\text{r/min}$，共 6 级叶轮。试求：①该泵比转数 n_s，并确定其类型；②另有一台与之相似的泵，其最佳工况点的参数为流量 $q_{V1} = 150\text{m}^3/\text{h}$，扬程 $H_1 = 360\text{m}$，该泵的转速 n_1 为多少？

解　（1）由于是双吸多级泵，流量用 $\dfrac{q_V}{2}$，扬程用 $\dfrac{H}{i}$ 代入比转数公式计算

$$n_s = \frac{3.65n\sqrt{\dfrac{q_V}{2}}}{\left(\dfrac{H}{i}\right)^{3/4}} = \frac{3.65 \times 2980 \times \sqrt{\dfrac{260}{2 \times 3600}}}{\left(\dfrac{480}{6}\right)^{3/4}} = 77$$

因 $30 < n_s < 80$，该泵属于低比转数的离心式泵。

（2）另一台泵的比转数为

$$n_{s1} = \frac{3.65n_1\sqrt{\dfrac{q_{V1}}{2}}}{\left(\dfrac{H_1}{i}\right)^{3/4}}$$

由于它与该泵相似，其比转数必然相等，即 $n_{s1} = n_s = 77$，则有

$$n_1 = \frac{n_s\left(\dfrac{H_1}{i}\right)^{3/4}}{3.65\sqrt{\dfrac{q_{V1}}{2}}} = \frac{77 \times \left(\dfrac{360}{6}\right)^{3/4}}{3.65 \times \sqrt{\dfrac{150}{2 \times 3600}}} = 3151(\text{r/min})$$

五、风机的无因次性能曲线

工程上通常采用无因次性能曲线作为风机设计和选型的依据。无因次性能曲线是采用无因次的流量系数 $\overline{q_V}$、全压系数 $\overline{p}$、轴功率系数 $\overline{P}$ 和效率 $\overline{\eta}$ 绘制而成的一组性能曲线，为相对性能曲线，它与风机的尺寸大小、转速及被输送气体的密度无关，故可代表一系列相似风机的性能，有利于不同系列风机之间的性能比较。

（一）无因次性能参数

由式（7 - 16）相似定律的表达式，经过变换就可得到各无因次性能参数：流量系数 $\overline{q_V}$、全压系数 $\overline{p}$、轴功率系数 $\overline{P}$ 和效率 $\overline{\eta}$。

1. 流量系数 $\overline{q_V}$

由相似定律的流量关系经变换可得

$$\frac{q_V}{nD_2^3} = \frac{q_{Vm}}{n_m D_{2m}^3} = 常数$$

上式两边同除以 $\dfrac{\pi}{4} \times \dfrac{\pi}{60}$，然后取 $u_2 = \dfrac{\pi D_2 n}{60}$，$A_2 = \dfrac{\pi D_2^2}{4}$ 得

$$\frac{q_V}{A_2 u_2} = \frac{q_{Vm}}{A_{2m} u_{2m}} = 常数 = \overline{q_V} \tag{7 - 31}$$

2. 全压系数 $\overline{p}$

由相似定律的全压关系经变换可得

$$\frac{p}{\rho n^2 D_2^2} = \frac{p_m}{\rho_m n_m^2 D_{2m}^2} = 常数$$

上式两边同除以 $\left(\dfrac{\pi}{60}\right)^2$，然后取 $u_2 = \dfrac{\pi D_2 n}{60}$ 得

$$\frac{p}{\rho u_2^2} = \frac{p_m}{\rho_m u_{2m}^2} = 常数 = \overline{p} \qquad (7-32)$$

3. 轴功率系数 $\overline{P}$

由相似定律的轴功率关系经变换可得

$$\frac{P}{\rho n^3 D_2^5} = \frac{P_m}{\rho_m n_m^3 D_{2m}^5} = 常数$$

上式两边同除以 $\dfrac{\pi}{4}\left(\dfrac{\pi}{60}\right)^3$，并乘以 1000 得

$$\frac{1000P}{\rho A_2 u_2^3} = \frac{1000P_m}{\rho_m A_{2m} u_{2m}^3} = 常数 = \overline{P} \qquad (7-33)$$

4. 效率 $\overline{\eta}$

效率本身就是无因次量，也可用无因次性能参数用计算。

$$\overline{\eta} = \frac{\overline{q_V}\ \overline{p}}{\overline{P}} = \frac{q_V p}{1000P} = \eta \qquad (7-34)$$

（二）无因次性能曲线

绘制无因次性能曲线可通过实验获得，也可由某台原型风机的性能曲线求得，其具体方法是：由实验测出（或由原型风机的性能曲线读出）某台风机在不同工况时的若干组 q_V、p、P 和 η 值，然后由式（7-31）～式（7-34）分别计算出相应工况时的 $\overline{q_V}$、$\overline{p}$、$\overline{P}$ 和 $\overline{\eta}$，以流量系数 $\overline{q_V}$ 为横坐标，以压力系数 $\overline{p}$、轴功率系数 $\overline{P}$ 及效率 $\overline{\eta}$ 为纵坐标，即可绘得一组无因次性能曲线 $\overline{q_V}-\overline{p}$、$\overline{q_V}-\overline{P}$ 和 $\overline{q_V}-\overline{\eta}$，图 7-25 所示即为国产 C3—68 型锅炉离心式送风机的无因次性能曲线。

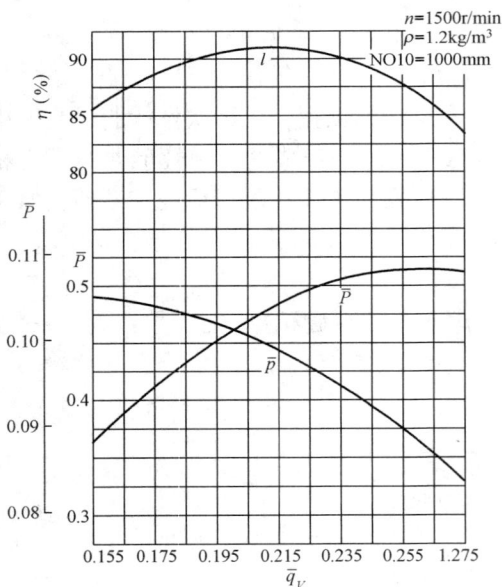

图 7-25　国产 C3—68 型锅炉离心式
送风机的无因次性能曲线

由于无因次性能参数除去了性能参数中的转速、几何尺寸、密度等的计量单位，因此无因次性能曲线不能代表风机的实际工作性能。实际应用中，需将无因次性能曲线按实际转速、几何尺寸和被输送气体的密度换算出风机的实际工作性能曲线。换算公式如下：

$$\left.\begin{array}{l} q_V = A_2 u_2\,\overline{q_V} \\ p = \rho u_2^2\,\overline{p} \\ P = \dfrac{\rho A_2 u_2^3}{1000}\,\overline{P} \end{array}\right\} \qquad (7-35)$$

具体方法是：在工作风机相应的无因次性能曲线上选出若干个工况点，并查得各点对应的一组参数（$\overline{q_V}$、$\overline{p}$、$\overline{P}$ 和 $\overline{\eta}$），再由式（7-35）换算成对应实际工况点的性能参数，然后在坐标图上描点、连线，便可得到该风机的实际性能曲线。

　　需要指出的是，当同一系列的风机几何尺寸相差较大，或风机的尺寸很小时，实测作出的无因次性能曲线与理论无因次性能曲线并不完全相同。这是因为同一系列风机虽然大体上是几何相似的，但实际上风机通流部分的壁面粗糙度、动静间隙等不可能也保持几何相似，且小尺寸风机相对的表面粗糙度和泄漏损失就要大些。

第四节　泵　内　汽　蚀

教学目的

　　熟悉泵内汽蚀现象及其对泵的影响，掌握吸上真空高度、汽蚀余量等汽蚀性能参数以及它们之间的关系，熟练掌握允许几何安装高度的确定方法，掌握提高泵抗汽蚀性能的措施。

教学内容

一、泵内汽蚀现象及其对泵的影响

1. 泵内汽蚀现象

　　由工程热力学知，对于水，一定的温度对应一定的饱和压强。如果保持水温不变，降低液体的压强，当压强降低到水温对应下的饱和压强时，水就会汽化；若压强不变，提高水温，当水温升高到等于或高于该压强对应的饱和温度时，水也会汽化。

　　泵运行时，在叶轮吸入口处形成真空或低压区，当该处的压强降到等于或低于水温对应下的饱和压强时，或水在流动过程中，由于某种原因使水温升高到该处压强对应的饱和温度时，水就会汽化，这时有大量的蒸汽及溶解在水中的气体逸出，形成许多蒸汽与气体混合的小气泡。当气泡随同水流从低压区流向高压区时，气泡在高压的作用下迅速凝结而破裂。气泡破裂的瞬间，在气泡原来占有的空间就形成空穴，产生高真空，水在高压强差的作用下，以极高的速度流向空穴，形成冲击力。由于气泡中的气体和蒸汽来不及在瞬间全部溶解和凝结，因此，在冲击力的作用下又分成小气泡，再被高压水压缩、凝结，如此形成多次反复。如果这些气泡在通流部件的表面凝结、破裂，就会对金属材料产生高频冲击，冲击所形成的压强可高达几百甚至上千兆帕，冲击频率可达几万赫兹，从而使金属材料产生疲劳而遭破坏，这种破坏称为机械剥蚀。同时，由液体中逸出的氧气等活性气体，借助气泡凝结时放出的热量，也会对金属材料产生化学腐蚀。机械剥蚀和化学腐蚀共同作用的结果，使金属表面呈现蜂窝状空洞，甚至穿孔，如图 7 - 26 所示。这种在泵内反复出现水汽化、凝结、冲击而导致材料

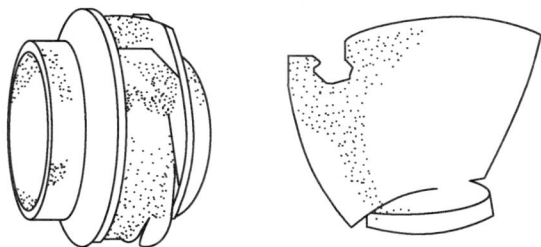

图 7 - 26　被汽蚀损坏的叶轮和叶片

因机械剥蚀和化学腐蚀受到破坏的现象，称为泵内汽蚀现象。

2. 汽蚀对泵的影响

　　汽蚀对泵有以下三方面的影响。

　　（1）降低工作性能。汽蚀发生时，会产生大量气泡，这些气泡将占据一部分通流截面

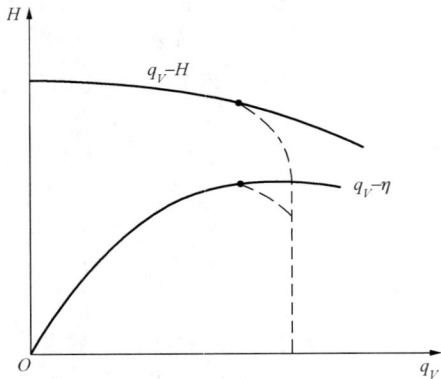

图 7-27　泵发生汽蚀的性能曲线

积，使液体的流量减小。汽、液的两相流动，使流道内流速分布不均，形成旋涡，在气泡凝结、破裂时，又产生很大的冲击损失，这些都会使流动损失增加，扬程降低，效率下降，工作性能恶化。当汽蚀严重时，大量气泡聚集，会堵塞整个流道，出现断流，导致扬程、效率急剧下降，使泵不能正常工作。此时的工况，称为断裂工况，如图 7-27 中黑点所示。

（2）缩短使用寿命。汽蚀发生时，会破坏泵的材料，缩短泵的使用寿命。即使只有少量气泡产生，对泵的正常工作没有明显影响的情况下，泵的材料仍要受到剥蚀。

（3）加剧噪声和振动。汽蚀发生时，由于高频水冲击和汽、液两相流动的结果，泵内会出现振动和噪声。

对于电厂中锅炉给水泵和凝结水泵，由于它们输送的是饱和水，很容易发生汽蚀问题。特别是处于除氧器滑压运行时的锅炉给水泵，由于除氧器内的压强随着外界负荷的变化而变化，而水温的变化总是滞后于压强的变化，因此，在机组负荷突然减少时，除氧器内的压强会随之急剧下降，而水温来不及降低，致使除氧器下方给水泵内的水发生汽化，引起汽蚀。这一问题在机组甩满负荷时尤为突出。

二、汽蚀性能参数

（一）允许吸上真空高度 $[H_s]$

如图 7-28 所示为卧式离心泵的吸入装置，泵轴线至吸入液面的垂直距离称为泵的几何安装高度，用 H_g 表示。取吸入液面为基准面，列出吸入液面 o—o 和泵入口截面 s—s 的伯努里方程，有

$$\frac{p_0}{\rho g} = \frac{p_s}{\rho g} + \frac{V_s^2}{2g} + H_g + h_w \qquad (7-36)$$

式中　p_0——吸入液面压强，Pa；

　　　p_s——泵入口截面处的液体压强，Pa；

　　　V_s——泵入口截面处的流速，m/s；

　　　h_w——吸入管流动阻力损失，m；

　　　ρ——输送液体的密度，m^3/kg。

当液面压强为当地大气压时，即 $p_0 = p_a$，则有

$$\frac{p_a}{\rho g} - \frac{p_s}{\rho g} = H_g + \frac{V_s^2}{2g} + h_w \qquad (7-37)$$

令 $\dfrac{p_a}{\rho g} - \dfrac{p_s}{\rho g} = H_s$，$H_s$ 称为吸上真空高度。在大

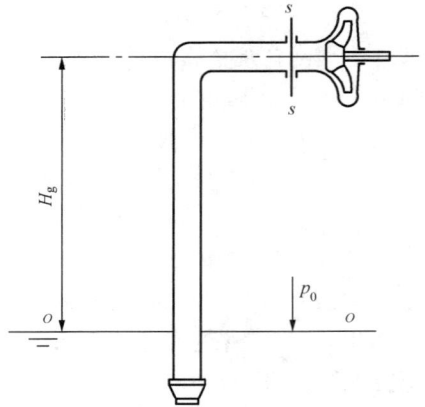

图 7-28　卧式离心泵的吸水装置

气压强一定的条件下，吸上真空高度越大，泵入口处的压强越小，泵汽蚀的可能性增加，所以吸上真空高度是表明泵汽蚀性能的参数。

式（7-37）可写成

$$H_s = H_g + \frac{V_s^2}{2g} + h_w \qquad (7-38)$$

式（7-38）表明，吸上真空高度 H_s 等于几何安装高度 H_g、流速水头 $\frac{V_s^2}{2g}$ 和吸入管的流动阻力损失 h_w 之和。在泵发生汽蚀时的吸上真空高度，称为最大吸上真空高度或临界吸上真空高度，用符号 $H_{s,max}$ 表示。若吸入口处的液体压强为汽化压强，用 p_v 表示，则最大吸上真空高度为

$$H_{s,max} = \frac{p_a}{\rho g} - \frac{p_v}{\rho g} \qquad (7-39)$$

$H_{s,max}$ 是由制造厂通过试验确定的。为保证泵不发生汽蚀，一般规定留有一定的安全量 0.3m，此时的吸上真空高度称为允许吸上真空高度，用 $[H_s]$ 表示，即

$$[H_s] = H_{s,max} - 0.3 \qquad (7-40)$$

显然，吸上真空高度是影响泵汽蚀与否的重要因素。当吸上真空高度较大时，泵就有可能发生汽蚀，若吸上真空高度过大，就会导致泵吸不上液体，所以确定恰当的几何安装高度是保证泵不发生汽蚀的重要条件。

为防止泵汽蚀，应该用允许吸上真空高度 $[H_s]$ 来确定泵的几何安装高度，这时的几何安装高度称为允许几何安装高度，用 $[H_g]$ 表示。由式（7-38）得 $[H_s]$ 与 $[H_g]$ 的关系式为

$$[H_g] = [H_s] - \frac{V_s^2}{2g} - h_w \qquad (7-41)$$

分析式（7-41），可得如下结论：

（1）为了获得足够的允许几何安装高度 $[H_g]$，应该尽量减小吸入管道中的流速水头 $\frac{V_s^2}{2g}$ 及流动阻力损失 h_w。在流量一定的情况下，可以选用直径稍大的吸入管道，以减小流速水头 $\frac{V_s^2}{2g}$。还要尽可能地减小管长和减少局部管件（如弯头、阀门等），以减小流动阻力损失 h_w。

（2）允许几何安装高度 $[H_g]$ 随着流量的增加而降低。所以在确定 $[H_g]$ 时，应按泵在运行中可能出现的最大流量工况进行计算，以保证泵在任何流量工况下均不会发生汽蚀。

制造厂所提供的泵样本中，$[H_s]$ 是在大气压强为 101.3×10^3 Pa、清水的温度为20℃时的数值，当使用条件与上述条件不符时，应将样本中所给出的 $[H_s]$ 值按式（7-42）进行修正：

$$[H_s]' = [H_s] + (H_a - 10.33) + (0.24 - H_v) \qquad (7-42)$$

式中　　　　$[H_s]'$——修正后的允许吸上真空高度，m；

$\quad\quad\quad [H_s]$——泵样本中的允许吸上真空高度，m；

$\quad\quad\quad H_a$——使用地点的当地大气压头，即 $H_a = \frac{p_a}{\rho g}$，m；

$\quad\quad\quad H_v$——泵所输送液体温度下的饱和蒸汽压头，即 $H_v = \frac{p_v}{\rho g}$，m；

$\quad\quad$ 10.33、0.24——标准大气压头和20℃时清水的饱和蒸汽压头，m。

对于同一台泵，安装地点的海拔越高，大气压头就越低，允许吸上真空高度就越小；输送水的温度越高时，所对应的汽化压头就越高，水就越容易汽化，泵的允许吸上真空高度也

就越小。

不同海拔高度的大气压头值和不同温度下水的汽化压头值如表 7 - 2 和表 7 - 3 所示。

表 7 - 2　　　　　　　不同海拔高度的大气压强 p_a 和大气压头 H_a

海拔高度（m）	0	100	200	300	400	500	600	700	800	900	1000	1500
大气压强 p_a（kPa）	101.32	100.6	99.08	98.10	96.13	95.16	94.17	93.19	92.21	91.23	90.25	84.36
大气压头 H_a（m）	10.3	10.2	10.1	10	9.8	9.7	9.6	9.5	9.4	9.3	9.2	8.6

表 7 - 3　　　　　　　不同温度下水的饱和蒸汽压强 p_v 和饱和蒸汽压头 H_v

水温（℃）	10	15	20	25	30	35	40	45	50	55	60
饱和蒸汽压强 p_v（kPa）	1.23	1.71	2.34	3.17	4.24	5.62	7.37	9.58	12.33	15.74	19.92
饱和蒸汽压头 H_v（m）	0.125	0.175	0.238	0.324	0.433	0.580	0.752	0.986	1.272	1.628	2.066
水温（℃）	65	70	80	90	100	110	120	130	140	150	160
饱和蒸汽压强 p_v（kPa）	25.0	31.6	47.36	70.10	101.32	143.26	198.55	270.09	361.37	475.96	618.04
饱和蒸汽压头 H_v（m）	2.60	3.249	4.97	7.406	10.786	15.369	21.47	29.183	39.797	52.937	69.40

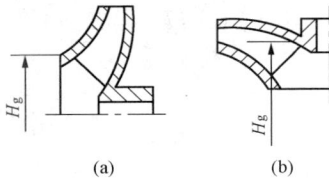

图 7 - 29　大型泵的几何安装高度
（a）卧式泵；（b）立式泵

需要指出的是，大型泵的几何安装高度是指叶片进口边最高点至吸入液面的垂直距离，如图 7 - 29 所示。

【例 7 - 4】　某台离心水泵在海拔高度为 400m 的地方工作，该地区夏天的最高水温为 30℃，已知该泵样本中的允许吸上真空高度 $[H_s]=7.5m$，（1）求该泵在当地的允许吸上真空高度 $[H_s]'$；（2）若吸水管的流动阻力损失水头为 1m，流量为 0.5m³/s，管内径 $d=0.6m$，求该泵在当地的允许几何安装高度 $[H_g]$。

解　（1）由表 7 - 2 查得海拔 400m 处的大气压头 $H_a=9.8m$，由表 7 - 3 查得水温为 30℃的汽化压头 $H_v=0.433m$，则泵在当地的允许吸上真空高度为

$$[H_s]' = [H_s] + (H_a - 10.33) + (0.24 - H_v)$$
$$= 7.5 + 9.8 - 10.33 + 0.24 - 0.433 = 6.78m$$

（2）吸水管的流速为

$$V_s = \frac{4q_V}{\pi d^2} = \frac{4 \times 0.5}{\pi \times 0.6^2} = 1.79(\text{m/s})$$

则泵在当地的允许几何安装高度为

$$[H_g] = [H_s]' - \frac{V_s^2}{2g} - h_w$$
$$= 6.78 - \frac{1.79^2}{2 \times 9.807} - 1$$
$$= 5.62(\text{m})$$

（二）允许汽蚀余量 $[\Delta h]$

反映泵汽蚀性能的另一个重要参数，称为允许汽蚀余量，用符号 $[\Delta h]$ 或 $[NPSH]$ 表示。泵在运行中是否发生汽蚀不仅与泵的吸入装置有关，还与泵本身的汽蚀性能有关。根据吸入装置条件所确定的汽蚀余量，称为有效汽蚀余量或称装置汽蚀余量，用 Δh_a 或 $NPSH_a$

表示；由泵本身的汽蚀性能所确定的汽蚀余量，称为必需汽蚀余量或泵的汽蚀余量，用 Δh_r 或 $NPSH_r$ 表示。

1. 有效汽蚀余量 Δh_a

有效汽蚀余量 Δh_a 是指泵的吸入口处，单位重力作用下液体所具有的超过汽化压强的富余能量，其定义式为

$$\Delta h_a = \frac{p_s}{\rho g} + \frac{V_s^2}{2g} - \frac{p_v}{\rho g} \qquad (7-43)$$

式中　p_v——吸入口液体的汽化压强，Pa。

有效汽蚀余量 Δh_a 越大，超过汽化压强的富余能量就越多，泵汽蚀的可能性就越小，反之，泵汽蚀的可能性就越大。

由式（7-36）得

$$\frac{p_s}{\rho g} + \frac{V_s^2}{2g} = \frac{p_0}{\rho g} - H_g - h_w$$

将上式代入式（7-43）得

$$\Delta h_a = \left(\frac{p_0}{\rho g} - h_w - H_g \right) - \frac{p_v}{\rho g} \qquad (7-44)$$

由式（7-44）可知，有效汽蚀余量 Δh_a 就是吸入液面上的压强水头在克服吸水管路中的流动阻力损失，并把水提高到 H_g 的高度后，所剩余的超过汽化压头的能头。

对式（7-44）作进一步分析可得出如下结论：

（1）流量增加时，有效汽蚀余量 Δh_a 减小，泵发生汽蚀的可能性增加。这是因为在液面上的压强水头 $\frac{p_0}{\rho g}$、几何安装高度 H_g 和液体温度保持不变（饱和压头 $\frac{p_v}{\rho g}$ 不变）的情况下，有效汽蚀余量 Δh_a 随吸入管的流动阻力损失 h_w 的增加而减小，而流动阻力损失 h_w 又与流量的平方成正比。

（2）在其他条件一定的情况下，泵所输送的液体温度越高，对应的汽化压头 $\frac{p_v}{\rho g}$ 越大，有效汽蚀余量 Δh_a 也越小，泵发生汽蚀的可能性就越大。

2. 必需汽蚀余量 Δh_r

泵吸入口处的压强并非泵内液体的最低压强。由于液体从泵吸入口（一般指泵进口法兰 s—s 截面处）至叶轮进口有能量损失，致使压强继续降低，最低压强点通常在叶片进口边稍后的 K 点，如图 7-30 所示。压强降低的原因是：①吸入管一般为收缩型，速度增加而压强下降；②吸入口至压强最低点有流动阻力损失；③流体进入叶轮时，以相对速度绕流叶片进口边，液流急剧转弯，流速加大，压强下降。因此，必需汽蚀余量 Δh_r 是指单位重力作用下液体从泵吸入口 s—s 截面至压强最低点 K 的压降，其定义式为

$$\Delta h_r = \frac{p_s}{\rho g} + \frac{V_s^2}{2g} - \frac{p_K}{\rho g} \qquad (7-45)$$

必需汽蚀余量 Δh_r 的大小在一定程度上反映了泵本身汽蚀性能的差异。吸入口处的压强一定（即吸入装置一定）的情况下，Δh_r 越大，说明压强最低点的压强越低，泵汽蚀的可能性就增加；反之，泵汽蚀的可能性减小。

必需汽蚀余量 Δh_r 的大小取决于吸入室的结构、首级叶轮的入口形状和结构以及叶轮进

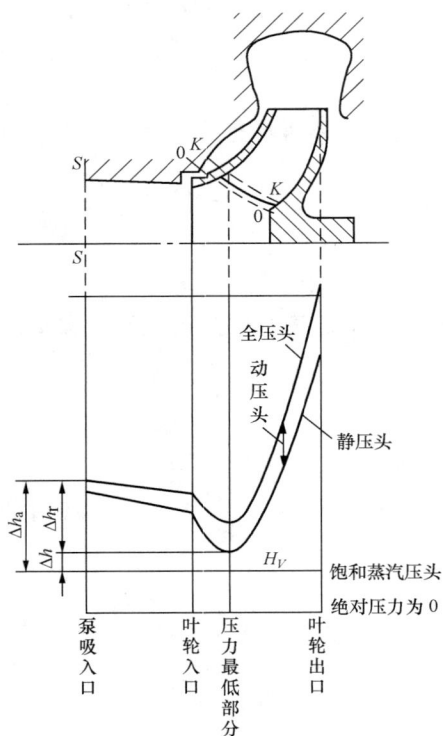

图 7 - 30　泵内的压强分布

口处流速的大小和分布等。由图 7 - 30，取泵吸入口截面 $s-s$ 和叶片进口处稍前的截面 $0-0$ 利用伯努利方程，再对 $s-s$ 和压强最低点 $K-K$ 截面列出伯努利方程，由于三个截面之间的距离很小，所以假设 $z_s = z_0 = z_K$，$u_0 = u_K$，$h_w = 0$，并令 $\left[\left(\dfrac{w_K}{w_0}\right)^2 - 1\right] = \lambda_2$，其中 w_0、w_K 分别为 $0-0$ 截面和 $K-K$ 截面的相对速度，从而推得

$$\frac{p_s}{\rho g} + \frac{V_s^2}{2g} - \frac{p_K}{\rho g} = \frac{v_0^2}{2g} + \lambda_2 \frac{w_0^2}{2g}$$

考虑到因液流转弯而造成的流动不均匀及流动阻力损失，在上式的绝对速度水头之前用压降系数 λ_1 进行修正，再根据必需汽蚀余量 Δh_r 的定义式 (7 - 45)，则有

$$\Delta h_r = \lambda_1 \frac{v_0^2}{2g} + \lambda_2 \frac{w_0^2}{2g} \qquad (7 - 46)$$

式中　　v_0——叶片进口边稍前 $0-0$ 截面的绝对速度；

　　　λ_1、λ_2——压降系数，一般取 $\lambda_1 = 1 \sim 1.2$（低比转数的泵取大值），$\lambda_2 = 0.2 \sim 0.3$（低比转数的泵取小值）。

式 (7 - 46) 称为汽蚀基本方程，它表明：当泵中的流量增大时，必需汽蚀余量 Δh_r 增大，泵汽蚀的可能性增加。

3. 允许汽蚀余量 $[\Delta h]$

由前面的分析可知，有效汽蚀余量 Δh_a 随流量的增加而减小，其变化关系曲线是一条下降的曲线；必需汽蚀余量 Δh_r 随流量的增加而增加，其变化关系曲线是一条上升的曲线，这两条曲线交于 c 点，如图 7 - 31 所示。c 点为临界汽蚀状态点，该点的流量为临界流量 q_{Vc}。当 $q_V > q_{Vc}$ 时，$\Delta h_a < \Delta h_r$，说明有效汽蚀余量所提供的超过汽化压头的富余能头，不足以克服泵入口部分的压降，此时，最低压强 p_K 小于汽化压强 p_v 从而造成泵内汽蚀。因此，临界点以右为汽蚀区。只有当 $q_V < q_{Vc}$ 时，$\Delta h_a > \Delta h_r$，有效汽蚀余量所提供的富余能量，才能克服泵入

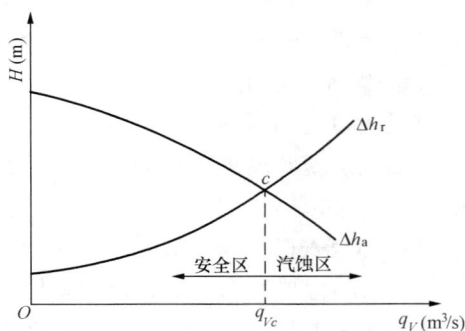

图 7 - 31　Δh_a、Δh_r 与流量的变化关系

口部分的压降且尚有剩余，即 $p_K > p_v$，从而使泵不发生汽蚀，所以，临界点以左为安全区。因此，泵不发生汽蚀的条件为 $\Delta h_a > \Delta h_r$。

在临界状态点，$\Delta h_a = \Delta h_r = \Delta h_c$，$\Delta h_c$ 称为临界汽蚀余量，通过汽蚀试验获得。为保证泵不发生汽蚀，Δh_c 加一安全量 $\Delta h = 0.3 \text{m}$，得允许汽蚀余量 $[\Delta h]$。

$$[\Delta h] = \Delta h_c + 0.3$$

也可取
$$[\Delta h] = (1.1 \sim 1.3)\,\Delta h_c$$

需要指出的是：允许汽蚀余量 $[\Delta h]$ 对应于有效汽蚀余量 Δh_a。

（三）允许汽蚀余量 $[\Delta h]$ 与允许吸上真空高度 $[H_s]$ 的关系

由吸上真空高度 H_s 的定义式
$$H_s = \frac{p_a}{\rho g} - \frac{p_s}{\rho g}$$

得
$$\frac{p_s}{\rho g} = \frac{p_a}{\rho g} - H_s$$

将上式代入有效汽蚀余量的定义式（7-43）得
$$H_s = \frac{p_a}{\rho g} - \frac{p_v}{\rho g} + \frac{V_s^2}{2g} - \Delta h_a$$

当汽蚀发生时，$\Delta h_a = \Delta h_r = \Delta h_c$，所对应的吸上真空高度为最大吸上真空高度 $H_{s,\max}$，因此，上式可写为
$$H_{s,\max} = \frac{p_a}{\rho g} - \frac{p_v}{\rho g} + \frac{V_s^2}{2g} - \Delta h_c \tag{7-47}$$

用允许汽蚀余量 $[\Delta h]$ 代入式（7-47）得允许吸上真空高度 $[H_s]$ 与允许汽蚀余量 $[\Delta h]$ 的关系式为
$$[H_s] = \frac{p_a}{\rho g} - \frac{p_v}{\rho g} + \frac{V_s^2}{2g} - [\Delta h] \tag{7-48}$$

对于 $[H_s]$ 和 $[\Delta h]$ 这两个汽蚀性能参数，我国过去多采用 $[H_s]$，但当使用条件与泵样本中的条件不符时，要进行换算。我国目前已较多使用 $[\Delta h]$，这是因为使用 $[\Delta h]$ 不仅更能说明汽蚀的物理概念，而且不需要换算。

用允许汽蚀余量 $[\Delta h]$ 代入式（7-44）可确定泵的允许几何安装高度 $[H_g]$。
$$[H_g] = \frac{p_0}{\rho g} - \frac{p_v}{\rho g} - h_w - [\Delta h] \tag{7-49}$$

当吸入容器液面压强为饱和压强时，如电厂中输送饱和水的锅炉给水泵、凝结水泵和疏水泵等，$p_0 = p_v$，根据式（7-49），其允许几何安装高度 $[H_g]$ 为
$$[H_g] = -h_w - [\Delta h] \tag{7-50}$$

由于吸入管的水头损失 h_w 和允许汽蚀余量 $[\Delta h]$ 不可能为负值，根据式（7-50），此时的允许几何安装高度 $[H_g]$ 必然为负。这说明当泵吸入容器液面的压强为饱和压强时，泵必须安装在吸入容器液面之下，才能使泵不会发生汽蚀。此时的几何安装高度 H_g 称为倒灌高度，如图7-32所示。

【例7-5】　用一台离心式给水泵将除氧器内的水送入锅炉，已知除氧器内的水处于饱和状态，该泵的允许汽蚀余量 $[\Delta h] = 34$m，吸水管流动阻力损失为

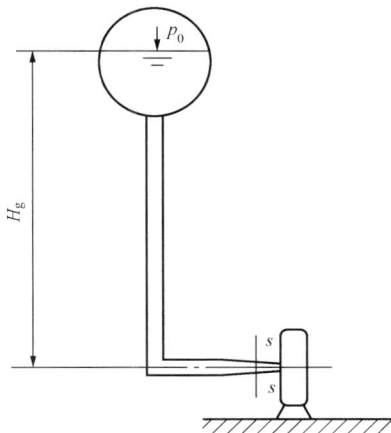

图7-32　泵的倒灌高度

2.8m，求给水泵的几何安装高度。

解 由于除氧器内为饱和状态，液面压强等于汽化压强，即

$$\frac{p_0}{\rho g} = \frac{p_v}{\rho g}$$

因此

$$[H_g] = \frac{p_0}{\rho g} - \frac{p_v}{\rho g} - h_w - [\Delta h]$$
$$= -h_w - [\Delta h] = -2.8 - 34$$
$$= -36.8(m)$$

给水泵应装在除氧器液面下方 36.8m 处。

三、防止泵汽蚀的措施

泵发生汽蚀与否，取决于吸入装置的条件和泵本身的汽蚀性能。因此，为防止汽蚀现象的发生，一方面要确定合理的吸入装置，提高有效汽蚀余量 Δh_a；另一方面要改善泵本身的结构性能，尽可能地减小必需汽蚀余量 Δh_r。

1. 提高有效汽蚀余量 Δh_a

由式（7-44）可知，提高有效汽蚀余量 Δh_a，可采取以下措施：

（1）减小吸入管路的流动阻力损失。适当加大吸入管直径，尽量减少管路附件，如弯头、阀门等，并使吸入管长最短。

（2）合理确定几何安装高度。当泵安装在吸水液面以上时，安装高度不能大于允许几何安装高度。当泵输送的是饱和液体时，泵必须有足够的倒灌高度，以防止汽蚀现象的发生。

（3）增加吸入口处的压强。泵内汽蚀的根本原因是其入口处最低点的压强低于水温对应下的饱和压强，因此，直接增加泵入口处的压强是提高有效汽蚀余量、防止泵汽蚀的可靠有效的方法，具体有：

1）设置前置泵。随着发电厂单机容量的增大，锅炉给水泵的水温和转速也随之升高，这就要求泵入口有更大的有效汽蚀余量。若单纯增加给水泵的倒灌高度，势必使除氧器安装位置过高，这不仅造成安装上的许多困难，同时也不经济。所以，目前对大型锅炉给水泵，广泛在给水泵前装设前置泵，如图 7-33所示。这样可使给水经前置泵升压后再进入给水泵，从而增加了给水泵吸入口处的压强，提高了有效汽蚀余量，同时除氧器的安装高度也大大降低。

2）采用诱导轮。诱导轮是装在主叶轮之前、并与主叶轮同轴且类似于轴流式的叶轮，液体通过诱导轮升压后流入主叶轮，从而提高了主叶轮入口处的压强。诱导轮仅有 2～3 个螺旋形叶片，叶片安装角一般为 $10°\sim12°$，而且轮毂直径较小，因此流道宽而长，如图 7-34所示。目前国内的凝结水泵一般都装有诱导轮。

3）采用双重翼叶轮。双重翼叶轮由前置叶轮和后置离心叶轮组成，如图 7-35 所示，前置叶轮有 2～3 个叶片，呈斜流形，与诱导轮相比，其主要优点是轴向尺寸小，结构简单，且不存在与主叶轮配合不好而导致效率下降的问题。所以，双重翼离心泵不会降低泵的性能，却使泵的抗汽蚀性能大为改善。

2. 减小必需汽蚀余量 Δh_r

由汽蚀基本方程式（7-46）知，减小必需汽蚀余量 Δh_r 可采取以下措施：

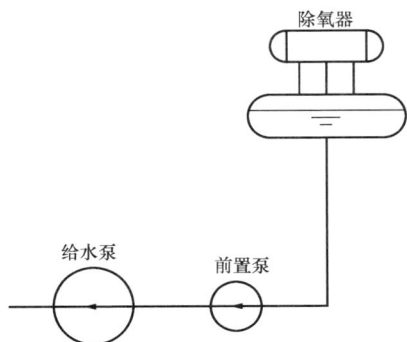

图 7 - 33　前置泵示意图

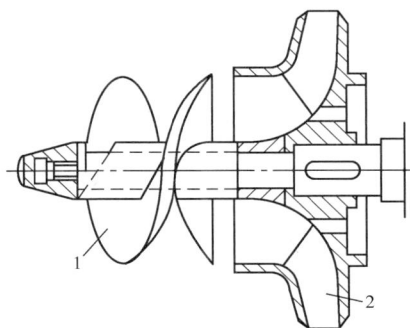

图 7 - 34　诱导轮
1—诱导轮；2—离心式叶轮

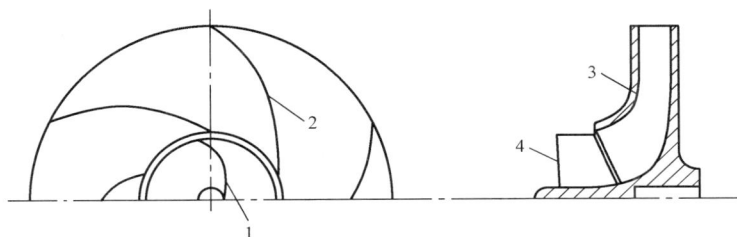

图 7 - 35　双重翼叶轮
1—前置叶片；2—主叶片；3—主叶轮；4—前置叶轮

（1）增大叶轮进口的通流截面积。在总流量一定的情况下，增加叶轮进口的通流截面积，可减小 v_0、w_0，从而减小 Δh_r。有效的方法是首级叶轮采用双吸叶轮，这样可使叶轮的单侧流量减小一半，从而明显减小了叶轮进口流速。锅炉给水泵的首级叶轮通常采用双吸叶轮。也可采用适当增大叶轮入口直径 D_0 和增加叶片入口边宽度 b_1 的方法。

（2）增加叶轮前盖板转弯处的曲率半径。减缓液体进入叶轮的转弯程度，可减小局部阻力损失，从而减小液体在叶轮进口处的压降。

（3）叶片进口边适当加长。使叶片向吸入方向延伸，并做成扭曲的形状，可减小必需汽蚀余量 Δh_r，同时改善泵的吸入性能，这种方法得到越来越广泛的应用。

3. 其他措施

（1）采用抗汽蚀性能好的材料。有些泵由于工作条件的限制，不能完全避免汽蚀现象的发生，如电厂中的凝结水泵。为延长叶轮的使用寿命，首级叶轮可采用抗汽蚀性能好的材料，如含镍铬的不锈钢、铝青铜、磷青铜等。

（2）采用超汽蚀泵。近年来，发展了一种新型的超汽蚀泵。这种泵在主叶轮之前有一个类似于轴流式的超汽蚀叶轮，其叶片为薄而尖的超汽蚀翼型，在叶片上诱发一种固定型的气泡，覆盖整个叶片背面，并扩展到后部，与原来叶片的翼型和空穴组成了新的翼型。其原理是用气泡保护叶片，避免了汽蚀直接在叶片上发生而损坏叶片。

（3）加强运行管理。水泵启动时，不得长时间空转；运行中，不得采用入口端阀门调节；不得超速运行；应控制其流量在规程规定的范围内运行。

小　　结

一、泵与风机的损失和效率

1. 损失

泵与风机的损失分为机械损失、容积损失和流动损失三类。对应的效率称为机械效率、容积效率和流动效率。

（1）机械损失主要包括：①轴与轴承以及轴端密封与轴承的摩擦损失；②叶轮前后盖板外表面与流体之间的圆盘摩擦损失。

（2）容积损失主要有：叶轮入口与外壳密封环之间、级与级之间、轴封以及平衡装置处的泄漏损失。

（3）流动损失主要包括：①由于流体和各部分流道壁面摩擦产生的沿程阻力损失；②流道断面变化、转弯等使边界层分离、产生二次流而引起的局部阻力损失；③由于工况改变，流量偏离设计流量而引起的冲击损失。

2. 总效率

泵与风机总效率等于机械效率、容积效率和流动效率的乘积，即

$$\eta = \eta_m \eta_V \eta_h$$

二、泵与风机的性能曲线

（1）性能曲线的绘制方法有理论分析法和性能试验法。

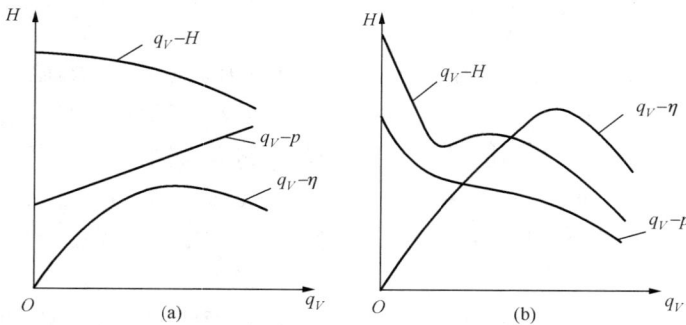

图 7-36　离心式与轴流式泵与风机的性能曲线比较
(a) 离心式泵与风机的性能曲线；(b) 轴流式泵与风机的性能曲线

（2）将离心式与轴流式泵与风机的性能曲线放在一起比较，如图 7-36 所示，可见其区别：①$q_V - H$ 曲线，离心式的是一条下降的曲线，而轴流式的是一条具有拐点的陡降曲线；②$q_V - P$ 曲线，离心式的是一条上升的曲线，而轴流式的是一条下降曲线；③$q_V - \eta$ 曲线，离心式的比较平坦，轴流式的则比较尖。

（3）离心式与轴流式泵与风机的性能曲线分析结论：

1）离心式泵与风机高效工作区较宽，而轴流式泵与风机高效区较窄。但当轴流式泵与风机采用可调叶片，则在很大的流量变化范围内保持高效率。

2）离心式泵与风机空载功率最小，而轴流式泵与风机空载功率最大。为避免原动机过载，离心式泵与风机采用闭阀启动，而轴流式泵与风机采用开阀启动。

3）泵与风机空转时要消耗功率。为确保泵与风机的安全经济运行，一般不允许在空载状态下运行。对于输送饱和液体的锅炉给水泵及凝结水泵，还设置了最小流量再循环管，以防止低负荷时水泵汽蚀。

4）具有前弯式叶轮的离心式和轴流式泵与风机的性能曲线，呈现驼峰和拐点。在驼峰

和拐点以左的区域工作，会出现不稳定工作状态。

三、相似定律及其应用

1. 相似定律及其特例

各性能参数关系	相似定律	转速 n 改变（比例定律）	密度 ρ 改变
流量关系	$\dfrac{q_V}{q_{Vm}} = \left(\dfrac{D_2}{D_{2m}}\right)^3 \dfrac{n}{n_m}$	$\dfrac{q_{V1}}{q_{V2}} = \dfrac{n_1}{n_2}$	$q_{V2} = q_{V1}$
扬程关系	$\dfrac{H}{H_m} = \left(\dfrac{D_2}{D_{2m}}\right)^2 \left(\dfrac{n}{n_m}\right)^2$	$\dfrac{H_1}{H_2} = \left(\dfrac{n_1}{n_2}\right)^2$	$H_1 = H_2$
全压关系	$\dfrac{p}{p_m} = \dfrac{\rho}{\rho_m}\left(\dfrac{D_2}{D_{2m}}\right)^2 \left(\dfrac{n}{n_m}\right)^2$	$\dfrac{p_1}{p_2} = \left(\dfrac{n_1}{n_2}\right)^2$	$\dfrac{p_2}{p_1} = \dfrac{\rho_2}{\rho_1}$
功率关系	$\dfrac{P}{P_m} = \dfrac{\rho}{\rho_m}\left(\dfrac{D_2}{D_{2m}}\right)^5 \left(\dfrac{n}{n_m}\right)^3$	$\dfrac{P_1}{P_2} = \left(\dfrac{n_1}{n_2}\right)^3$	$\dfrac{P_2}{P_1} = \dfrac{\rho_2}{\rho_1}$

2. 应用

相似定律推得的比例定律有三个方面的应用：①进行不同转速下性能曲线的换算；②确定泵与风机在新工况下的转速；③绘制通用性能曲线。

3. 比转数及其应用

比转数是相似定律特征数，泵的比转数为

$$n_s = \frac{3.65n\sqrt{q_V}}{H^{3/4}}$$

风机的比转数为

$$n_y = \frac{n\sqrt{q_V}}{p_0^{3/4}}$$

比转数的应用：①对泵与风机进行分类；②对泵与风机进行系列编制和选型；③对泵与风机进行相似设计。

四、泵内汽蚀

1. 泵内汽蚀现象及其对泵的影响

汽蚀现象——在泵内反复出现水汽化、凝结、冲击而导致材料因机械剥蚀和化学腐蚀受到破坏的现象。

汽蚀对泵的影响：降低工作性能，缩短使用寿命，加剧振动和噪声。

2. 汽蚀性能参数

（1）允许吸上真空高度 $[H_s]$

吸上真空高度 H_s——大气压强和水泵入口处压强之差相当的液柱高度；

最大吸上真空高度 $H_{s,max}$——当泵入口发生汽化时对应的吸上真空高度；

允许吸上真空高度 $[H_s]$——为保证泵不汽蚀，最大吸上真空高度 $H_{s,max}$ 减安全量 0.3m，即 $[H_s] = H_{s,max} - 0.3$。

（2）允许汽蚀余量 $[\Delta h]$

有效汽蚀余量 Δh_a——泵吸入口处单位重量液体所具有的超过汽化压强的富余能量。

必需汽蚀余量 Δh_r——单位重量液体从泵吸入口至压强最低点的压降。

允许汽蚀余量 $[\Delta h]$ ——在泵开始发生汽蚀时的汽蚀余量为临界汽蚀余量 Δh_c。为保证泵不发生汽蚀，在临界汽蚀余量 Δh_c 上加安全量 0.3m，为允许汽蚀余量 $[\Delta h]$，即 $[\Delta h] = \Delta h_c + 0.3$。

（3）允许吸上真空高度 $[H_s]$ 和允许汽蚀余量 $[\Delta h]$ 的关系式

$$[H_s] = \frac{p_a}{\rho g} - \frac{p_v}{\rho g} + \frac{V_s^2}{2g} - [\Delta h]$$

3. 允许几何安装高度 $[H_g]$ 的确定

（1）用允许吸上真空高度 $[H_s]$ 确定

$$[H_g] = [H_s] - \frac{V_s^2}{2g} - h_w$$

（2）用允许汽蚀余量 $[\Delta h]$ 确定

$$[H_g] = \frac{p_0}{\rho g} - \frac{p_v}{\rho g} - h_w - [\Delta h]$$

4. 提高泵抗汽蚀性能的措施

（1）提高有效汽蚀余量 Δh_a。①减小吸入管路的流动阻力损失；②合理确定几何安装高度或倒灌高度；③增加吸入口处的压强，设置前置泵，采用诱导轮或采用双重翼叶轮等。

（2）减小必需汽蚀余量 Δh_r。①增大叶轮进口的通流截面积。采用双吸叶轮，适当增大叶轮入口直径 D_0 和增加叶片入口边宽度 b_1 的方法；②增加叶轮前盖板转弯处的曲率半径；③叶片进口边适当加长。

（3）加强运行管理。水泵启动时，不得长时间空转；运行中，不得采用入口端阀门调节；不得超速运行；应控制其流量在规程规定的范围内运行。

思　考　题

7-1　泵与风机的损失有哪些？如何减小这些损失？

7-2　泵与风机性能曲线的绘制方法有哪些？如何绘制？

7-3　分别定性绘制离心式和轴流式泵与风机的性能曲线：q_V—H 曲线，q_V—P 曲线，q_V—η 曲线，并比较两种泵与风机性能的差异。

7-4　什么是泵与风机的最佳工况点？它有何意义？

7-5　为什么输送饱和水的泵要设置最小流量再循环管？

7-6　为什么离心式泵与风机采用闭阀启动，而轴流式泵与风机采用开阀启动？

7-7　为什么离心式泵要采用关闭出口阀门启动，而离心式风机则采用关闭进口挡板启动？

7-8　具有陡降型 q_V—H 曲线和平坦型 q_V—H 曲线的离心式泵各适用于什么场合？

7-9　泵与风机相似应满足哪些相似条件？

7-10　同一台泵或风机，输送相同的流体，当转速变化时，其扬程、流量、轴功率将如何变化？

7-11　其他条件不变，当风机输送的气体温度升高时，其体积流量、全压、轴功率将如何变化？

7-12　比例曲线和等效率曲线有什么区别和联系？

7-13　什么是泵与风机的比转数？为什么可用比转数对泵与风机进行分类？

7-14　比转数相等的泵与风机相似吗？为什么？

7-15　随着比转数的增加，泵与风机的结构、性能如何变化？

7-16　什么是泵内汽蚀现象？它产生的原因是什么？有何危害？

7-17　什么是泵的吸上真空高度？什么是允许吸上真空高度？如何确定允许吸上真空高度？

7-18　什么是有效汽蚀余量？什么是必需汽蚀余量？它们对泵的汽蚀性能有怎样的影响？

7-19　什么是泵的几何安装高度？在电厂中的凝结水泵、给水泵为什么要采用倒灌高度？

7-20　防止泵发生汽蚀的措施有哪些？

习　　题

7-1　有一输水泵，其流量 $q_V=1.50\text{m}^3/\text{s}$，扬程 $H=78\text{m}$，机械效率 $\eta_\text{m}=0.92$，容积效率 $\eta_V=0.93$，流动效率 $\eta_\text{h}=0.88$，求泵的轴功率。

7-2　有一离心式风机，其流量 $q_V=12\text{m}^3/\text{s}$，全压 $p=3\times10^5\text{Pa}$，风机的轴功率为 $P=4500\text{kW}$，机械效率 $\eta_\text{m}=0.95$，容积效率 $\eta_V=0.92$，求流动效率 η_h。

7-3　某泵的转速 $n_\text{m}=2000\text{r/min}$，扬程 $H_\text{m}=100\text{m}$，流量 $q_{Vm}=0.3\text{m}^3/\text{s}$，轴功率 $P_\text{m}=180\text{kW}$，现用一与之相似且出口直径为该泵两倍的泵，当转速 $n_\text{p}=3000\text{r/min}$ 时，输送的液体种类不变，其流量、扬程、轴功率分别为多少？

7-4　有一离心泵在转速 $n=1500\text{r/min}$ 下某工况点的参数：流量 $q_V=40\text{m}^3/\text{h}$，扬程 $H=70\text{m}$，轴功率 $P=8\text{kW}$，其他条件不变，当转速升高到 $n=1450\text{r/min}$ 时，试确定与上述工况点相似的工况点的流量、扬程、轴功率。

7-5　某锅炉引风机，输送密度 $\rho=0.75\text{kg/m}^3$ 的烟气，此时的性能参数为流量 $q_V=20\,000\text{m}^3/\text{h}$，全压 $p=1590\text{Pa}$，传动装置效率为 0.98，配用电动机的功率 $P_\text{gr}=16\text{kW}$、效率为 0.97。如该风机改输送 20℃ 的空气（$\rho=1.29\text{kg/m}^3$），试确定新使用条件下该风机的流量、全压和轴功率，原配用的电动机能否适应？（安全系数 $K=1.15$）

7-6　某离心式泵在转速 $n_1=1450\text{r/min}$ 下的性能曲线如图 7-37 所示，试确定泵的运行工况改变到流量 $q_V=80\text{m}^3/\text{h}$、扬程 $H=70\text{m}$ 时需要的转速。

7-7　有一7级离心式水泵，在转速 $n_1=2950\text{r/min}$ 时，所测得的实验数据见下表：

q_V（L/s）	0.73	3.09	4.23	5.10	5.80	6.66	7.67
H（m）	238.8	225.6	206	186.5	167.4	138.5	99
P（kW）	12.3	16.27	17.95	19.15	19.92	20.70	29.55

要求：

(1) 绘制 q_V—H 及 q_V—η 性能曲线；

(2) 绘制泵的转速变为 $n_2=2450\text{r/min}$ 时的性能曲线；

(3) 求水泵在 $q_V=4\text{L/s}$、$H=160\text{m}$ 工况下的转速；

（4）计算该泵的比转数。

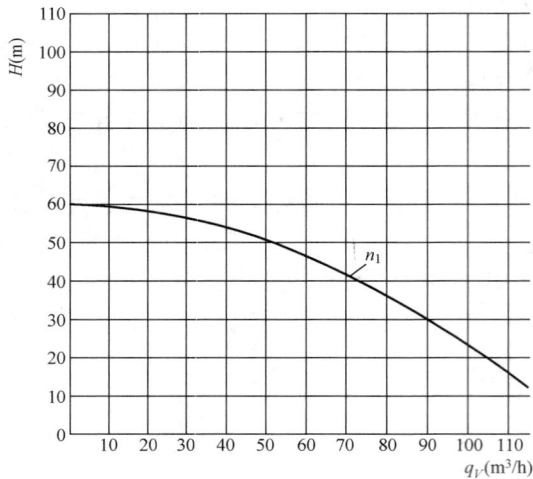

图 7-37　习题 7-6 图

7-8　某锅炉给水泵的铭牌参数：$n=7000\text{r/min}$，$q_V=1440\text{m}^3/\text{h}$，$H=4200\text{m}$，首级叶轮采用双吸叶轮，级数为 5 级，试求：①该泵的比转数，并确定其类型。②另有一台与之相似的泵，其最佳工况点的参数：流量 $q_{V1}=880\text{m}^3/\text{h}$，扬程 $H_1=2600\text{m}$，该泵的转速 n_1 为多少？

7-9　某锅炉送风机的铭牌参数为 $n=1480\text{r/min}$，$q_V=106.09\text{m}^3/\text{s}$，全风压 $p=14\ 968\text{Pa}$，试求该风机的比转数，并确定其类型。

7-10　某台离心水泵在海拔高度为 600m 的地方工作，该地区夏天的最高水温为 40℃，已知该泵样本中的允许吸上真空高度 $[H_s]=7.6\text{m}$，试求：①该泵在当地的允许吸上真空高度 $[H_s]'$；②若吸水管内径 $d=500\text{mm}$，流量 $q_V=0.6\text{m}^3/\text{s}$，流动阻力损失水头为 1.2m，求该泵在当地的允许几何安装高度 $[H_g]$。

7-11　有一台吸水管内径为 600mm 的泵，在标准大气压下输送常温清水，其工作流量为 $q_V=880\text{L/s}$，允许吸上真空高度为 3.5m，吸水管阻力约为 0.4m，求：①当几何安装高度为 3.0m 时，该泵能否正常工作？②如该泵安装在海拔为 1000m 的地区，抽送 40℃的清水，允许几何安装高度为多少？

7-12　某离心泵装置，已知吸水管直径 $d=50\text{mm}$，流量 $q_V=0.01\text{m}^3/\text{s}$，吸水管的水头损失 $h_w=0.45\text{mH}_2\text{O}$，试求：①若水泵允许吸上真空高度 $[H_s]=6.5\text{m}$，则水泵允许几何安装高度 $[H_g]$ 为多少？②若吸水液面上压强 $p_0=101.33\text{kPa}$，水泵入口处的汽化压头为 0.238m，则水泵的允许汽蚀余量 $[\Delta h]$ 为多少？

7-13　有一台离心泵，样本上的允许汽蚀余量 $[\Delta h]=4.5\text{m}$，吸水管路流动阻力损失水头约为 0.5m，抽送温度为 20℃的清水，若分别用在天津地区和兰州地区，它的安装高度各应为多少？（天津地区海拔约 3m；兰州地区海拔约 1500m）

7-14　有一台泵安装在海拔高度 500m 的地方，其吸入管直径 $d=250\text{mm}$，输送温度为 25℃的清水，已知流量 $q_V=540\text{m}^3/\text{h}$，泵吸入口的允许吸上真空高度为 $[H_s]=4.2\text{m}$，求该泵的允许汽蚀余量 $[\Delta h]$。

7-15　输送除氧器中饱和水的锅炉给水泵，其吸水管道流动阻力损失 $h_w=2.5\text{m}$，允许汽蚀余量 $[\Delta h]=35\text{m}$，求该泵的倒灌高度。

第八章　泵与风机的运行

> ## 内容提要
>
> 　　本章重点分析泵与风机的工作稳定性，讲述泵与风机的联合工作方式，介绍泵与风机的运行工况调节方式，以及泵与风机的基本运行知识。

第一节　泵与风机的工作点及运行稳定性

教学目标

　　掌握管路系统特性曲线及泵与风机的工作点，会分析泵或风机的运行稳定性，掌握防止泵与风机不稳定工作的措施。

教学内容

一、管路系统特性曲线及工作点

1. 管路系统特性曲线

　　泵与风机是通过与之连接的管路系统输送流体的。因此，泵与风机的实际运行工况不仅取决于其自身的性能曲线，还取决于管路系统的特性曲线。

　　根据第五章中介绍的泵在选择时扬程的计算方法，管路系统所需总能头的计算公式为

$$H_c = \frac{p_B - p_A}{\rho g} + (z_B - z_A) + (h_{w1} + h_{w2}) \tag{8-1}$$

式中$\frac{p_B - p_A}{\rho g}$和两液面的位置高差（$z_B - z_A$）均与流量无关，故两者之和称为静压头，用符号 H_{st} 表示。由流体力学知，管路系统中的阻力损失与流量平方成正比，即

$$h_w = \varphi q_V^2$$

　　式（8-1）又可写成如下形式：

$$H_c = H_{st} + \varphi q_V^2 \tag{8-2}$$

　　式（8-2）为泵的管路系统特性曲线方程。由此可见，泵的管路系统特性曲线为一顶点在纵坐标 H_{st} 处的二次抛物线，如图 8-1 所示。

　　对于风机，因气体密度很小，（$z_B - z_A$）所形成的气柱压强可以忽略不计。在电厂中，又因送风机是将空气送入炉膛，引风机是将烟气排入大气，其管路进、出口压强变化较小，故风机的管路系统特性曲线方程可近似为

$$p_c = \varphi' q_V^2 \tag{8-3}$$

　　上式表明，风机的管路系统特性曲线是为一顶点在坐标原点的二次抛物线，如图 8-1 所示。

2. 工作点

　　将泵自身的性能曲线与管路系统特性曲线按同一比例绘在同一坐标图上，则这两条曲线相交于 M 点，M 点即泵的工作点，该点流量为 q_{VM}，扬程为 H_M，如图 8-2 所示。在工作

点，泵产生能头等于管路系统所需要的能头，达到能量的供需平衡，所以工作稳定。

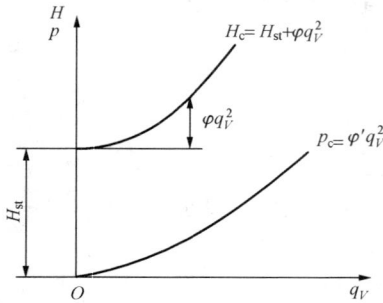

图 8-1 泵与风机的管路系统特性曲线

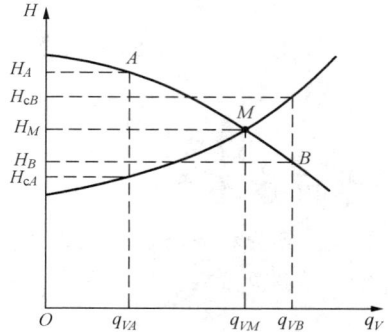

图 8-2 泵的工作点

如果水泵不在 M 点工作，而在 A 点工作，由图 8-2 可知，此时泵产生的能头是 H_A，在 q_{VA} 流量下管路系统所需要的能头则为 H_{cA}，而 $H_A > H_{cA}$，这说明泵所产生的能头大于管路系统所需要的能头，在能量关系上供过于求，富裕的能量将促使流体加速，流量则由 q_{VA} 自动增加到 q_{VM}，并在 M 点达到能量的供需平衡。同样，如果泵在 B 点工作，则泵产生的能头是 H_B，在 q_{VB} 流量下管路系统所需要的能头是 H_{cB}，而 $H_B < H_{cB}$，这说明泵所产生的能头小于管路系统所需要的能头，在能量关系上供小于求。由于泵产生的能头不足，致使流体减速，流量 q_{VB} 自动减少至 q_{VM}，这时工作点必然移到 M 点才能达到能量的供需平衡。由此可见，只有在工作点上，泵才能稳定工作。

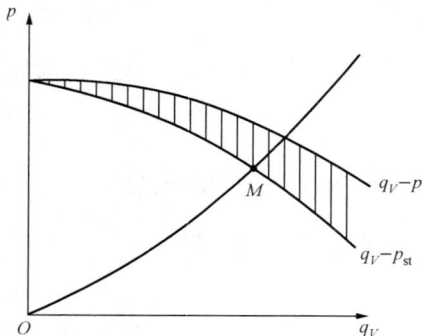

图 8-3 风机的工作点

流体在管路中流动时，都是依靠静压来克服管路阻力的，尽管风机输送的是气体，并有压缩性，导致流速变化较大，但克服阻力仍靠静压，因此其工作点是由静压性能曲线与管路系统特性曲线的交点 M 来决定的，如图 8-3 所示。风机静压曲线是全压曲线扣除动压（图中竖影线所示）后所得。

风机工作时，若出口直接排大气，则动压全部损失掉了。若在出口管路上装设扩散器，则可将一部分风机出口动压转变为静压，此静压也可用来克服管路阻力，从而提高风机的经济性。

当泵或风机性能曲线与管路系统特性曲线无交点时，则说明这种泵或风机的性能过高或过低，不能适应整个装置的要求。

二、泵与风机工作的不稳定性

1. 不稳定工作点

具有驼峰形性能曲线的泵或风机，会出现两个工作点，如图 8-4 所示的 M_1 和 M_2 点。泵或风机在性能曲线的下降区段工作，即在驼峰顶点 K 点以右的工作区域，如在 M_1 点工作，根据上述分析，工作是稳定的。但是，若工作点处于泵或风机性能曲线的上升区段，即在驼峰顶点 K 点以左的工作区域，如在 M_2 点工作，泵与风机和管路系统在能量的供求关系上是平衡的，似乎也能正常工作，但其实在该点是一种不稳定平衡，稍有干扰（如电路中电压波动、频率变化造成转速变化、水位波动以及设备振动等），工况点就会左右移动，不再回到原来的工作点 M_2。当流量大于 M_2 点对应的流量时，如在 q_{VA} 时，泵或风机产生的能头大于管路系统所需要的能头，从而流速加大，流量增加，工作点继续向右移动，直至 M_1 点能量供需达到新的平衡时才稳定下来。当流量小于 M_2 点对应的流量时，如在 q_{VB} 时，泵或风机产生的能头小于管路系统所需要的能头，从而流速减慢，流量降低，工作点继续向左移动，直至流量等于零为止。这就是说一遇干扰，泵与风机就会离开原来的工作点 M_2 右左移动，而且再也不能自动回到原来的位置，故 M_2 点称为不稳定工作点。

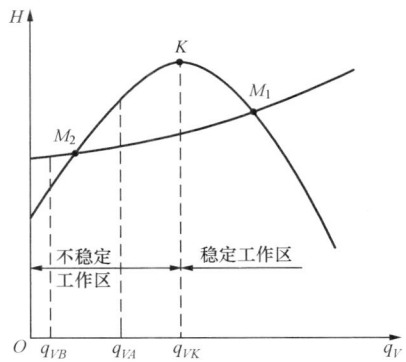

图 8-4 泵或风机的不稳定工作区域

具有驼峰形的性能曲线，通常以最高点 K 作为区分工作点稳定与不稳定的临界点，K 点左侧为不稳定工作区域，右侧为稳定工作区域。

2. 喘振现象及其预防措施

当泵或风机具有驼峰形 q_V—H（q_V—p）性能曲线，又配有大容量的管路系统时，可能会出现流量、能头的大幅度波动，引起泵或风机及其管路系统的周期性剧烈振动，并伴有强烈的噪声，这种现象称为喘振或飞动现象。

图 8-5（a）所示为某风机具有驼峰形 q_V—p 性能曲线，当它在如图 8-5（b）所示的大容量管路系统中运行时，如果外界需要的流量大于临界点流量 q_{VK}，此时工作点处于风机性能曲线的下降区段，如 A 点，风机产生的能头与管路系统所需的能头达到平衡，工作点是稳定的。当外界需要的流量减少至 q_{VK}，此时阀门关小，阻力增大，管路系统特性曲线变陡，其工作点沿风机性能曲线滑向 K 点。K 点为临界点，如继续关小阀门，工作点将移至不稳定工作区。

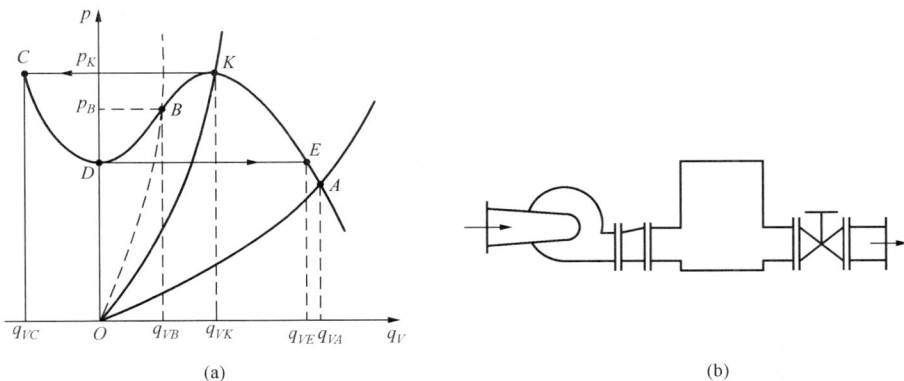

图 8-5 喘振现象
（a）喘振过程示意图；（b）大容量管路系统

当外界需要的流量继续减小到 $q_{VB} < q_{VK}$，阀门继续关小，阻力继续增大，管路系统特性曲线变得更陡，对应的工作点移动到 B 点，这时风机所产生的最大全压为 p_B，然而由于管路容量较大（相当于一容器），管路中的阻力变化延迟，在这一瞬间管路中的阻力仍为 p_K。

因此，出现管路中的阻力大于风机所产生的能头，流体开始反向倒流，由管路倒流入风机中（出现负流量），即流量由 q_{VK} 骤降到 q_{VC}。这一窜流使管路压强迅速下降，很快工况点由 C 点跳到 D 点，此时风机输出流量为零，管路中压强降低到 D 点压强。由于风机在继续运行，从而泵或风机又重新开始输出流量，对应 D 点压强风机的输出流量又很快增加到 q_{VE}，即风机的工况点由 D 点又跳到 E 点，此时外界所需的流量仍很小，致使管路中积存的流体增加，压强增加，而风机产生的全压较小，所以又会使工作点沿风机的性能曲线滑向 K 点以左的工作区域。只要外界所需的流量小于 q_{VK}，上述过程就会重复出现，整个系统的压强忽高忽低，风机的流量时正时负，管路中的压强呈现周期性波动，如果这种周期性波动的频率与系统的固有振荡频率相同或成整数倍，就会引起共振，常造成泵或风机损坏。

综上分析可知，泵与风机发生不稳定工作的根本原因是其性能曲线具有上升区段，如果没有上升区段，就不会出现工作的不稳定性。所以，防止泵与风机不稳定工作的根本措施就是应尽量避免使用具有驼峰形 $q_V—H$（$q_V—p$）性能曲线的泵或风机。若必须采用具有驼峰形 $q_V—H$（$q_V—p$）性能曲线的泵或风机，则应采取以下措施，以防止不稳定工作情况的发生。

（1）工作流量在任何情况下均不得小于临界点对应的流量 q_{VK}。要求泵或风机的工作范围始终保持在稳定工作区。如果装置系统中所需要的流量小于 q_{VK} 时，可装设再循环管（部分流出量返回）或自动排放阀门（向空排放），使泵或风机的出口流量始终大于 q_{VK}。

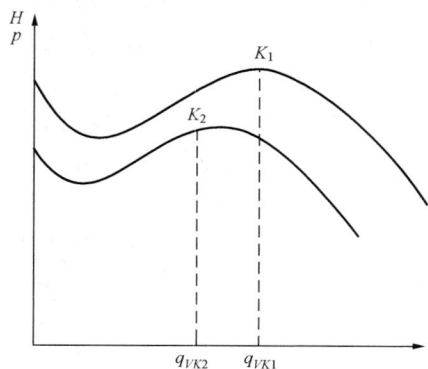

图 8 - 6　不稳定工作区域的变化

（2）采取适当的调节方式。如图 8 - 6 所示，降低转速、减小离心式风机入口导流器的开度或减小轴流式风机动叶安装角，均可使 $q_V—H$（$q_V—p$）性能曲线向左下方移动，临界点随之向小流量移动，从而可缩小不稳定工作区域。

（3）尽量避免采用大容量管路系统。在管路布置方面，水泵应尽量避免压出管路内积存空气，如不让管路系统布置有起伏，但要有一定的向上倾斜度，以利排气。另外，尽量把调节阀及节流装置等靠近泵出口安装，以减小管路系统的容量。

第二节　泵与风机的联合工作

教学目的

掌握泵与风机的串、并联工作方式的特点及在工程中的应用。

教学内容

生产实际中，往往需要将两台或两台以上的泵或风机联合工作，以增加系统流量或提高能头。泵与风机联合工作可以分为并联和串联两种，联合工作的工况与泵与风机的性能曲线和管路特性曲线有关，工况分析常用图解法。

一、泵与风机的并联工作

两台或两台以上的泵或风机向同一压力管路系统输送流体的工作方式称为并联，如图 8 - 7 所示。并联工作的主要目的是增加系统流量，以适应流量的大幅度变动，同时改善泵与风机装置运行调节的灵活性和工作可靠性。在以下情况下多采用并联工作方式：

（1）当扩建机组，相应的需要流量增大，而原有的泵与风机仍可以使用时。

（2）电厂中设置备用泵与风机，以避免正常运行的泵或风机事故而影响机、炉正常运行时。

（3）现代大容量机组，由于外界负荷变化很大，流量变化幅度相应很大，为充分发挥泵与风机的经济效益，使其能在高效率范围内工作，

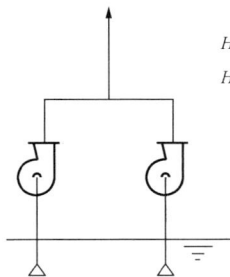

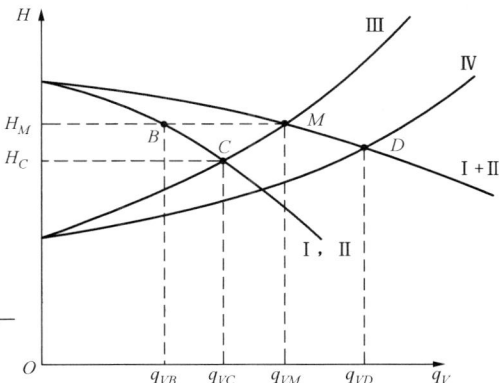

图 8 - 7　相同性能的泵并联工作

往往采用两台或数台泵与风机并联工作，用增减泵与风机的运行台数来适应外界负荷变化时。

热力发电厂的凝结水泵、给水泵、循环水泵、送风机、引风机等常采用两台或多台并联工作方式。

并联工作可分为两种情况，即相同性能的泵与风机并联和不同性能的泵与风机并联，通常以相同性能的泵与风机并联为多，故现以两台相同性能的泵并联为例来说明并联工作的特点。

图 8 - 7 中曲线Ⅰ、Ⅱ为两台相同性能泵的性能曲线，Ⅲ为管路系统特性曲线。两台泵并联工作时总的性能曲线为Ⅰ＋Ⅱ，它是在单台泵与风机性能曲线扬程相等的条件下将其流量叠加而得到的。并联工作时的性能曲线Ⅰ＋Ⅱ与管路系统特性曲线Ⅲ的交点 M，就是泵与风机并联时的工作点，此时流量为 q_{VM}，扬程为 H_M。为了确定并联时单台泵的工况，由 M 点作横坐标的平行线与单台泵的性能曲线（Ⅰ 或Ⅱ）交于 B 点，每台泵在并联工作时的输出流量为工况点 B 所对应的流量 q_{VB}，扬程为 H_M。

由此可见，泵与风机并联工作的特点是：扬程彼此相等，即 $H_B＝H_M$；总流量等于每台泵并联工作时流量之和，即 $q_{VM}＝2q_{VB}$。

从图 8 - 7 中可知，并联后每台泵的工作点为 B（q_{VB}，H_M），而每一台泵单独运行时的工作点为 C（q_{VC}，H_C），分析比较并联前、后的参数可得出如下结论：

（1）并联工作后的总流量大于每台泵单独工作时的流量，即 $q_{VM}＞q_{VC}$，但并联工作时每台泵的流量比单独工作时减少了，即 $q_{VB}＜q_{VC}$。例如，在大型机组正常运行过程中，两台性能完全相同的锅炉给水泵并联运行时，每台泵的负荷为 50% 的额定负荷，而在机组启、停过程中，只有一台锅炉给水泵单独运行时，其负荷可带到 60% 的额定负荷。

（2）两台泵并联后的总流量小于两台泵单独工作时流量之和，即 $q_{VM}＜2q_{VC}$。而且并联泵的台数越多，总流量增加的比例就越少，故并联台数不宜过多。工程实际中，一般采用两台泵与风机并联运行较多，如果是三台泵并联，其中一台泵作为备用。

（3）并联后的总扬程比每台泵单独工作时要高些，即 $H_M＞H_C$。这是因为输送的管路仍是原有的，内径也没增大，而管路的阻力损失随流量的增加而增大了，这就需要每台泵都提高它的扬程来克服所增加的阻力损失。

（4）并联工作时的总流量还与管路系统特性曲线有关。管路系统特性曲线越平坦，并联

后的流量就越接近单独运行时的两倍,工作就越有利。如图 8 - 7 所示,管路系统特性曲线
Ⅳ 较曲线Ⅲ平坦,并联后的总流量由 q_{VM} 增加至 q_{VD},即 $q_{VD} > q_{VM}$。因此,并联工作方式适
用于特性曲线较为平坦的管路系统。

二、泵与风机的串联工作

由一台泵或风机的出口向另一台泵或风机的进口输送流体的工作方式称为串联,如图
8 -8(a)所示。串联工作的主要目的是提高系统能头。在以下情况下采用串联工作方式:

(1)现有的泵或风机流量已满足系统的要求,只是扬程不够时。

(2)在改建或扩建后因管路系统阻力增大,要求提高扬程以输出较多流量时。

工程实际中,在长距离的供水、排水、输油、输气等管路系统中,通常采用两台及两台
以上的泵或风机串联工作方式。如热力发电厂中的水力除灰系统、循环水系统及燃油输送系
统等,还有凝结水泵与凝结水升压泵、前置泵与锅炉给水泵均采用串联工作方式。一般风机
很少采用串联工作方式,这是因为根据提高输送气体的压头不同,可采用高压离心风机、鼓
风机、压缩机等不同型式的风机就能满足要求。特别是热力发电厂输送气体的压头都不大,
使用的送、引风机均属于低压通风机,故不需串联。

串联也可分为两种情况,即相同性能的泵串联和不同性能的泵串联。生产实际中,多为
不同性能的泵串联,现就以不同性能的泵串联为例来分析串联工作的特点。

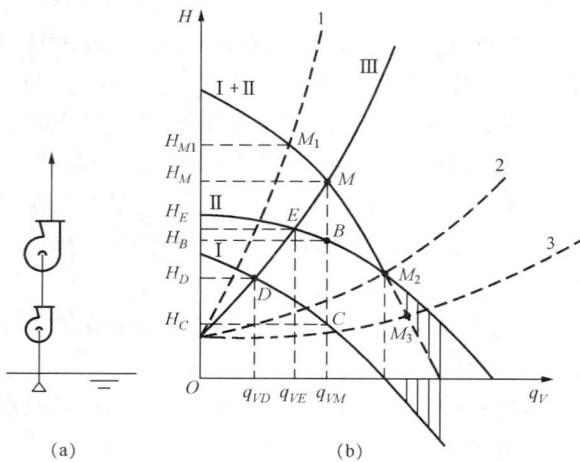

图 8 - 8 不同性能的泵串联

如图 8 - 8(b)所示,Ⅰ、Ⅱ分别
为两台不同性能泵的性能曲线,Ⅲ为
管路系统特性曲线。串联工作时的性
能曲线为Ⅰ+Ⅱ,它是在单台泵性能
曲线在流量相等的条件下将其扬程叠
加而得到的。串联工作时的性能曲线
Ⅰ+Ⅱ与管路系统特性曲线Ⅲ的交点
M,就是这两台泵串联时的工作点,
此时工作流量为 q_{VM},工作扬程为
H_M。为了确定串联时单台泵的工况,
由 M 点作纵坐标的平行线与Ⅱ泵和Ⅰ
泵的性能曲线分别交于 B、C 两点,
则Ⅱ泵和Ⅰ泵串联时的工况点分别为
B、C,Ⅱ泵在串联工作时的扬程为
H_B,输出的流量为 q_{VM};Ⅰ泵在串联工作时的扬程为 H_C,输出的流量仍为 q_{VM}。

由此可见,泵与风机串联工作的特点是:流量彼此相等,即 $q_{VB} = q_{VC} = q_{VM}$;总扬程等
于每台泵串联工作时扬程之和,即 $H_M = H_B + H_C$。

从图 8 - 8 中可知,未串联时,Ⅰ泵单独运行时的工作点为 $D(q_{VD}, H_D)$,Ⅱ泵单独运
行时的工作点为 $E(q_{VE}, H_E)$,比较串联前、后泵的参数可得出如下结论:

(1)串联工作的总扬程均大于每台泵单独工作时的扬程,即 $H_M > H_D$,$H_M > H_E$。

(2)串联工作的总扬程小于每台泵单独工作时的扬程之和,即 $H_M < H_D + H_E$,且串联
工作后的总流量也大于每台泵单独工作时的流量,即 $q_{VM} > q_{VD}$、$q_{VM} > q_{VE}$。这是因为泵串联
后,一方面扬程的增加大于管路系统阻力的增加,富裕的能量促使流量增加;另一方面流量

的增加又使能量损失增大，抑制了总扬程的升高。

（3）串联工作时的总扬程也与管路系统特性曲线有关。串联工作时，管路系统特性曲线越陡，对串联后的扬程提高就越有利。如图 8-8 所示，不同陡度的管路系统特性曲线 1、2、3 中，曲线 1 较曲线Ⅲ陡，串联后的总扬程由 H_M 增加至 H_{M1}，即 $H_{M1} > H_M$。因此，串联工作方式适用于特性曲线较陡的管道系统。若管路特性曲线过于平坦，当泵在 2 管路中工作时，工作点为 M_2，这时流量和扬程与只用一台Ⅱ泵单独工作时的情况一样，此时Ⅰ泵不起作用，在串联中只耗费功率。当泵在 3 管路中工作时，工作点为 M_3，这时的扬程和流量反而小于只有Ⅱ泵单独工作时的扬程和流量。这时Ⅰ泵相当于整个装置的节流器，增加了系统阻力，减少了输出流量。因此，M_2 点是一种极限状态，工作点只有在 M_2 点左侧时串联工作才是有利的。

【例 8-1】 离心泵Ⅰ的性能曲线如图 8-9 所示，输水管路系统特性曲线方程为 $H_C = 30 + 15q_V^2$，当另一台性能与之完全相同的Ⅱ泵并联时，与单泵运行相比流量增加的百分数是多少？

解 根据泵并联时扬程相等、流量相加的特点，绘制出并联工作时总的性能曲线Ⅰ+Ⅱ，如图 8-9 所示。

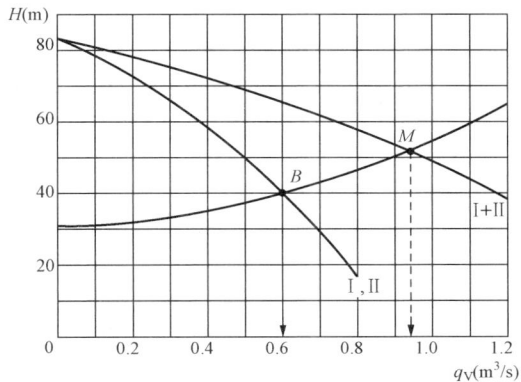

图 8-9 例 8-1 图

由 $H_C = 30 + 15q_V^2$ 绘制管路系统特性曲线，其计算数值如下表：

q_V（m^3/s）	0	0.2	0.4	0.6	0.8	1.0	1.2
H_C（m）	30	30.6	32.4	35.4	39.6	45.0	51.6

管路系统特性曲线与总性能曲线Ⅰ+Ⅱ的交点为 M，对应的工作流量 $q_{VM} = 0.93m^3/s$，管路系统特性曲线与泵单独工作时的性能曲线交点为 B，对应的工作流量 $q_{VB} = 0.6m^3/s$。则并联工作后，流量增加的百分数为

$$\frac{q_{VM} - q_{VB}}{q_{VB}} \times 100\% = \frac{0.93 - 0.6}{0.6} \times 100\% = 55\%$$

第三节 泵与风机的运行工况调节

教学目的

掌握泵与风机不同运行工况调节方式的原理、特点及应用。

教学内容

泵与风机运行时，为适应外界负荷的变化，人为地改变其输出流量的过程称为工况调节。由于泵与风机的输出流量是由工作点决定的，因此，泵与风机运行工况调节实质上就是改变其工作点的位置，调节的原则是：①改变管路系统特性曲线；②改变泵与风机本身性能曲线；③同时改变泵与风机本身性能曲线及其管路系统特性曲线。具体方法：改变管路系统

特性曲线的有出口端节流调节；改变泵与风机性能曲线的方法有变速调节、入口导流器调节、动叶调节和汽蚀调节等；既改变泵与风机本身性能曲线又改变管路系统特性曲线的方法是进口端节流调节。

一、节流调节

节流调节就是通过改变管路中阀门或挡板的开度，使管路系统特性曲线发生变化来达到调节的目的。节流调节又可分为出口端节流调节和入口端节流调节。

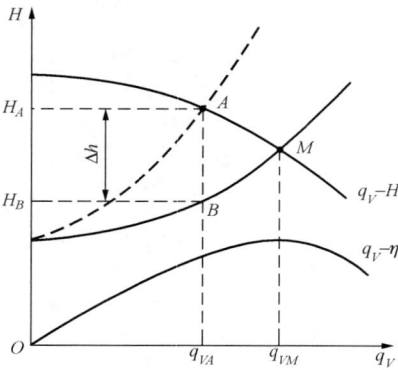

图 8-10   出口端节流调节

1. 出口端节流调节

出口端节流调节又称变阀调节，它是指通过改变泵与风机出口管路上阀门或挡板的开度而进行的工况调节方式。如图 8-10 所示，阀门全开时工作点为 M，当要求流量减小到 q_{VA} 时，则出口阀门关小，流动损失增加，管路系统特性曲线变陡，由 I 变为 II，工作点移到 A 点。若流量再减小，出口阀门关得更小，流动损失增加就更大，管路系统特性曲线将更陡。

工作点为 M 时，流量为 q_{VM}，能头为 H_M。当流量减小到 q_{VA} 时，能头为 H_A，而在该流量下，管道在阀门全开时的能头为 H_B。由图可见，因流量减小管道上附加的节流损失为 $\Delta h = H_A - H_B$，相应泵与风机多消耗的功率为

$$\Delta P = \frac{\rho g q_{VA} \Delta h}{1000 \eta_A} \tag{8-4}$$

显然，这种调节方式不经济，而且只能向小于设计流量方向调节，但这种调节方法简单、可靠、易行。因此，广泛应用于中小型泵。

2. 进口端节流调节

进口端节流调节又称进口挡板调节，它是利用改变安装在风机进口处挡板的开度来改变输出流量的工况调节方式。这种调节方式不仅改变管路的特性曲线，同时也改变了风机本身的性能曲线。因为风机进口挡板关小后，流体在风机进口处的压强下降或产生预旋，所以使其性能曲线变陡。

如图 8-11 所示，当关小进口挡板时，风机的性能曲线由 I 变到 II，同时管路的特性曲线由 1 变到 2，工作点由 M_1 变到 M_2，工作流量由 q_{VM} 调节至 q_{VA}。由图可见，采用进口挡板调节的附加节流损失为 Δp_2，调节到同样的输出流量 q_{VA}，采用出口端调节的附加节流损失为 Δp_1。显然，$\Delta p_2 < \Delta p_1$，因此，进口端节流调节较出口端节流调节的经济性好。但由于进口端节流调节会使泵的进口压强降低，可能引起汽蚀，所以，进口端节流调节仅在风机上使用，而水泵不采用。

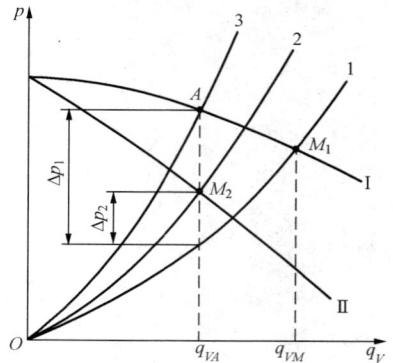

图 8-11   进口端节流调节

二、入口导流器调节

离心式风机通常采用入口导流器调节。入口导流器调节原理如图 8-12 所示，若改变绝

对速度 v_1 的方向，即改变了 v_1 与圆周速度 u_1 的夹角 α，则 v_{1u} 及 v_{1m} 同时发生变化。根据式（6-4）和式（6-9），v_{1m} 的改变必然使流量发生变化，而 v_{1u} 的变化，将使理论全压 p 发生变化。当导流器全开时，气流无预旋地进入叶轮，此时 $v_{1u}=0$。当转动导流器叶片，v_1 与圆周速度 u 的夹角 α_1 变到 α_3，且 $\alpha_1>\alpha_2>\alpha_3$，预旋增加使 v_{1m} 减小，流量减小，同时 v_{1u} 加大，全风压降低，性能曲线变陡，工作点向左下方移动，如图中 M_1、M_2、M_3 所示，对应风机的输出流量为 q_{V1}、q_{V2}、q_{V3}。

入口导流器调节较出口端节流调节经济性好，且结构简单，操作灵活，并可提高风机的运行可靠性。因此离心式风机常采用这种调节方式。

轴流式风机和混流式风机中采用的静叶调节方式，其构造和原理与入口导流器调节相似。

三、变速调节

变速调节是在管路系统特性曲线不变的情况下，通过改变泵与风机转速的方法改变其本身的性能曲线，改变其工作点和工作流量的调节方式。

如图 8-13 所示，在转速 n_1 下，泵与风机的性能曲线为 1，工作点 M_1。由比例定律可知，随着转速的不断降低，泵与风机的性能曲线向左下方移动，其工作点由 M_1 移动到 M_2、M_3，流量相应地由 q_{V1} 降到 q_{V2}、q_{V3}。

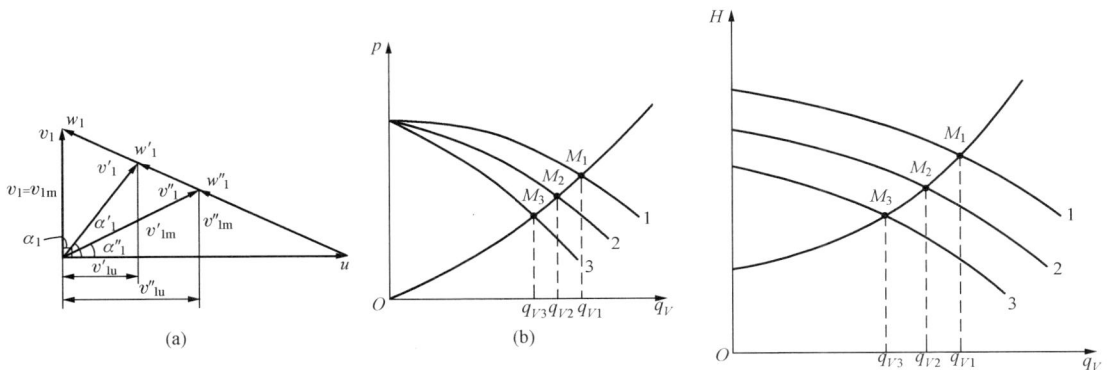

图 8-12　入口导流器调节原理　　　　　图 8-13　变速调节

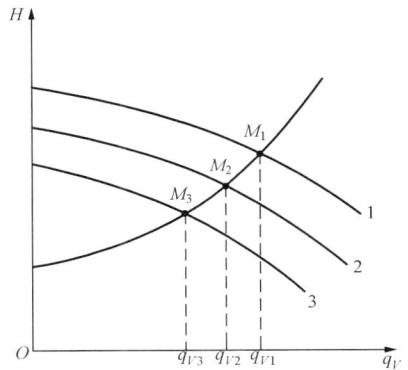

【例 8-2】　在转速 $n_1=960\text{r/min}$ 时，10SN5×3 型凝结水泵的 q_{V1}—H_1 性能曲线绘于图 8-14 中。试问当该泵的转速降低到 $n_2=900\text{r/min}$ 运行时，泵的工作流量减少了多少？已知泵对应管路系统特性曲线方程为 $H_C=80+5300q_V^2$。

解　首先，根据管路系统特性曲线方程 $H_C=80+5300q_V^2$ 计算各个选定流量值下管系中流体所需能头，列于下表。

q_V	L/s	0	20	40	60	80	100
	m³/s	0	0.02	0.04	0.06	0.08	0.1
H_C	m	80	82.12	88.48	99.08	113.92	133

将计算结果在图 8-14 中描点绘出管路系统特性曲线 DE。DE 与性能曲线 q_{V1}—H_1 的交点 A 即凝结水泵在 $n_1=960\text{r/min}$ 时的工作点，对应的工作流量为 $q_{VA}=80\text{L/s}$。

第二步，在已知 q_{V1}—H_1 性能曲线上取若干工况点流量和扬程值，应用比例定律计算出转速为 $n_2=900\text{r/min}$ 时各对应相似工况点的流量和扬程值，其换算关系如下：

$$q_{V2} = \frac{n_2}{n_1} q_{V1} = \frac{900}{960} q_{V1} = 0.937\,5 q_{V1}$$

$$H_2 = \left(\frac{n_2}{n_1}\right)^2 H_1 = \left(\frac{900}{960}\right)^2 H_1 = 0.878\,9 H_1$$

性能换算的结果列于下表。

$n_1 = 960$ (r/min)	q_{V1}	L/s	0	20	40	60	80	100
	H_1	m	125	124	123	120	114	104
$n_2 = 900$ (r/min)	q_{V2}	L/s	0	18.75	37.5	56.25	75	93.75
	H_2	m	109.86	108.98	108.1	105.47	100.2	91.4

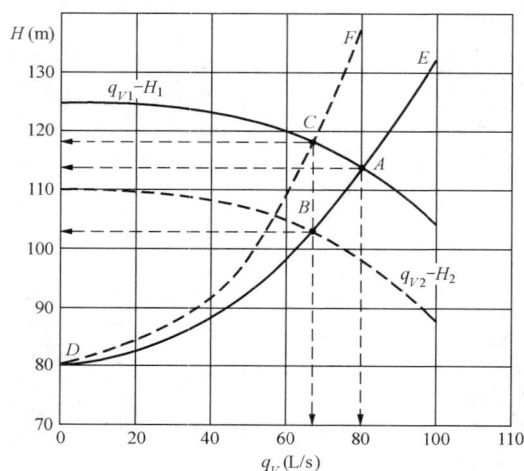

图 8-14　例 8-2 图

根据上表的 q_{V2}、H_2 绘出凝结水泵在 $n_2 = 900$r/min 时的性能曲线 q_{V2}—H_2，它与管路系统特性曲线 DE 交于 B 点，即凝结水泵在 $n_2 = 900$r/min 时的工作点为 B，对应的工作流量为 $q_{VB} = 67$L/s。

故转速变化前后，该泵流量的减少百分数为

$$\frac{q_{VA} - q_{VB}}{q_{VA}} = \frac{80 - 67}{80} = 16.25\%$$

【例 8-3】　在例 8-2 中采用变速调节和出口端节流调节，同样将泵的工作流量由 $q_{VA} = 80$L/s 减小到 $q_{VB} = 67$L/s，试比较两种调节方式所消耗的轴功率。假定泵原工作点的效率为 74%，节流调节后工作点的效率为 72%。

解　由图 8-15 查得采用变速调节后的工作点参数为 $q_{VB} = 67$L/s，$H = 103$m，可认为变速调节泵的效率基本不变，所以变速调节后泵所消耗的轴功率为

$$P = \frac{\rho g q_{VB} H_B}{1000\eta} = \frac{1000 \times 9.807 \times 67 \times 10^{-3} \times 103}{1000 \times 0.74} = 91.53 \text{(kW)}$$

采用出口端节流调节，管路系统特性曲线变为 DF，它与 q_{V1}—H_1 性能曲线交于 C 点，即节流调节后的工作点为 C 点，工作参数为 $q_{VC} = 67$L/s，$H = 118$m，所消耗的轴功率为

$$P' = \frac{\rho g q_{VC} H_C}{1000\eta'} = \frac{1000 \times 9.807 \times 67 \times 10^{-3} \times 118}{1000 \times 0.72} = 107.69 \text{(kW)}$$

由此可见，同样条件下，采用变速调节较出口端节流调节消耗的轴功率小。所以，变速调节的主要优点是减少节流损失，在很大变工况范围内保持较高的效率。但由于变速装置及变速原动机投资昂贵，故中小型机组很少采用，一般用于高参数大容量电厂。

电厂中泵与风机通常采用的变速调节有以下方式：

$$
变速调节 \begin{cases} 直接变速 \begin{cases} 交流电动机变速 \\ 小汽轮机变速 \end{cases} \\ 间接变速 \begin{cases} 液力偶合器变速 \\ 变频变速 \\ 油膜滑差离合器变速 \\ 电磁滑差离合器变速 \end{cases} \end{cases}
$$

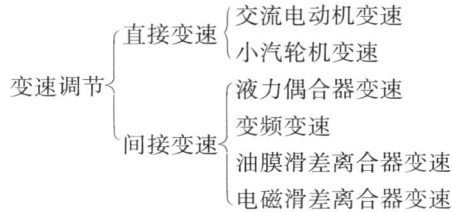

其中，小汽轮机变速、液力偶合器变速和变频变速在电厂中应用广泛。

（一）小汽轮机驱动变速

随着汽轮发电机组单机容量的不断增大，给水泵耗功也不断增加。当单机功率在 250～300MW 以上时，单台给水泵耗功就需要 6MW。在这种情况下，采用小汽轮机作为原动机驱动给水泵，不仅可以节约大量的厂用电，而且可扩大给水泵转速调节范围，避免了节流调节带来的损失，同时采用高转速可减少给水泵的级数、减轻泵的重量和提高水泵的效率，而且还不会因电动机启动电流大而影响厂用电气设备的正常运行。因此，250MW 及其以上容量的机组锅炉给水泵及大功率风机采用汽轮机驱动方式。

采用小汽轮机驱动的泵与风机，通过改变进入小汽轮机蒸汽量来改变泵与风机转速，从而达到调节泵与风机输出流量的目的。

汽动给水泵在电厂热力系统中的连接如图 8 - 15 所示。小汽轮机的工作原理与主汽轮机相同，它是一个变参数、变转速、变功率的原动机。正常运行时，小汽轮机的运转动力来自于主汽轮机的抽汽，而抽汽压强与外界负荷成正比，汽动给水泵的输出流量又正比于其转速，给水泵的输出流量理应自动适应外界负荷的变化，无需调节汽阀控制；但实际上也只有在额定工况附近才能保持这种自调能力的平衡关系。这是因为小汽轮机和给水泵的效率随着机组负荷的下降而降低，当机组负荷下降至一定程度（<70％MCR)时，小汽轮机产生的动力将不能满足给水泵耗功的

图 8 - 15 汽动给水泵在电厂热力系统中的连接
1—锅炉；2—汽轮机；3—发电机；4—凝汽器；5—凝结水泵；
6—低压加热器；7—除氧器；8—前置泵；9—锅炉给水泵；
10—小汽轮机；11—低压主汽阀；12—高压主汽阀；
13—止回阀；14—排汽蝶阀；15—高压加热器

要求，致使汽动泵的转速下降。要满足给水量的要求，则必须开大小汽轮机进汽阀的富余开度，或者全开超负荷进汽阀；而小汽轮机的进汽量受主汽轮机最大允许抽汽量的制约，或者根本没有过负荷的通流面积，故必须另设高压汽源通过控制高压调节汽阀的开度保持小汽轮机动力与给水泵耗功相平衡，以维持必需的转速。因此，小汽轮机正常汽源为主汽轮机的抽汽，又称为低压汽源，而低负荷时的汽源为新蒸汽或高压缸排汽，又称为高压汽源。

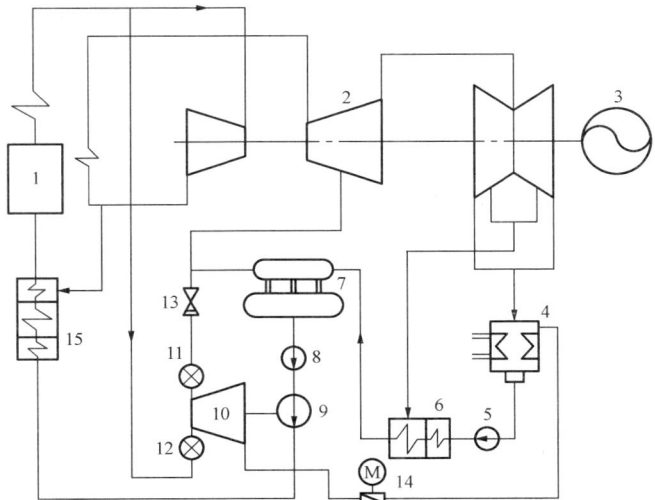

在机组升、降负荷的过程中，高、低压汽源要进行切换，目前广泛采用的切换方式为新蒸汽内切换。这种切换方式在小汽轮机设置了两个独立的蒸汽室，并各自配置有相应的主汽阀和调节汽阀，它们分别与高压汽源和低压汽源相连。机组正常运行时，小汽轮机由低压汽源供汽。当主汽轮机负荷降低到低压汽源不能满足小汽轮机需要时，高压调节汽阀开启，将一部分高压蒸汽送入小汽轮机。此时，低压汽阀保持全开状态，高压和低压两种蒸汽分别进入各自的喷嘴组膨胀，在调节级做功后混合。随着主汽轮机负荷继续下降，抽汽压强进一步下降，而调节级后蒸汽压强随着新蒸汽量的增加而提高，使低压喷嘴组前后压差减小，低压蒸汽的进汽量逐渐减小。当低压喷嘴组前后的压强相等时，低压蒸汽不再进入小汽轮机，全部切换到高压汽源供汽，此时低压调节汽阀仍全开，装在低压蒸汽管道上的止回阀自动关闭，以防止高压蒸汽通过低压汽源的抽汽管道倒流入主汽轮机。此时，小汽轮机的汽源由抽汽切换为新蒸汽，给水泵的转速完全由高压调节汽阀控制调节。

（二）液力偶合器

液力偶合器又称为液力联轴器。它是一种利用液体（工作油）传递扭矩的联轴器，设在电动机与泵或风机之间。电动机的转速不变，改变液力联轴器中工作油的流量，从而改变泵或风机的转速，以达到调节泵或风机输出流量的目的。

如图 8 - 16 所示，液力偶合器主要有泵轮、涡轮、旋转内套、勺管等构成。原动机直接带动泵轮，涡轮与泵或风机直接相连。泵轮和涡轮均具有相同的形状、相同的有效直径，且均具有较多的径向叶片，但为避免发生共振，一般涡轮的叶片数比泵轮少 1～4 片。泵轮和涡轮并不直接相互接触，而是保持较小的轴向间隙，形成工作腔室。旋转内套用螺栓与泵轮相连，勺管可以在旋转内套与涡轮构成的腔室中移动，以调节泵轮和涡轮中的工作油量。

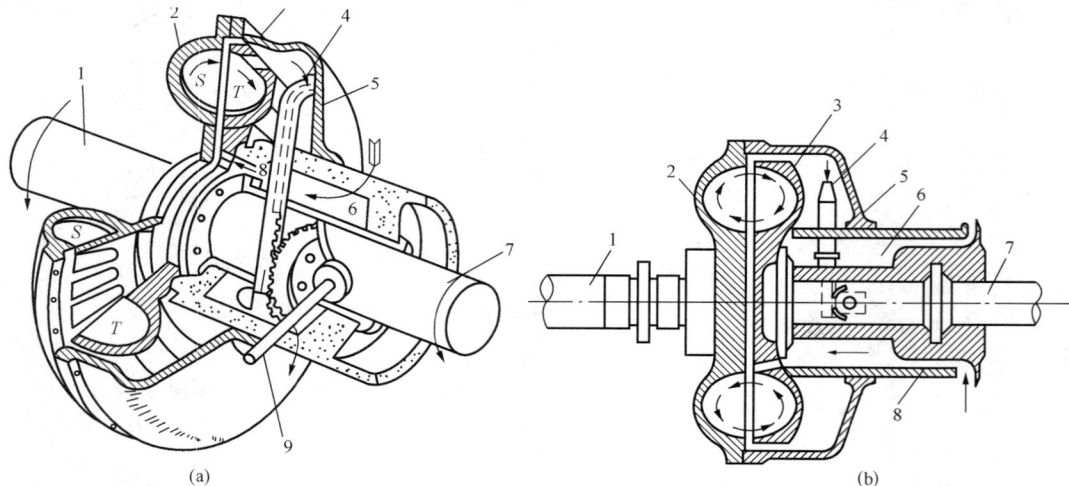

图 8 - 16　液力偶合器结构及原理示意图
（a）结构示意图；（b）原理示意图

1—电动机轴；2—泵轮；3—涡轮；4—勺管；5—旋转内套；6—回油通道；7—泵轴；8—控制油入口；9—调节杆

当泵轮在原动机驱动下旋转时，工作油在离心力的作用下获得能量，然后从外缘以较高压强和速度流入涡轮，冲动涡轮旋转，从而将原动机的机械能传递给泵或风机。在涡轮中做过功的工作油从内径口返回到泵轮，重新获得能量，如此周而复始，从而形成液力偶合器扭矩的传递过程。

在原动机转速不变的情况下，泵或风机的转速是通过改变液力偶合器中工作油的油量实现的。工作油的油量越多，泵轮传递给涡轮的力矩就越大，泵或风机的转速就升高；反之，泵或风机的转速就降低。工作油量的控制有两种方式：一是调节进入工作腔的进油量。其特点是：可使泵或风机很快升速，但不适应很快降速，因此，难以适应发电厂单元机组事故甩负荷要求给水泵转速迅速下降的工况。二是改变工作腔的出油量，具体做法是调节勺管在旋转内套中的位置，旋转内套中油环的油压随着旋转半径的增大而增大，勺管沿径向外移，进入勺管的油压就高，通过勺管的泄油量就多；反之，泄油量就少。这种控制方式的特点恰恰与第一种控制方式相反。火电厂中锅炉给水泵的液力偶合器一般采用上述两种方式的联合控制方式，如图 8 - 17 所示。

在图 8 - 17 中，当锅炉给水量需要增加时，伺服机将凸轮向逆时针方向转动，传动杆也逆时针方向转动，带动勺管向内侧移动，泄油量减小；同时，因传动杆的逆转，杆上凸轮带动进油阀开大，进入工作腔室的油量增加，从而使冲动力矩增大，涡轮转速升高，给水泵的输水量增大。当锅炉给水量需要减少时，伺服机将凸轮向顺时针方向转动，传动杆也顺时针方向转动，带动勺管向外侧移动，泄油量增大；同时，因传动杆的顺时针转动，杆上凸轮带动进油阀关小，进入工作腔室的油量减小，从而使冲动力矩减小，涡轮转速下降，给水泵的输水量减少。勺管的泄油经冷油器冷却后，通过回油管进入工作油箱。

液力偶合器的主要优点是：①可与廉价的鼠笼式交流电动机相匹配，电动机能空载或轻载启动，减小选用电动机的容量，从而降低投资，减少运行费用；②能实现无级调速，易于自动控制；③因泵轮和涡轮为液力传动，电动机与泵或风机为柔性连

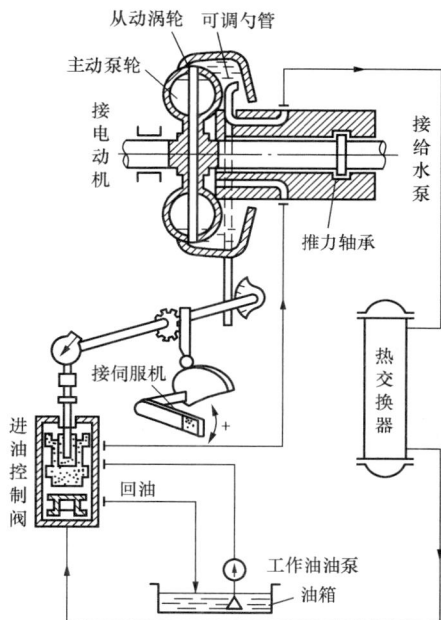

图 8 - 17　进油阀和勺管联合控制方式示意

接，所以，对电动机与泵或风机均有良好的过载保护作用，以及吸收和隔离振动的作用；④工作可靠，能长期无检修运行；⑤调节灵活，可适应单元机组的快速启、停及事故工况的特殊要求。液力偶合器存在的主要问题是：功率损耗大，系统复杂。

通过技术经济比较，液力偶合器适用于 250～300MW 以下容量单元机组配置的电动给水泵，以及 300MW 以上容量单元机组配置的启动备用电动给水泵的变速调节。

（三）变频调速

变频调速是利用变频装置作为变频电源，通过改变供电电源频率 f_1，使电机同步转速 n_1 变化，达到改变电机转速的方式。变频调速的基本原理是根据异步电动机的转速公式。

$$n = n_1(1-s) = \frac{60f_1}{z}\left(1 - \frac{n_1-n}{n_1}\right) \qquad (8-5)$$

式中　　n——电机转速，r/min；

　　　　n_1——电机定子旋转磁场转速，亦称同步转速，r/min；

s——异步电机的转差率，$s=(n_1-n)/n_1$；

z——电机定子绕组极对数。

变频调速的优点是调节效率高，节能效果明显，调速范围宽，最适用于流量调节范围大且经常处于低负荷范围工作的泵与风机。变频装置加上自动控制后，能作高精确度运行，能控制启动电流在额定电流的 1.5 倍以内，减小对电网的冲击，延长电机的使用寿命。目前国外已广泛采用自控式变频调速的同步电机，即无换向器电动机来驱动电厂给水泵、循环水泵及锅炉送、引风机。但是由于变频调速的变频器较复杂、初投资高，不能采用高压直接供电，需附设变压器等，使其目前应用受到限制。

四、动叶调节

如第五章中所述，动叶调节是根据负荷变化的指令，利用动叶调节机构改变叶片安装角度，从而达到调节泵与风机输出流量的目的。动叶安装角随工况的不同而改变，这样使泵与风机在低负荷时的效率大大提高，图 8-18 所示为根据试验结果绘出的轴流泵工作参数与叶片安装角之间的关系曲线。由图可见，当叶片安装角增大时，性能曲线的流量、扬程、功率都增大，反之都减小，因而启动时可减小安装角以降低启动功率。改变叶片的安装角时效率曲线也有变化，但在较大流量范围内几乎可保持较高效率，而且避免了采用阀门调节的节流损失，所以这种调节方式经济性很高。当然，在流量较小区域内，效率曲线的最高点会有所降低。

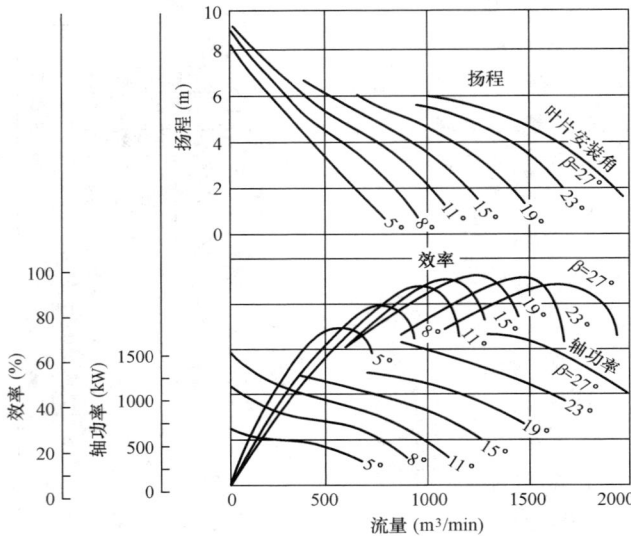

图 8-18　轴流式泵的工作参数与叶片安装角的关系

图 8-19 所示为动叶调节轴流式风机的性能曲线，由于叶片角度可随工况的变化调节到最佳的空气动力特性，所以在广泛的工况区域内，也可以保持高效率。图 8-20 所示为采用进口导叶调节的离心式风机的性能曲线。比较两者的性能曲线可以看出，

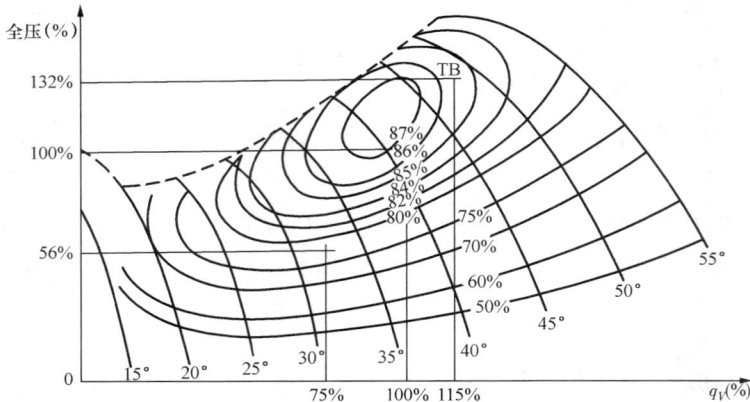

图 8-19　动叶可调轴流式风机的性能曲线

在负荷为 100%（即设计负荷）时，前者效率为 86.5%，后者效率为 80%，两者效率相差不大，但当机组负荷降低，风机流量减少到 75%，全压减小到 56% 工况时，动叶调节轴流式风机的效率为 78%，而进口导叶调节离心式风机的效率只有 54%。因此，目前动叶调节的轴流式泵与风机广泛用作大型机组的循环水泵和锅炉的送、引风机。

采用双速电动机和进口导叶联合调节的离心式风机在低负荷时采用低速档，低速档调节门最大开度时的风机效率和高速档最高效率相同，最大连续运行工况效率高，但在变工况时如同定速离心式风机，效率仍会迅速下降，所以平均运行效率仍比动叶可调轴流式风机低。

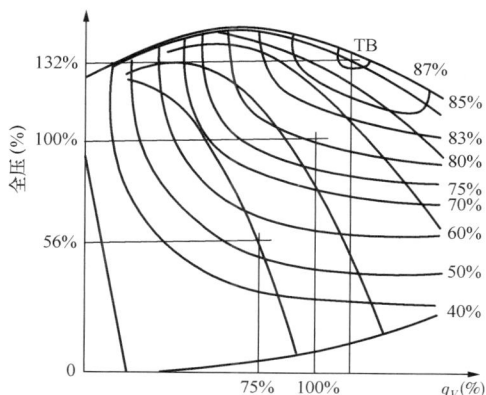

图 8 - 20　进口导叶调节离心式风机的性能曲线

五、汽蚀调节

汽蚀调节是利用水泵的汽蚀特性实现输出流量与外界负荷自动相适应的调节方式。图 8 - 21 所示为发电厂凝结水泵的汽蚀调节过程，在正常运行工况下，泵不发生汽蚀的最小倒灌高为 H_g，其性能曲线为 $q_V - H$，对应的工作点为 M。当机组负荷减少时，汽轮机的汽耗量减少，排汽量减少，凝汽器的凝结水量减少，热井水位下降，泵的倒灌高度降低为 H_{g1}，水泵发生汽蚀，性能曲线骤降，而管路系统特性曲线几乎不变，于是泵的工作点位移至 M_1，出水量减少为 q_{V1}。如机组负荷继续减少，泵的倒灌高度不断降低为 H_{g2}、H_{g3}、$\cdots$，汽蚀程度加重，出水量继续减少为 q_{V2}、q_{V3}、$\cdots$。由此可见，当机组负荷减少时，要求汽轮机的汽耗量减少，锅炉所需要的给水量也要减少，而此时，凝结水泵的输出流量随之减少，这恰恰满足了外界负荷变化的需要。

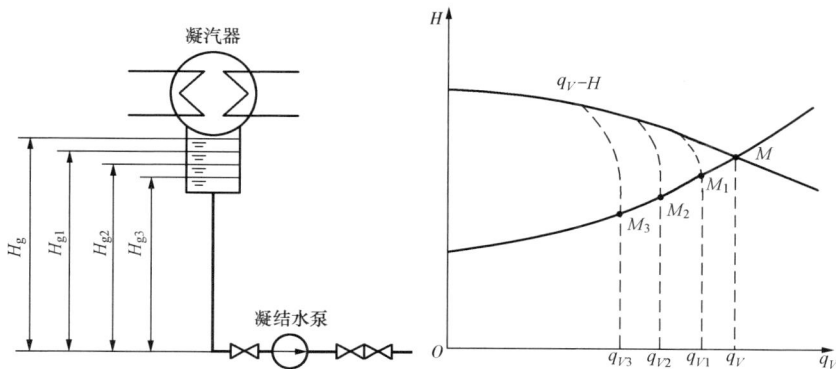

图 8 - 21　汽蚀调节

汽蚀调节的优点是能自动调节工作流量与外界负荷相适应，且不需要设置任何调节装置，因此，它广泛应用于中小型发电厂输送饱和水的凝结水泵和疏水泵。但汽蚀调节使泵在运行时不可避免地发生汽蚀，故其叶轮必须采用抗汽蚀材料。而大型电厂，由于对设备的安全性要求较高，一般不采用汽蚀调节，而且为保证凝结水泵在低负荷下的正常工作，设置凝结水最小流量再循环装置，让部分凝结水返回凝汽器热井，使倒灌高度不至于过小，以防止凝结水泵的汽蚀。

第四节　泵与风机的运行及维护

教学目的

　　掌握泵与风机的启动、停机及正常运行维护过程中的步骤和注意事项，掌握泵与风机常见事故的原因分析及处理方法。

教学内容

　　泵与风机的运行，主要包括启动、正常运行维护、停泵、事故处理等。

一、泵的运行

（一）启动前的准备工作

启动准备工作主要包括启动前的检查及有关操作。

　　1. 启动前的检查

　　（1）工作场地的检查。检查工作场地清洁、无杂物，无安全隐患。

　　（2）电源及用电设备的检查。检查电气线路完好，各种联动、控制开关按钮正常，电动机的转动方向正确，有关试验项目已按运行规程要求完成。

　　（3）泵设备的检查。检查电动机及泵的紧固部件无松动，联轴器等各种连接部件连接良好。盘动转子内部无摩擦声、卡涩等现象，转动灵活。

　　（4）轴封系统的检查。检查轴封部件完好，密封冷却水、冷油器的冷却水系统进出阀门正常。启动密封冷却水水泵，打开密封水阀门，调整轴封密封情况，以滴水为宜。

　　（5）监测表计的检查。检查各种监测表计齐全完好，指位正确，声光信号试验正常。

　　（6）轴承及润滑油的检查。检查轴承冷却水畅通，润滑油油质良好，油位正常。

　　（7）调节机构的检查。对于采用电动机驱动的大型锅炉给水泵，应检查其调速机构正常；采用小汽轮机驱动的给水泵，应对小汽轮机作全面检查，小汽轮机的启动准备工作就绪。对于采用动叶调节的轴流式或混流式泵，检查其动叶调节机构的手动、电动位置能够灵活调节，位置正确。

　　2. 启动前的操作

　　（1）充水。泵在启动前一定要进行充水放气工作。否则，由于空气密度远远小于水的密度，空气的存在会使泵的吸入口处难以达到足够的真空和低压值，泵启动后会打不出水。

　　泵的充水方式根据其系统布置情况及吸水方式的不同而不同。小型真空吸水的泵，一般采用灌水法，开启灌水阀及放气旋塞，待放气旋塞连续出水后关闭；对于置于吸水液面下方的泵，用进口阀门直接充水并排除空气；大型离心泵可采用真空泵抽空气；采用虹吸进水的立式泵，必须对吸入喇叭口和泵壳内充水或抽真空；采用湿坑布置的大型立式轴流泵和混流泵，由于叶轮已浸入水中，启动前不需灌水。

　　（2）暖泵。对于输送高温水的泵，如发电厂中的锅炉给水泵，启动前必须进行暖泵工作，并控制温升率，以防止泵启动过程中热应力过大，导致泵体变形而损坏。暖泵的方式有正暖和反暖。冷态启动时采用正暖，即顺水流暖泵，除氧器水箱内的热水在除氧器压强和给水箱静压的作用下，经前置泵、给水泵入口，通过泵体，从泵出口端排至回水箱。处于热备用的泵采用反暖，暖水流程与正暖相反，运行前置泵出口的热水，从备用给水泵出口端两侧底部接入，流过泵体，经给水泵入口、前置泵返回除氧器水箱（参见图9-1）。暖泵过程待泵的上、下温差在规定的范围内结束。

（3）汽动泵还要按规定做好小汽轮机的启动前准备工作，如暖管、汽轮机各部分的开机前等操作。

（4）采用出口端节流调节的离心泵和混流泵，应关闭出水阀门。轴流式泵应开启出水阀门。采用动叶调节的轴流泵，应调整动叶到启动角度。采用动叶调节混流泵，叶片应在全关闭位置。

（5）设置有最小流量再循环的水泵，应开启最小流量再循环阀门。

（6）按规程做好其他各项启动前的操作。

（二）启动

（1）电动泵合闸后，在泵的升速过程中，应注意启动电流值、电流表指针返回时间和空载电流值、转速、出口压力表读数等，并做好记录。

（2）转速达额定转速后，检查动静部分有无摩擦、振动和异声，油压、油温、轴承温度及轴向位移是否正常等。泵启动后空转时间不宜过长，以2～3min为限，否则水温升高，水泵会发生汽蚀。

（3）逐渐开启泵的出水阀门，或开大动叶安装角度，增加流量。对于设置有最小流量再循环的水泵，应逐渐关闭再循环阀。

（4）汽动泵在启动时，应首先完成小汽轮机的启动操作。主要包括：连续盘车、送轴封汽、抽真空、暖管、冲转、暖机、过临界转速以及升速过程中的有关试验及检查。机组冷态启动时，小汽轮机的冲转采用的是新蒸汽，一般在主机并网后开始。当汽动泵出口压强达到给水泵母管压强时，可开启汽动泵出口阀门，逐步带负荷与电动泵并联运行。当主机抽汽压强随着负荷上升至一定压强时，小汽轮机汽源开始由主蒸汽切换为抽汽。

（5）投入泵的联锁及保护。

（6）根据规程规定，做好泵启动时的其他相关工作。

（三）正常运行维护

泵运行正常后，应做好以下工作：

（1）随时监视和检查设备的运行情况及各项参数，并定时做好记录。如电动机电流，泵进、出水真空表或压力表的读数、流量，各轴承回油温度，油箱油位，轴承及泵体的异声、振动和轴向位移等。

（2）做好有关调整维护工作，保持泵处于最佳运行状态。

（3）对运行中出现的不正常及事故工况，进行正确的分析和处理。

（四）停泵

泵的停运与启动操作的顺序相反，在停泵时请注意以下事项：

（1）先断开泵的联锁开关，开启再循环阀门，关闭出口阀门，启动辅助油泵后，才能按停止按钮停泵。对于变速泵，停泵前还应逐渐降低转速至最小流量状态。对虹吸式泵，应先打开真空破坏阀，再关闭出口阀，待水下落后再停泵。

（2）按下停止按钮后，应记录惰走时间，时间如果过短，应分析、查明原因。

（3）对汽动泵还要投入小汽轮机的盘车装置，并做好小汽轮机停运时的相关操作。

（4）泵停运后，如需作联锁备用，则应将进口阀门开启，出口阀门关闭。联锁开关应在备用位置，投入辅助油泵和润滑油系统；若密封冷却系统已投入的应调整为运行备用状态。对于大型锅炉给水泵应投入暖泵水系统。

（5）如停泵检修或长期停用，应切断电源和水源，放尽泵内的余水，并"挂牌"，做好其他安全措施。

（五）定期试验和切换

为保证泵的安全、经济运行，应对泵进行定期联锁保护和切换试验。大型泵的保护项目比较完善，试验项目也较多。以电厂锅炉给水泵为例，一般有以下联锁保护试验项目：

（1）润滑油压保护试验。包括油压高时辅助油泵的自停，油压低于一定值时分别进行闭锁泵的启动、辅助油泵自启动、报警和运行泵跳闸等。

（2）低水压保护。报警和启动备用泵。

（3）轴向位移保护。报警和跳闸。

（4）轴封水压保护。水压低于一定值时分别进行报警、启动备用密封水泵、闭锁泵的启动和运行泵跳闸等。

（5）故障联动试验。运行泵故障跳闸时，自启动备用泵。

为保持备用泵的良好状态，应定期进行备用泵的切换运行。切换时，应先断开联锁开关，关闭暖泵阀，再按正常启、停步骤操作，启动备用泵，待正常后可停运原运行泵。停泵过程中，逐渐关闭出口阀门，注意观察出水母管压强，如母管压强下降至非正常值，应查明原因并处理后才能继续，否则停止切换操作。

（六）常见故障与消除方法

泵的事故很多，处理方法各异，现仅将其常见的故障与消除方法列于表8-1中。

表8-1 泵的常见故障与消除方法

故障现象	故障原因	消除方法
泵启动后不出水或流量不足	1. 启动前或抽真空不足，泵内有空气； 2. 吸水管及真空表管、轴封处漏气； 3. 吸水液面降低，吸水口吸入空气； 4. 滤网、底阀或叶轮堵塞； 5. 底阀卡涩开启过小； 6. 几何安装高度过大，泵内汽蚀； 7. 吸水管阻力太大； 8. 轴流式泵动叶片固定失灵、松动； 9. 叶轮反转或装反	1. 停机，重新灌水或抽真空； 2. 查漏并消除缺陷； 3. 使吸入口浸没水中； 4. 清洗滤网，清除杂物； 5. 检修或更换底阀； 6. 降低安装高度； 7. 清洗或改造吸水管； 8. 检修动叶片固定机构，调整叶片安装角； 9. 改变电机接线或重装叶轮
泵不能启动或启动后功率太大	1. 轴封填料压得过紧； 2. 未通轴封冷却水或冷却水量不足； 3. 离心泵开阀、轴流泵闭阀启动； 4. 泵内动、静部分摩擦； 5. 联轴器安装不正确； 6. 润滑不良导致轴承磨损； 7. 流量过大，转速过高； 8. 轴弯曲	1. 调整填料压盖紧力； 2. 开通或开大轴封冷却水； 3. 离心泵闭阀、轴流泵开阀启动； 4. 停机检修各部分动、静间隙及磨损状况； 5. 重新安装或找正； 6. 更换润滑油或更换轴承； 7. 减小流量，降低转速； 8. 校轴或更换泵轴

续表

故障现象	故障原因	消除方法
运行中扬程降低	1. 叶轮损坏，密封环磨损； 2. 转速降低； 3. 压水管损坏	1. 检修或更换叶轮、密封环； 2. 清除电动机故障； 3. 关闭阀门，检修压力管
振动和异音	1. 汽蚀； 2. 旋转失速及水力冲击； 3. 转子不平衡、不对中； 4. 泵轴弯曲； 5. 基础薄弱或地脚螺栓松动； 6. 联轴器安装不良或螺母松动； 7. 泵内动、静部分有摩擦； 8. 在转子的临界转速运行； 9. 原动机振动	1. 消除汽蚀； 2. 尽量在设计工况下运行； 3. 重新找平衡、找正； 4. 校轴或更换泵轴； 5. 加强基础，拧紧地脚螺栓； 6. 重新安装联轴器，拧紧螺母； 7. 调整动、静部分间隙； 8. 调整转速，使泵不在临界转速运行； 9. 消除原动机振动问题
轴承过热	1. 润滑油质不好，油量不足； 2. 轴承磨损或不对中； 3. 联轴器安装不良、不对中； 4. 轴弯曲； 5. 平衡装置失效； 6. 轴承冷却水中断	1. 检查油质，清洗或更换润滑油； 2. 检查、修复轴承； 3. 重新安装联轴器，使之对中； 4. 校轴或更换泵轴； 5. 检修平衡装置； 6. 检查开启冷却水阀门，疏通冷却水管
泵填料发热或泄漏太大	1. 填料压得太紧或填料压盖不正； 2. 密封环安装不对位； 3. 密封水管堵塞或密封水不清洁； 4. 填料套与轴不同心； 5. 填料选择或安装不当； 6. 填料磨损严重； 7. 轴套磨损严重； 8. 密封水或冷却水不足； 9. 轴弯曲	1. 调整填料压盖，以滴水为宜； 2. 重新安装，使密封环孔正对密封水管口； 3. 疏通水管，除去水中杂质； 4. 重新装配； 5. 重新选择填料并安装； 6. 更换填料； 7. 换轴套； 8. 保持密封水压强和必要的冷却水量； 9. 校轴或更换泵轴

二、风机的运行

（一）启动

风机启动前，除了要进行与泵相同的检查工作外，如对工作场所、电源及电气设备、监测表计、轴承润滑油及冷却水等进行全面检查，还要做好以下方面的检查工作：

（1）风机设备的检查。由于风机运行时，振动较大，因此要注意检查其各部件间的间隙，动、静之间不允许有摩擦、卡涩现象。紧固件和地脚螺栓无松动。

（2）调节机构的检查。检查离心式风机的进口挡板或导流器及出口挡板应关闭。对于轴流风机，检查调节机构应灵活，开度应在启动位置。以避免带负荷启动，减小启动电流。

完成所有的检查工作后，可合闸启动风机。在启动过程中，应监视启动电流，检查轴承润滑油流、轴承温度，注意振动和异声。如果启动运行正常，待转速达到额定值后，即可全开风机的出口挡板，用进口挡板、导流器或动叶调节机构调节风量。如启动后发现不正常，必须立即停机检查。

（二）正常运行与维护

风机在正常运行中应做好以下维护工作：

（1）监视电动机电流正常，风机转速正常。

（2）随时注意风机的振动和异声。

（3）定期检查风机和电动机润滑油系统的油压、油温和油量。

（4）监视轴承油位、油流正常，各轴承润滑良好，冷却水畅通，水压正常，轴承温度和温升在规定值内。

（5）进行风量的调节。

正常运行中，如遇下列情况，应立即停机检查处理：

（1）风机发生强烈噪声、剧烈的振动或有碰撞声。

（2）轴承温度超过规定值或轴承冒烟。

（3）轴承冷却水中断。

（4）电动机冒烟。

（三）停运

（1）关闭风机进口挡板或导流器，关小出口挡板。

（2）按下停机按钮，风机停止运行，注意惰走情况。

（3）转速为零后，关闭轴承冷却水。

（4）若风机停运后检修，应切断电源，关闭进、出口挡板，并"挂牌"。

（四）定期检查与维护

（1）风机每运行 3～6 个月后，对滚动轴承进行一次检查，检查滚动元件与滚道表面结合间隙必须在规定值内，否则需进行更换。

（2）定期对停运或备用风机进行手动盘车，将转子旋转 $120°\sim180°$，避免主轴弯曲。

（3）定期清洗轴承油池，更换润滑油。

（4）定期对风机进行全面检查，并清理风机内部的积灰。

（五）常见故障与消除方法

风机的常见故障和消除方法列于表 8-2。

表 8-2　　　　　　　　　　　风机的常见故障与消除方法

故障现象	故障原因	消除方法
压强偏高， 流量减小	1. 气体温度降低或含杂质增加，使其密度增大； 2. 风道或挡板堵塞； 3. 出风管道破裂或法兰不严密，有气体泄漏； 4. 叶轮磨损严重	1. 消除密度增大的因素； 2. 清扫风道，开大进、出口挡板； 3. 焊补裂口，更换法兰垫片； 4. 更换叶轮
压强偏低， 流量增大	1. 气体温度升高，致使气体密度减小； 2. 进风道破裂或管道法兰不严密，有空气漏入	1. 降低气体温度； 2. 焊补裂口，更换法兰垫片

续表

故 障 现 象	故 障 原 因	消 除 方 法
电动机电流过大和温度过高	1. 启动时进风挡板未关； 2. 烟风系统漏风严重，流量超过规定值； 3. 轴承座剧烈振动； 4. 电动机本身原因； 5. 电动机输入电压过低或电源单相断电； 6. 联轴器连接不正或间隙不均匀； 7. 输送的气体密度过大，使压强增大	1. 关严进风挡板； 2. 加强堵漏，关小挡板开度； 3. 消除振动； 4. 查明原因，予以消除； 5. 检查电源； 6. 重新找正； 7. 消除密度增大的因素，或减小流量
振动	1. 风机运行不稳定，发生喘振； 2. 电动机轴、减速器轴及风机轴找正不良； 3. 叶轮与集流器或机壳内壁相碰； 4. 联轴器与轴松动； 5. 转子不平衡； 6. 叶轮磨损严重； 7. 基础薄弱或地脚螺栓松动； 8. 管道支吊不良； 9. 机壳刚度不够，左右晃动； 10. 叶片上有铁锈、积灰等不均匀附着物； 11. 机翼型空心叶片局部磨穿，粉尘进入叶片内部，使叶轮不平衡	1. 消除产生喘振的因素； 2. 进行调整，重新找正； 3. 调整叶轮与集流器或机壳的间隙； 4. 紧固或配换； 5. 重新找平衡； 6. 更换叶轮； 7. 加强基础，拧紧地脚螺栓； 8. 加固或改进支吊架； 9. 加固机壳； 10. 清理叶片上的附着物； 11. 更换或修补叶片
轴承温度过高	1. 风机振动； 2. 润滑油质不良或含有杂质等； 3. 润滑油箱油位过低或油管路堵塞； 4. 冷油器工作不正常或未投入； 5. 轴承盖与座连接螺栓的紧力过大或过小； 6. 轴承损坏； 7. 轴瓦磨损； 8. 轴与轴承安装位置不正确，前后两轴承不同心	1. 消除风机振动的因素； 2. 更换润滑油； 3. 向油箱加油或疏通油管路； 4. 检查、开启冷油器； 5. 调整螺栓的紧力； 6. 更换轴承； 7. 修复； 8. 重新找正

小　　结

一、管路系统特性曲线与工作点

1. 管路系统特性曲线与泵或风机工作点

管路系统特性曲线是一条二次抛物线，此抛物线的顶点，水泵位于纵坐标 H_{st} 处，而风机在坐标原点。

工作点——泵或风机的性能曲线与管道特性曲线的交点。

2. 泵与风机工作稳定性

当泵与风机的性能曲线呈现驼峰形状时，驼峰的最高点作为区分稳定与不稳定工作的临界点，在临界点左侧称为不稳定工作区域，右侧称为稳定工作区域。当泵或风机在不稳定区域工作时，将会发生喘振，危害泵或风机的安全。因此，无论在任何情况下，都应该保持泵或风机在稳定区工作。

二、泵与风机联合工作

1. 并联工作方式

并联——两台或两台以上的泵或风机向同一压出管路输送流体的工作方式。

并联工作的目的：增加系统流量。

并联工作特点：扬程相等，流量相加。

2. 串联工作方式

串联——前一台泵或风机的出口向另一台泵或风机的入口输送流体的工作方式。

串联工作的目的：增加系统能头。

串联工作特点：流量相等，扬程相加。

三、泵与风机运行工况的调节

泵与风机的工况调节就是改变工作点的位置，从而改变流量。通常调节的原则：一是改变管路系统特性曲线，其方法是出口端节流调节；二是改变泵与风机本身性能曲线，具体方法有：变速调节、动叶调节、汽蚀调节和入口导流器调节等；三是同时改变泵与风机本身性能曲线和管路系统特性曲线，其方法是进口端节流调节。

变速调节的方法有：交流电动机变速、小汽轮机变速、液力联轴器变速、变频变速、油膜滑差离合器变速、电磁滑差离合器变速等，其中小汽轮机变速、液力联轴器变速和变频变速在电厂中广泛采用。

四、泵与风机的运行维护

泵与风机的运行，主要包括启动、正常运行维护、停机、事故处理等。

启动前的检查主要包括：工作场地的检查、电源及用电设备的检查、轴承及润滑油的检查、监测表计的检查、泵设备及其调节机构和系统的检查等。启动前的操作主要包括：充水放气、暖泵。对汽动泵还要做好小汽轮机开机前的准备工作。启动时主要注意启动电流值、电流表指针返回时间和空载电流值，转速、出口压力表读数等，并做好记录。检查动静部分有无摩擦、振动和异声，油压、油温、轴承温度及轴向位移是否正常等。运行中要进行必要的监视和维护。

泵与风机在运行中常见事故有：启动后不出水或流量不足、全压或扬程降低、振动、原动机过载、轴承过热等。运行中针对事故现象，要及时发现，认真分析，果断处理。

思 考 题

8-1 什么是泵与风机的工作点？绘图分析说明泵与风机为什么只能在工作点上运行。

8-2 什么情况下会出现泵与风机的不稳定工作状况？如何避免？

8-3 何谓喘振？它有什么危害？如何防止？

8-4 泵或风机并联工作的目的是什么？并联后流量、扬程（全风压）如何变化？

8-5 泵或风机串联工作的目的是什么？串联后流量、扬程（全风压）如何变化？

8-6 泵或风机联合工作时，泵或风机的总工作点及每台泵或风机的工作点是如何确定的？

8-7 泵与风机的调节方式有哪些？各调节方式在电厂中的应用情况怎样？

8-8 节流调节和变速调节的原理有何不同？试比较两种调节方式的经济性。

8-9 变速调节有哪些变速方式？

8-10 汽动泵是如何实现变速调节的？

8-11 调速型液力偶合器由哪些部件组成？它是如何实现变速调节的？

8-12 试述泵启动程序。

8-13 大型锅炉给水泵启动时为什么要暖泵？如何暖泵？

8-14 泵与风机在运行中发生振动的原因有哪些？如何消除？

8-15 泵与风机在运行中，产生轴承过热的原因有哪些？如何消除？

习 题

8-1 某凝结水泵的系统装置及性能曲线如图 8-22 所示。若凝汽器内压强 $p_1 = 4500Pa$，除氧器内压强 $p_1 = 600kPa$。凝结水泵进水液面（凝汽器热水井水面）至出水液面（除氧器水箱水面）的位置高差为 15m。整个管路系统的综合阻力系数 $\varphi = 2757s^2/m^5$。试求凝结水泵的工作流量、扬程、效率及轴功率。（凝结水的密度为 $\rho = 996kg/m^3$）

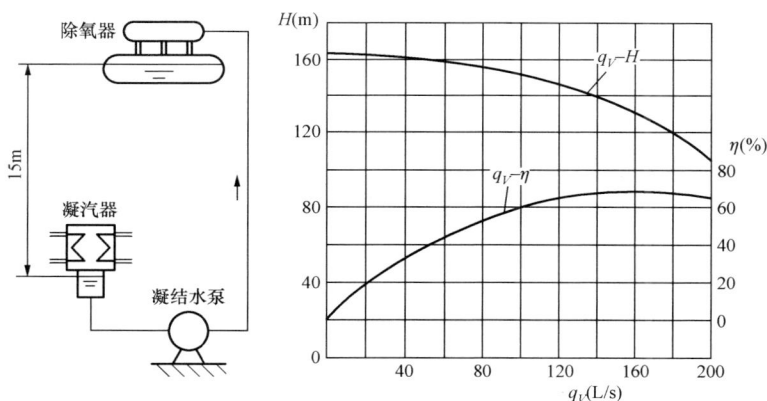

图 8-22 习题 8-1 图

8-2 水泵的性能曲线如图 8-23 所示，其管路系统特性曲线方程为 $H = 20 + 20\,000q_V^2$（q_V 的单位：m^3/s），则水泵的工作流量为多少？如果并联一台相同性能泵联合工作，总流量又为多少？两台泵并联运行时比单独工作时流量增加了多少？并联后每台泵的流量又为多少？

8-3 有两台性能相同的泵串联工作，其性能曲线 I 和 II 及对应管路系统的特性曲线 III 如图 8-24 所示。试求两台泵串联时的总扬程、总流量。此时各泵的流量和扬程与每台泵在同一系统中单独运行时相比，有什么变化？

8-4 某水泵在 $n_1 = 960r/min$ 时的性能曲线如图 8-25 所示，其工作管路系统的特性曲线方程为 $H = 15 + 18\,000q_V^2$（q_V 的单位：m^3/s）。试问当水泵转速减少到 $n_2 = $

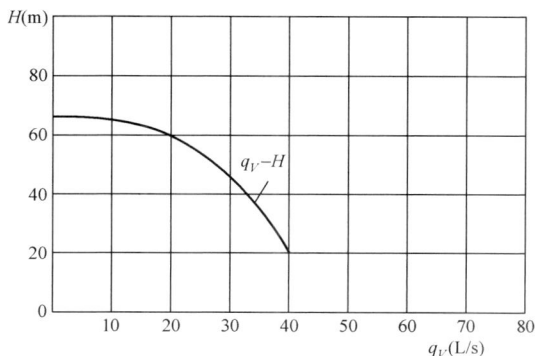

图 8-23 习题 8-2 图

720r/min 时，管路系统中的流量减少了多少？

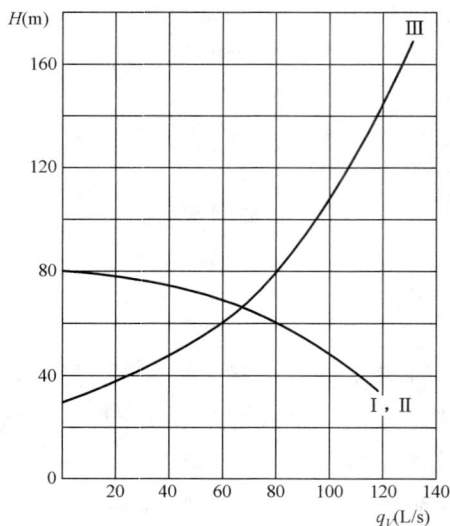

图 8-24 习题 8-3 图

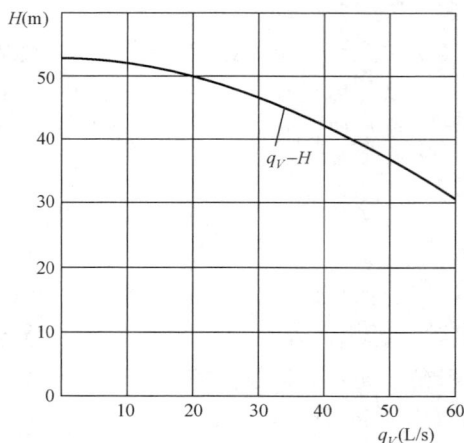

图 8-25 习题 8-4 图

8-5 某离心式风机转速 $n_1 = 1450 \text{r/min}$ 时的性能曲线 $q_v - p$ 如图 8-26 所示，管路系统的特性曲线方程为 $p = 25q_v^2$（q_v 的单位：m^3/s，p 的单位：Pa）。当风机转速降为 $n_2 = 980 \text{r/min}$ 时，其流量为多少？

8-6 某水泵在 $n_1 = 2960 \text{r/min}$ 时的性能曲线 $q_v - H$ 如图 8-27 所示，其工作管路系统的特性曲线方程为 $H = 50 + 9500q_v^2$（q_v 以 m^3/s 单位计算）。采用变速调节方式，将泵的工作流量调节为 $q_v = 160 \text{m}^3/\text{h}$，其转速 n_2 应为多少？

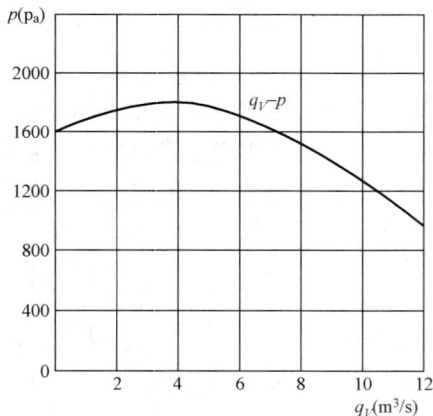

图 8-26 习题 8-5 图

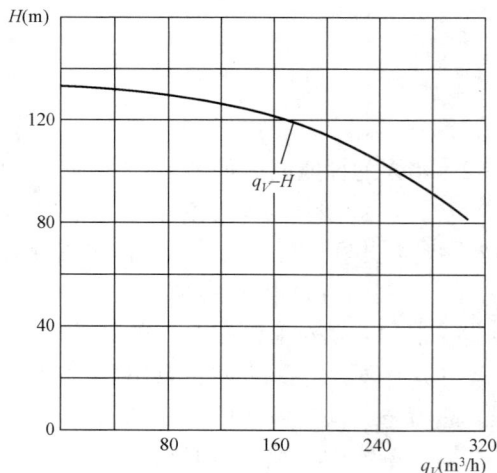

图 8-27 习题 8-6 图

8-7 在习题 8-6 中，若采用节流调节同样将泵的流量调节为 $q_v = 160 \text{m}^3/\text{h}$，试比较采用节流调节与变速调节的经济性。假定泵原工作点的效率为 68%，节流调节后工作点的效率为 66%。

第九章　发电厂常用泵与风机

内 容 提 要

本章重点介绍发电厂常用的锅炉给水泵、凝结水泵、循环水泵、送风机、引风机等主要设备的结构与性能特点。

第一节　发 电 厂 常 用 泵

教学目的

熟悉大型火电机组的锅炉给水泵、凝结水泵、循环水泵、炉水循环泵的结构、性能特点和要求，掌握双壳体圆筒形多级离心泵的构造及性能特点。

教学内容

大型火电厂常用的泵有锅炉给水泵、凝结水泵、循环水泵、炉水循环泵等。

一、锅炉给水泵

1. 作用

给水泵是用来将除氧器水箱内具有一定温度、压强的水连续不断地送到锅炉中去的设备。

2. 性能特点

随着单元机组容量的增大，给水温度、压强和给水流量都随之增大。与大型火电机组配套的锅炉给水泵入口水温高达 150℃ 以上，且输送的水接近饱和状态，当运行工况变化时，给水泵极易汽蚀。同时，给水泵还要在锅炉蒸发量随负荷变化时能及时调整给水流量，要求其 q_V—H 性能曲线应为平坦形，这样当流量变化较大时能保证给水压头的稳定。由此可见，给水泵应保证有良好的抗汽蚀性能和适应高温高压运行的措施。

3. 在热力系统的配置与连接

给水泵在热力系统的配置与连接，如图 9-1 所示。

考虑到运行的灵活性，目前我国的 300MW 及以上机组通常配置两台 50％容量汽动给水泵并联及一台 50％容量电动调速给水泵，或者配置一台 100％容量汽动给水泵及一台 50％容量电动调速给水泵，电动调速给水泵作为启动初期上水和备用。200MW 及以下机组一般由两台 100％容量电动调速给水泵并联，一台运行，一台备用。西欧各国的发展趋势是采用全容量配置，不设备用泵，其初投资较低。为避免给水泵汽蚀，在前面加装一台前置泵，与主给水泵串联运行，汽动给水泵的前置泵由电动机单独驱动，电动给水泵及其前置泵共同由一部电动机驱动，并通过液力偶合器对电动给水泵调速。为防止低负荷时，由于泵内水温升高而导致泵发生汽蚀，每台给水泵出口接一根最小流量再循环管回到除氧器水箱，限制泵流量不得小于正常运行流量的 30％。为防止泵启动过程中热应力过大，导致泵体变形而损坏，还设置了正暖和反暖水管路。另设有平衡轴向推力的平衡水管。

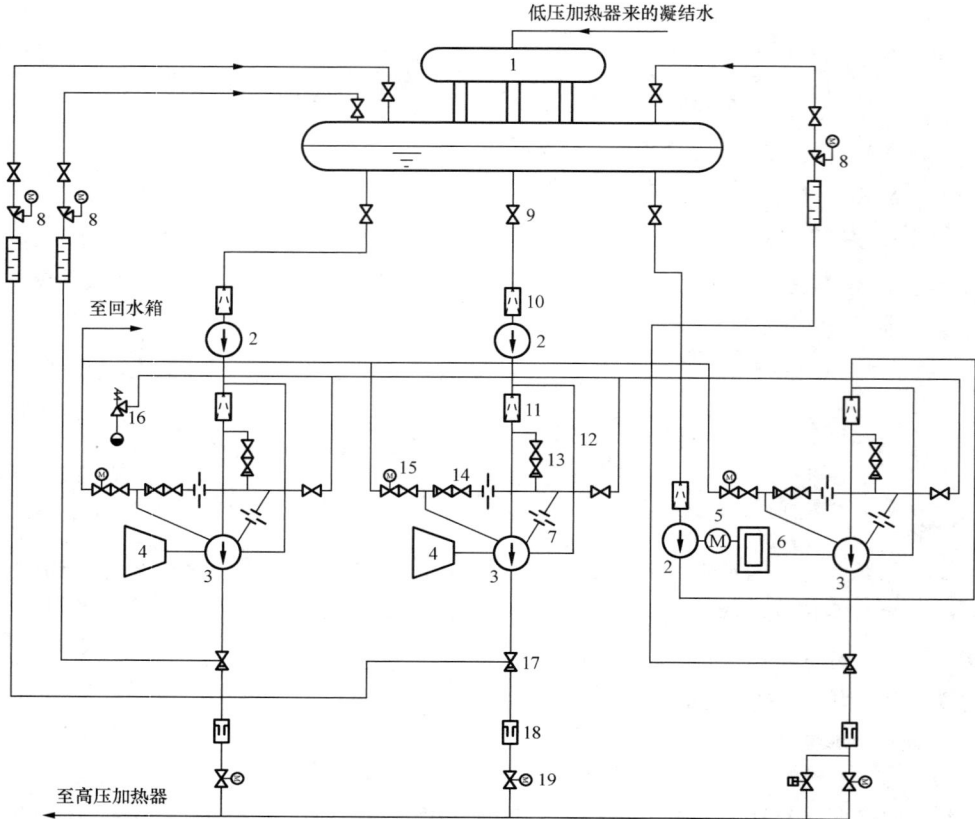

图 9-1 给水泵在热力系统中的配置与连接

1—除氧器；2—前置泵；3—锅炉给水泵；4—小汽轮机；5—电动机；6—液力偶合器；7—节流孔板；8—给水最小流量再循环阀；9—泵进口关断阀；10、11—泵进口滤网；12—平衡水管；13、14—反暖门；15—正暖门；16—弹簧式泄压阀；17—泵出口止回阀；18—流量计；19—泵出口关断阀

4. 结构形式

锅炉给水泵形式很多，由于容量和运行条件的不同和技术上的特殊考虑，存在不同的结构形式。目前国内使用较多的有国产分段式多级离心泵（DG 系列）和引进型的圆筒形多级离心泵两种主要结构形式。

（1）分段式多级离心泵。分段式多级离心泵是按级分段组合而成的，如图 9-2 所示，每段包括叶轮和导叶，各级叶轮均串联安装在同一根泵轴上，连同平衡装置、轴封装置和联轴器等构成水泵转子。泵壳整体分成了中间段（由各级叶轮及其对应导叶组成）、吸入段和压出段三个部分，并用 8 根或 10 根较长的双头拉紧螺栓拧紧组合在一起，连同轴承和泵座等构成给水泵的静子。泵的进、出水管都由法兰连接在吸、压水室上。

（2）双壳体圆筒式多级离心泵。双壳体圆筒式多级离心泵的泵体是双层套壳，内壳体与转子组成一个完整的组合体（又称芯包），外壳体的高压端有一个大端盖，端盖与圆筒式外壳用螺栓连接，在维修时可将端盖拆下，从高压端取出整个内壳组合体（芯包）。其整体结构如图 9-3 所示。

图 9-4 为沈阳水泵厂引进德国 KSB 技术制造生产的 CHTA 型泵结构图。外壳体采用整

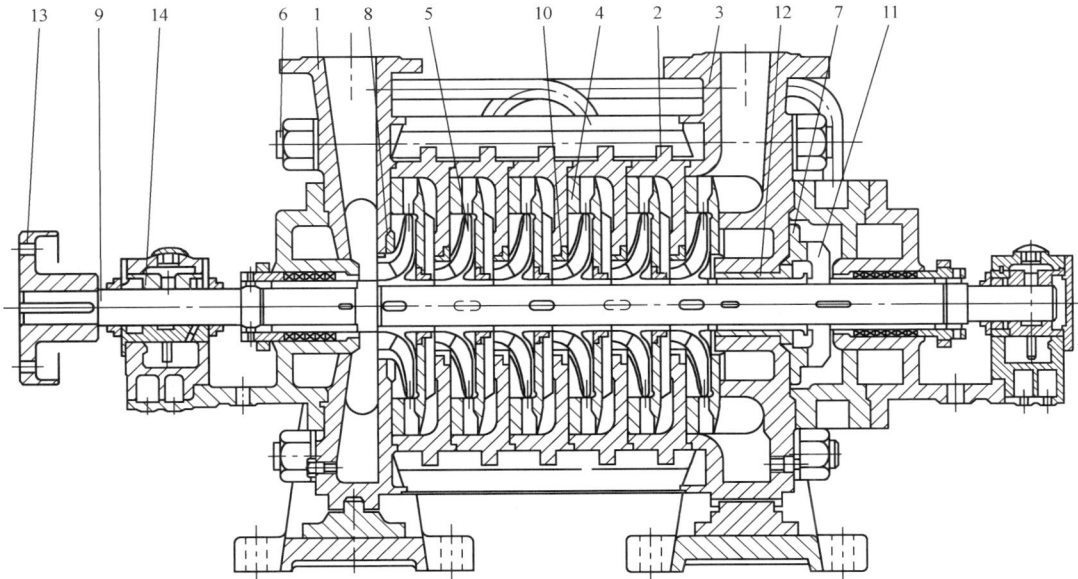

图 9-2　分段式多级离心泵结构

1—吸入段；2—中段；3—压出段；4—导叶；5—导叶套；6—双头拉紧螺栓；7—平衡盘圈；
8—密封环；9—泵轴；10—叶轮；11—平衡盘；12—平衡套；13—联轴器；14—轴承

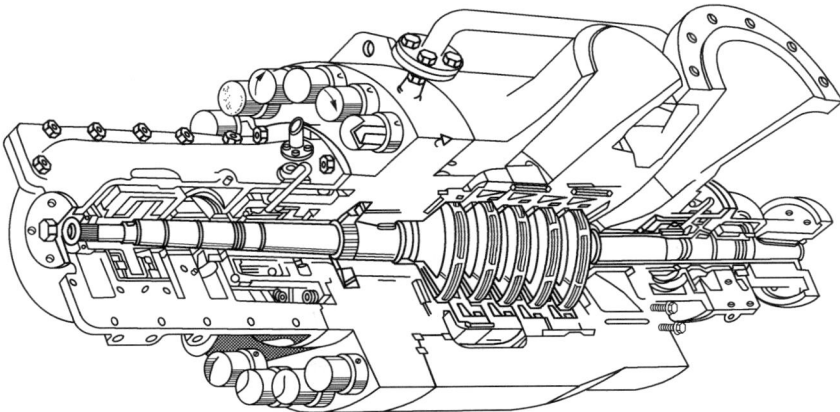

图 9-3　双壳体圆筒式多级离心泵

体锻制或浇铸成筒形，并固定在基础上，允许泵在各个方向的自由热膨胀。而进出水管都直接焊接在固定的圆筒壳体上。大端盖由与筒体材料相同的锻件加工而成。内外壳体之间充满着自末级叶轮引来的高压水，这部分高压水在两层壳体间旋转，使各级壳体的温度、压强的差值减小，使热冲击和热变形均匀对称，能保证水泵的同心，提高了给水泵运行的可靠性。

　　给水泵的内壳体为一芯包组件，芯包组件包括所有的旋转部件、导叶、内泵壳、轴承和所有磨损部件。检修时可从高压端整体抽出，拆卸、装配非常方便。发生故障时，只要把备用的内壳体装入，调整外壳体与前端盖及后端盖的同心度，就可恢复运转，大大地缩短了维护所需的停机时间。

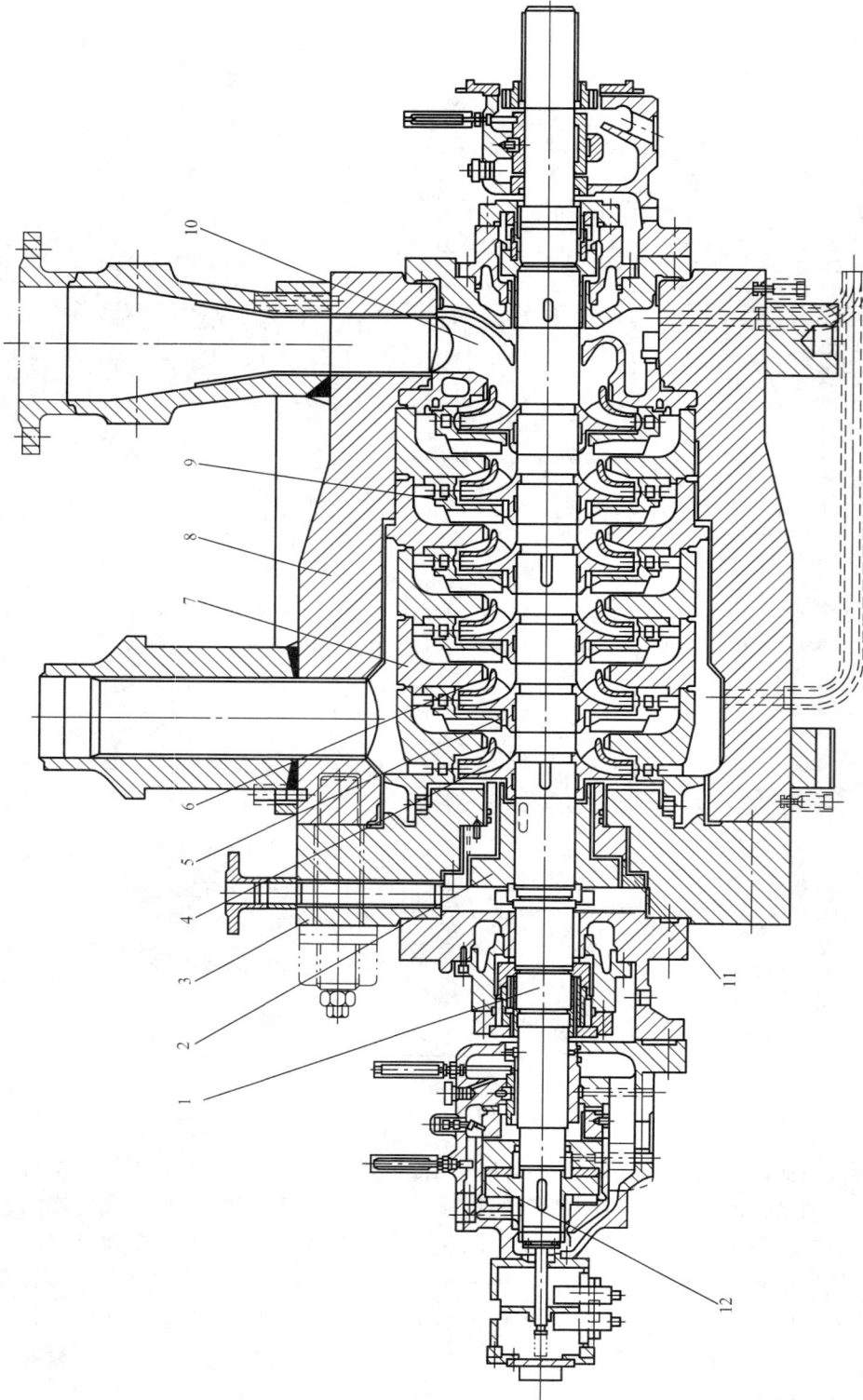

图 9 - 4　CHTA 型双壳体圆筒式多级离心泵

1—泵轴;2—平衡盘;3—泵盖;4—叶轮;5—导叶衬套;6—叶轮密封环;7—内壳体中段;

8—泵筒体;9—导叶;10—吸入段;11—平衡鼓;12—止推轴承推力盘。

CHTA 型给水泵采用了平衡盘与平衡鼓联合装置，平衡鼓靠末级叶轮一侧，直径较小，直径较大的为平衡盘。平衡鼓承担 80%～85% 的轴向推力，平衡盘可平衡 5%～10% 的轴向推力，残余的轴向推力由泵压出端轴承体内的推力轴承承担。泵体两侧的轴封装置采用机械密封。

目前引进的 300MW 及以上超临界机组均采用这种结构给水泵。除了 CHTA 型泵，我国大型机组还较多地采用上海电力修造总厂引进英国 WEIR 公司技术生产的 FK 系列泵和引进法国 SUIZER 技术生产的 HPT 系列给水泵。泵的基本结构和组成形式与 CHTA 型泵基本相同，根据实际需要有自己的特点。例如配置 600MW 超临界火电机组的 HPT300 给水泵的平衡装置为平衡鼓，装在轴的末级叶轮后面，吸收了由旋转组件产生的大部分轴向推力，推力轴承吸收剩余的轴向推力。通过测量平衡鼓的平衡水流量可以随时了解泵内部间隙和泵的运行情况。泵的轴端密封为注射密封水迷宫密封，凝结水经调节阀注入泵内轴套与衬套之间密封，一部分与外漏的泵内给水混合流向前置泵进口，只要密封水压强保持高于前置泵进口压强，就不会从密封腔里漏出热水；还有一些凝结密封水泄漏经 U 形管水封入凝汽器。

（3）双壳体圆筒式多级离心泵与分段式多级离心泵相比具有许多优越性，见表 9-1。

表 9-1　　　　　　　　　　　　分段式与圆筒式锅炉给水泵比较

比较项目	分段式		双壳体圆筒式	
结构特性	1. 泵体由圆形中段组成，容易制造并可以互换； 2. 可按压强需要，增加或减少级数； 3. 拆卸和装配比较困难，检修时必须把进、出水管法兰卸下，然后松去双头螺栓，再解体，增加维修时间； 4. 由于结合面多，组装中难以保证各结合面的同心对称和均匀紧密； 5. 在启动、停运和工况突变时，常常受到热冲击，引起附加的热应力和热变形，造成部件的损坏		1. 内壳与转子组成一个芯包，检修时可以从高压端抽出，拆卸、装配方便； 2. 发生故障时，只要换用备用芯包，缩短检修工期； 3. 壳体与转子对称性好、同心度好； 4. 内外壳体之间充满高压水，严密性好； 5. 结构紧凑，抗热冲击性能好	
典型泵（性能参数为设计工况）	DG520-230×8	流量 $q_V=520m^3/h$	50CHTA/6 （配 300MW 机组）	流量 $q_V=500t/h$
		单级扬程 $H=230m$		扬程 $H=2540m$
				级数为 6 级
		级数为 8 级	HPT300-340-6s/27 （配 600MW 机组）	流量 $q_V=831t/h$
				扬程 $H=3060m$
				级数为 6 级

二、凝结水泵

1. 作用

汽轮机组配套的凝结水泵包括主凝结水泵和凝升泵，主凝结水泵将凝汽器内的凝结水送入除盐设备，经过除盐后的凝结水再用凝升泵进行升压，通过低压加热器进入除氧器。通常每台汽轮机组配置两台主凝结水泵与两台凝升泵，其中用一台主凝结水泵和一台凝升泵保证汽轮机的正常运行，另外一台主凝结水泵和凝升泵作为备用。

2. 性能特点

由于凝汽器中维持了很高的真空值，凝结水泵吸入口是负压吸水，容易吸入空气和发生汽蚀，因此凝结水泵的抗汽蚀性和密封性能要好。为防止泵汽蚀，泵的转速控制在 2950r/min 以下，一般多采用 980r/min 或 1450r/min，第一级叶轮为双吸式或在首级叶轮前加装诱导轮。叶轮材质选用较好的优质钢或铜材制成。

凝结水泵轴的密封装置可采用普通的填料密封，也可采用机械密封。无论采用哪一种密封，在凝结水泵运转或停运在备用状态时，都应保证密封水的供给，以防止空气漏入凝结水系统，影响凝汽器真空度。凝结水泵进口与凝汽器之间设有抽气平衡管，其目的是在启动时泵内空气能排至凝汽器，然后由抽气器抽出，并可维持泵入口与凝汽器处于相同的真空度。

3. 结构形式

凝结水泵有单级泵和多级泵。还有卧式泵和立式泵。卧式泵的泵轴位于水平位置（如NB 型凝结水泵）；立式泵的泵轴位于垂直位置（如图 9 - 5 所示的 NL 型凝结水泵）。一般情况下，小容量机组均采用卧式离心泵，大容量机组多采用立式离心泵。卧式泵占地面积较大，立式泵检修困难一些。

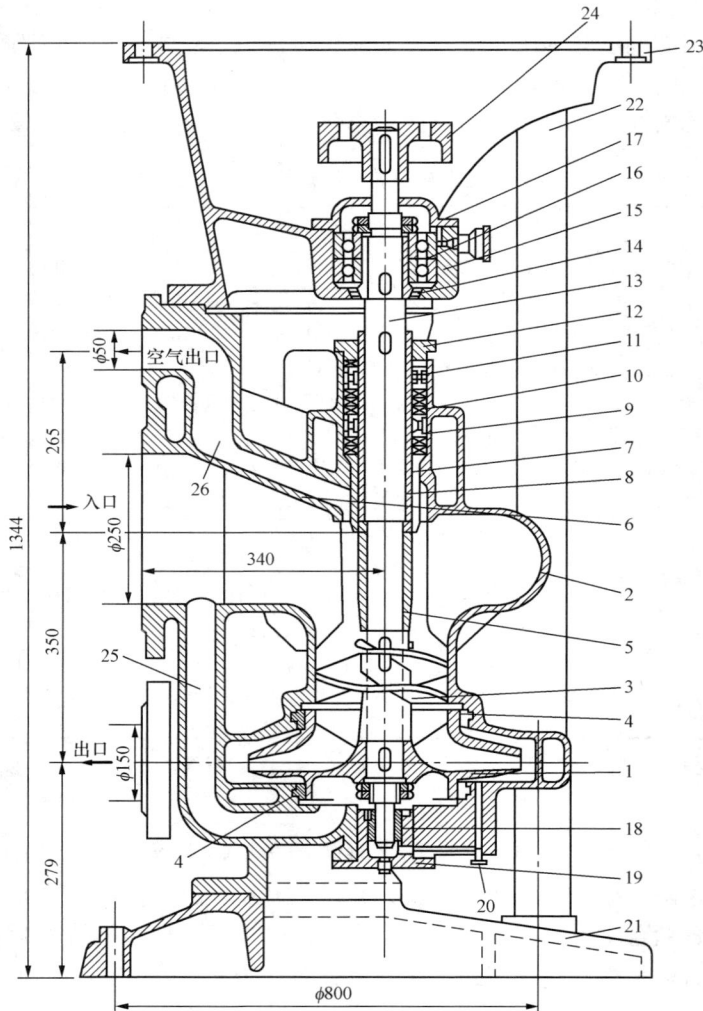

图 9 - 5   10NL－12 型凝结水泵

1—主叶轮；2—泵盖；3—诱导轮；4—密封环；5—定位套；6—泵体；7—轴套；8—填料套；9—水封；
10—填料；11—冷却水封环；12—填料压盖；13—轴；14—止推轴套；15—止轴承盖；16—上轴承；
17—上轴承端盖；18—下轴承；19—下轴承体；20—轴承冷却水量调整螺钉；21—底盖；22—支柱；
23—托架轴承体；24—弹性联轴器；25—平衡水管；26—通气管

大型发电机组的凝结水泵主要有 NL 型、LDTN 型，均为立式筒袋形结构。

（1）NL 型凝结水泵。图 9-5 所示为 125MW 机组配套的 10NL－12 型凝结水泵。该泵是单级单吸带诱导轮离心泵，设计流量为 300m³/h，扬程为 120m，输送的凝结水最高温度不得超过 80℃。

该泵在主叶轮 1 装有螺旋式诱导轮，虽然效率较低，但吸入性能较好，可使主叶轮进口产生 10m 水柱的压头，这样在高速旋转下工作也不致遭受到严重的汽蚀。由于单侧进水，在叶轮前后必然存在轴向推力。平衡水管 25 可用来平衡轴向推力。平衡水管与泵体铸为一体，与泵进口相连通。在泵体入口设有通气管 26，与泵体铸在一起，直接与凝汽器汽侧连通，用来抽出漏入的空气。

泵体是轴向中间剖分式结构，检修时只需揭开泵盖及轴承盖即可取出泵的转子，无需拆卸电机和管路系统，便于检修和更换易磨损部件。

（2）LDTN 型凝结水泵。图 9-6 为 LDTN 型凝结水泵结构图。

该泵的结构特点是：泵的进出口均垂直于泵轴水平布置，且不在同一水平面上，互成 180°。泵由进水部分、工作部分和出水部分三部分组成。诱导轮 10 装在首级叶轮 9 的前面，以增加抗汽蚀性能。两级叶轮在后盖板上开有 5～6 个平衡孔，以平衡轴向推力。另外，由于为立式布置，所以转子的重力也会造成轴向推力，这部分轴向推力由电动机上的推力轴承承受，剩余轴向推力由泵本身设有的推力轴承承受。泵转子部分由导轴承 22 作径向支承。凝结水先经入口进入圆筒体 1 内，转向筒体下方，轴向进入泵的下轴承支座 4 到达工作部分，再经工作部分升压后由出口排出。轴封装置采用填料密封。LDTN 型泵的优点在于叶轮处于最低位置，增加了倒灌高度，工作部分位于筒体内，不存在吸入端漏入空气的问题。适合输送温度低于 120℃ 的凝结水。

三、循环水泵

1. 作用

循环水泵是将大量的冷却水输送到凝汽器中去冷却汽轮机乏汽，带走汽轮机排汽的热量，使

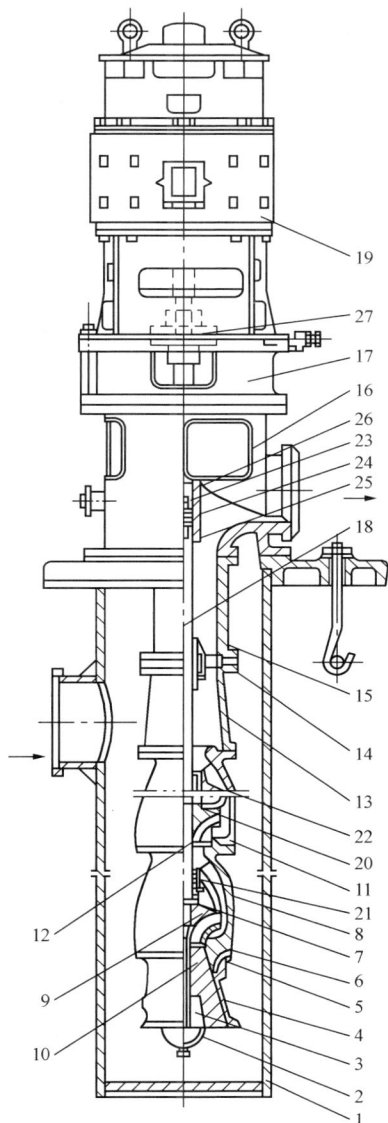

图 9-6　LDTN 型凝结水泵结构图

1—圆筒体；2—下轴承压盖；3—下轴承；4—下轴承支座；5—诱导轮衬套；6—首级前密封环；7—首级后密封环；8—首级导流壳；9—首级叶轮；10—诱导轮；11—次级导流壳；12—次级叶轮；13—变径管；14—轴承体；15—接管；16—泵座；17—支座；18—泵轴；19—电动机；20—卡环；21—定位套管；22—导轴承；23—固定键；24—卡套；25—固定套；26—传动轴；27—刚性联轴器

排汽在凝汽器内凝结成水的设备。

2. 性能特点

循环水泵的工作特点是流量大而扬程较低，一般循环水量为凝汽器凝结水量的 50～70 倍。为了保证凝汽器所需的冷却水量不受水源水位涨落或凝汽器铜管堵塞等因素的影响，要求循环水泵的 q_v—H 性能曲线应为陡降形。

电厂循环供水系统有两种，一种为开式循环供水系统。水泵由江河上游取水，经凝汽器后直接排入下游。水泵的总扬程只需克服自取水点到凝汽器的自然落差和凝汽器及循环水管的管道阻力即可，一般在 12～16m 之间，若充分利用虹吸，管道又不太长，则扬程只需 10～12m。另一种为闭式循环供水系统，即冷却水经凝汽器后，进入冷却塔，通过淋水装置蒸发掉一部分，温度降低后，又重新流到循环水泵入口循环使用。这时泵的总扬程除克服凝汽器和管道阻力外，还需满足冷却塔淋水装置的高差，扬程高达 20～25m。

为适应电厂负荷的变化及汽温的变化时循环水流量的相应变化，单元制供水系统中的循环水泵通常采用并联运行的方式，例如一台 600MW 汽轮机设三台循环水泵，两台的总出力等于该机组的最大计算用水量，一台备用。在负荷较低或冬季时可以只用一台循环水泵以降低电耗，但由于运行泵流量增加会偏离最佳工况，若采用动叶可调式的轴流泵或混流泵，经济性将得到显著改善。

3. 结构形式

循环水泵有离心式、轴流式和混流式几大类。

（1）卧式离心泵循环水泵。对于中小型机组一般采用水平中开单级双吸卧式离心泵，如图 9-7 所示。双面进水的叶轮保证了泵有大的流量，能自动平衡轴向推力，具有较好的抗汽蚀性能，而且检修、维护、安装比较方便。但是占地面积大，又要安装在比吸水水位高的位置上，需要配备启动前灌水的辅助设备。特别是对于大型发电机组而言，随着离心式循环

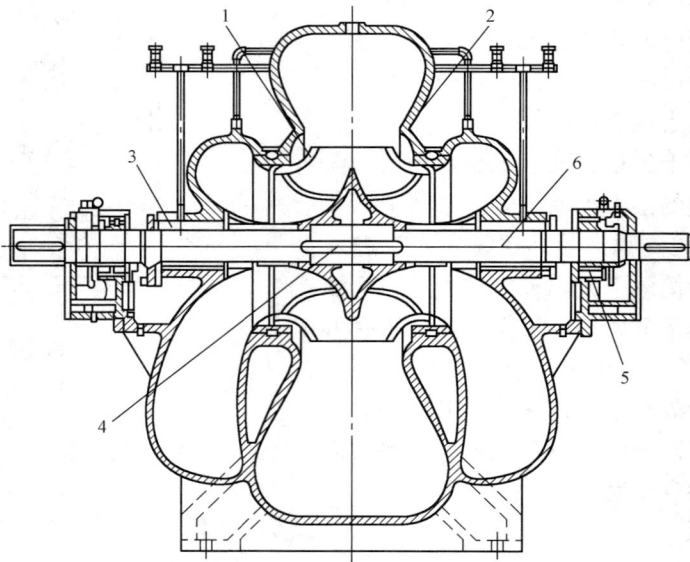

图 9-7 水平中开单级双吸卧式循环水泵

1—叶轮；2—泵壳；3—轴封；4—键；5—轴承；6—轴

水泵流量的增大，叶轮流道内容易产生涡流，使泵的效率急剧下降。在大流量或水位变化较大时，泵工作不稳定，容易发生汽蚀。

（2）轴流式和混流式循环水泵。轴流式循环水泵具有流量大、扬程低和效率高的优点，但是随着单机容量的增加，对扬程的要求也有所提高，所以目前国内外已普遍采用混流式水泵。混流式泵性能介于离心式和轴流式之间，水泵出口边设计成倾斜式，这样可以保持流线均匀，不致在流道中产生涡流现象。与离心泵和轴流泵相比，其主要优点是结构简单、体积小、重量轻、占地面积小、性能稳定、功率平稳，在扬程变化时功率变化很小，且易于调速。

混流式循环水泵一般采用由沈阳水泵厂引进国外技术生产的 HB 型、HK 型、长沙水泵厂的 LKX 型立式斜流泵（见图 9-8）及由上海 KSB 公司生产的 SEZ 型立式混流泵（见图 9-9）。

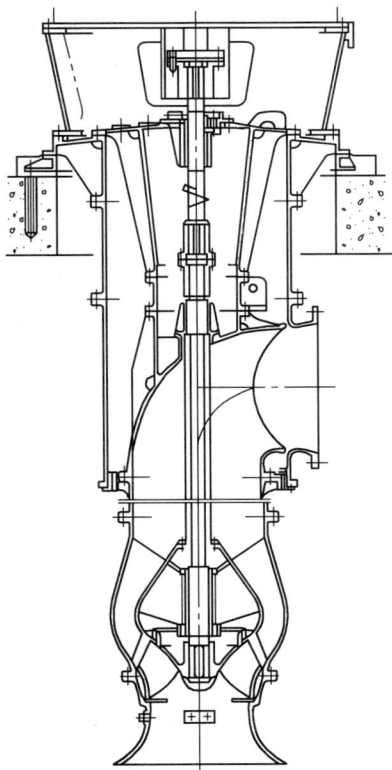

| 图 9-8　LKX 型立式混流泵 | 图 9-9　SEZ 型可抽芯式立式混流泵 |

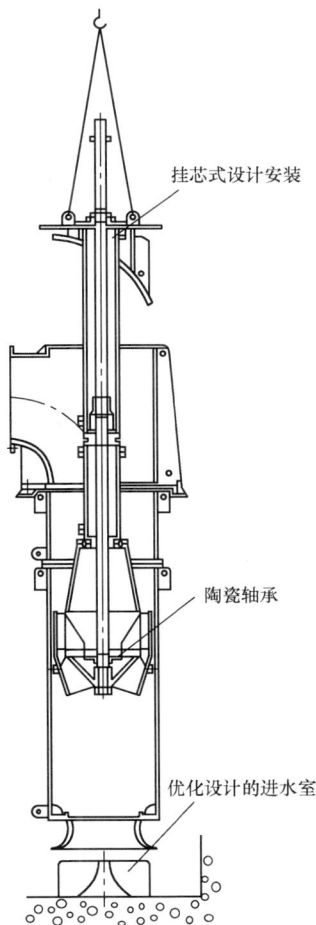

LKX 型立式混流泵是带导叶的、双壳式结构，其叶片是固定的，叶轮、轴、护管、轴承、轴封等都可抽出，出水管安装在泵基础之上，并采用填料密封。表 9-2 为配套 600MW 机组的 88LKXA 型循泵的性能参数表。

表 9 - 2　　　　　　　　　　**88LKXA 型循泵的性能参数**

88LKXA 型循环水泵	第一设计点（夏季一机两泵并联运行额定工况）	第二设计点（春秋季两机三泵扩大单元制运行考核工况）	第三设计点（冬季一机一泵低负荷运行经济工况）
设计流量（m³/s）	11.0	11.8	12.19
设计扬程（mH₂O）	28.1	26.5	22.7
设计效率（%）	85	87	83
汽蚀余量（m）	9.5	10.5	11.3
最小淹没深度（m）	5.5	5.5	5.5

4. SEZ 型可抽芯式立式混流泵

SEZ 型泵为上海 KSB 公司引进德国技术生产的第三代可抽芯式立式混流泵。扬州第二发电厂 600MW 机组配用的出水口径为 2200mm 的 SEZ 型全抽芯结构的循环水泵是目前国内制造的最大口径的电厂用循环水泵。

其特点为：抽芯体，包括叶轮及叶轮室、导叶、导轴承、轴、中间连接器、护套管等部件，均可以从泵体中整体抽出，不必拆卸外筒体和连接管路，检修非常方便。导轴承采用耐磨陶瓷轴承（含氧化铝、碳化硅、氮化硅等），使用寿命长，并无需外供润滑水，当泵进入正常运行后，可由泵本身抽送的水进行冷却润滑。优化设计的进水流道，降低了泵所需的淹没深度，同时节约基建成本。

四、炉水循环泵

1. 作用

炉水循环泵与亚临界强制循环锅炉相配套，在锅炉循环水系统中的连接如图 9 - 10 所示。炉水循环泵处于大直径的下降管中，与汽包、水冷却壁构成循环水回路。其主要作用是强迫炉水循环，使整个锅炉的循环动压头提高 3～5 倍，确保锅炉水冷壁在亚临界参数运行时的有效冷却。它是保证水冷壁可靠工作的专用泵，并能用于清洗锅炉。

2. 结构形式

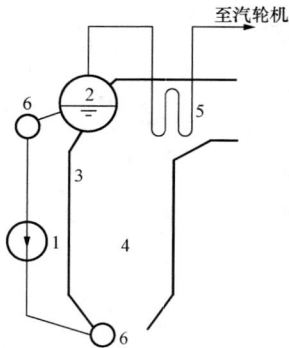

图 9 - 10　强制锅炉循环水系统
1—炉水循环泵；2—汽包；
3—水冷却壁；4—炉膛；
5—过热器；6—联箱

对炉水循环泵虽然扬程要求不高，但其工作压强和工作温度都非常高，接近汽包参数，泵的轴封是极其困难的，因此炉水循环泵主要采用无轴封泵，配套湿式电动机，基本结构都是泵转子与湿式电动机转子装在同一主轴上，置于相互连通密封的压力壳体内，电动机置于泵壳下方，无联轴器，没有轴封，电动机与泵体由螺栓和法兰台肩来连接，整个泵体和电动机以及附属的阀门等配件完全由锅炉下降管的管道支承。图 9 - 11 所示为英国的海伍德—泰勒公司出品的 Tyier 泵。炉水轴向进入叶轮，出水管切向布置在泵两侧，泵壳体内部结构与泵叶轮流向相符，结构比较紧凑。

3. 性能特点

无轴封循环泵的特点是吸入介质压强高、流量大、扬程低。由于工作条件比较特殊，因此要求能在不同工况下保证一定的工质流量，具有稳定的启动和并列运行的特性、良好的抗汽蚀性能以及较高的效率。如果水冷壁为光管，则选用高比转数离心式水泵；如果水冷壁为内螺纹管的低循环倍率强制循环锅炉，因其扬程比流量降低幅度更大，炉水循环泵比转数提高到 600～1200，形式也由离心式变为轴流式。

在热力发电厂中，除了上述水泵外，还有工业水泵、除灰用的灰渣泵、化学水处理用的生水泵、疏水系统用的疏水泵、清洗凝汽器铜管用的胶球清洗泵和各种高、低压油泵等。

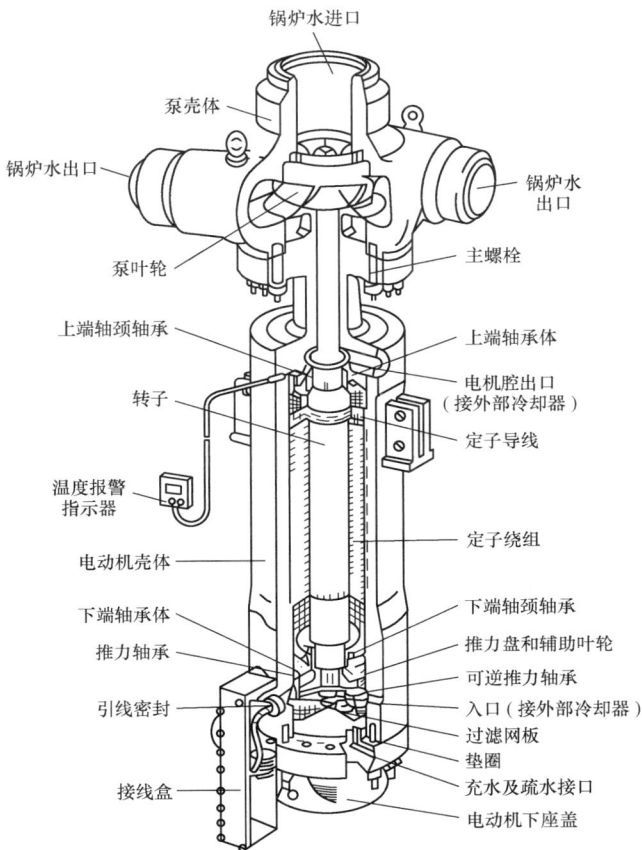

图 9-11　英国 Tyier 锅炉水循环泵

第二节　发电厂常用风机

教学目的

熟悉与大型火电机组配套的锅炉送风机、引风机、一次风机、排粉机、脱硫风机等设备的作用、结构、性能特点和要求。

教学内容

发电厂常用风机有锅炉送风机、引风机、一次风机、排粉机、脱硫风机等，它们的作用、形式、特点及应用见表 9-3。

表 9-3　　　　　发电厂常用风机的形式及特点

名　称	作　用	型　式	特　点
送风机	输送锅炉燃料燃烧所需空气	离心式 轴流式	1. 中小型机组选用机翼型叶片、进口导叶可调离心风机； 2. 大型机组一般选用动叶可调轴流风机

名　称	作　用	型　式	特　点
引风机	把燃烧后生成的烟气从炉膛中抽出并经烟囱排向大气	离心式轴流式	1. 输送烟气温度较高（约 100～200℃）且有害（SO_2）；2. 风机应具有密封、防磨、防腐、不易积灰及轴承冷却良好的特点
一次风机	供给制粉系统热空气（用于中速磨煤机正压直吹式制粉系统和中间储仓式热风送粉系统）	轴流式离心式	1. 要求全压较高，一般采用两级叶轮的轴流式或高压离心风机，这是因为所提供的一次风要携带煤粉进炉膛；2. 输送的是经预热器预热后的热空气，要求轴承冷却良好
排粉风机	输送温度较高且含煤粉的两相气流进炉膛燃烧（用于中速磨煤机负压直吹式制粉系统和中间储仓式乏气送粉系统）	离心式	1. 叶轮和机壳都采用耐磨材料；2. 在结构上还要考虑防止积粉以免自燃和转动部件不平衡而产生振动；3. 轴承应有良好的冷却
烟气再循环风机	将省煤器出口低温烟气抽出，送入炉膛或高温段对流受热面进口处，以调节过热蒸汽或再热蒸汽温度	离心式	由于输送未经除尘的高温烟气，要求有一定的耐热强度和高耐磨性
密封风机	对于正压直吹式制粉系统，为防止动静部件连接处煤粉外逸，输送高压空气进行气密封	离心式	出口风压较高
脱硫风机	克服脱硫装置阻力，排烟气至烟囱	轴流式离心式	装在脱硫装置前面时与引风机相同，装在后面且排送含腐蚀性冷凝液的饱和烟气时，要采用耐腐蚀材料

一、送、引风机

1. 离心式送、引风机

我国大型发电机组采用的离心式风机形式及调节方式常用以下几种：①定速电动机驱动，采用进口导叶或进口挡板调节（如图 5 - 36 所示）；②定速电动机驱动，液力偶合器变转速调节；③双速电动机驱动，采用进口导叶或进口挡板联合调节，如图 9 - 12 所示。

图 9 - 12 所示为日本三菱公司制造的 350MW 机组配用的 AFW—R280—DWDI 单级双吸离心式引风机。该风机叶轮直径为 2800mm，设计风量为 978 000 m³/h，设计风压为 0.010 128MPa。风机转速高负荷时为 735r/min，低负荷时为 590r/min，叶片为机翼型，调节方式为进口斜叶调节。引风机考虑到烟气中飞灰磨损因素而选用较低转速并使用耐磨合金材料。

2. 轴流式送、引风机

我国 300MW 及以上机组大多采用动叶可调轴流式送、引风机，也有的机组采用静叶可调轴流式引风机。动叶可调轴流风机主要有引进德国 TLT 技术生产的 AF 型（如图 5 - 47 所示）和引进丹麦 NOVENCO 技术生产的 ASN 型（如图 9 - 13 所示）。

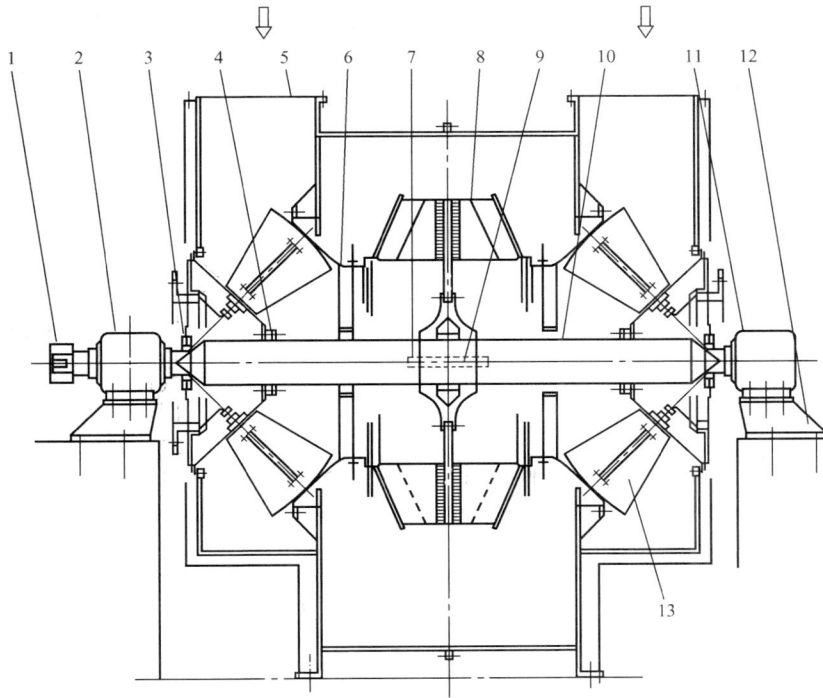

图 9-12　引风机结构图

1—联轴器；2—固定侧轴承体；3—放热扇；4—盘根；5—壳体；6—进气锥体；7—键；
8—叶轮与轮毂；9—键；10—主轴；11—自由侧轴承体；12—轴承座；13—斜叶式导流器

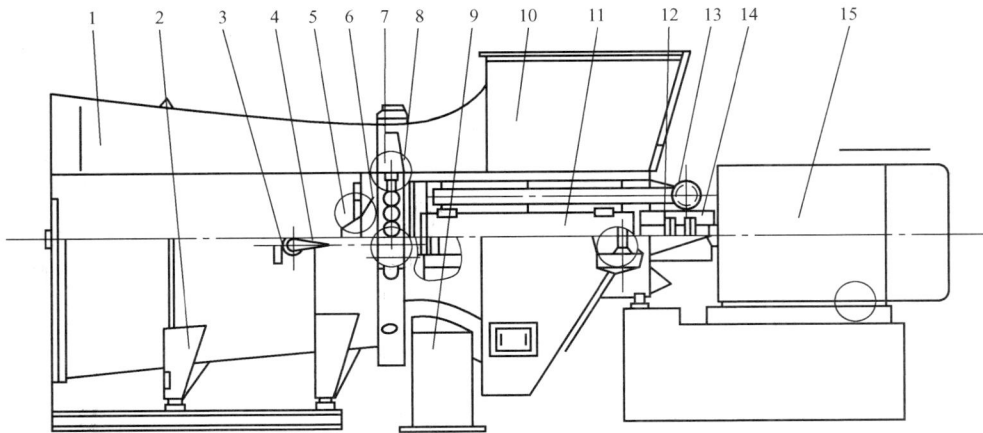

图 9-13　ASN 型轴流式风机结构示意图

1—扩压器；2—扩压器支座滚轮；3—动叶调节机构；4—传动臂；5—支撑罩；6—叶轮罩；7—叶片；8—叶轮外壳；
9—进风箱支管；10—进风箱；11—主轴承箱；12—联轴器；13—轴冷却风机；14—联轴器保护罩；15—电动机

ASN 型轴流风机，主轴由两轴承座支承，机壳无水平中分面，但扩压器连同整流导叶环可沿轴向往排气侧移位。叶轮轮毂为球墨铸铁。与 AF 型不同，机壳外无叶片角度指示机构。该机作为引风机时，一般应在机壳外设置冷却风机，冷空气通过空心导叶或加强筋进入机壳内筒冷却主轴承箱和液压调节装置。

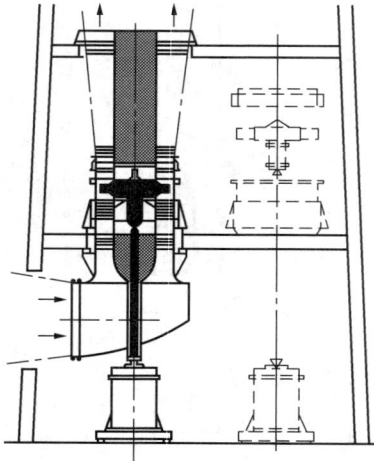

图 9-14　烟囱中立式布置的轴流式引风机

动叶可调轴流式风机的转子质量和转动惯量比离心风机小，安装适应性较大，如大型电站动叶可调轴流式引风机可以立式布置在烟囱中，如图 9-14 所示。其优点是：①布置方便，弯道少，压强损失低；②机壳不需包覆隔声层及装拆用的中分面；③检修方便，机壳水平方向移出即可检修或更换转子。

二、一次风机

在正压直吹式制粉系统中，输送干燥剂的一次风机位于磨煤机之前，磨煤机工作在一次风机造成的正压状态下。由于一次风机输送的是空气，无煤粉磨损叶片问题。

按照一次风机相对于空气预热器的位置不同，可分为热一次风机系统（风机布置在空预器出口）和冷一次风机系统（风机布置在空预器入口）。热一次风机输送的是热空气，存在风机运行效率低且易腐蚀等缺点，一般大容量电厂不采用。常用的冷一次风机系统虽然工作可靠性高，但是需要较高的压头克服流动阻力，该压头比供二次风的送风机压头高很多，因此趋向采用二级动叶可调轴流式风机，如图 9-15 所示。

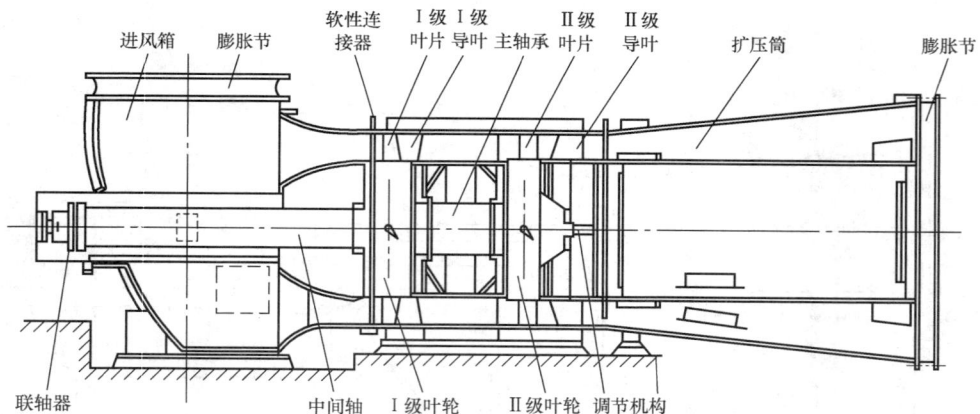

图 9-15　AF 型动叶可调双级轴流式风机

三、烟气再循环风机

图 9-16 为 300MW 机组配用的离心式烟气再循环风机。由于省煤器出口烟气温度高达 300℃以上，并含有大量飞灰，要求再循环风机能耐高温、耐磨损、防积灰，且易于检修和更换部件。所以风机壳体内壁装有锰钢衬板，叶轮为径向式，并采用耐高温、高强度的钢板

制成。此外，风机的轴承箱内装有冷却装置。在风机外壳与轴承之间的主轴上安装一个半开式的小叶轮，随轴一起旋转，进行通风散热。

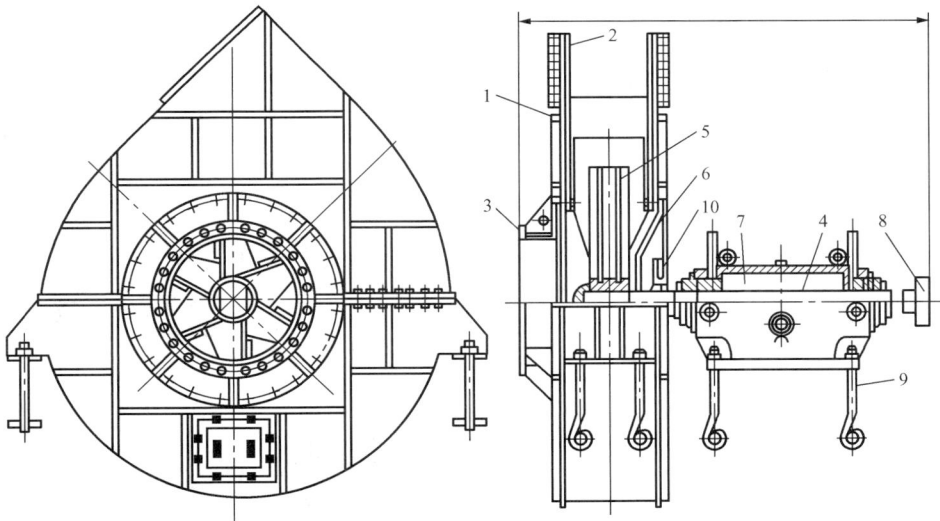

图 9 - 16　烟气再循环风机结构

1—机壳；2—衬板；3—进风口；4—轴；5—叶轮；6—后盖；7—轴承箱；
8—联轴器；9—地脚螺栓；10—小叶轮

四、脱硫风机

为降低燃煤火电机组烟气中 SO_2 的排放量，在除尘器后设置脱硫装置。为克服脱硫装置的阻力，一般要在引风机后设置增压风机。这种增压风机通常称为脱硫风机。

脱硫风机若装在脱硫装置前面，如图 9 - 17 （a）所示，则输送的是干燥的未经脱硫处理的烟气，这种烟气对材料几乎没有腐蚀性，此时的脱硫风机和引风机没有什么差别，只是对烟气进行二次升压，以克服脱硫装置的阻力；装在脱硫装置后面的脱硫风机，如图 9 - 17（b）所示，由于输送的是冷、湿态（即饱和状态）的净烟气，烟气中仍含有 NO_x 和少量的 SO_2，其冷凝液呈酸性，风机将受到严重腐蚀，因此对材料和结构有特殊要求；装于脱硫装置和再热器后的脱硫风机，如图 9 - 17（c）所示，输送的是高温、干燥的净气，要求材料耐高温，轴承具有良好的冷却，而在防腐及耐磨方面没有特殊要求。

图 9 - 18 是德国 TLT 公司生产的动叶可调轴流式脱硫风机，型号为 RAF37.5－23.7－1。该风机为立式、电动机内置，叶轮外径为 3750mm，流量为 $367m^3/s$，烟气温度为 50℃，风机全压为 4800Pa，转速为 745r/min。风机与潮湿烟气或其冷凝液接触的所有零件应采用高耐腐蚀性的材料。叶片、轮毂、轮毂前后与静止部件之间的迷宫密封均采用奥氏体合金钢和镍基合金钢。叶片与叶柄的固定螺钉从叶轮内部连接，不使螺钉头与腐蚀介质接触。叶片表面易产生积垢、腐蚀。叶片前装喷水装置，可大大减轻积垢。与冷凝液接触的静止部件表面衬软橡胶，耐磨性好，不易断裂，易于修补。

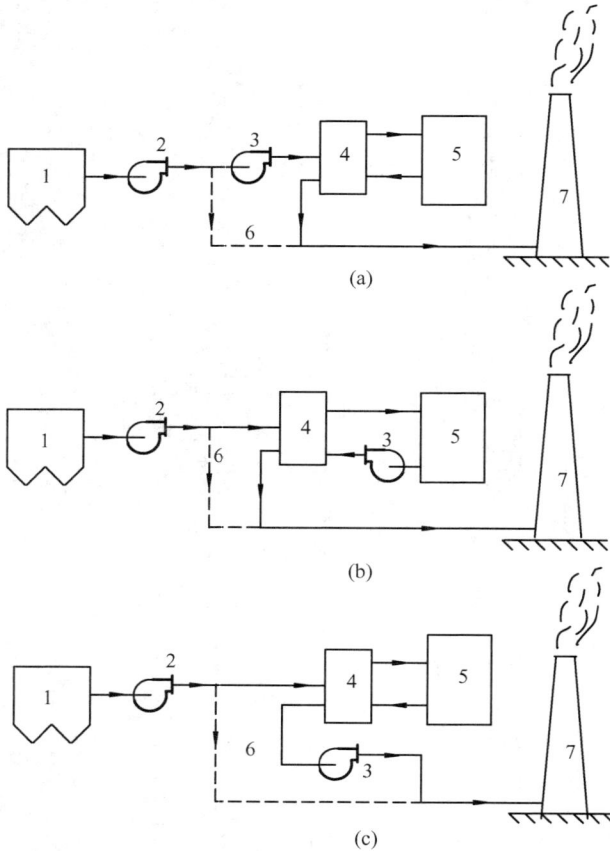

图 9-17 脱硫风机在脱硫装置中的布置

1—静电除尘器；2—引风机；3—脱硫风机；4—再热器；5—脱硫装置；6—旁通管；7—烟囱

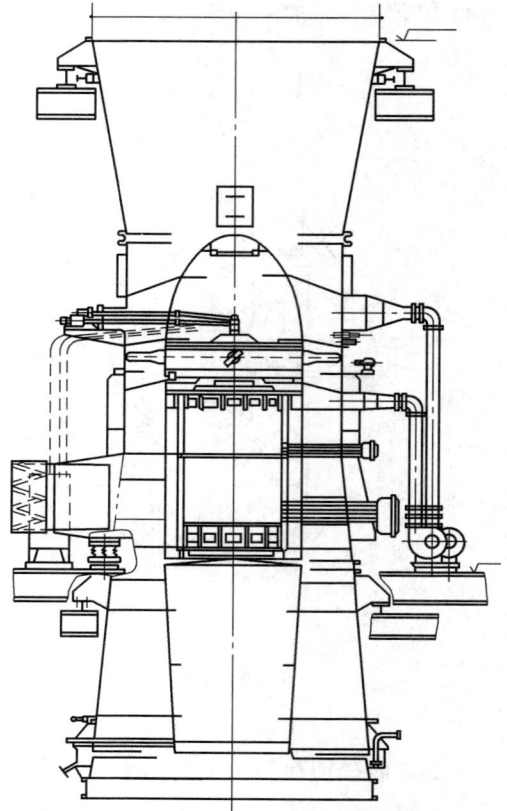

图 9-18 湿法脱硫装置冷净气侧液压动叶可调轴流式风机

第三节 核电站常用泵

教学目的

熟悉核电机组的核岛用泵的结构、性能特点和要求，了解常规岛用泵与火电机组给水泵、凝结水泵、循环水泵的异同。

教学内容

一、压水堆核电站用泵概述

如绪论中所述，压水堆核电机组核岛用泵有反应堆冷却剂泵（简称核主泵）、上充泵、安注泵、喷淋泵、余热排出泵等；常规岛主要有给水泵、凝结水泵和循环水泵等。

核岛用泵均为核承压设备，按 ASME（美国机械工程学会）的安全等级分类标准，核设备分为三个安全等级：安全Ⅰ级——它的损坏会导致一回路冷却剂的漏失超过反应堆的正常补水能力，或会阻碍反应堆的顺利停堆和冷却；安全Ⅱ级——Ⅰ级以外的输送反应堆冷却剂的承压设备；安全Ⅲ级——其他对安全重要的设备，即其损坏不会引起直接的放射性后果的设备。核主泵为安全Ⅰ级，安全设施用泵为核安全Ⅱ级，其他如核岛重要生水泵、硼酸泵等属于安全Ⅲ级。常规岛二回路中所用水泵的作用和结构基本与大型火电站一样，给水泵采用卧式离心式，凝结水泵是筒袋立式结构离心泵，循环水泵采用立式单吸混流泵，凝汽器抽真空泵为液环式真空泵。这里主要介绍给水泵。

二、反应堆冷却剂泵

（一）作用

反应堆冷却剂泵又称核主泵，它是反应堆冷却剂系统中唯一高速旋转的设备，用于驱动高温高压放射性冷却剂在反应堆冷却剂系统（RCP）内循环流动，克服冷却剂在反应堆、蒸汽发生器以及主管路中流动的阻力，从而连续不断地把堆芯中产生的热量传递给蒸汽发生器。

（二）性能特点

核主泵的可靠性直接影响到核反应堆的安全运行，属于核安全Ⅰ级，质保Q1级，抗震Ⅰ类。百万千瓦级核电机组一般有三个回路，每一条回路中安装有一台核主泵，每个回路冷却剂以23 790m^3/h的流量循环，核主泵功率为6500kW，扬程为97.2mH_2O。

（三）结构形式

世界各国压水堆核电站运行的第二代技术核主泵大体上有三种结构类型，见表9-4。

表9-4　　　　　　　　　　第二代技术三种类型轴封式核主泵技术特点

	Ⅰ类型	Ⅱ类型	Ⅲ类型
总体结构	单级单吸立式混流泵，轴密封为三级机械密封，第一级为非接触式，二、三级为接触式	单级单吸立式轴流泵，单级单吸立式混流泵，轴密封为三级机械密封，第一、二、三级均为接触式动压密封	单级单吸立式混流泵，多级串联密封
配套电动机	1485r/min，电动机承受轴向推力	1485r/min，电动机不承受泵转子轴向推力	异步双速电动机，1000/75r/min，电动机承受轴向推力
辅助系统	设冷水、注入水、高低压泄漏、控制系统相对比较简单	设冷水、注入水、氮气供给、高低压泄漏、控制系统相对比较复杂	设冷水、注入水、高低压泄漏、控制系统相对比较简单

Ⅱ类型核主泵的主推力轴承位于泵的上部，电动机轴与泵轴是挠性连接，电动机不承受泵的轴向力。虽然此类型核主泵结构比较复杂，但是该结构核主泵包含了Ⅰ、Ⅲ类型核主泵的特点外增加了推力轴承部件和一体化供油系统等。从认知、研究角度考虑，本书重点介绍该类泵，图9-19和图9-20分别为核主泵结构图和外形图。

1. 核主泵水力部件

核主泵水力部件主要由泵壳、叶轮、导叶等组成。泵壳是反应堆冷却压力边界的部分，泵壳为不锈钢铸件。其出口和入口接管焊在RCP系统管道上，泵和电动机的全部重量通过固定在泵壳上的支承柱支承。叶轮有七个叶片，由不锈钢铸成。通过热装和键固定在泵的下端，然后由螺母锁紧在轴上并通过焊点锁紧。扩压器有12片导叶均为不锈钢铸造，末端与泵体焊接在一起。冷却剂由泵壳下部进水管吸入，流进叶轮的进口，通过叶轮高速旋转获得能量，使冷却剂压力升高流速加快后进入导叶，导叶的作用一方面是将冷却剂导向泵壳内，

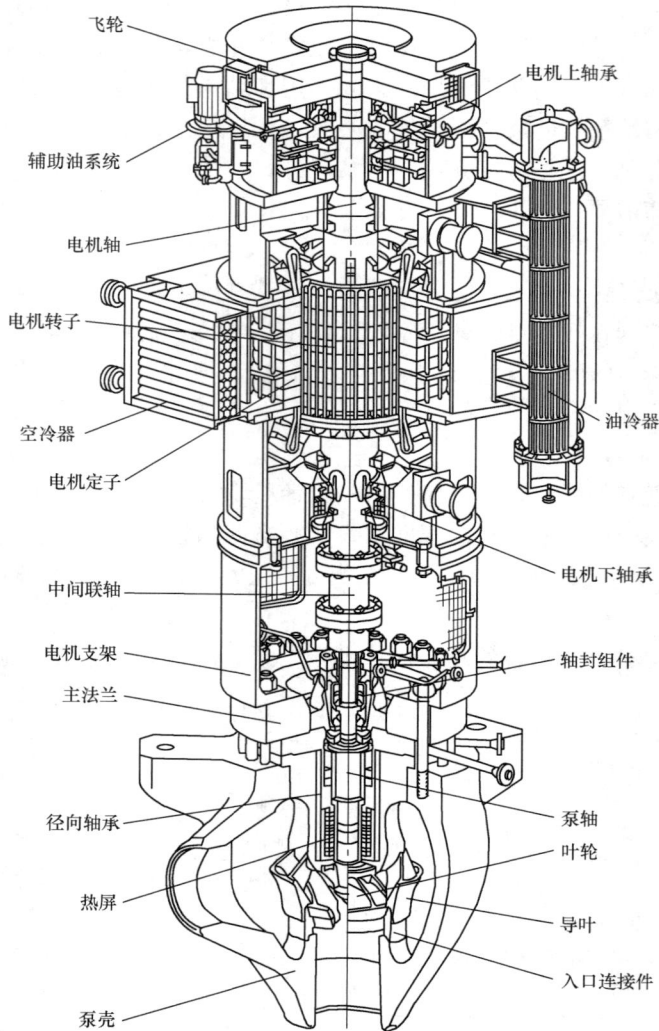

图 9-19 核主泵结构图

同时将高速度的冷却剂减速，把流体的速度能转换为压力能。

泵轴承为泵轴提供径向支承。它是自动调心式轴承，轴承的外表面呈现球形，在轴有一些倾斜时，轴瓦的球面能自调对中。轴瓦内表面镶有石墨环（共分四段），通过上冲泵 RCV 注入水进行润滑和冷却。

2. 隔热屏

由于一回路冷却剂工作介质温度为 293℃，为了保证泵下部水润滑轴承和上部机械密封工作温度不过高。因此必须在泵水力部件与轴承之间设置一个隔热装置，不让泵工作部分的温度传导到轴承与机械密封部位。在核主泵正常运行时，在轴密封与轴承之间注入一股温度为 35℃以下，压力略高于一回路系统的密封水（由上充泵送来），这股水一部分上行进入轴密封，一部分下行进入泵轴承起到冷却润滑作用，最后通过轴承进入泵腔，阻止泵内热水上升进入轴承，使轴承、轴封经常处于低温状态工作。这时隔热屏并不起主要作用，但是当密

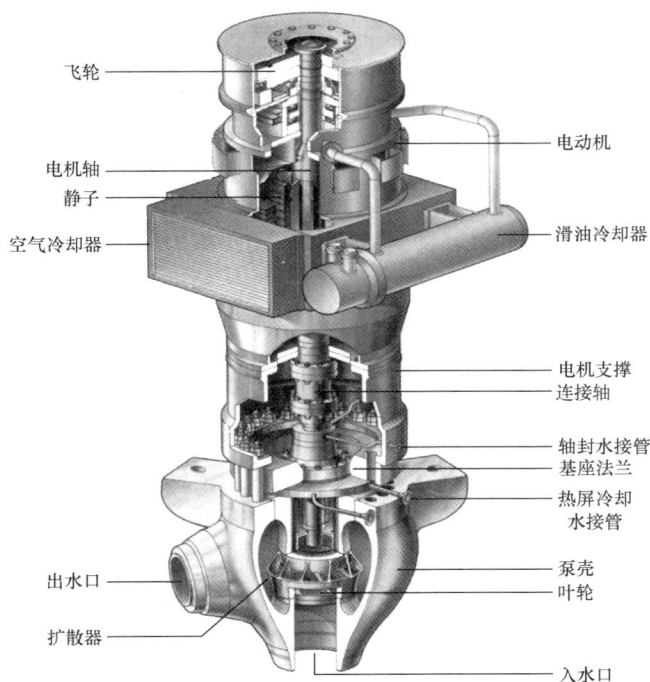

飞轮

电动机

电机轴
静子
空气冷却器

滑油冷却器

电机支撑
连接轴

轴封水接管
基座法兰

热屏冷却
水接管

出水口

泵壳
叶轮

扩散器

入水口

图 9-20　核主泵外形图

封注入水系统发生故障，造成失水时，泵内高温水即要上升进入轴承与密封，这时隔热屏就必须将上升的高温水的热量，通过隔热屏的多层扁平盘管进行热交换，把上升的冷却剂冷却、降温，使轴承密封能正常工作。

3. 轴密封组件

反应堆冷却剂沿泵轴的防泄漏由三级串联布置的机械密封系统控制，压力略高于反应堆冷却剂压力的密封注入水，阻止冷却剂向上流入泵水导轴承和轴密封，并冷却水导轴承和密封部件。在可控制泄漏密封之后，密封泄漏液一部分被回收和排出；另一部分密封注入水流过两道串联布置的二、三级密封，并在这两道密封处通过高压和低压注入水泄漏管道排出。二、三级组合件和一级机械密封组件可在不拆卸主管道、辅助系统管道、电器或仪表等连接件的情况下从可拆卸轴段处用专用工具提出。

4. 电动机

驱动核主泵的电动机为鼠笼式感应异步电动机，安装在电动机支座上，电动机支座安装在泵盖上。在泵和电动机中间安装了圆弧齿形专用联轴器。核主泵的电动机上部轴承上部安装一个重 6t 的飞轮，用键固定在电动机轴端，储存能量增加总的转子的惯性量，延长了泵的惰性时间。飞轮与反应堆保护系统配合，在发生全场失电情况下，短时间内保持通过反应堆堆芯冷却剂流量并有助于建立堆芯的自然循环。

如果一台核主泵断电而其余泵仍在运行，在断电泵所在的环路中将发生泵的反转。虽然这不会造成机械损伤，但是若想启动该泵，就会产生过大的电流，可能使电动机过热引起损坏。为此，设置了防逆转装置。

（四）第三代先进压水堆核电站（AP1000）核主泵

AP1000 核电站是美国西屋公司设计的第三代先进压水堆核电站。AP1000 核主泵是立式、单级、全密封、高转动惯量、屏蔽式电动机的离心泵，功率达到 5500kW。核主泵的水力部件（叶轮、导叶、吸入段）直接安装在电动机单元上部，中间没有联轴器。核主泵的整个转子组件（包括水力部件和电动机转子）由位于电动机两端的径向滑动轴承和下部的双向推力轴承支承组成，轴承由一路水润滑和冷却。核主泵在其承压壳体内包容了电动机和所有转子组件，承压壳体包括泵壳、热屏蔽、定子壳体和定子端盖，承受反应堆冷却剂系统的全部压力。电动机定子和转子的内部、外部分别包覆着防腐的屏蔽套，避免定子绕组和转子与反应堆冷却剂接触。由于叶轮和转子轴是被包容在压力边界内，因此不需考虑轴密封的泄漏问题。

三、安全设施用泵

1. 上充泵（兼作高压安注泵）

上充（RCV）泵是压水堆核电站化学和容积控制系统（RCV）和高压安注系统（RIS）的主要设备之一。百万千瓦级的核电站中一回路的绝对压力高于 0.3MPa 时，上充泵就必须运行。上充泵主要功能有：①反应堆正常运行时为一回路补充含有硼酸的上充水，稳定回路系统压力 15.15MPa。②向三台核主泵提供机械密封冷却水，保证核主泵机械密封正常工作，阻止核主泵内有辐射的一回路水外泄。③当一回路出现失水事故时，上充泵在高压安注工况运行，将反应堆换料水箱中的高浓度硼酸水注入一回路，防止堆芯裸露，以控制反应性。当出现换料水箱低水位时，安注自动转入再循环阶段。

百万千瓦级核电机组一般有三台并联的上充泵（RCV 泵），属于小流量高扬程卧式单吸多级分段式离心泵，如图 9-21 所示，设计成双壳体中心线支承形式。该泵主要由外筒体、泵盖（含机械密封部件）、水力部件、油润滑轴承部件和联轴器部件组成。水力部件可以整

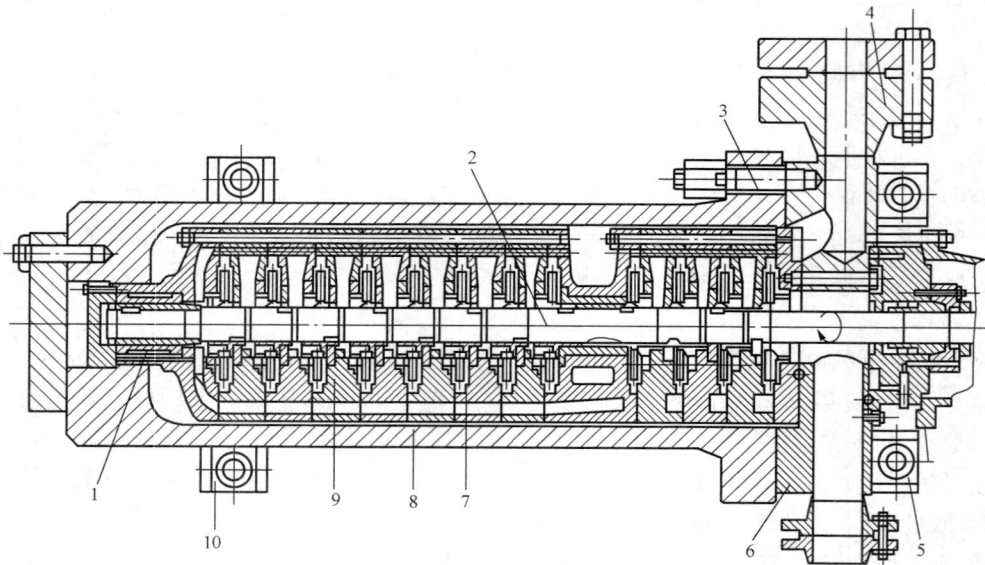

图 9-21 法国 GUINARD 生产的卧式双壳体 12 级离心泵

1—尾部水润滑轴承（泵壳底部）；2—泵轴；3—泵头螺栓；4—出口法兰；

5、10—地锚；6—泵头；7—叶轮；8—泵壳；9—流动扩压器

体从外筒体中抽出。该泵的非驱动端为直端结构，这种双壳体直端结构的优点在于能耐高压，比普通结构减少了一组机械密封和一组油润滑轴承部件。

RCV 泵与其他泵相比水力性能要求比较特殊，在小流量点、大流量点的性能均有严格要求：上充及密封注水工况时流量为 34m³/h，扬程为 1760m；高压安注工况下流量达到 146m³/h，扬程为 800m。因为核电站重其性能，效率指标放在第二位，因此在这些性能点上效率并不高。

2. 低压安注泵

安全注水系统中，有高压安注泵及低压安注泵，高压安注泵由上充泵兼任，低压安注泵在每一个机组系统中有两台。当系统出现安注信号后，高压安注泵及低压安注均将投入工作。开始是直接注入阶段，低压安注泵从 PTR 换料储存水箱吸入水送给高压安注泵，高压安注泵带动浓硼酸一起注入 RCP 三个环路的冷管段，当一回路压力降到低于低压安注泵出口压力时，低压安注泵的输出就可直接注入一回路冷管路。当 PTR 水箱的水将耗尽时，安注要转入再循环阶段，这时低压安注泵从安全壳地坑吸水，送到高压安注泵入口或直接注入一回路，目的在于当一回路大量失水时，保证堆芯始终淹没在水中，防止堆芯过热熔化。

在发生失水事故一段时间后的 15 天，如喷淋系统的喷淋泵出现损坏，低压安注泵还要通过喷淋系统的过滤器从地坑吸水，使水经过喷淋系统的热交换器冷却后注入一回路，帮助喷淋系完成其冷却的使命。

低压安注泵的结构是带诱导轮的立式圆筒形离心泵，若低压安注泵由余热排出泵兼用，则其结构为双吸单级两侧开盖的卧式双蜗壳离心泵。

3. 喷淋泵

百万千瓦级核电机组每台机组安全壳喷淋系统内安装有两台喷淋泵（EAS），在发生失水或安全壳内二回路管道破裂的情况下，安全壳内的压力和温度升高时，喷淋泵立即投入工作，将含有氢氧化钠的硼水均匀地喷入安全壳，使安全壳内压力和温度降低到可以接受的水平，以保证安全壳的完整性。喷淋泵的结构，基本与低压安注泵相同。

4. 余热排出泵

百万千瓦级核电站的余热排出系统中安装有两台并联布置的余热排出泵（RRA），它的主要功能是在电站正常停运过程中，当一回路的压力和平均温度分别降低到 2.8MPa、180℃时，用余热排出泵排出堆芯余热、一回路的热量和运行的 RCP 核主泵在一回路中产生的热量，使反应堆进入冷停堆状态。如果是事故停堆，除掉冷却剂失水事故引起安全注入系统投入运行的情况外，其他事故引起的停堆过程中，也由余热排出泵来排出上述三部分热量。在 RCP 核主泵都不能使用时，余热排出泵能够在一定程度上保证一回路水的循环。另外，在换料操作后，余热排出泵还可用来将反应堆换料腔中的水送回换料水储存箱。余热排出泵有采用卧式单吸后侧开盖的离心式泵，泵壳为双流道以平衡叶轮的径向推力；还有机组采用卧式双吸两侧开盖的离心泵。

5. 辅助给水泵

辅助给水泵在核电站中的主要功能是作为主给水泵或系统供水发生故障时的备用泵。例如现场电源故障，主给水系统管路或主蒸汽系统管路的破损等。从安全的角度来看，当主给水系统的任何一个环节，如主给水泵、给水管路、低压给水加热器系统、凝结水抽取系统、凝汽器真空系统发生故障时，则辅助给水泵及其系统立即投入运行以排出堆芯剩余热量，直到余热排出系统可以投入运行。百万千瓦级核电站辅助给水系统中有给水泵三台，其中一台为 100％容量的汽动给水泵，二台为 50％容量的电动给水泵，在结构上基本一样，都是卧式双壳体多级离心泵。

四、常规岛主给水泵

核电站常规岛二回路中的主给水泵的主要功能是将除氧器来的水经主给水泵加压后通过高压加热器送入蒸汽发生器，被一回路高温水加热后生成蒸汽去驱动核电站的主汽轮机。此外在一回路反应堆停堆的早期阶段，堆内的多余热量也可通过主给水泵的给水产生蒸汽吸收一回路介质的热量，起到冷却一回路的作用，当主汽轮机突然甩负荷或发生蒸汽管道破裂等事故工况时，主给水泵也可将多余的热量导出。

一台百万千瓦级核电机组一般安装有三台主给水泵机组，其中两台是 50％容量的汽动给水泵组，一台 50％容量的电动给水泵机组。正常运行时由两台汽动给水泵负责供水，电动给水泵则处在备用状态。电动主给水泵的性能、结构基本与汽动主给水泵相同，并能随时与汽动主给水泵并联运行，替代其中任何一台汽动主给水泵进行工作。汽动主给水泵组由前置泵、减速箱、汽轮机、主给水泵及其附属设备组成。主给水泵由汽轮机直接驱动，前置泵由汽轮机的另一端通过减速箱连接驱动。电动主给水泵组由前置泵、电动机、液力偶合器、主给水泵及其附属设备组成，前置泵由电动机直接驱动，电动机的另一端通过液力偶合器增速后驱动主给水泵，前置泵和主给水泵均采用单级卧式离心泵。某台 900MW 级核电机组给水泵流量为 3257.6m³/h，功率为 5313kW，扬程为 565.5m，转速为 5100r/min。也有机组采用 4 台电动给水泵并列运行，1 台电动给水泵备用的形式。

小 结

一、火电厂常用泵

火电厂常用泵主要有锅炉给水泵、凝结水泵、循环水泵、炉水循环泵等。

1. 给水泵

给水泵是用来将除氧器水箱内具有一定温度、压强的水连续不断地送到锅炉中去的设备。$q-H$ 性能曲线应为平坦形，当流量变化较大时能保证给水压头的稳定。还应保证有良好的抗汽蚀性能和适应高温高压运行的措施，结构应牢固严密又要便于拆卸维修。给水泵常见的结构形式主要有分段式多级离心泵（DG 系列）和圆筒型多级离心泵。双壳体圆筒式多级离心泵由于具有内壳与转子组成一个芯包、检修装配方便、壳体与转子对称性及同心度好、结构紧凑严密等优点在大容量机组上广泛采用。

2. 凝结水泵

凝结水泵的作用是将凝汽器内的凝结水送入除氧器。凝结水泵吸入口处于负压状态，且输送的是饱和水，容易吸入空气和发生汽蚀，因此要求抗汽蚀性能和密封性能要好。大型发电机组的凝结水泵主要有 LDTN 型、NL 型。

3. 循环水泵

循环水泵是将大量的冷却水输送到凝汽器中去冷却汽轮机乏汽并使之在凝汽器内凝结成水的设备。工作特点是流量大而扬程较低，为了保证凝汽器所需的冷却水量不受水源水位涨落或凝汽器铜管堵塞等因素的影响，要求循环水泵的 q_v-H 性能曲线应为陡降形。中小型机组一般采用水平中开单级双吸卧式离心泵，大型发电机组普遍采用混流式水泵。

4. 炉水循环泵

炉水循环泵主要作用是强迫炉水循环，使整个锅炉的循环动压头提高 3～5 倍，确保锅炉水冷壁在亚临界压强下运行时能有效地冷却。由于炉水循环泵工作压强和工作温度都非常高，接近汽包参数，轴封困难，因此主要采用无轴封泵，配套湿式电动机。

二、发电厂常用风机

火力发电厂常用风机主要有锅炉送风机、引风机、一次风机、排粉机、脱硫风机等。

1. 送风机

送风机的作用是输送锅炉燃料燃烧所需空气。由于其所输送的空气温度不高且清洁，一般采用机翼型叶片、进口导叶可调离心风机。由于动叶可调轴流式送风机在大的工况范围内可保持高效运行，故被大型机组广泛采用。

2. 引风机

引风机输送的是温度较高（约 100～200℃）且含有有害（SO_2）物质的烟气，因此要求其具有密封、防磨、防腐、不易积灰及轴承冷却良好的特点。引风机一般采用双速电动机和进口导叶联合调节的离心式风机或者是动叶（或静叶）可调的轴流式风机。

3. 一次风机

一次风机提供的一次风要携带煤粉进炉膛，所以要求压强较高，一般采用两级叶轮的轴流式或高压离心风机。由于一次风机输送的是空气，无煤粉磨损叶片问题。

4. 烟气再循环风机

烟气再循环风机和排粉风机一般都采用离心式，由于输送的都是含有大量颗粒的高温气体，所以在结构上要求其具有耐高温、耐磨损、防积灰，且易于检修和更换部件的特点。

5. 脱硫风机

为了克服脱硫装置的阻力，在引风机后设置脱硫风机。装在脱硫装置后面且输送湿态烟气的脱硫风机，由于烟气中含有 NO_x 和 SO_2，其冷凝液呈酸性，风机将受到严重腐蚀，因此对材料和结构有特殊要求。

三、核电站常用泵

核电站常用泵有反应堆冷却剂泵（简称核主泵）、上充泵、安注泵、喷淋泵、余热排出泵等；常规岛主要有给水泵、凝结水泵和循环水泵等。

反应堆冷却剂泵用于驱动高温高压放射性冷却剂在反应堆冷却剂系统内循环流动，连续不断地把堆芯中产生的热量传递给蒸汽发生器，其主要组成部件有泵壳、叶轮、导叶、隔热屏、密封组件、电动机及轴承等。

思　考　题

9-1　锅炉给水泵的作用是什么？有哪些性能特点？

9-2　比较双壳体圆筒式多级离心泵与分段式多级离心泵，说明为什么大型机组给水泵多采用圆筒式双层壳体结构。

9-3　凝结水泵的作用及性能特点是什么？

9-4　LDTN 型凝结水泵的结构特点是什么？

9 - 5　循环水泵的作用及性能特点是什么？

9 - 6　大容量机组趋向采用何种形式的循环水泵，为什么？

9 - 7　炉水循环泵的作用是什么？一般采用何种形式？

9 - 8　简述火力发电厂常用风机的作用及性能特点。

9 - 9　大容量机组趋向采用何种形式的送风机，为什么？

9 - 10　反应堆冷却剂泵的作用是什么？有什么性能特点？主要有哪些部件组成？

9 - 11　常规岛主要有哪些泵？其作用是什么？

9 - 12　核电站有哪些安全设施用泵？

第十章 泵与风机的检修

🎁 **内容提要**

本章着重讲述多级泵检修工艺与方法，介绍典型泵与风机的拆装及部件检修工艺。

第一节 泵 的 检 修

教学目的

了解典型离心泵的拆装步骤，掌握静、转子部分的测量、检查及调整，掌握泵主要零部件的检修要求。

教学内容

在检修之前，检修人员必须清楚泵所处状况，了解哪些部件可能损坏而需在大修时更换，并预先把备件准备好。在停泵之前，应对设备进行一次详细的检查，然后办理工作票。检修水泵前要检查安全措施是否完备、泵内是否完全泄压等。

泵的检修按程序主要是拆卸、检查、组装三大步。由于泵的构造不同，具体的检修程序也不同。

一、单级泵的拆装

（一）单级单吸离心泵的拆装

以单级单吸悬臂式离心泵为例，其结构如图 10-1 所示。

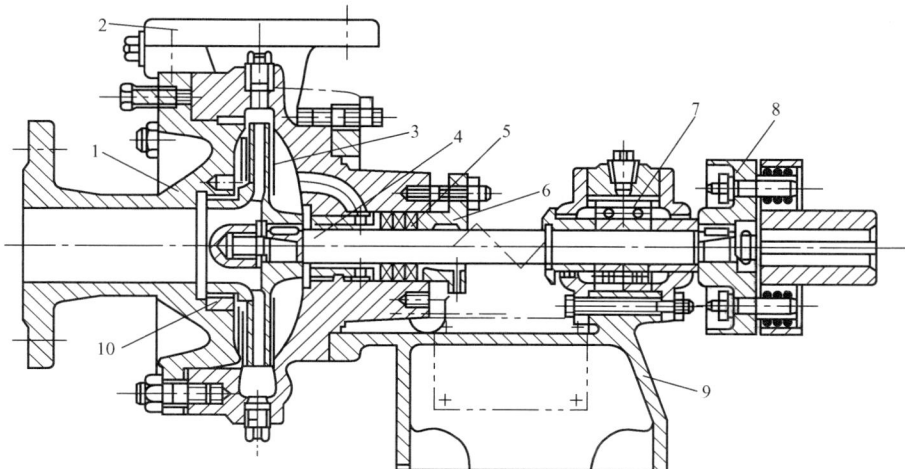

图 10-1 单级单吸离心泵结构

1—泵盖；2—泵体；3—叶轮；4—轴；5—填料；6—填料压盖；7—单列向心球轴承；8—联轴器；9—托架；10—密封环

1．解体步骤

（1）先将泵盖和泵体上的紧固螺栓松开，将转子组件从泵体中取出。

（2）将叶轮前的叶轮螺母松开，即可取下叶轮（叶轮键应妥善保管好）。

（3）取下泵盖和轴套，并松开轴承压盖，即可将轴从悬架中抽出（注意在用铜棒敲打轴头时，应防损伤螺纹）。

2．装配顺序

（1）检查各零部件有无损伤，并清洗干净。

（2）将各连接螺栓、丝堵等分别拧紧在相应的部件上。

（3）将"O"形密封圈及纸垫分别放置在相应的位置。

（4）将密封环、水封环及填料压盖等依次装到泵盖内。

（5）将轴承装到轴上后，装入悬架内并合上压盖，将轴承压紧，然后在轴上套好挡水圈。

（6）将轴套在轴上装好，再将泵盖装在悬架上，然后将叶轮、止动垫圈、叶轮螺母等依次装入并拧紧，最后将上述组件装到泵体内并拧紧泵体、泵盖的连接螺栓。

在上述过程中，对平键、挡油环、挡水圈及轴套内的"O"形密封圈等小件易遗漏或错装，应特别引起注意。

（二）单级双吸离心泵的拆装

以 Sh 型离心泵为例，其结构如图 9-7 所示。

1．解体步骤

（1）分离泵：

1）拆除联轴器销子，将水泵与电机脱离。

2）拆下泵结合面螺栓及销子，使泵盖与下部的泵体分离，然后把填料压盖卸下。

3）拆开与系统有连接的管路（如空气管、密封水管等），并用布包好管接头，以防止落入杂物。

（2）吊出泵盖。检查上述工作已完成后，即可吊下泵盖。起吊时应平稳，并注意不要与其他部件碰磨。

（3）吊转子：

1）将两侧轴承体压盖松下并脱开。

2）用钢丝绳拴在转子两端的填料压盖处起吊，要保持平稳、安全。转子吊出后应放在专用的支架上，并放置牢靠。

（4）转子的拆卸：

1）将泵侧联轴器拆下，妥善保管好连接键。

2）松开两侧轴承体端盖并把轴承体取下，然后依次拆下轴承紧固螺母、轴承、轴承端盖及挡水圈。

3）将密封环、填料压盖、水封环、填料套等取下，并检查其磨损或腐蚀的情况。

4）松开两侧的轴套螺母，取下轴套并检查其磨损情况，必要时予以更换。

5）检查叶轮磨损和汽蚀的情况，若能继续使用，则不必将其拆下。如确需卸下时，要用专门的工具边加热边拆卸，以免损伤泵轴。

2．装配顺序

（1）转子组装：

1）叶轮应装在轴的正确位置上，不能偏向一侧，否则会造成与泵壳的轴向间隙不均而产生摩擦。

2）装上轴套并拧紧轴套螺母。为防止水沿轴漏出，在轴套与螺母间要用密封胶圈填塞。组装后应保证胶圈被轴套螺母压紧且螺母与轴套已靠紧。

3）将密封环、填料套、水封环、填料压盖及挡水圈装在轴上。

4）装上轴承端盖和轴承，拧紧轴承螺母，然后装上轴承体并将轴承体和轴承端盖紧固。

5）装上联轴器。

（2）吊入转子：

1）将前述装好的转子组件平稳地吊入泵体内。

2）将密封环就位后，盘动转子，观察密封环有无摩擦，应调整密封环直到盘动转子轻快为止。

（3）扣泵盖。将泵盖扣上后，紧固泵结合面螺栓及两侧的轴承体压盖。然后，盘动转子看是否与以前有所不同，若没有明显异常，即可将空气管、密封水管等连接上，把填料加好，接着就可以进行对联轴器找正了。

二、多级离心泵的解体与组装

典型多级离心泵有 DG 型（其结构见图 9-2）和 CHTA 型（其结构见图 9-4）。下面主要以 DG 型给水泵为例，介绍多级离心泵的解体与组装过程。

（一）解体

1. 注意事项

在泵解体过程中，需注意以下问题：

（1）拆下的所有部件均应存放在清洁的木板或胶垫上，用干净的白布或纸板盖好，以防碰伤经过精加工的表面。

（2）拆下的橡胶、石棉密封垫必须更换。若使用铜密封垫，重新安装前要进行退火处理；若采用齿形垫，在垫的状态良好及厚度仍符合要求的情况下可以继续使用。

（3）对所有在安装或运行时可能发生摩擦的部件，如泵轴与轴套、轴套螺母、叶轮和密封环均应涂以干燥的 MoS_2 粉（其中不能含有油脂）。

（4）在解体前应记录转子的轴向位置（将平衡盘与平衡套保持接触），以便在修整平衡盘的摩擦面后，可在同一位置精确地复装转子。

2. 解体步骤

DG 型给水泵的解体，应先由出水侧开始。

（1）轴瓦拆卸及轴瓦间隙的测量。在拆卸多级泵时，首先应对其两端的轴承（一般为滑动轴承）进行检查，并测量水泵在长期运行（一个大修间隔）后轴瓦的磨损情况。测量方法通常用压铅丝法，如图 10-2 所示。

轴瓦的径向间隙一般为 $1\text{‰}\sim1.5\text{‰}D$（$D$ 为泵轴直径），若测出的间隙超过标准，则应重新浇注轴瓦合金并研刮合格。还应检查轴瓦合金层是否有剥离、龟裂等现象，若严重影响使用，则应重新浇注合金。

（2）首先松开大螺母并取下拉紧泵体的穿杠

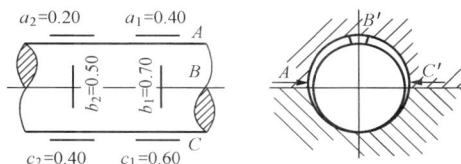

图 10-2　压铅丝法检查轴瓦间隙

螺栓，然后依次拆下出口侧填料室及动、静平衡盘部件。拆除的同时，要测量这些部件的调整套、齿形垫等尺寸。

（3）拆下出水段的连接螺栓，并沿轴向缓缓吊出出水段，然后退出末级叶轮及其传动键、定距轴套，接着可逐级拆出各级叶轮及各级导叶、中段。拆出的每个叶轮及定距轴套都应做好标记，以防错装。

（4）在拆卸叶轮时，需用定位片测量叶轮的出口中心与其进水侧中段的端面距离。叶轮的流道应与导叶的流道对准，不然应找出原因。

3. 解体过程中的测量

水泵在解体阶段测量的目的是：①与上次检修时的数据进行对比，从数据的变化分析原因，制定检修方案；②与回装时的数据进行对比，避免回装错误。

（1）轴瓦的间隙紧力及瓦口间隙。轴瓦顶部间隙一般取轴径的 0.15％～0.2％，瓦口间隙为顶部间隙的一半。瓦盖紧力一般取 0～0.03mm。间隙旨在保证轴瓦的润滑与冷却以及避免轴振动对轴瓦的影响。如果在解体过程中发现与标准有出入，应进行分析，制定针对性处理方案并处理。

（2）水泵工作窜量。水泵工作窜量取 0.8～1.2mm。工作窜量的数值主要是保证机械密封在水泵启停工况及事故工况下不发生机械碰撞和挤压。也是水泵运行中防止动静摩擦的一个重要措施。

（3）水泵高低压侧大小端盖与进出口端的间隙。测量水泵高低压侧大小端盖与进出口端的间隙的目的在于检查紧固螺栓是否有松动现象，同时为水泵组装时留下螺栓紧固的施力依据。

（4）水泵平衡盘窜动量的测量。在未拆除平衡盘的状态下，测量平衡盘窜动量，平衡盘窜动量是水泵总窜量的一半，故又称为水泵的半窜量，其数值一般情况下为 4mm 左右。测量方法是在取下轴封装置及高压侧轴承端盖后，在轴端装一百分表，然后推、拔转子，转子在来回终端位置的百分表读数差，即是平衡盘的窜动量，如图 10 - 3 所示。将平衡盘窜动量与原始数据进行比较，可找出平衡盘磨损量。

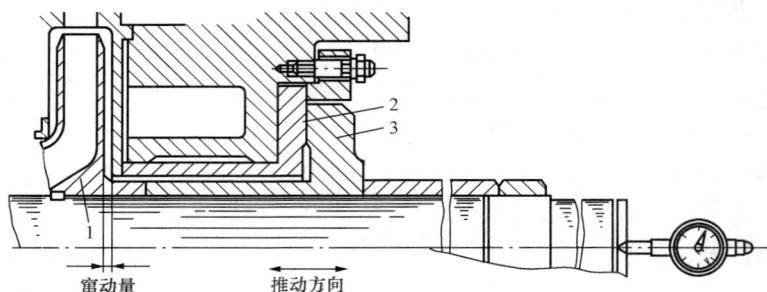

图 10 - 3 平衡盘窜动量的测量
1—末级叶轮；2—平衡套；3—平衡盘

（5）水泵总窜量的检查。拆除平衡盘后即可测量水泵总窜量，水泵总窜量是水泵的制造及安装后固有的数值，一般水泵总窜量在 8～10mm，其测量方法与测量平衡盘窜动量的方法相同。水泵总窜量如果发生变化，则说明水泵各中段紧固螺栓有松动或水泵动静部分轴向发生磨损。

对于 CHTA 型双壳体圆筒式多级离心泵，在抽出芯包后就要对各级中段及叶轮进行解体。

在解体过程中应对水泵逐级进行窜量测量，在测量各级窜量的过程中还应对各级中段止口轴向间隙进行测量。各级中段的窜量一般不超过 0.50mm，如数值偏差较大或与原始数据出入较大，应认真分析原因，并进行消除。各级中段止口间隙的测量是为了检验水泵总装的误差。

（二）组装

1. 转子小装

转子小装也称预装或试装，是多级离心泵检修必不可少的工序，是决定组装质量的关键。其目的：①测量并消除转子紧态晃动，以避免内部摩擦，减少振动和改善轴封工况；②调整叶轮之间的轴向距离，以保证各级叶轮的出口中心对准；③确定调节套的尺寸。

转子小装的步骤：

（1）各套装件的检查。检查转子上各部件尺寸，消除明显超差。轴上套装件晃度一般不应超过 0.02mm。对轴上所有的套装件，如叶轮、平衡盘、轴套等，应检查其端面对轴中心线垂直度。检查方法如图 10 - 4 所示，将假轴与套装件保持 0～0.04mm 间隙配合，用手转动套装件，转动一周后百分表的跳动值就是端面对轴中心线垂直度，该值应在 0.015mm 以下。用同样方法检查另一端面的垂直度。也可不用假轴，将装件放在平板上测量，这样的测量法不能得出端面与轴中心线的垂直误差，得出的是上下端面的平行误差。

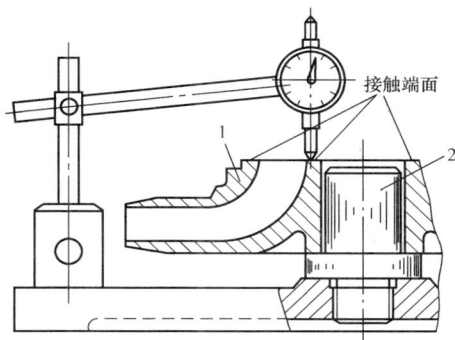

图 10 - 4　套装件端面垂直度的检查
1—套装件；2—假轴

（2）组装转子套件。将已检修完毕的转子套件按其装配的顺序和位置，正确地逐一组装在轴上。

（3）转子套件轴向膨胀间隙的确定。因为转子套件与泵轴材质不一样，另外，泵轴两端均在泵体以外。所以在热态下，泵轴与转子套件膨胀不一样，一般情况下，转子套件膨胀量大于泵轴，所以在转子组装时要对转子套件留有热膨胀间隙。转子的膨胀间隙的数值是根据转子的长短及水温确定的。一般在 10 个叶轮左右的转子其膨胀间隙在 1mm 左右。膨胀间隙过大，则不能很好紧固转子套件，膨胀间隙过小，则可能导致转子热态下的弯曲，造成动静摩擦，损坏设备。

（4）水泵转子晃动度的测量。做好上述准备工作后，将套装件清扫干净，并按从低压侧到高压侧的顺序依次装在轴上，拧紧轴套锁母，留好膨胀间隙（对于热套转子，只装首、末两级叶轮，中间各级不装）。然后分别测出各部位的晃动度，如图 10 - 5 所示。各处的晃动允许值见表 10 - 1。

表 10 - 1　　　　　　　　　转子晃动度的允许值

测量位置	轴颈处	轴套处	叶轮密封环处	平衡盘处	
				径向	轴向
允许值（mm）	≤0.02	0.04	≤0.08	≤0.04	≤0.03

转子小装晃度符合要求后，应对各部件相对位置做好记号，叶轮要打好字头，依次拆除，等待总装。

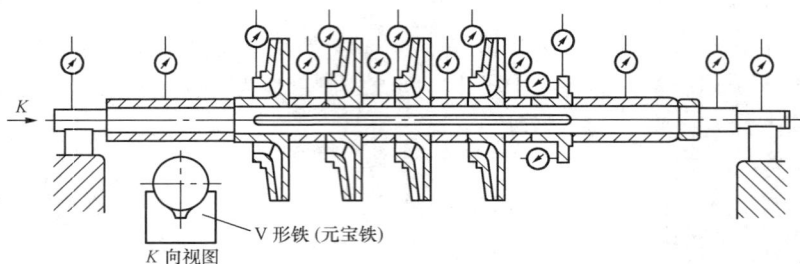

图 10 - 5　转子小装后的测量

2. 总装及间隙调整

在水泵的所有部件都经清理、检查和修整以后，就可以进行总装了。组装水泵按与解体时相反的顺序进行，回装完成后即可开始如下的调整工作。

（1）转子总窜量的测量。在装平衡盘前，应测量转子的总窜量，方法如前所述。对于CHTA 型给水泵，在芯包组装过程中要对每级叶轮进行总窜量测量以保证水泵轴向间隙，组装过程中最大与最小窜量的偏差不能超过 0.50mm，否则就得检查原因并消除。这关系到叶轮出口中心线与导叶入口中心线的对中，直接影响水泵的效率及水泵的运行周期。水泵芯包组装完毕穿入外壳体内，水泵进出口端安装完毕并将拉紧螺栓全部拧紧后，还要做一次总窜量的测量。此时不装轴承及轴封，也不装平衡盘，而用专用套代替平衡盘套装在轴上，并上好轴套螺母，测出的窜量数值与分级窜量进行比较，如有出入要分析原因并消除。

（2）转子轴向位置（平衡盘窜动量）的调整。完成转子总窜量的测量调整后，将平衡盘、调整套装好并将锁母紧固到小装位置，测量平衡盘窜动量。平衡盘窜动量应为总窜量的一半，如平衡盘窜动量与总窜量不符，应对调整套进行调整使之符合。

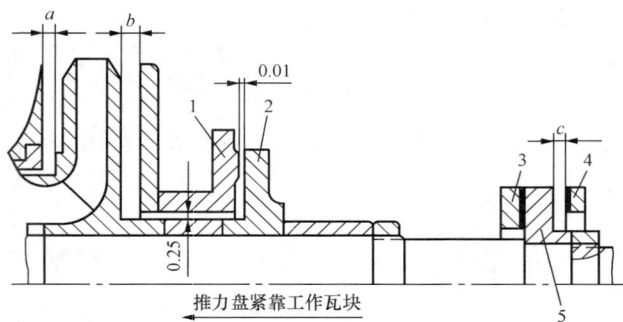

图 10 - 6　平衡盘和推力轴承的间隙调整
1—平衡套；2—平衡盘；3—工作瓦块；
4—非工作瓦块；5—推力盘

（3）工作窜量的调整。大型给水泵都装有工作窜量调整装置，有的给水泵用推力瓦进行调整，有的给水泵用推力轴承进行调整，测量方法与转子总窜量方法一样，在推力轴承（或推力瓦）工作面或非工作面进行加减垫即可对工作窜量进行调整。一般给水泵工作窜量取0.8～1.2mm。当泵启动与停止而平衡盘尚未建立压差时，叶轮的轴向推力由推力轴承的工作瓦块承受。平衡盘一旦建立压差，叶轮的轴向

推力就完全由平衡盘平衡，而推力盘与工作瓦块脱离接触。要达到这样的要求，将转子推向进口侧，使推力盘紧靠工作瓦块，此时平衡盘与平衡套应有 0.01mm 的间隙（见图 10 - 6）。若间隙过大或无间隙，可调整工作瓦块背部的垫片，也可调整平衡盘在轴上的位置。推力轴承在运行时的油膜厚约为 0.02～0.03mm，要使推力轴承在泵正常运行时不工作，平衡盘与平衡套在运行时的间隙应大于 0.03～0.045mm。如果推力轴承仍然处于工作状态，则应重

新调整平衡盘与平衡套的轴向间隙。

推力盘与非工作瓦块的轴向间隙远远小于转子叶轮背部间隙（即平衡盘窜动量），当水泵因汽蚀或工况不稳而产生窜轴时，推力盘与非工作瓦块先起作用，不致发生转子与泵壳相摩擦的故障。

（4）水泵径向间隙的调整。泵体装完后，将两端的端盖、瓦架装好，即可调整转子与静子的同心度（抬轴）。

对于转子与静子的同心度要求是：半抬等于总抬量的一半或者稍小一点（考虑转子静挠度），瓦口间隙两侧相等且四角均匀。

抬轴的测量：未装轴瓦前，在两端轴承架上各装 1 只百分表，表的测杆中心线要垂直于轴中心线并接触到轴颈上。用撬棍在轴的两端同时平稳地将轴抬起，其在上下位置时百分表的读数差，就是转子的总抬量。

将转子撬起，放入下瓦，此时百分表的读数应为转子半抬量，并且应该是总抬量的一半，否则就需进行调整。调整时如果轴承架下有调整螺栓，则只需松、紧螺栓即可。若无调整螺栓，则可调整轴瓦下面的垫片厚度。

对于转子与静子两侧的同心度，一般借助轴瓦两侧瓦口间隙是否均匀来认定。放入下瓦后用塞尺测量轴瓦 4 个瓦口间隙，调整均匀且瓦口单侧间隙应为轴瓦顶部间隙的一半。

（5）轴瓦及机械密封间隙的调整。轴瓦间隙紧力的调整参照解体过程的要求进行调整。机械密封的间隙调整原则是：机械密封静环预紧力的压缩量是总压缩量的一半，调整方法是将水泵转子推向水泵低压侧，调整机械密封动环与泵轴密封圈的紧力，保证水泵高低压侧机械密封的预紧力。

联轴器回装后应进行找中心工作，电动泵找中心是以泵轴为基准，调整电动机的轴瓦；而汽动泵的找中心是以汽轮机轴为基准，调整给水泵的轴瓦。

对于运行中振动值不符合标准的泵还要做转子的平衡校验。

三、各主要部件的检修

在泵体全部分解后，应对各个部件进行仔细检查，若发现损坏或缺陷，要予以修复或更换。

（一）静止部件的检修

1. 泵壳（中段）

（1）止口间隙检查。多级泵的相邻泵壳之间都是止口配合的，止口间的配合间隙过大，会影响泵的转子与静止部分的同心度。

检查泵壳止口间隙的方法是：将相邻的泵壳叠置于平板上，在上面的泵壳上放置好磁力表架，其上夹住百分表，表头触点与下面的泵壳的外圆相接触，如图 10 - 7 所示。

随后，将上面的泵壳沿十字方向往复推动测量两次，百分表上的读数差即为止口之间存在的间隙。通常止口之间的配合间隙为 0.04 ~ 0.08mm，若间隙大于 0.10 ~

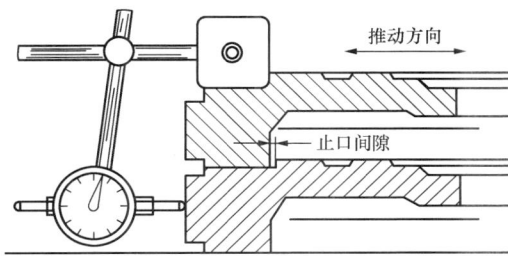

图 10 - 7　泵壳止口间隙的测量

0.12mm，就应进行修复。最简单的修复方法是在间隙较大的泵壳止口上均匀堆焊 6~8 处，然后按需要的尺寸进行车削。

（2）裂纹检查。用手锤轻敲泵体，如果某部位发出沙哑声，则说明壳体有裂纹。这时应将煤油涂在裂纹处，待渗透后用布擦尽面上的油迹并擦上一层白粉，随后用手锤轻敲泵壳，渗入裂纹的煤油即会浸湿白粉，显示出裂纹的端点。若裂纹部位在不承受压力或不起密封作用的地方，则可在裂纹的始、末端点各钻一个 $\phi3mm$ 的圆孔，以防止裂纹继续扩展；若裂纹出现在承压部位，则必须予以补焊。

2. 导叶

中高压水泵的导叶若采用不锈钢材料，则一般不会损坏；若采用锡青铜或铸铁，则应隔 2～3 年检查一次冲刷情况，必要时更换新导叶。凡是新铸的导叶，在使用前应用手砂轮将流道打磨光滑，这样可提高效率 2％～3％。导叶与泵壳的径向配合间隙为 0.04～0.06mm，过大时则会影响转子与静止部件的同心度，应当予以更换。用来将导叶定位的定位销钉与泵壳的配合要过盈 0.02～0.04mm，销钉头部与导叶配合处应有 1.0～1.5mm 的调整间隙。

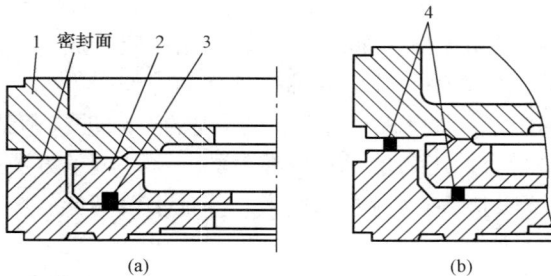

图 10-8　压紧导叶的方法及间隙测量
1—泵壳；2—导叶；3—紫铜钉；4—铅丝

导叶在泵壳内应被适当地压紧，以防高压泵的导叶与泵壳隔板平面被水流冲刷。通常，压紧导叶的方法是在导叶背面叶片的肋上钻孔，加装 3～4 个紫铜钉（尽量靠近导叶外缘，沿圆周均布），利用紫铜钉的过盈量使导叶与泵壳配合面密封。加装的紫铜钉一般应高出背面导叶平面 0.50～0.80mm，如图 10-8（a）所示。在装紫铜钉之前，先测量出导叶与泵壳之间的轴向间隙，其方法是在泵段的密封面及导叶下面放上 3～4 根铅丝，再将导叶与另一泵段放上，如图 10-8（b）所示，垫上软金属用大锤轻轻敲打几下，取出铅丝测其厚度，两个地方铅丝平均厚度之差，即为间隙值。紫铜钉的高度应比测出的间隙值多 0.5mm，这样泵壳压紧后，导叶便有一定的预紧力。

3. 密封环与导叶衬套

密封环与导叶衬套分别装在泵壳及导叶上，如图 10-9 所示。它们的材料多采用黄铜制造，其硬度远远低于叶轮。当与叶轮发生摩擦时，首先损坏的是密封环和导叶衬套。若发现其磨损量超过规定值或有裂纹时，必须进行更换，密封环同叶轮的径向间隙 a 随密封环的直径大小而异，一般为密封环内径的 1.5‰～3‰；磨损后的允许最大间隙不得超过密封环内径的 4‰～8‰（密封环内径小，取大值；内径大，取小值）。密封环同泵壳的配合，如有紧固螺钉可采用间隙配合，其值为 0.03mm～0.05mm；若无紧固螺钉，其配合应有一定紧力，紧力值为 0～0.03mm。导叶衬套同叶轮的间隙 b 应略小于密封环同叶轮的间隙（小1/10）。导叶与导叶衬套为过盈配合（过盈量约为 0.015～0.02mm），还需用止动螺钉紧固。

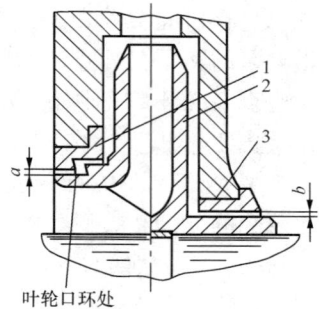

图 10-9　密封环、导叶衬与叶轮之间的间隙
1—密封环；2—叶轮；3—导叶衬

4. 压出室或弯管

离心泵的压出室和轴流式泵的弯管故障主要是裂纹，其检修方法与泵壳的裂纹消除方法基本相同。

（二）转子部件的检修

1. 轴的检修

高压水泵结构精密，动、静部分之间间隙小，转子的转速高，轴的负荷重，因此对泵轴有严格要求。若检查中发现符合更换的条件，则必须更换新轴。泵弯曲度一般不允许超过 0.02mm，超过 0.04mm 时应进行直轴工作。对磨损的轴又不需要更换新轴时，应采取以下检修方法：

（1）有轴套的泵轴，磨损后调换轴套。

（2）在轴磨损处进行喷镀或焊补，然后再加工到所要求的尺寸精度。

（3）没有轴套的离心泵和混流泵的轴磨损后，可在轴上镶轴套，材料可用铸铁或钢。

（4）轴流泵轴的镀铬层（一般为 0.1mm 厚）磨损后，应重新镀铬，亦可套不锈钢管。

2. 叶轮的检修

叶轮是泵工作中最为重要又易损坏的部件。叶轮的损坏形式及原因有：①叶轮不平衡或安装不当，产生摩擦所致；②由于泵轴弯曲，泵轴与原动机轴不同心，轴承或填料磨损太多，使叶轮晃动，产生摩擦；③受泥沙、水流冲刷，磨损成沟槽或条痕；④杂物被吸入叶轮中，打坏叶轮；⑤发生汽蚀，产生蜂窝状的空洞；⑥所输送的气体中含硬性颗粒。如果叶轮磨损过多时，不仅会引起泵的剧烈振动，还可能发生事故。故叶轮不仅要定期检修，有时还要更换新叶轮。

叶轮遇有下列缺陷之一时，应予更换：

（1）表面出现较深的裂纹或开式叶轮的叶片断裂。

（2）表面因腐蚀而出现较多的砂眼或穿孔。

（3）轮壁因腐蚀而显著变薄，影响了机械强度。

（4）叶轮进口处有较严重的磨损而又难以修复。

（5）叶轮已经变形。

在局部损坏（如沟槽、空洞等）仍可使用的情况下，可进行焊补。操作方法是：将焊件置于炭火上加热到 600℃左右，在焊补处挂锡，再用气焊火焰把黄铜棒溶到沟槽或空洞中。焊完后移去炭火，用石棉板覆盖保温，使其慢慢冷却，以防发生裂纹，待冷却后再修平或锉光表面。

有时，也可用环氧树脂砂浆修补叶轮，特别对泥沙较多而使叶片磨损严重的地方，如果在整个被磨损的叶片上涂覆一层环氧树脂砂浆，可收到比较好的效果。

3. 平衡装置的检修

在水泵的解体过程中，应用压铅丝法来检查平衡盘与平衡套端面的平行度，方法是：将轴置于工作位置，在轴上涂润滑油并使动盘能自由滑动，其键槽与轴上的键槽对齐。用黄油把铅丝粘在平衡套端面的上下左右四个对称位置上，然后将平衡盘猛力推向静盘，将受撞击而变形的铅丝取下并记好方位，再将动盘转 180°重测一遍，做好记录。用千分尺测量取下铅丝的厚度，测量数值应满足上下位置的和等于左右位置的和，上减下或左减右的差值应小于 0.05mm，否则说明平衡盘、套有变形或有瓢偏现象，应予以消除。当检查平衡盘、套端面只有轻微的磨损沟痕时，可在其结合面之间涂以细研磨砂进行对研；若磨损沟痕很大、很深时，则应在车床或磨床上修理，使平衡盘、套的接触率在 75% 以上。

四、双壳体圆筒型多级给水泵检修

目前，大型机组的双壳体圆筒型多级给水泵检修的关键是芯包解体检修。给水泵芯包多为轮段式的，有 4 级或 7 级叶轮，内部有轮段、导叶、叶轮、密封环等构成，如图 9-3 和图 9-4 所示。有的机组把轴瓦也连接在芯包上，这样检修起来节省时间。

（一）给水泵抽芯包

（1）抽芯包前确认泵组已隔离，水泵温度已降至环境温度。

（2）拆下隔热层、联轴器防护罩、间隔体、半联轴器，取下联轴器键。

（3）拆下进口端盖与筒体的连接螺栓，卸下保持环、密封挡圈和 O 形圈。

（4）用螺栓液压张紧装置按下列顺序松开自由端盖与筒体的连接螺栓、螺母：①将螺栓液压张紧装置放在对置的双头螺栓上，手动拧紧其缸体，使底架紧贴在大端盖上；②通过软管将液压张紧装置联上总油管，并给系统充油；③系统内增压加油压至 80MPa，用旋棒松开螺母；④操纵增压泵上的阀，释放系统中的油压，撕开油管拆下液压张紧装置，按上述顺序用液压张紧装置松开所有螺母，并卸下螺母。

（5）如图 10-10（a）所示，用螺栓将拆卸板 A 固定在传动端支承座上，旋入第一级拆卸管 B，将拉紧螺栓 C 旋入至轴端上，然后装压紧板 D、垫圈 E，并用螺母 F 拉紧芯包，将槽钢支承板 L 固定在泵座上，把滚筒起顶组件 M 装在 L 上调整高度，使与拆卸管 B、R 接触，将吊耳 N 装在大端盖上，并系上绳索，然后慢慢升起吊钩、拉紧吊索。用起顶螺钉 P 将芯包板顶出各挡止口，并继续顶出芯包，直到 M 碰到安全定位环 S。

（6）如图 10-10（b）所示，用行车将扁担 A1 吊牢，再在扁担 A1 两头用绳索一端接大端盖上吊耳 N，一端接拆卸管 B，使扁担 A1 及芯包保持水平位置，慢慢地抽芯包至安全定位环 S，继续接拆卸管 R，并改变安全定位环 S 位置。旋紧定位螺钉 T 逐步移出芯包直到第一级拆卸管 B 露出筒体，如图 10-10（a）所示。将芯包搁在本体 Y 支承上，确保其稳定并锁牢，如图 10-10（c）所示。

（7）在进口端盖处装起重吊耳 W，用行车吊住芯包，将绳索 A 套在筒体螺栓及第二节拆卸管 R 上，吊住拆装组件，脱开第一、二节拆卸管，如图 10-10（b）所示。吊出芯包将其水平搁置在木质专用支架 Y 上，将芯包锁牢，如图 10-10（c）所示。

如图 10-11 所示为给水泵的筒式芯包。

（二）芯包的拆卸

（1）拆卸前的准备：①拆下芯包上的拆卸工具、起吊工具及吊耳。装上芯包夹紧板使其紧贴在进口端盖上，用 4 根双头螺纹的拉杆穿过大端盖的孔拧入支撑板上螺纹孔内，并将紧固螺母紧贴在夹紧扳上；②在拉杆的另一端套上垫圈，拧上螺母旋以固定芯包组件；③在大端盖上用螺栓和螺母垫圈装上吊耳。

注意：芯包拆卸过程中，应把芯包稳定地支承好，最初拆卸在水平位置进行。最后阶段芯包要垂直支承，芯包的重量任何时候均不能由泵轴支撑。

（2）拆卸传动端轴承和轴封工序见表 10-2。

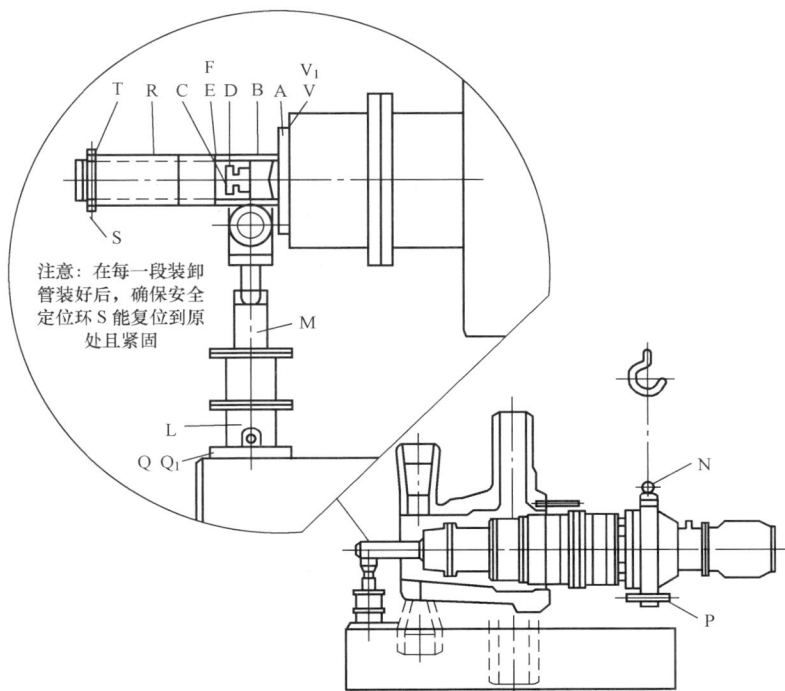

注意：在每一段装卸
管装好后，确保安全
定位环 S 能复位到原
处且紧固

（a）

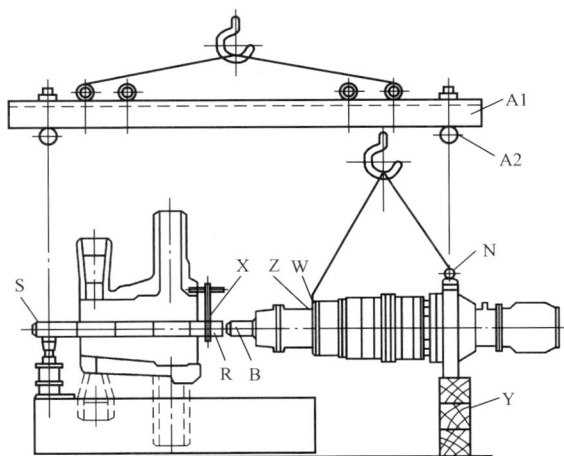

（b）

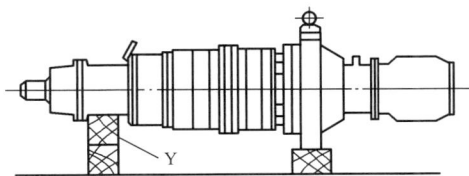

（c）

图 10 - 10 主泵的解体

图 10 - 11　给水泵的筒式芯包

| 表 10 - 2 | 传动端轴承和轴封的拆卸 |

序号	操 作 工 序
1	拆下紧固传动端轴承盖与进口端螺母、螺栓。拆下轴盖与轴承支架间双头螺栓上的紧固螺母，并拆下定位销
2	在轴承盖上装吊环，用顶升螺钉顶开轴承盖，将盖吊出
3	拆下径向轴承压盖与轴承支架间双头螺栓上的紧固螺母，拆下定位销，用顶升顶起轴承压盖，并拆下轴承压盖
4	拆下上半部径向轴承和挡油圈，顶起轴将下半部轴承和挡油圈转上并拆下
5	拆下轴承支架上的紧固螺栓、螺母和定位销，拆下传动端轴承座支架
6	在轴上标好油环的位置，然后松开紧定螺钉，从轴上拆下抛油环
7	拆下紧固传动端托板的螺栓，卸下传动端托板
8	用专用工具旋下传动锁紧螺母和抛水环螺母（传动为左旋螺纹）
9	拆下紧固密封衬套螺栓，拆下密封衬套
10	用专用工具拉出密封轴套

（3）拆卸自由端径向轴承、推力轴承和轴封（方法同上）。

注意：①在轴承支架上拆下推力轴承撑扳以前，应将轴承的电阻测温探头、导线从外端顶拆开，穿过密封套，将导线取出。②自由端为右螺纹。

（4）内泵壳的拆卸工艺见表 10 - 3。

| 表 10 - 3 | 内 泵 壳 的 拆 卸 | |

序号	操 作 工 艺	注 意 事 项
1	用双头螺杆、螺母及支承板将转子固定	
2	将芯包垂直放到支撑架上。拆下拉杆与大端盖的螺母和垫圈，卸下拉杆	
3	将大端盖吊离泵轴套	吊大端盖时，防止损坏平衡鼓和平衡鼓衬
4	弄平平衡鼓止动垫圈的止动舌，用专用扳手拆下平衡鼓螺母并卸下止动垫圈	

序号	操　作　工　艺	注　意　事　项
5	取出平衡鼓密封压圈及密封圈	
6	装好拆卸平衡鼓的拆卸工具，然后用火焰加热平衡鼓至250℃，待产生足够的膨胀后，迅速拆下平衡鼓，并取下键及蝶形弹簧	加热时应控制加热温度，不得过热
7	将末级导叶紧固在泵壳上的锁紧片及螺钉拆下，然后卸下末级导叶。	导叶与泵壳为过盈配合
8	用火焰加热末级叶轮外缘到150℃，然后加热叶轮盖扳到200～250℃保温，迅速加热叶轮毂至300℃，当达到温度产生足够的膨胀时迅速将叶轮从轴上拆下，并取下叶键和叶轮卡环	拆下叶轮对应做上记号
9	拆下第四级内泵壳与第三级内泵壳的紧固螺钉，然后拆下第四级内泵壳及取下O形圈和挡圈	
10	按上述顺序依次拆下第四级叶轮及其他各级叶轮、内泵壳、导叶，直到轴上仅留首级叶轮。取下第二泵壳上O形圈和密封件	第三级泵壳和第二级泵壳的连接螺钉由锁紧片锁紧，在拆这些螺钉前应先拆下锁紧片
11	在轴端拧上吊轴吊耳，装上起吊工具，然后拆下传动端定位螺母及轴承板	
12	将泵轴从进口端吊出，水平旋转在专用支架上	
13	用火焰加热首级叶轮（加热方法及要求同前），当叶轮达到一定温度产生足够膨胀时，迅速将叶轮从轴上卸下，取出叶轮键	
14	用吊耳将进口端盖从专用支架上吊出	

五、核电站 RSW 泵的检修

（一）核电站 RSW 和 RCW 系统简介

原水系统（RSW 系统）和再循环冷却水系统（RCW 系统）均为核电站的安全支持系统。核电站 RSW 和 RCW 系统配置简图如 10 - 12 所示。再循环冷却水系统（RCW）是电厂

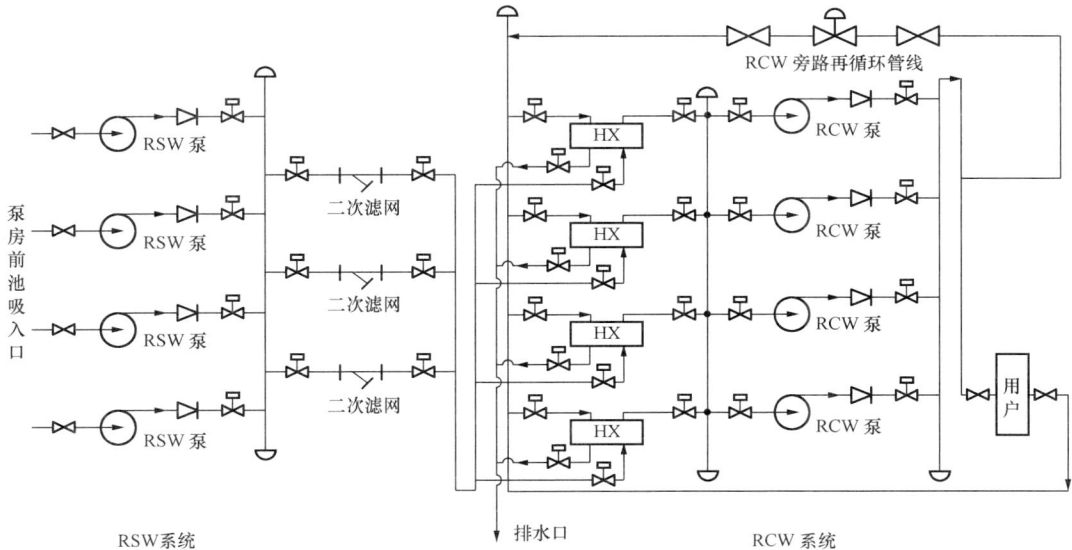

图 10 - 12　RSW - RCW 系统简图

重要的冷却水系统，主要是向核岛厂房、服务厂房和汽轮机厂房等众多用户提供冷却水。RSW 系统是核堆芯余热最终导出系统，主要用来为 RCW 热交换器提供海水冷却。核电站设备的热量由 RCW 系统带出，然后通过 RCW 系统热交换器 HX 传递给 RSW 系统，最后再由 RSW 系统将热量释放到大海中。

图 10 - 13　检修中的 RSW 泵

以秦山三期核电站为例，RSW 系统设置 4 台并列布置的 RSW 泵，RSW 泵为 ITT 公司的 WSDD - V 型 A - C custom PumP，是立式双吸中开式离心泵，流量 12 500m³/h，扬程 23.3m，转速 596r/min，电功率 950kW。泵与电机通过两段共 8.65m 长的万向联轴节相连。RSW 泵轴上部有一对面对面安装的圆锥滚子推力轴承，下端是一个双列调心锥轴承，如图 10 - 13 所示。

（二）RSW 泵的检修标准

RSW 泵的检修合格标准是：①泵和电机联轴器的径向偏差小于 0.10mm，端面偏差不超过 0.05mm；②泵试运行时运行平稳，无异常噪声，轴振不超过 0.100mm；③泵试运行至温度稳定后轴承温度不超过 76℃。

（三）RSW 泵的拆卸

1. 上半泵壳的起吊

（1）将万向桥轴固定在电机支架上，拆除万向桥轴与电机靠背轮的连接螺栓。

（2）拆除电机与电机底座连接螺栓，吊走电机，并放置在指定位置。

（3）拆除中间轴承与固定支架的连接螺栓；拆除万向桥轴与泵侧靠背轮的连接螺栓。

（4）吊出万向桥轴，并放置在指定位置。

（5）拆除轴封水进水和排水管道，拆除泵体疏水管，管口处用医用胶布或白布包裹以防异物进入。

（6）用记号笔在上半泵壳与下半泵壳结合面处做好标记，作好起吊泵壳前的准备工作。

（7）拆下泵轴上、下部盘根压盖。

（8）用盘根挠钩取出盘根、水封环，注意不得损伤轴套和水封环；拆下上盘根接水盘连接螺栓，并用铁丝将接水盘固定在上轴承室上。

（9）卸下 2 只销钉；用气动冲击扳手或敲击扳手分别卸螺栓和螺母；卸下定位螺栓。

注意：上半泵壳放置时应使其法兰面朝上以便检查。

（10）用撬棒和白棕绳将上半泵壳和下半泵壳脱开；将上半泵壳内的淤泥基本清理干净以确保淤泥在起吊时不洒落；吊走上半泵壳并放置妥当。

2. 转子组件的起吊

（1）测量口环径向和轴向原始间隙，测量并记录泵侧靠背轮原始跳动值。

（2）做好起吊泵转子组件前的准备工作。拆除下部轴承室定位销，并做好记号，用白布包扎好。

（3）拆除下部轴承室与泵体连接螺栓，拆下下部轴承室，并放置妥当。

（4）拆除上部轴承室定位销、上部轴承室与泵体连接螺栓，吊走转子组件。

3. 转子组件的拆卸

（1）取下泵壳下口环及口环座组件并放置妥当。

注意：在平放叶轮的过程中，泵轴下端面的着力点必须始终置于枕木的橡胶垫上。严禁在泵轴下端面脱离枕木时悬空调整叶轮水平度。

（2）将转子组件平放在枕木上。

4. 上部轴承的拆卸

（1）拆下不锈钢锁紧螺钉，取下轴承防尘盖。

（2）拆下螺栓；旋紧不锈钢顶丝，使上端盖与轴承座脱开，取下轴承上端盖。

（3）拆下锁紧螺母和锁紧垫圈，拆下轴承挡圈，拆下支撑环和不锈钢垫圈，记录不锈钢垫圈的原始厚度和数量，用紫铜棒敲击小推力轴承外圈直至其脱落。

（4）同样方法使轴承下端盖和轴承座脱开，拆下上轴承冷却水室组件；取下泵壳上口环及口环座组件并放置妥当。

（5）清理大、小推力轴承上的润滑脂。

（6）用石棉布包住锁紧螺纹；用电动角向磨光机切割大、小推力轴承保持架、内圈；取下大、小推力保持架、滚动体及轴承内圈；拆下轴承下挡水环。

（7）取下轴承下端盖，用紫铜棒敲击大推力轴承外圈直至其脱落。

（8）取下上盘根接水盘；取下上盘根挡圈。

5. 下部轴承的拆卸

（1）清理下轴承上的润滑油脂。

（2）拆下锁紧螺母和锁紧垫片。

（3）用石棉布包住锁紧螺纹，用电动角向磨光机切割轴承保持架、轴承内圈并取下保持架、滚动体及轴承内圈。

（4）拆下下轴承压盖和挡水环，取下下盘根挡圈，测量并记录叶轮轮毂端面到泵轴端面的间距。

（5）用自制夹具卸下轴套，取下定位键和 O 形圈。

（6）用自制拆卸工具拆下叶轮，取下定位键。

6. 部件的清洗和检查

（1）清理上、下半泵壳法兰面，检查上半泵壳和下半泵壳的锈蚀和磨损情况；清洗所有拆下的零部件。由防腐工程师根据泵壳腐蚀的情况，决定是否进行必要的防腐处理；泵壳导流座配合部位有明显腐蚀缺陷则联系设备工程师确认是否进行焊接修补，如需要，焊接修补后要求打磨修正；并要求在导流座密封部位在安装时使用密封胶以减少过流缝隙。

（2）泵壳口环、叶轮及泵轴检查（内容同第十章第一节的介绍）。

（四）RSW 泵的装配

（1）叶轮的装配工艺见表 10-4。

（2）回装新的上部轴承等部件。

（3）回装新的下部轴承及挡水环等部件。

（4）泵壳口环的安装：①对泵壳口环进行试装配，测量其和叶轮口环之间的径向间隙为 0.38～0.48mm；②用铁丝将泵壳口环临时固定在叶轮上。

表 10 - 4 叶 轮 的 装 配

序号	操 作 工 艺
1	把泵轴清理干净，放于 V 形支架上
2	在泵轴上叶轮装配处均匀地涂抹一层 N5000 防咬剂，将叶轮定位键放入键槽
3	穿装叶轮，测量、调整叶轮轮毂端面到泵轴端面的间距与拆卸前的数值一致
4	回装 O 形圈、泵轴轴套和轴套锁紧螺母，拧紧轴套定位螺钉
5	测量并记录轴套和叶轮口环的跳动值。（轴套和叶轮口环偏心度应≤0.10mm）

（5）转子组件的回装：①将 4 只吊环螺钉分别均匀地拧入上、下泵壳口环起吊螺孔；②将转子组件吊装安装在泵体上；取下临时固定泵壳口环的铁丝。

（6）下轴承座的回装工艺见表 10 - 5。

表 10 - 5 下 轴 承 座 的 回 装

序号	操 作 工 艺
1	用铁丝将下轴承盖暂时固定在泵壳螺栓上
2	取下包扎下轴承的塑料皮和白布，并给下轴承全面、均匀的抹上润滑脂；安装下轴承压盖垫片
3	使用两只 5t 千斤顶和小枕木，对下轴承室进行回装
4	安装定位销和连接螺栓
5	取下铁丝，安装轴承盖螺栓
6	安装润滑脂注入管、弯头
7	调整并记录泵壳口环与叶轮口环之间的径向间隙为 0.38～0.48mm、轴向间隙为 10mm

（7）下半泵壳的回装：①在下半泵壳中分面法兰上均匀地涂抹一层 207 密封胶；安装新的法兰垫片；②吊装上半泵壳；③穿好定位销和各部位连接螺栓；并用力矩扳手对称地分次拧紧连接螺栓；④测量泵轴窜量，若不在 0.18～0.23mm 范围内，则进行调整并记录。

（8）盘根的安装工序见表 10 - 6。

表 10 - 6 盘 根 的 安 装

序号	安 装 工 序	注意事项
1	回装上部水封环内侧 2 道盘根。注意盘根接口应严密，搭接角度一致，相邻两道盘根接口应错开 120°，盘根与轴套之间的间隙应为 0.254～0.38mm	手动盘动泵轴，转子组件转动应平稳且无异常声音
2	安装上部水封环，水封环孔眼应对准进、排水孔	
3	回装上部水封环外侧 3 道盘根。注意盘根接口应严密，搭接角度一致，相邻两道盘根接口应错开 120°	
4	回装上部盘根压盖，调整盘根压盖端面高低差≤0.10mm。记录数据	
5	按照同样的步骤安装下部盘根、水封环及盘根压盖	

（9）回装泵的附件工序见表 10-7。

表 10-7　　　　　　　　　　　　泵 的 附 件 回 装

序号	回 装 工 序
1	回装泵的侧靠背轮，测量靠背轮跳动值，并记录
2	回装电机底座，电机底座的水平度应≤0.17mm/m。记录数据
3	将万向桥轴泵侧靠背轮与泵靠背轮连接，再把万向桥轴临时抛锚到位并固定在电机底座上。回装电机并找正电机与泵轴靠背轮，测量并记录靠背轮跳动值
4	回装万向桥轴、中间轴承并找正，其偏心应≤0.10mm。记录数据
5	恢复仪控探头和接线，恢复电气接线。仪控人员做反转试验
6	回装泵侧和电机侧靠背轮防护罩
7	回装填料函密封水管、冷却水管及所有疏水管

（10）泵体外表防腐检查。目视检查泵体外表是否有锈蚀、油漆脱落等现象，如有必要，须进行刷漆防腐处理。对泵壳连接螺栓做刷油漆和涂抹油脂等防腐处理。

第二节　风 机 的 检 修

教学目的

　　掌握离心式风机和轴流式风机的检修要求及步骤，了解风机检修的工艺标准，熟悉风机部件的检修方法。

教学内容

一、离心式风机的检修

（一）检修前的检查

　　风机在检修之前，应在运行状态下进行检查，从而了解风机存在的缺陷，并测记有关数据，供检修时参考。检查的主要内容有：

　　（1）测量轴承和电动机的振动及其温升。

　　（2）检查轴承油封漏油情况。如风机采用滑动轴承，应检查油系统和冷却系统的工作情况及油的品质。

　　（3）检查风机外壳与风道法兰连接处的严密性。入口挡板的外部连接是否良好，开关动作是否灵活。

　　（4）了解风机运行中的有关数据，必要时可做风机的效率试验。

（二）风机的检修

1. 叶轮的检修

　　风机解体后，先清除叶轮上的积灰、污垢，再仔细检查叶轮的磨损程度、铆钉的磨损和紧固情况以及焊缝脱焊情况，并注意叶轮进口密封环与外壳进风圈有无摩擦痕迹，因为此处的间隙最小，若组装时位置不正或风机运行中因热膨胀等原因，均会使该处发生摩擦。

　　对于叶轮的局部磨穿处，可用铁板焊补，铁板的厚度不要超过叶轮未磨损前的厚度，其大小应能够将穿孔遮住。对于铆钉，若铆钉头磨损时可以堆焊，若铆钉已松动，应进行更换。对于叶轮与叶片的焊缝磨损或脱焊，可进行焊补或挖补。小面积磨损采用焊补，较大面积磨损则采用挖补。

（1）焊补叶片。焊补时应选用焊接性能好、韧性好的焊条。对高锰钢叶片的焊补，建议采用直流焊机，结 507 焊条。每块叶片的焊补重量应尽量相等，并对叶片采取对称焊补，以减小焊补后叶轮变形及重量不平衡。挖补时，其挖补块的材料与型线应与叶片一致，挖补块应开坡口，当叶片较厚时应开双面坡口以保证焊补质量。挖补块的每块重量相差不超过 30g，并应对挖补块进行配重，对称叶片的重量差不超过 10g。挖补后，叶片不允许有严重变形或扭曲。挖补叶片的焊缝应平整光滑，无沙眼、裂纹、凹陷。焊缝强度应不低于叶片材料的强度。

（2）更换叶片。当叶片磨损超过叶片厚度的 2/3，前后盘还基本完好时，应更新叶片，其方法如下：

1）将备用叶片称重编号，根据叶片重量编排叶片的组合顺序，将质量相等或相差较少的叶片安放在叶轮轮盘的对称位置上，借以减小叶轮的偏心，从而减小叶轮的不平衡度。铆接叶轮的叶片与轮盖和轮盘（轴盘）的对应孔，最好配钻或配铰。

2）将备用叶片按组合顺序复于原叶片的背面，并要求叶片之间的距离相等。顶点位于同一圆周上。调整好后，即进行点焊，如图 10 - 14（a）所示。

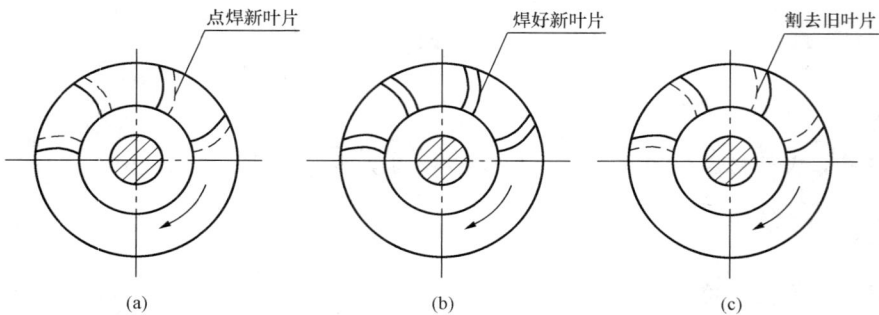

图 10 - 14　换叶片的方法示意图

3）点焊后经复查无误，即可将一侧叶片与轮盘的接缝全部满焊，施焊时应对称进行，如图 10 - 14（b）所示。

4）再用割炬将旧叶片逐个割掉，并铲净在轮盘上的旧焊疤，最后将叶片的另一侧与轮盘的接缝全部满焊，如图 10 - 14（c）所示。

2. 更换叶轮

若需更换整个叶轮时，先用割炬割掉旧叶轮与轮毂连接的铆钉头，再将铆钉冲出。旧叶轮取下后，用细锉将轮毂结合面修平，并将铆钉孔毛刺锉去。

在装配新叶轮前，检查其尺寸、型号、材质应符合图纸要求，焊缝无裂纹、砂眼、凹陷及未焊透、咬边等缺陷，焊缝高度符合要求。叶轮摆动轴向不超过 4mm，径向不超过 3mm。还应检查铆钉孔是否相符。

经检查无误后，将新叶轮套装在轮毂上。叶轮与轮毂一般采用热铆，铆接前应先将铆钉加热到 800～900℃左右（樱桃色），再把铆钉插入铆钉孔内，铆钉应对中垂直，在铆钉的下面用带有圆窝形的铁砧垫住，上面用铆接工具铆接。全部铆接完毕，再用小锤敲打铆钉头，声音清脆为合格。

对于自制叶片的叶轮，需将叶片的进口和出口处的毛刺除掉，清扫叶道，并进行修整，然后根据叶轮结构及需要来进行动、静平衡校正。

3. 更换防磨板

叶片的防磨板、防磨头磨损超过标准须更换时，应将原防磨板、防磨头全部割掉。不允许在原有防磨板、防磨头上重新贴补防磨头、防磨板。新防磨头、防磨板与叶片型线应相符，并贴紧，同一类型的防磨板、防磨头的每块重量相差不大于 30g。焊接防磨头、防磨板前应对其配重组合。

挖补及更换叶片、防磨头、防磨板后均应对叶轮进行测量及找静平衡，其径向摆动允许值为 3～6mm，轴向摆动允许值为 4～6mm，剩余不平衡度不得超过 100g。

4. 轴的检修

根据风机的工作条件，风机轴最易磨损的轴段是机壳内与工质接触段，以及机壳的轴封处。检查时应注意这些轴段的腐蚀及磨损程度。风机解体后，应检查轴的弯曲度，尤其对机组运行振动过大及叶轮的瓢偏、晃动超过允许值的轴，则必须进行仔细测量。轴的弯曲度应不大于 0.05mm/m，且全长弯曲不大于 0.10mm。如果轴的弯曲值超过标准，则应进行直轴工作。

5. 轮毂的更换

轮毂破裂或严重磨损时，应进行更换。更换时先将叶轮从轮毂上取下，再拆卸轮毂。其方法可先在常温下拉取，如拉取不下来，再采用加热法进行热取。

新轮毂的套装工作，应在轴检修后进行。轮毂与轴采用过盈配合，过盈值应符合原图纸要求。一般风机的配合过盈值可取 0.01～0.03mm。新轮毂装在轴上后，要测量轮毂的瓢偏与晃动，其值不超过 0.1mm。

6. 轴承的检查及更换

轴上的滚动轴承经检查，若可继续使用，就不必将轴承取下，其清洗工作就在轴上进行，清洗后用干净布把轴承包好。对于采用滑动轴承的风机，则应检查轴颈的磨损程度。若滑动轴承是采用油环润滑的，则还应注意由于油环的滑动所造成的轴颈磨损。

符合下列条件的轴承，要进行更换：①轴承间隙超过标准；②轴承内外套存在裂纹或轴承内外套存在重皮、斑痕、腐蚀锈痕，且超过标准；③轴承内套与轴颈松动。

新轴承需经过全面检查（包括金相探伤检查），符合标准方可使用。精确测量检查轴颈与轴承内套孔，并符合下列标准方可进行装配：①轴颈应光滑无毛刺，圆度差不大于 0.02mm；②轴承内套与轴颈之配合为紧配合，其配合紧力为 0.01～0.04mm，当达不到此标准时，应对轴颈进行表面喷镀或镶套。

轴承与轴颈采用热装配。轴承应放在油中加热，不允许直接用木柴、炭火加热轴承，加热油温一般控制在 140～160℃并保持 10min，然后将轴承取出套装在轴颈上，使其在空气中自然冷却。

更换轴承后应将封口垫装好，封口垫与轴承外套不应有摩擦。

7. 外壳及导向装置的检修

（1）外壳。外壳的保护瓦一般用钢板（厚为 10～12mm）或生铁瓦（厚为 30～40mm）制成（也有用辉绿岩铸石板的）。外壳和外壳两侧的钢板保护瓦必须焊牢。如用生铁瓦（不必加工）做护板，则应用角铁将生铁瓦托住并要卡牢不得松动。在壳内焊接保护瓦及角铁托架时，必须注意焊缝的磨损。保护瓦松动、脱焊应进行补焊，若磨薄只剩下 2～3mm 时，则应换新。风机外壳的破损可用铁板焊补。

（2）导向装置。对导向装置进行以下检查：回转盘有无滞住；导向板有无损坏、弯曲等缺陷；导向板固定装置是否稳固及关闭后的严密程度；闸板型导向装置的磨损程度和损坏情况；闸板有无卡涩及关闭后的严密程度。根据检查结果，再采取相应的修理方法。因上述部件多为碳钢件，所以大都可采用冷作、焊接工艺进行修理。

另外，风机外壳与风道的连接法兰及人孔门等，在组装时一般应更换新垫（如果旧垫没有损坏，也未老化，可继续使用）。

（三）转子回装就位

根据风机的结构特点，其组装应注意以下几点：

（1）将风机的下半部吊装在基础上或框架上，并按原装配位置固定。转子就位后，即可进行叶轮在外壳内的找正。找正时可以调整轴承座（因原位装复，其调整量不会很大），也可以移动外壳，但外壳牵连到进、出口风道，这点在调整时应特别注意。

（2）转子定位后，即可进行风机上部构件及进出口风道的安装。在安装风道时，不允许强行组合，以免造成外壳变形，使外壳与叶轮已调好的间隙发生变化，将影响导向装置的动作。

（3）联轴器找中心时，以风机的对轮为准，找电动机的中心。找正大轴水平，可以采用在轴承座下加减垫片的方法进行调整，轴水平误差不超过 0.1mm/m，调整垫片一般不超过 3 片。

（4）测量轴承外套与轴承座的接触角及两侧间隙，轴承外套与轴承座接触角应为 90°～120°，两侧间隙应为 0.04～0.06mm，对于新换的轴承还应检查外套与轴承座的接触面应不小于 50%。

扣轴承盖前应将轴承外套及轴承盖清理干净，并应精确测量轴承盖与轴承外套顶部的间隙。一般采用压铅丝的方法测量，测量两次，两次结果应相差不大。

根据测量结果，确定轴承座结合面加垫的尺寸及外套顶部是否加垫及加垫的尺寸，以使轴承外套与轴承盖的顶部间隙符合以下要求：对于采用稀润滑油的轴承，联轴器侧轴承间隙为 0～0.06mm，叶轮侧轴承间隙为 0.05～0.15mm；对于采用二硫化钼润滑脂的轴承，联轴器侧轴承间隙为 0.03～0.08mm，叶轮侧轴承间隙为 0.06～0.20mm。

（5）轴承座与轴承盖结合面应清理干净、接触良好，未加紧固时 0.03mm 塞尺应不能塞入，扣轴承盖前应在结合面上抹好密封胶，按测量计算结果的要求配制好密封垫，扣轴承盖时应注意不使顶部及对口垫移位，紧固螺丝时紧力应均匀。

（6）回装端盖时应注意其回油孔应装在下方，并利用加减垫片的方法使端盖与轴承外套端部的间隙符合标准，联轴器侧端盖与轴承外套端部的间隙为 0～0.5mm，叶轮侧端盖与轴承外套端部的间隙为 4～10mm。

（7）端盖与轴之间的间隙不小于 0.10mm，密封垫应完好。

（四）联轴器找中心及转子找动平衡

联轴器为弹性对轮时，找中心后的对轮间隙为 4～10mm，对轮的轴向及径向误差均不大于 0.15mm；联轴器为齿型联轴器时，找正后应符合齿型联轴器的要求。中心校正后，按回装标志回装好联轴器，并盘车检查有无摩擦、撞击等异常。

在检查机壳及风箱内确无工作人员及杂物的情况下，方可临时封闭人孔门，找转子动平衡。找动平衡后，轴承振动（垂直振动）不大于 0.03mm，轴承晃动（水平振动）不大于 0.06mm。

（五）风机试运行

（1）风机检修后应试运行，试运行时间为 4～8h。

（2）在试运行中发生异常现象时，应立即停止风机运行查明原因。

（3）试运行中轴承振动（垂直振动），一般应达到 0.03mm，最大不超过 0.09mm，轴承晃动（水平振动），一般应达到 0.05mm，最大不超过 0.12mm。

（4）试运行中轴承温度应不超过 70℃。

（5）风机运行正常无异声。

（6）挡板开关灵活，指示正确。

（7）各处密封不漏油、漏风、漏水。

二、轴流式风机的检修

以典型动叶可调轴流式送风机为例（其结构如图 5 - 47）介绍轴流式风机的检修。

（一）风机的检查

1. 叶轮的检查

（1）叶片的检查。检查内容有：①对叶片一般进行着色探伤检查，主要检查叶片工作面有无裂纹及气孔、夹砂等缺陷。针对引风机，通过测厚和称重确定叶片磨损严重时，须更换。②叶片的轴承是否完好，其间隙是否符合标准。若轴承内外套、滚珠有裂纹、斑痕、磨蚀锈痕、过热变色和间隙超过标准时，应更换新轴承。③全部紧固螺丝有无裂纹、松动，重要的螺丝要进行无损探伤检查，以保证螺丝的质量。④叶片转动应灵活，无卡涩现象。

（2）叶柄的检查。检查内容有：①叶柄表面应无损伤，叶柄应无弯曲变形，同时叶柄还要进行无损探伤检查，应无裂纹等缺陷，否则应更换；②叶柄孔内的衬套应完整、不结垢、无毛刺，否则应更换；③叶柄孔中的密封环是否老化脱落，老化脱落则应更换；④叶柄的紧固螺帽、止退垫圈是否完好，螺帽是否松动。

（3）轮毂的检查。检查内容有：①轮毂应无裂纹、变形；②轮毂与主轴配合应牢固，发现轮毂与主轴松动应重新进行装配；③轮毂密封片的磨损情况，密封片应完好，间隙应符合标准，密封片磨损严重时须更换。

2. 调节机构的检查

检查内容有：

（1）电动执行器（也有液压执行器）与杠杆连接处有无严重磨损，转动是否灵活。

（2）杠杆有无裂纹、弯曲变形，有裂纹、弯曲变形须更换。

（3）杠杆与传动轴连接处应无严重磨损，传动轴动作灵活。

（4）连杆应无裂纹、弯曲变形，连杆裂纹、弯曲变形应更换。

（5）连杆与转换器的连接螺丝应完好，若发现松动应重新紧固。

（6）导柱应无裂纹、弯曲变形且转动应灵活。

（7）叶柄、转换器、支承杆、导柱、密封盖等处的轴承应完好，间隙应符合标准，润滑良好。

（8）检查转换器套筒有无裂纹、斑痕、腐蚀锈痕。

（9）整个调节机构是否动作灵活，当动作不灵活有卡涩现象时，可以在连杆、杠杆、传动轴等处根据需要调整垫块厚度或杠杆长度，直至合格为止。

3. 导叶的检查

检查内容有：

（1）导叶及其内、外环的磨损情况，导叶磨损严重时应进行焊补或更换；内、外环应完好，无严重变形。

（2）导叶与内、外环应无松动，紧固件完整。

（3）出口导叶进、出口角应符合设计要求，进口应正对着从叶轮出来的气流，出口应与轴向一致。

（二）动叶的调整

1. 动叶片与机壳间隙的调整

动叶片与机壳的间隙是指经过机械加工的外壳内径与叶片顶端之间的间隙。调整时先用楔状木块将叶片的根部垫足，在叶轮外壳内径顺圆周方向等分八点，作为测量点，找出最长和最短的叶片，测量间隙并做好记录，最后调整叶片，使其达到下列标准：

（1）用最长的叶片在机壳内转动各标准测量点时，其最大间隙与最小间隙相差不大于 1.2～1.4mm。

（2）最短叶片在各标准测量点的间隙最小值与最大值的各偏差，引风机一般不大于 1.9mm，送风机一般不大于 1.5mm。

（3）最长和最短叶片在 8～12 个标准测量点的平均间隙，引风机一般不大于 6.7mm，送风机一般不大于 3.4mm。

（4）引风机最小间隙不小于 5.5～5.7mm，送风机最小间隙不小于 2.5～2.6mm。其最小间隙值一般取决于叶轮直径、工作介质温度，以及叶轮、机壳的制造加工质量。

在调整叶片时，为了保证叶轮的平衡不受影响，必须对每片叶柄的螺帽进行调整。调整时，朝轴心方向一般不超过 0.6～0.7mm，背轴心方向一般不超过 0.7～0.8mm。叶片间隙调整结束后，要将叶柄的止退垫圈和螺帽回装好。止退垫圈应将螺帽锁住，防止螺帽松动。同时用小螺丝将叶柄紧固牢。

2. 动叶片安装角度的调整

动叶片的间隙调整好后，还要进行动叶片角度的调整。先开动电动执行器或液压执行器，带动叶片动作，然后根据动叶安装角度在 +10°～+55° 的范围内变化，依下列步骤校正准确：

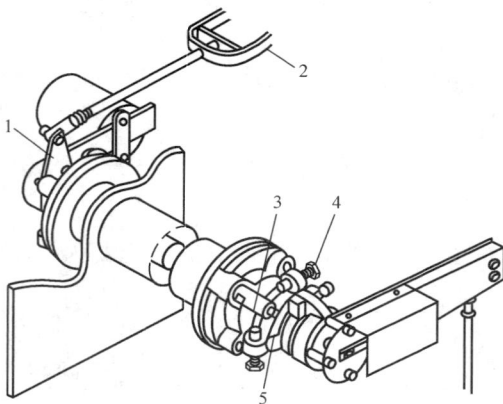

图 10 - 15　动叶片调整示意图
1—传动臂；2—传动叉；3—指示销；
4—限位螺钉；5—刻度盘

（1）在轮毂上拆下一块叶片，将带刻度的校正指示表装在叶柄上。

（2）转动叶片，使仪表指示在 32.5°。将调节轴限位螺丝调节到距指示销两边相等（即指示销位于中间），调整传动臂至垂直位置，再调节传动装置上的刻度盘使其为 32.5°。对准指示销，继续转动叶片使指示表的指针分别对准 10°、55°，此时指示销的指针也应分别对准 10°、55°。如有偏差，需移动刻度盘的位置，并把限位螺钉分别在 10°、55° 位置上和指示销相碰，使 10° 及 55° 刚好是极限。反复几次，如无变化，则可将叶片位置固定，如图 10 - 15 所示。

小 结

泵与风机的检修按程序来讲，就是拆卸、检修、组装三大步。

测量与调整是泵的检修的主要内容，如水泵轴瓦紧力及窜动的测量、水泵静止部件检修中间隙的测量与调整、水泵转子部件检修中间隙的测量与调整、水泵芯包组装及总装间隙的调整等。

1. 泵主要零部件的检修

（1）轴的检修。根据不同形式的泵轴和磨损情况，可以有不同的检修方法：换轴、换轴套或补焊、镀铬。

（2）叶轮的检修。叶轮是转子中较易损坏的机件。叶轮的损坏形式一般为磨损或打坏，故叶轮不仅要定期检修，有时还要更换新叶轮。在局部损坏（如沟槽、空洞等）仍可使用的情况下，可进行焊补。也可用环氧树脂砂浆修补叶轮。

（3）密封环与导叶衬套的检修。测量叶轮上密封环的外径和泵体上密封环的内径，两者之差的 1/2 即为密封环径向间隙。若实际测量的密封环间隙超过规定值，就必须调换密封环。导叶与导叶衬套为过盈配合（过盈量约为 0.015～0.02mm），需用止动螺钉紧固。

（4）压水室的检修。检查有无裂纹并修理。方法主要有两种：一是可在裂纹两端各钻一小孔，以消除应力集中，防止裂纹进一步扩展；二是焊补。

（5）平衡装置的检修。当检查平衡盘和平衡套端面只有轻微的磨损沟痕时，可在其结合面之间涂以细研磨砂进行对研；若磨损沟痕很大、很深时，则应在车床或磨床上修理，使平衡盘、套的接触率在 75% 以上。

2. 风机的检修

（1）离心风机的检修。内容主要包括：叶轮及叶片的检修、转子回装就位、联轴器找中心、转子找动平衡以及风机试运行。

（2）轴流式风机的检修。内容主要包括：叶轮的检修、动叶调节机构的检修、动叶的更换及调整。

思 考 题

10-1 简述单级单吸离心泵的拆装程序。

10-2 简述单级双吸离心泵的拆装程序。

10-3 简述 DG 型给水泵的解体步骤。

10-4 平衡盘窜动量与转子总窜动量有什么关系？如何测量平衡盘窜动量？

10-5 转子小装的目的和步骤是什么？

10-6 多级泵在组装过程中要进行哪些间隙的测量与调整工作？

10-7 简述多级泵的泵壳中段与导叶的检修工艺。

10-8 简述泵轴的检修工艺。

10-9 简述泵叶轮的检修工艺。

10-10 简述泵平衡装置的检修工艺。

10-11 简述给水泵抽芯包的操作工序。

10-12 简述 RSW 泵的拆卸操作工序。

10-13 简述离心式风机叶轮的检修工艺。

10-14 简述轴流式风机叶轮的检修工艺。

10-15 在离心式风机的转子回装时应注意什么问题?

10-16 叙述风机叶片检修的内容。

10-17 简述轴流式风机动叶片与机壳间隙的调整方法及其达到的标准。

参 考 文 献

［1］薛祖绳，周云龙合编. 工程流体力学. 北京：中国电力出版社，1997.

［2］郭立君，何川主编. 泵与风机. 北京：中国电力出版社，2004.

［3］刘立主编. 流体力学泵与风机. 北京：中国电力出版社，2004.

［4］张良瑜，谭雪梅，王亚荣合编. 泵与风机. 北京：中国电力出版社，2005.

［5］杨诗成，王喜魁主编. 泵与风机. 北京：中国电力出版社，2004.

［6］赵鸿逵主编. 热力设备检修基础工艺. 北京：中国电力出版社，1999.

［7］赵鸿逵主编. 热力设备检修工艺学. 北京：水利电力出版社，1987.

［8］安连锁主编. 泵与风机. 北京：中国电力出版社，2001.

［9］毛正孝主编. 泵与风机. 北京：中国电力出版社，2002.

［10］陈兴华主编. 水力学泵与风机. 北京：水利电力出版社，1985.

［11］常石明主编. 工程流体力学. 北京：水利电力出版社，1994.

［12］孔珑主编. 北京：水利电力出版社，1992.

［13］邢国清主编. 流体力学泵与风机. 北京：中国电力出版社，2005.

［14］郭延秋主编. 大型火电机组检修实用技术丛书 锅炉分册、汽轮机分册. 北京：中国电力出版社，2003.

［15］管楚定编. 工程流体力学. 北京：中国电力出版社，1998.

［16］中国动力工程学会主编. 火力发电设备技术手册第四卷火电站系统与辅机. 北京：机械工业出版社，1998.

［17］陈汇龙，闻建龙，沙毅合编. 水泵原理、运行维护与泵站管理. 北京：化学工业出版社，2004.

［18］白晓军主编. 锅炉设备检修. 北京：中国电力出版社，2005.

［19］电力行业职业技能鉴定指导中心. 职业技能鉴定指导书 水泵检修、锅炉辅机检修、锅炉管阀检修. 北京：水利电力出版社，2003.